高等院校环境科学与工程系列教材

环境影响评价

第三版

主　编　钱　瑜

副主编　赵玉明　王勤耕

编　委　（按姓氏笔画排序）

王亚伟　孙燕君　刘泽宇

李林子　李雯香　李浩阳

张　静　周　叶　赵胜豪

夏思佳　殷晓梅

特配电子资源

微信扫码

● 延伸阅读

● 视频学习

● 互动交流

南京大学出版社

图书在版编目(CIP)数据

环境影响评价 / 钱瑜主编. —3版. —南京:南京大学出版社,2020.3

ISBN 978-7-305-22987-9

Ⅰ. ①环… Ⅱ. ①钱… Ⅲ. ①环境影响—评价 Ⅳ. ①X820.3

中国版本图书馆CIP数据核字(2020)第037578号

出版发行 南京大学出版社
社　　址 南京市汉口路22号　　　邮　编 210093
出 版 人 金鑫荣

书　　名 环境影响评价(第三版)
主　　编 钱　瑜
责任编辑 张　倩　刘　飞　　　编辑热线 025-83686531

照　　排 南京南琳图文制作有限公司
印　　刷 江苏扬中印刷有限公司
开　　本 787×1092 1/16 印张 19.75 字数 493千
版　　次 2020年3月第3版 2020年3月第1次印刷
ISBN 978-7-305-22987-9
定　　价 49.00元

网址:http://www.njupco.com
官方微博:http://weibo.com/njupco
官方微信号:njupress
销售咨询热线:(025) 83594756

第三版前言

2016年7月15日，环境保护部发布了“关于印发《‘十三五’环境影响评价改革实施方案》的通知”，标志着我国环境影响评价制度进入全面改革的阶段。

事实上，2012年11月党的十八大以来，政府开始改变行政审批过多的管理方式。环境影响评价尽管保留为行政审批必不可少的中介服务，但在简政放权的大势下，改革势在必行。同时，伴随着2014年11月中央第三巡视组进驻环境保护部，开展重拳打击腐败的专项巡视，建设项目环境影响评价中存在的大量问题被披露，也迫使环保管理部门加大审批制度改革。

因此，环境影响评价相关的法律、法规、规章制度以及标准、指南、导则等技术文件出现密集修订的状况，在此背景下，本教材开展了修订工作。具体而言，本次修订的依据主要包括修订后的《环境保护法》、《环境影响评价法》、《建设项目环境保护管理条例》以及生态环境部最新颁布的《环境影响评价公众参与办法》、《建设项目环境影响评价分类管理名录》等环评相关重要文件。此外，根据众多新颁布的环评技术导则，对水环境影响评价、大气环境影响评价、环境风险评价、规划环境影响评价等章节做了重点修订，并新增了土壤环境影响评价。

期待本次修订能客观反映新形势下环境影响评价制度的新要求，同时结合本学科的基本规律，帮助读者思考改革的必要性和针对性，并激发学生对政策制定、实施、改进提升、跟踪评价的思考。

编　者

2020年1月

目　录

第一章　环境影响评价概念 ······ 1

第一节　基本概念 ······ 1
第二节　环境影响评价的分层体系 ······ 4
第三节　环境影响评价的意义 ······ 7

第二章　环境影响评价制度 ······ 8

第一节　环境影响评价制度的由来 ······ 8
第二节　我国环境影响评价制度的发展 ······ 10
第三节　我国环境影响评价制度的组成 ······ 11
第四节　我国环境影响评价制度的特点 ······ 20

第三章　环境影响评价程序与方法 ······ 26

第一节　环境影响评价程序 ······ 26
第二节　环境影响评价方法 ······ 31

第四章　环境背景调查、污染源调查 ······ 42

第一节　环境背景调查 ······ 42
第二节　污染源调查与评价 ······ 45

第五章　工程分析 ······ 50

第一节　工程分析的内容 ······ 50
第二节　工程分析的方法 ······ 65
第三节　清洁生产分析 ······ 70

第六章　水环境影响评价 ······ 77

第一节　水环境中污染物迁移转化机理 ······ 77
第二节　水环境影响评价内容和方法 ······ 83
第三节　水质模型简介及水质模拟进展 ······ 99

第七章　大气环境影响评价 ······ 124

第一节　大气环境污染与大气扩散的基本概念 ······ 124
第二节　大气环境影响评价主要内容 ······ 130
第三节　空气质量模拟基础 ······ 137

第四节　高斯型大气扩散公式及扩散参数 …… 144
第五节　常用法规空气质量模式简介 …… 154

第八章　土壤环境影响评价 …… 163

第一节　土壤环境污染与污染物迁移扩散机理 …… 163
第二节　土壤环境影响评价 …… 169
第三节　常用的土壤模拟模型 …… 180

第九章　声环境影响评价 …… 182

第一节　环境噪声评价基础 …… 182
第二节　声环境影响评价内容 …… 188

第十章　污染防治措施 …… 199

第一节　概述 …… 199
第二节　废水处理方法及工艺流程 …… 199
第三节　大气污染控制方法及工艺流程 …… 213
第四节　噪声污染控制技术 …… 224
第五节　固体废物污染控制技术 …… 226
第六节　污染防治措施的技术经济可行性论证 …… 232

第十一章　生态影响评价 …… 236

第一节　生态学基础知识 …… 236
第二节　生态影响评价方法 …… 243

第十二章　环境风险评价 …… 256

第一节　环境风险评价概念 …… 256
第二节　环境风险评价内容和方法 …… 260

第十三章　规划的环境影响评价 …… 280

第一节　规划环境影响评价发展历程及意义 …… 280
第二节　开发区区域环境影响评价 …… 285
第三节　规划环境影响评价 …… 295

参考文献 …… 307

第一章　环境影响评价概念

引言　环境影响评价是一门交叉性十分强的学科，内涵十分丰富，涉及许多层次。充分了解环境影响评价的概念及相关层次，有助于更好地理解这门学科，同时更好地理解学习这门学科的意义。

第一节　基本概念

一、环境与环境问题

“环境”作为一个被广泛使用的名词，其含义极为丰富。从哲学的角度来看，“环境”是一个相对的概念，即它是一个相对于主体而言的客体。“环境”与其主体是相互依存的，它因主体的不同而不同，随主体的变化而变化。

因此，相对于不同的主体而言，“环境”的概念及其实质是不同的。由于不同的学科有着不同的研究对象和研究内容，所以，在不同的学科中“环境”的科学定义也是不同的，其差异也源于对“主体”的界定。比如，在社会学中，“环境”被认为是以人为主体的外部世界，而在生态学中，“环境”则被认为是以生物为主体的外部世界，这一基本概念的不同就导致了学科研究内容的不同。比如各种各样的人际关系，像家庭关系、婚姻关系等，都是社会学研究的主要内容，而传统生态学的研究内容则因“主体”生物组成的不同而分成物种生态学、种群生态学、群落生态学以及生态系统生态学等。

对于环境科学而言，“环境”是一个决定本学科性质和特点、研究对象和内容的基本概念。因此，赋予它一个什么样的科学定义是一个极为重要的大问题。几十年来，环境科学家们在这个问题上进行了长时间的探讨，做出了巨大的努力。尤其是在各类环境问题层出不穷的情况下，“环境”的定义也在不断地发展。

应该指出“环境问题”是在人类产生并组织成社会的早期就出现了，而环境问题的提出则是在人类社会组织程度、科学技术水平、生产经济水平均较高且对自然界的冲击能力较大的 20 世纪 50 年代提出的。环境问题是指自然变化或人类活动而引起的环境破坏和环境质量变化，以及由此给人类的生存和发展带来的不利影响。环境问题的表现形式是多样的，危害也各不相同，基本可以分成两类。

(1) 原生环境问题，又称第一类环境问题，是指由于自然环境本身变化引起的，没有人为因素或者人为因素很少的环境问题。如火山爆发、地震、台风、海啸、洪水、旱灾等发生时所造成的环境问题就属于这类问题。原生环境问题一般不属于环境科学研究的范围，而由一些地学学科和“灾害学”这一新兴学科加以研究。

(2) 次生环境问题，又称第二类环境问题，是指由于人为因素而造成的环境问题。次生环境问题又分成自然环境的衰退(即生态破坏)和环境污染两个类型。生态破坏主要是人类开发、利用资源不当引起的。例如,人类为了解决粮食问题,大量开垦土地,造成自然植被的减少,引起水土流失、土地荒漠化等都属此类问题。环境的污染是因为人类在生产和生活中排出的废弃物进入环境,积累到一定程度,从而产生了对人类不利的影响。环境污染从被污染要素方面考虑,有水体污染、大气污染、土壤污染等;从污染物方面考虑有化学污染、生物污染、放射性污染、噪声污染和微波干扰等。也就是说,环境污染包括什么被污染和被什么污染两大类问题。

环境科学就是在解决环境问题的社会需要的推动下产生和发展起来的,于是"环境"的科学概念也被定义为:以人类社会为主体的外部世界的全体。这里所说的外部世界主要指:人类已经认识到的、直接或间接影响人类生存与社会发展的外围事物,它既包括未经人类改造过的自然界,如高山、大海、江河、湖泊、天然森林以及野生动植物等,也包括经过人类社会加工改造过的自然界,如街道、房屋、水库、园林等。

还有一种因适应某种工作方面的需要,而为"环境"下的工作定义,它们大多出现在世界各国颁布的环境保护法规中,比如,我国的《环境保护法》中明确指出:"本法所称环境是指大气、水、土地、矿藏、森林、草原、野生动物、野生植物、水生植物、名胜古迹、风景游览区、温泉、疗养区、自然保护区、生活居住区等。"这是一种把环境中应当保护的要素或对象界定为环境的一种工作定义,它纯粹是从实际工作的需要出发,对环境一词的法律适用对象或适用范围所做的规定,其目的是保证法律的准确实施。

由以上所述可知,"环境"一词在哲学、工作、科学三个层次上有不同的定义文字,它们之间在本质上是相通的,既有紧密的内在联系,又不可相互取代。

二、环境影响

环境影响是指人类活动(包括经济、政治和社会活动)导致的环境变化以及由此引起的对人类社会的效应。可见,环境影响概念包括人类活动对环境的作用和环境对人类的反作用两个层次,既强调人类活动对环境的作用,即人类活动使环境发生(或将发生)哪些变化,又强调这种变化对人类的反作用,即这些变化会对人类社会产生什么样的效应。研究人类活动对环境的作用是认识和评价环境对人类的反作用的手段,是基础和前提条件;而认识和评价环境对人类的反作用是为了制订出缓和不利影响的对策措施,改善生活环境,维护人类健康,保证和促进人类社会的可持续发展,这才是研究环境影响的根本目的。

环境影响有多种不同的分类,比较常见的有三种:

1. 按影响的来源分类

可分为直接影响、间接影响和累积影响。直接影响是指由于人类活动的结果而对人类社会或其他环境的直接作用;由这种直接作用诱发的其他后续结果则为间接影响。直接影响与人类活动在时间上同时,在空间上同地;而间接影响在时间上推迟,在空间上较远,但仍在可合理预见的范围内。比如,空气污染造成人体呼吸道疾病,这是直接影响;而由于疾病导致工作效率降低、收入下降等,则是间接影响。又如某一开发建设活动,解决了周边地区大量劳动力的就业问题或者部门间劳动力的流动,这是直接影响;这种影响继而导致该地区产业结构、经济类型等的变化,就是间接影响。直接影响一般比较容易分析和测定,而间接影响就不太容易。间接影响空间和时间范围的确定,影响结果的量化等，都是环境影响评价中比较困难的工作。确定直接影响和间接影响并对之进行分析和评价，可以有效地认识评价项目的影响途径、范围、状况等，对于如何缓解不良影响和采用替代方案有重要意义。

累积影响是指当一项活动与其他过去、现在及可以合理预见的将来的活动结合在一起时，因影响的叠加而产生的对环境的影响。当一个项目的环境影响与另一个项目的环境影响以协同的方式结合，或当若干个项目对环境产生的影响在时间上过于频繁或在空间上过于密集，以至于各项目的影响得不到及时消纳时，都会产生累积影响。累积影响的实质是各单项活动影响的叠加和扩大。

2. 按影响效果分类

可分为有利影响和不利影响，是一种从受影响对象的损益角度进行划分的方法。有利影响是指对人群健康、社会经济发展或其他环境的状况有积极的促进作用的影响；反之，有消极的阻碍或破坏作用的影响，则为不利影响。需注意的是，不利与有利是相对的，是可以相互转化的，而且不同的个人、团体、组织等由于价值观念、利益需要等的不同，对同一环境变化的评价会不尽相同，导致同一环境变化可能产生不同的环境影响。因此，关于环境影响的有利和不利的确定，要综合考虑多方面的因素，是一个比较困难的问题，也是环境影响评价工作中经常需要认真考虑、调研和权衡的问题。

3. 按影响程度分类

可分为可恢复影响和不可恢复影响。可恢复影响是指人类活动造成环境某特性改变或某价值丧失后可逐渐恢复到以前面貌的影响。不可恢复影响是指造成环境的某特性改变或某价值丧失后不能恢复的影响。如近年发生较多的油轮泄漏事件，造成大面积海域污染，但经过一段时间以后，在人为努力和环境自净作用下，又恢复到污染以前的状态，这是可恢复影响。又如开发经济活动使某自然风景较好的地区改变成为工业区，造成其观赏价值或舒适性价值的完全丧失，就是不可恢复影响。一般认为在环境承载力范围内对环境造成的影响是可恢复的，超出了环境承载力范围，则为不可恢复影响。这种划分方法主要用于对自然环境影响的判断。

另外，环境影响还可分为：短期影响和长期影响，暂时影响和连续影响，地方、区域、国家乃至全球影响，建设阶段影响和运行阶段影响，单个影响和综合影响等。

三、环境影响评价

环境影响评价（Environmental Impact Assessment，简称 EIA）这一概念是在 1964 年加拿大召开的“国际环境质量评价会议”上首次提出的，是在人们认识到环境质量的优劣取决于人们对之产生的影响，仅仅事后评价并无法保证其质量后，而提出的一个新概念，是指对拟议中的建设项目（Project）、区域开发计划（Plan）、规划（Program）和国家政策（Policy）实施后可能对环境产生的影响（或后果）进行的系统性识别（Identify）、预测（Predict）和评估（Evaluation），其根本目的是鼓励在规划和决策中考虑环境因素，使人类活动更具环境相容性。

各国对环境影响评价概念的解释并不完全一致，根据百科大词典：“环境影响评价是为规划与决策服务的一项政策和管理手段，是识别、预测和评估拟议的开发项目、规划和政策的可预见的环境影响。环境影响评价的研究结果帮助决策者和公众确定项目能否建设、以什么样的方式建设。环境影响评价并不做出决策，但对于决策者而言却是必需的。”

我国在《环境影响评价法》中的解释是：“本法所称环境影响评价，是指对规划和建设项目实施后可能造成的环境影响进行分析、预测和评估，提出预防或者减轻不良环境影响的对策和措施，进行跟踪监测的方法与制度。”说明我国环境影响评价的对象包括规划和建设项目，而不包括政策。

第二节 环境影响评价的分层体系

一、四层体系

最早规定环境影响评价对象的是美国《国家环境政策法》，其中规定了应对联邦机构拟采取的主要“行动(Action)”可能产生的环境影响进行评估，而在其后环境质量委员会(Council for Environmental Quality，简称 CEQ)对所谓的“行动”的解释中，明确指出可以分成四类，即政策、计划、规划和项目，具体为：

(1) 政策(Policy)：包括法规、规章，以及依照管理程序法(Administrative Procedure Act)做出的各种解释；公约或国际性的协议、协约；会导致联邦机构的计划或引起现有计划改变的有关政策性的正式文件。

(2) 计划(Plan)：包括联邦机构提出的或批准的、指导或规定联邦资源的使用方式的正式文件，根据这些计划，联邦机构会采取进一步的行动。

(3) 规划(Program)：包括实施某项政策或计划的一系列的行动；联邦机构为实施某项法规或行政指令而作出的对机构资源进行分配的一系列决定。

(4) 项目(Project)：即在特定的地域范围内的建设或管理活动，包括通过颁发许可证而批准的建设活动，以及其他的管理决策。

在这四个层次的行动中，项目层次的环境影响评价很快被许多国家采用，如瑞典、加拿大、澳大利亚、马来西亚等。我国也在 1979 年颁布的《中华人民共和国环境保护法(试行)》中以法律的形式正式规定了实施环境影响评价制度，但也只是针对建设项目。

这种状况在某种程度上造成了一种误解，即以为环境影响评价只是针对建设(Construction)这一层次，随着许多学者认识到在战略(Strategy)层次上开展环境影响评价的必要性，于是提出了战略环境评价的概念，并且将其定义为在政策、计划和规划(PPPs)三个层次上的应用。因此，战略环境评价应该是环境影响评价的一部分，它与项目环境影响评价共同构成了环境影响评价的四层体系，即所谓的分层(Tiering 或 Hierarchy)，自上而下为政策、计划、规划、项目，见图 1-1。

通常来说，在政策、计划和规划三个决策层间并没有明确的界限，各国对其理解也偏差较大，国际影响评价协会(International Association for Impact Assessment，简称 IAIA)建议将其分别定义为：

(1) 政策：指导性的意向(有明确的目标和优先的考虑)，实际的或拟议的指令。

(2) 计划：实施一般的或特定的一系列活动的战略或设计。

(3) 规划：拟议的任务，在特定的部门或政策领域实施的活动或计划的手段。

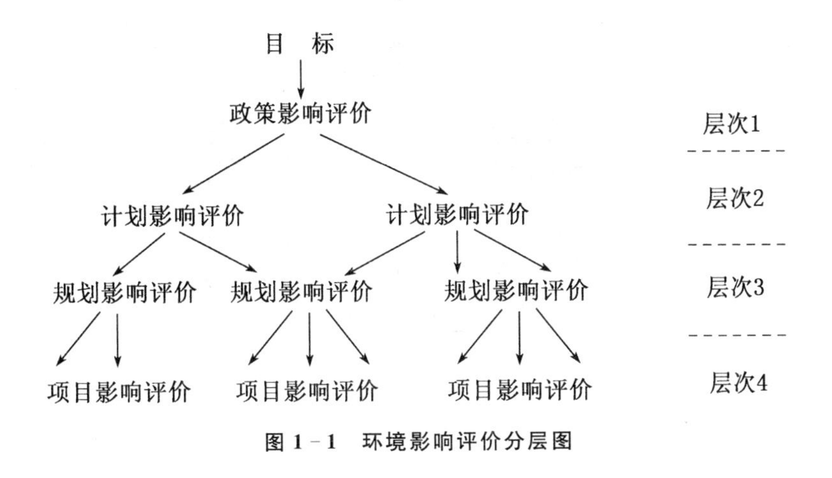

图 1-1　环境影响评价分层图

二、三层体系

实际上，由于决策体系的不同，以及语言习惯的不同，这些概念的涵义往往差别很大，尤其是对于"计划"和"规划"，在许多国家是可以互换的。在中文里，"规划"一词的使用开始于20世纪50年代。1950年11月商务印书馆出版的《词源(改编本)》还没有"规划"条目，1953年8月上海新人出版社出版的《综合新词典》，也仅作"谋划"解，1954年前后的专业文献中已出现"规划"一词，这可能来源于"一五"开始翻译外国的专业文献。1961年出版的《辞海(试行本)》列出了诸如：国家计划、地方计划、城市公共事业计划、企业计划等条目，但它将"远景规划"和"长远计划"作同义解。1979年出版的《词源》已正式有"规划"词条，作"计划"解。1979年出版的《辞海》将"规划"解释为"打算"，并在"规画"解释条目中，将"规画"作"规划"解，指谋划、筹划，并进一步解释为全面或较长远的计划。可见，"规划"与"计划"有时并无严格的界限，但我国目前在大多情况下，"规划"和"计划"词汇的使用已经形成了一定的习惯，比如"土地利用规划"、"城市规划"、"小城镇规划"、"旅游规划"等的名称都已约定俗成，这些"规划"综合性强，牵涉面广，但核心是土地利用，其内容都要在时间上安排和空间上布局落实；而"计划"的内容在一般情况下强调时间的安排，空间上不做要求或要求不高，比如"国民经济和社会发展计划"、"工作计划"、"学习计划"等。

可见，我国"计划"和"规划"的概念与战略环境评价中所代表的自上而下的决策层次，是完全不同的。

既然中文中的"计划"和"规划"并没有明确的界限，而且与环境影响评价中的决策层次的概念完全不同，因此要从字面上区分这两个层次十分困难，于是现在比较公认的方法是把它们统称为"规划环境影响评价"，也就是说，我国《环境影响评价法》中所称的"规划环境影响评价"实际上是包括了 Plan 和 Program 这两个层次。同时，由于战略环境评价目前主要是应用在开发计划和规划上，政策层次的应用还很不普遍，因此，目前许多有关战略环境评价的研究内容实际上都属于规划环境影响评价范畴。

经过重新定义后的环境影响评价三层体系见图 1-2。

从图中可见，在内容上，规划环境影响评价又可以大致地划分为两个方面：部门规划(或行业规划和专项规划)和区域性规划(或空间规划和土地利用规划)。

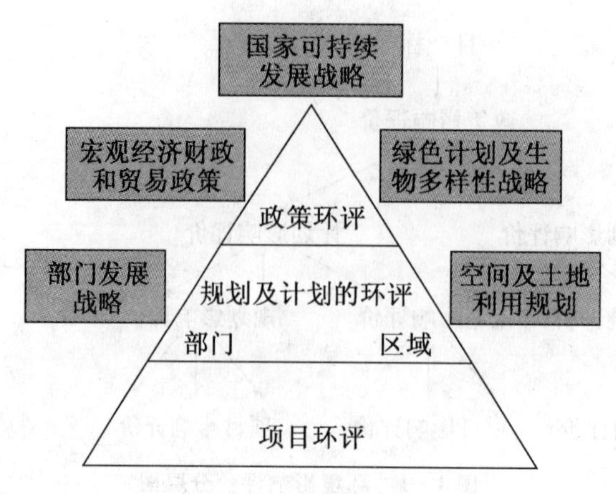

图 1-2 环境影响评价分层体系

部门规划环境影响评价是指:评价特定的部门或行业(如能源、交通或农业)的开发或投资计划,包括评估和比较主要的替代方案(如能源供应中的供需平衡手段和燃料组成)的环境影响,并可以扩展到那些以组团形式建设的(如工程上分期的)、有可能产生累积影响的项目组。

空间和区域规划环境影响评价是指:对特定区域(如流域、沿海地区或城区)的多部门的开发和投资计划,以及一定行政边界内的土地利用规划进行评价,包括评估和比较实施规划的替代方案和措施的环境影响,并可扩展到评估各种自然资源、生物多样性的累积影响的区域或生态评价。

在规划环境影响评价中,城市和土地利用规划被认为是比较复杂的,因为通常土地利用规划有固有的方法和程序,规划者和环境影响评价者之间的交流有时较困难,并且规划和环境影响评价往往有不同的政策和背景,非常难以协调。

尽管该三层体系在字面上更符合我国环评的状况,但事实上,我国的规划环评还是将纳入环评范畴的规划分为了两个层次,上一层是综合性规划和专项规划中的指导性规划,这一层次的规划综合性更强,决策层次更高,现行的法规体系中要求编制环境影响篇章或说明;下一层则是专项规划,这类规划类似于四层体系中的“Program”,规划的经济活动更具体,范围相对较小,现行的法规体系中要求编制环境影响报告书。

三、战略环境评价(SEA)和规划环境影响评价(PEIA)

战略环境评价(Strategic Environmental Assessment,简称 SEA)这一术语最早于 1989 年见于英国,是对环境影响评价在建设项目以外的层次上的延伸,即在政策、计划和规划层次上的应用。具体来说,SEA 是对一项政策、计划和规划及其替代方案的环境影响进行的正式的、系统的和综合的评价过程,包括完成评价报告并将评价结论应用到政府决策中。SEA 的目的是消除或降低因战略缺陷对未来环境造成的不良影响,从源头上控制环境污染与生态破坏等环境问题的产生,是一个旨在将环境和可持续发展因素纳入到战略决策中的程序,因此提出后得到许多学者和政府机构的认同,有关的理论和实践研究发展迅速。

规划环境影响评价(Plan Environmental Impact Assessment,简称 PEIA)的评价对象应主要是区域发展规划及产业发展规划等,以便在规划决策中充分考虑其可能带来的显著环境影响，采取相应的对策及发展替代方案，从而克服单一建设项目环境影响评价存在的缺陷，更好地满足经济与环境协调发展的要求。（详见本书第十三章）

第三节　环境影响评价的意义

环境影响评价是一门技术性很强的学科，是强化环境管理的有效手段，对确定经济发展方向和环境保护措施等一系列重大决策都有重要作用。具体表现在以下几个方面：

1. 保证开发活动选址和布局的合理性

合理的经济布局是保证环境与经济持续发展的前提条件，而不合理的布局则是造成环境污染的重要原因。环境影响评价是从开发活动所在地区的整体出发，考察开发活动的不同选址和布局对区域整体的不同影响，并进行比较和取舍，选择最有利的方案，保证建设活动选址和布局的合理性。

2. 指导环境保护措施的设计，强化环境管理

一般来说，开发建设活动和生产活动都要消耗一定的资源，给环境带来一定的污染与破坏，因此必须采取相应的环境保护措施。环境影响评价是针对具体的开发建设活动或生产活动，综合考虑开发活动特征和环境特征，通过对污染治理设施的技术、经济和环境论证，可以得到相对最合理的环境保护对策和措施，把因人类活动而产生的环境污染或生态破坏限制在最小范围。

3. 为区域的社会经济发展提供导向

环境影响评价可以通过对区域的自然条件、资源条件、社会条件和经济发展状况等进行综合分析，掌握该地区的资源、环境和社会承受能力等状况，从而对该地区发展方向、发展规模、产业结构和产业布局等作出科学的决策和规划，以指导区域活动，实现可持续发展。

4. 推进科学决策、民主决策进程

环境影响评价是在决策的源头考虑环境的影响，并要求开展公众参与，充分征求公众的意见，其本质是在决策过程中加强科学论证，强调公开、公正，对我国决策民主化、科学化具有重要的推进作用。

5. 促进相关环境科学技术的发展

环境影响评价涉及到自然科学和社会科学的广泛领域，包括基础理论研究和应用技术开发。环境影响评价工作中遇到的问题，必然是对相关环境科学技术的挑战，进而推动相关环境科学技术的发展。

思考题

1. 什么是环境影响？什么是环境影响评价？

2. 什么是环境影响评价的分层体系？如何理解我国决策体系与环境影响评价分层体系间的对应关系？

3. 在我国现阶段经济发展较快的形势下开展环境影响评价有何特殊意义？

第二章　环境影响评价制度

引言　环境影响评价也是一项法律制度，在许多国家的环境管理中发挥着巨大的作用。我国是最早实施环境影响评价制度的国家之一，已形成了一套独有的管理体系。帮助读者了解我国环境影响评价体系的组成和特点，是本教材的主要目标之一。

第一节　环境影响评价制度的由来

环境影响评价制度是指把环境影响评价工作以法律、法规或行政规章的形式确定下来从而必须遵守的制度，是法律关于在进行对环境有影响的建设和开发活动时，应当事先对该活动可能给周围环境带来的影响，进行科学的预测和评估，制定防止或减少环境损坏的措施，编写环境影响报告书或填写环境影响报告表，报经环境保护主管部门审批后再进行设计和建设的各项规定的总称。

1969年美国颁布《国家环境政策法》(National Environmental Policy Act，简称NEPA)，要求所有的联邦机构对拟采取的行动可能产生的环境影响进行全面和充分的分析。该项法案自1970年1月1日起实施，从此环境影响评价成为一个系统化、程序化的制度，许多国家和国际性组织(如世界银行等)先后采纳了该项制度，以在决策拟议的行动方案能否实施前，考虑其可能的环境影响及缓解此类影响的措施。

在美国制定环境影响评价制度后，许多国家和组织纷纷效仿，如1970年世界银行设立环境与健康事务办公室，对其每个投资项目的环境影响作出审查和评价；瑞典(1970年)、苏联(1972年)、加拿大(1973年)、澳大利亚(1974年)、马来西亚(1974年)、德国(1976年)、菲律宾(1979年)、泰国(1979年)等国也相继建立了环境影响评价制度；1974年联合国环境规划署与加拿大环境部在加拿大联合召开了第一次环境影响评价会议；1984年5月联合国环境规划署理事会第12届会议建议组织各国环境影响评价专家进行环境影响评价研究，为各国开展环境影响评价提供了方法和理论基础；1987年6月联合国环境规划署理事会作出“关于环境影响评价的目标和原则”的第14/25号决议；1992年联合国环境与发展大会在里约热内卢召开，《里约环境与发展宣言》原则十七宣告“对于拟议中可能对环境产生重大不利影响的活动，应进行环境影响评价，并作为一项国家手段，应由国家主管部门作出决定”。这标志着环境影响评价作为一项有效的支持可持续发展的手段，已得到国际社会的普遍认可。目前已有100多个国家建立了环境影响评价制度。

相关链接　美国《国家环境政策法》

目标：宣告国家的政策是鼓励在人与环境之间建立长久、愉快的和谐关系；促使人们为预防和消除危及环境、生物圈的危险和保护人类健康与安宁的事业而努力；使公众充分认识生态系统和自然资源对国家的重要意义；设立环境质量委员会(CEQ)。

第一篇　国家环境政策宣言

第一节　本节中的要求有其实质性：联邦政府长期的责任是采取与国家其他政策基本原则相一致的一切措施来保证实施联邦计划和项目的结果使环境影响最小化、环境质量得到保护和改善。

第二节　本节中的要求有其程序性：要求提议的联邦机构应该对实施联邦政府的计划和项目所产生的环境影响进行全面和充分的分析。

1. 所有的政策、法规和公共法律都应当按照 NEPA 的政策来解释和管理。

2. 所有的联邦机构应通过一系列的步骤来确保实现这部法律的目标。

(1) 利用系统和多学科交叉的方法来确保在规划和决策时综合运用社会科学、自然科学和环境科学。

(2) 联邦机构应在咨询了环境质量委员会后，识别和建立程序和方法，以使得目前尚未定量化的环境舒适度和价值在决策中同传统的经济和技术因素一起被考虑进去。

(3) 为环境影响报告书的编制规范了要求并制定了指南。要求所有的联邦机构在每个有关立法计划和其他会明显影响人类环境质量的联邦行动的建议或报告中，应包括由负责部门编制的详细的环境影响报告书。

环境影响报告书内容包括：① 拟议行动的环境影响；② 计划实施时任何不可避免的负面环境效应；③ 拟议计划的替代方案；④ 局部的与区域的、短期利用与长期生产力的维持和提高之间的关系；⑤ 拟订方案实施后造成资源的不可逆和无法恢复的变化。

专用的环境影响报告书的格式、协调，以及批复和评审程序的指南由环境质量委员会法规和联邦机构制定。环境影响报告书的编制人员应依据相关组织的指南进行。

第三节　本节要求所有的联邦机构对各自的规则和程序进行评审，以“确定这些规则和程序是否存在与本法的目标和条款有任何的不足和不一致的地方，并向总统提交拟采取的必要的措施，保证其职权和政策与这部法律相一致”。

第二篇　环境质量委员会

建立环境质量委员会，使其成为联邦执行机构的环境咨询部门。

环境质量委员会由三人组成，他们由参议院建议并批准，由总统任命，再由总统指定其中的一人为主席。另外，委员会也雇用环境和自然资源方面的环境律师、专业科学家和其他人士以实现 NEPA 规定的任务。

环境质量委员会的职责：① 协助总统完成 NEPA 要求的环境质量报告的编制工作；② 定期收集、分析、解释有关环境质量的现在和预期的信息；③ 从本法第一篇所提政策的角度评价联邦政府的各种计划和行动；④ 向总统提出对国家政策的建议，以促进环境质量的改善，满足整个国家的众多需要；⑤ 开展有关生态系统和环境质量的研究和考察工作；⑥ 收集必要的资料和信息，对国家环境变化及潜在的原因作持续研究和分析；⑦ 至少一年一次向总统汇报环境的状况；⑧ 在总统可能需要的政策和立法方面进行研究，并提供报告。

第二节　我国环境影响评价制度的发展

由于历史的原因，我国的环境保护工作开始于20世纪70年代，而其中环境影响评价一直是重要的组成部分。因此我国环境影响评价的发展历程，基本与环境保护工作的发展历程一致，可大致分为五个阶段：

一、准备阶段(20世纪70年代)

1973年8月，第一次全国环境保护会议在北京召开，会议通过的“全面规划、合理布局、综合利用、化害为利、依靠群众、大家动手、保护环境、造福人民”的环境保护工作方针初步孕育了环境影响评价的思想；此后，在我国一些大城市开展了区域性的环境质量的现状评价。1979年9月，颁布了《中华人民共和国环境保护法(试行)》，该法以法律的形式正式规定了我国实施环境影响评价制度。

二、发展阶段(20世纪80年代)

1981年颁布的《基本建设项目环境保护管理办法》对环境影响评价的适用范围、评价内容、工作程序等做了较为明确的规定，把环境影响评价制度纳入到基本建设项目审批程序中。1986年3月颁布的《建设项目环境保护管理办法》(国环字第003号)对建设项目环境影响评价的范围、程序、审批和报告书(表)编制格式都做了明确规定；并于同年颁布《建设项目环境影响评价证书管理办法(试行)》，开始了对从事环境影响评价的单位的资质审查。随后，国家环保局陆续颁布了《关于建设项目环境管理问题的若干意见》(1988年)、《关于建设项目环境影响报告书审批权限问题的通知》(1986年)、《建设项目环境影响评价证书管理办法》(1989年)、《关于颁发建设项目环境影响评价收费标准的原则与方法(试行)的通知》(1989年)等一系列文件，细化我国环境影响评价制度的实施办法。同时，大中建设项目的环境影响评价工作稳步开展，到该阶段后期，基本做到了90%以上的执行率。

1989年，《中华人民共和国环境保护法》正式颁布，其中第三条规定：“建设污染环境的项目，必须遵守国家有关建设项目环境管理的规定。”该法还规定“建设项目的环境影响报告书，必须对建设项目产生的污染和对环境的影响作出评价，规定防治措施，经项目主管部门预审，并依照规定的程序报环境保护行政主管部门批准。环境影响报告书经批准后，计划部门方可批准建设项目设计任务书”，进一步从法律上确定了环境影响评价制度的设立。

三、完善阶段(20世纪90年代)

《中华人民共和国环境保护法》正式颁布后，我国的环境保护工作全面步入规范化阶段，建设项目的环境影响评价制度也日渐成熟。环保部门于1990年6月颁布了《建设项目环境保护管理程序》，进一步明确了建设项目环境影响评价的管理程序和审批资格。1993年开始颁布一系列的《环境影响评价技术导则》，从技术上规范环境影响评价的工作，使环境影响报告书的编制有章可循。1998年，国务院发布实施《建设项目环境保护管理条例》，提升了我国环境影响评价制度的法律地位，进一步对环境影响评价做出了明确的规定，并配合该法规条例的贯彻落实，国家环保总局陆续公布了《建设项目环境影响评价资格证书管理办法》、

《建设项目环境保护分类管理名录》、《关于执行建设项目环境评价制度有关问题的通知》等，使得我国在建设项目层次上的环境影响评价制度日渐完善。

四、提高阶段(21世纪初期)

2002年10月28日，九届全国人大常委会第三十次会议讨论通过了《中华人民共和国环境影响评价法》，并于2003年9月1日开始实施。《环境影响评价法》一方面标志着我国环境影响评价制度法律地位的进一步提高，另一方面，将环评的范围从建设项目扩大到政府规划，在历经四年的讨论、修改后最终获得通过，标志着我国环保事业的历史性突破，也展现了我国在政府决策层次关注环境影响，实现科学发展的决心。环评法实施后，环保主管部门抓住机遇，先后掀起了三次“环评风暴”，使得环境影响评价的社会认知度迅速提高，进一步促进了我国环境影响评价制度的良性发展。该阶段在深入完善建设项目环评的同时，开展了规划环境影响评价的试点、推广，在交通规划、工业发展规划、农业发展规划等领域取得了长足的进步，尤其是2009年8月12日国务院第76次常务会议通过了《规划环境影响评价条例》，进一步完善了规划环评的法规体系，强化了规划环评在环境管理体系中的作用，使得环境影响评价工作向不断提高的方向发展。

五、改革阶段(十八大后)

2012年11月8日，党的十八大召开以后，政府开始改变行政审批过多的管理方式。环境影响评价尽管保留为行政审批必不可少的中介服务，但在简政放权的大势下，开展了全方位的改革。此外，2014年11月中央第三巡视组进驻环保部，开展了重拳打击腐败的专项巡视，发现了建设项目环境影响评价中存在的大量腐败问题，这也迫使环保管理部门加大审批制度改革。2016年7月2日第十二届全国人民代表大会常务委员会第二十一次会议修订了《环境影响评价法》，弱化行政审批、强化规划环评、加大未批先建处罚力度；同年7月15日，环保部发布了“关于印发《“十三五”环境影响评价改革实施方案》的通知”，具体部署了改革的任务，以进一步完善环评制度。2018年12月29日，第十三届全国人民代表大会常务委员会第七次会议第二次修正《环境影响评价法》，取消了建设项目环境影响评价资质行政许可事项，进一步体现了政府职能转变，把“放管服”作为全面深化改革的重要内容。

第三节　我国环境影响评价制度的组成

我国环境管理体系确立之初制定的环境保护三大基本政策是：预防为主、谁污染谁治理、强化环境监督管理；形成的八项制度包括：环境影响评价制度、“三同时”制度、排污收费制度、环境保护目标责任制、城市环境综合整治定量考核制度、排污许可证制度、污染集中控制制度、污染限期治理制度。其中环境影响评价制度和“三同时”制度是体现“预防为主”政策的基本管理手段，两者紧密配合起到从源头控制污染的作用，“三同时”制度实际上成为环境影响评价制度的竣工验收阶段。随着新《环境保护法》的实施，环境保护的原则扩展为“保护优先、预防为主、综合治理、公众参与、损害担责”，环境管理制度也得到了进一步的完善，环境影响评价在新时代的环境管理制度体系中仍占据重要位置。

我国环境影响评价制度是由一系列的法律、法规、行政命令、规章、标准等组成的，总体上可以分为法规体系和标准体系两大部分。

一、法规体系

我国环境影响评价法规体系包括了宪法、环境保护基本法、单项法、行政法规、部门规章、地方性法规和规章，以及缔结和签署的国际公约和签订的国际条约等层次，各层次之间的相互关系是：法律的效力高于法规、后法的效力优于前法、地方法规不得违背国家法律法规、国际法与国内法不一致时执行国际法(国内法或签署时有保留或声明的除外)。具体内容包括：

1. 宪法中的有关规定

《中华人民共和国宪法》(1982)有关环境保护的条款有两条。第9条规定："国家保障自然资源的合理利用，保护珍贵的动物和植物。禁止任何组织或者个人用任何手段侵占或者破坏自然资源。"第26条规定："国家保护和改善生活环境和生态环境，防治污染和其他公害。"

这些规定是制定环境保护法律法规的依据，是我国环境保护工作的最高准则，也是确定环境影响评价制度的最根本的法律依据和基础。2018年通过的《中华人民共和国宪法修正案》更是将"生态文明"写入宪法，标志着我国将深入贯彻绿色发展理念，进一步从源头加强环境保护。

2. 环境保护基本法中的规定

《中华人民共和国环境保护法》是我国环境保护的基本法，在环境法律体系中占有核心地位，它对环境保护的重大问题做出了全面的原则性规定，是构成其他单项环境立法的依据。该法1979年实施试行版后于1989年12月26日第七届全国人民代表大会常务委员会第十一次会议通过正式施行，在实施25年后于2014年4月24日经第十二届全国人民代表大会常务委员会第八次会议修订通过，并于2015年1月1日正式实施修订版。有关环境影响评价的条款在该法中扩充为三条：

第十四条："国务院有关部门和省、自治区、直辖市人民政府组织制定经济、技术政策，应当充分考虑对环境的影响，听取有关方面和专家的意见。"

第十九条："编制有关开发利用规划，建设对环境有影响的项目，应当依法进行环境影响评价。未依法进行环境影响评价的开发利用规划，不得组织实施；未依法进行环境影响评价的建设项目，不得开工建设。"

第四十一条："建设项目中防治污染的设施，应当与主体工程同时设计、同时施工、同时投产使用。防治污染的设施应当符合经批准的环境影响评价文件的要求，不得擅自拆除或者闲置。"

3. 单项法中的规定

环境保护单项法是以保护自然资源和防治环境污染为宗旨的一系列单行法律，包括污染防治单项法、生态保护单项法、环境制度实施法等。

我国环境影响评价制度最核心的单项法无疑是2002年10月28日由第九届全国人民代表大会常务委员会第三十次会议审议通过的《中华人民共和国环境影响评价法》，后于2016年7月2日第十二届全国人民代表大会常务委员会第二十一次会议修订，2018年12

月 29 日第十三届全国人民代表大会常务委员会第七次会议第二次修正，共 5 章 37 条。包括：总则、规划的环境影响评价、建设项目的环境影响评价、法律责任、附则等部分。

第一章“总则”主要是规定了本法的立法目的，环境影响评价概念的涵义，本法的适用范围，开展环境影响评价工作应当遵守的基本原则，国家鼓励公众参与环境影响评价以及支持和加强环境影响评价的基础性工作。

第二章“规划的环境影响评价”主要对需要进行环境影响评价的规划进行了分类，并重点规定了对规划进行环境影响评价的程序和要求。

第三章“建设项目的环境影响评价”基本是在国务院《建设项目环境保护管理条例》的基础上，增加了建设项目环境影响评价与规划的环境影响评价的关系，公众参与环境影响评价的范围、程序、方式和公众意见的地位，建设项目环境影响后评价和跟踪检查制度。

第四章“法律责任”，详细地规定了环境影响评价制度实施过程中涉及的有关违法行为的法律责任。不仅包括了规划编制机关、规划审查机关、建设单位、环境影响评价机构的法律责任，还规定了环保部门或其他部门违法审批建设项目应承担的法律责任。

第五章“附则”规定了对县级人民政府编制的规划进行环境影响评价的法律授权，军事设施建设项目环境影响评价的授权。

在其他一些单项法中对具体领域中执行环境影响评价制度的对象、内容和程序等也做了明文规定，如：

(1)《中华人民共和国水污染防治法》(2017 年 6 月 27 日)中第十九条：“新建、改建、扩建直接或者间接向水体排放污染物的建设项目和其他水上设施，应当依法进行环境影响评价。建设单位在江河、湖泊新建、改建、扩建排污口的，应当取得水行政主管部门或者流域管理机构同意；涉及通航、渔业水域的，环境保护主管部门在审批环境影响评价文件时，应当征求交通、渔业主管部门的意见。建设项目的水污染防治设施，应当与主体工程同时设计、同时施工、同时投入使用。水污染防治设施应当符合经批准或者备案的环境影响评价文件的要求。”

(2)《中华人民共和国大气污染防治法》(2018 年 10 月 26 日)中第十八条：“企业事业单位和其他生产经营者建设对大气环境有影响的项目，应当依法进行环境影响评价，公开环境影响评价文件；向大气排放污染物的，应当符合大气污染物排放标准，遵守重点大气污染物排放总量控制要求。”第八十九条：“编制可能对国家大气污染防治重点区域的大气环境造成严重污染的有关工业园区、开发区、区域产业和发展等规划，应当依法进行环境影响评价。规划编制机关应当与重点区域内有关省、自治区、直辖市人民政府或者有关部门会商。重点区域内有关省、自治区、直辖市建设可能对相邻省、自治区、直辖市大气环境质量产生重大影响的项目，应当及时通报有关信息，进行会商。会商意见及其采纳情况作为环境影响评价文件审查或者审批的重要依据。”

(3)《中华人民共和国土壤污染防治法》(2018 年 8 月 31 日)中第十八条：“各类涉及土地利用的规划和可能造成土壤污染的建设项目，应当依法进行环境影响评价。环境影响评价文件应当包括对土壤可能造成的不良影响及应当采取的相应预防措施等内容。”

(4)《中华人民共和国固体废物污染环境防治法》(2016 年 11 月 7 日)第十三条：“建设产生固体废物的项目以及建设贮存、利用、处置固体废物的项目，必须依法进行环境影响评价，并遵守国家有关建设项目环境保护管理的规定。”

(5)《中华人民共和国环境噪声污染防治法》(2018 年 12 月 29 日)第十三条：“新建、改建、扩建的建设项目，必须遵守国家有关建设项目环境保护管理的规定。建设项目可能产生环境噪声污染的，建设单位必须提出环境影响报告书，规定环境噪声污染的防治措施，并按照国家规定的程序报生态环境主管部门批准。环境影响报告书中，应当有该建设项目所在地单位和居民的意见。”

(6)《中华人民共和国放射性污染防治法》(2003 年 6 月 28 日)第十八条:“核设施选址，应当进行科学论证，并按照国家有关规定办理审批手续。在办理核设施选址审批手续前，应当编制环境影响报告书，报国务院生态环境主管部门审查批准；未经批准，有关部门不得办理核设施选址批准文件。”

(7)《中华人民共和国海洋环境保护法》(2017 年 11 月 4 日)第二十八条:“国家鼓励发展生态渔业建设，推广多种生态渔业生产方式，改善海洋生态状况。新建、改建、扩建海水养殖场，应当进行环境影响评价。”第四十二条:“新建、改建、扩建海岸工程建设项目，必须遵守国家有关建设项目环境保护管理的规定，并把防治污染所需资金纳入建设项目投资计划。”第四十四条:“海岸工程建设项目的环境保护设施，必须与主体工程同时设计、同时施工、同时投产使用。环境保护设施应符合批准的环境影响评价报告书(表)的要求。”第七十九条:“海岸工程建设项目未依法进行环境影响评价的，依照《中华人民共和国环境影响评价法》的规定处理。”

4. 环境保护行政法规

国务院已制定 100 多部防治环境污染和环境破坏、保护和合理利用自然资源的行政法规，包括条例、实施条例、实施细则等，其中 1998 年颁布的国务院第 253 号令《建设项目环境保护管理条例》标志着当时环境影响评价制度在法律层次上的提升。该条例包括 5 章 34 条，涵盖了建设项目的环境影响评价和“三同时”要求。2017 年 6 月 21 日国务院第 177 次常务会议通过了《国务院关于修改〈建设项目环境保护管理条例〉的决定》，不仅删除了对环评单位的资质管理、环评前置预审、试生产，以及环保设施竣工验收的审批规定，还将环境影响登记表由审批制改为备案制，充分落实了行政审批制度改革，大力推进了简政放权。

此外，2009 年 8 月国务院第 76 次常务会议通过了《规划环境影响评价条例》，该条例在《中华人民共和国环境影响评价法》的基础上，从评价、审查和跟踪评价三个方面对规划环境影响评价进行了具体规定，是进一步落实规划环评、推进科学化决策的重要法规依据。

5. 环境保护的部门规章

我国生态环境行政主管部门先后颁布了众多的部门规章，具体规范、指导我国环境影响评价的程序和方法，成为构成环境影响评价制度的主体。具体包括:《环境影响评价公众参与办法》(2018 - 07 - 16)、《建设项目环境影响评价分类管理名录》(2018 - 04 - 28)、《建设项目环境影响后评价管理办法(试行)》(2016 - 01 - 01)、《建设项目环境影响评价文件审批程序规定》(2005 - 11 - 23)、《建设项目环境影响评价文件分级审批规定》(2009 - 01 - 16)、《建设项目环境影响评价行为准则与廉政规定》(2009 - 1 - 16)、《专项规划环境影响报告书审查办法》(2003 - 10 - 08)、《环境影响评价审查专家库管理办法》(2003 - 06 - 17)等。

二、标准体系

我国的环境影响评价标准体系分为两级、六大类。两级是指国家、地方两级；六大类包括环境质量标准、污染物排放标准、环境基础标准、环境方法标准、环境标准样品标准、环保仪器设备标准，这些标准根据执行效力又分为两种：强制性标准和推荐性标准（标准号中加字母 T）。

1. 环境质量标准

指在一定时间和空间范围内，对各种环境介质（含大气、水、土壤等）中的有害物质和因素所规定的容许容量和要求，是衡量环境是否受到污染的尺度，以及有关部门进行环境管理，制定污染排放标准的依据。如：《地表水环境质量标准》（GB 3838—2002）、《地下水质量标准》（GB/T 14848—2011）、《海水水质标准》（GB 3097—1997）、《环境空气质量标准》（GB 3095—2012）、《声环境质量标准》（GB 3096—2008）、《土壤环境质量 农用地土壤污染风险管控标准（试行）》（GB 15618—2018）、《土壤环境质量 建设用地土壤污染风险管控标准（试行）》（GB 36600—2018）、《生活饮用水卫生标准》（GB 5749—2006）等。

2. 污染物排放标准

污染物排放标准是根据环境质量要求，结合环境特点和社会、经济、技术条件，对污染源排入环境的有害物质和产生的有害因素所做的控制标准，或者说是排入环境的污染物和产生的有害因素的允许的限值或排放量（浓度）。它对于直接控制污染源，防治环境污染，保护和改善环境质量具有重要作用，是实现环境质量目标的重要手段。如：《污水综合排放标准》（GB 8978—1996）、《城镇污水处理厂污染物排放标准》（GB 18918—2002）、《石油炼制工业污染物排放标准》（GB 31570—2015 ）、《大气污染物综合排放标准》（GB 16297—1996）、《火电厂大气污染物排放标准》（GB 13223—2011）、《锅炉大气污染物排放标准》（GB 13271—2014）、《恶臭污染物排放标准》（GB 14554—1993）、《生活垃圾焚烧污染控制标准》（GB18485—2014）、《生活垃圾填埋场污染控制标准》（GB 16889—2008）、《危险废物焚烧污染控制标准》（GB 18484—2001）、《一般工业固体废物贮存、处置场污染控制标准》（GB 18599—2001）、《工业企业厂界环境噪声排放标准》（GB 12348—2008）、《社会生活环境噪声排放标准》（GB 22337—2008）、《建筑施工场界环境噪声排放标准》（GB 12523—2011）、《制药工业大气污染物排放标准》（GB 37823—2019）、《石油化学工业污染物排放标准》（GB 31571—2015）等。

3. 环境基础标准

环境基础标准是在环境保护工作范围内，对有指导意义的有关名词术语、符号、指南、导则等所作的统一规定。在环境标准体系中它处于指导地位，是制定其他环境标准的基础。如：《建设项目环境影响评价技术导则 总纲》（HJ 2.1—2016）、《环境影响评价技术导则 地表水环境》（HJ 2.3—2018）、《环境影响评价技术导则 地下水环境》（HJ 610—2016）、《环境影响评价技术导则 大气环境》（HJ 2.2—2018）、《环境影响评价技术导则 土壤环境（试行）》（HJ 964—2018）、《环境影响评价技术导则 声环境》（HJ 2.4—2009）、《环境影响评价技术导则 生态影响》（HJ 19—2011）、《规划环境影响评价技术导则 总纲》（HJ 130—2014）、《开发区区域环境影响评价技术导则》（HJ/T 131—2003）、《建设项目环境风险评价技术导则》（HJ 169—2018）等，以及行业性环境影响评价技术导则，如《环境影响评价技术导则　城市轨道交通》（HJ 453—2018）《环境影响评价技术导则 钢铁建设项目》（HJ 708—2014）、《建设项目竣工环境保护验收技术规范 制药》（HJ 792—2016）等。

4.环境方法标准

环境方法标准是环境保护工作中，以试验、分析、抽样、统计、计算等方法为对象而制定的标准，是制定和执行环境质量标准和污染物排放标准、实现统一管理的基础，如：《制订地方水污染物排放标准的技术原则和方法》(GB 3839—1983)、《集中式饮用水水源地环境保护状况评估技术规范》(HJ 774—2015)、《水质乙腈的测定 直接进样/气相色谱法》(HJ 789—2016)、《制定地方大气污染物排放标准的技术方法》(GB/T 3840—1991)、《环境空气质量指数(AQI)技术规定(试行)》(HJ 633—2012)、《固定污染源废气 铅的测定 火焰原子吸收分光光度法》(HJ 685—2014)、《环境空气 六价铬的测定 柱后衍生离子色谱法》(HJ 779—2015)、《声环境功能区划分技术规范》(GB/T 15190—2014)、《环境噪声监测技术规范 城市声环境常规监测》(HJ 640—2012)、《建筑施工场界噪声测量方法》(GB 12524—1990)、《固体废物 有机物的提取 加压流体萃取法》(HJ 782—2016)等。

5. 环境标准样品标准

环境标准样品标准是对环境标准样品必须达到的要求所作的规定。环境标准样品是环境保护工作中，用来标定仪器、验证测量方法、进行量值传递或质量控制的标准材料或物质，如：《水质 pH 标准样品》(GSB07—3159—2014)、《水质 COD 标准样品》(GSBZ500001—88)、《空气监测标样 二氧化硫(甲醛法)》(GSBZ50037—95)、《大气 试验粉尘标准样品模拟 大气尘》(GB 13270—1991)、《土壤 ESS-1 标准样品》(GSBZ500011—87)等。

6. 环保仪器设备标准

为了保证污染物监测仪器所监测数据的可比性和可靠性，以保证污染治理设备运行的各项效率，对有关环境保护仪器设备的各项技术要求也编制统一的规范和规定，均为环保仪器设备标准。如：《六价铬水质自动在线监测仪技术要求》(HJ 609—2011)、《溶解氧(DO)水质自动分析仪技术要求》(HJ/T 99—2003)、《环境空气和废气 总烃、甲烷和非甲烷总烃便携式监测仪技术要求及检测方法》(HJ 1012—2018)、《污染源在线自动监控(监测)数据采集传输仪技术要求》(HJ 477—2009)、《汽油车稳态工况法排气污染物测量设备技术要求》(HJ/T 291—2006)等。

相关链接　中华人民共和国环境影响评价法

第一章 总则

第一条 为了实施可持续发展战略，预防因规划和建设项目实施后对环境造成不良影响，促进经济、社会和环境的协调发展，制定本法。

第二条 本法所称环境影响评价，是指对规划和建设项目实施后可能造成的环境影响进行分析、预测和评估，提出预防或者减轻不良环境影响的对策和措施，进行跟踪监测的方法与制度。

第三条 编制本法第九条所规定的范围内的规划，在中华人民共和国领域和中华人民共和国管辖的其他海域内建设对环境有影响的项目，应当依照本法进行环境影响评价。

第四条 环境影响评价必须客观、公开、公正，综合考虑规划或者建设项目实施后对各种环境因素及其所构成的生态系统可能造成的影响，为决策提供科学依据。

第五条 国家鼓励有关单位、专家和公众以适当方式参与环境影响评价。

第六条　国家加强环境影响评价的基础数据库和评价指标体系建设，鼓励和支持对环境影响评价的方法、技术规范进行科学研究，建立必要的环境影响评价信息共享制度，提高环境影响评价的科学性。

国务院生态环境主管部门应当会同国务院有关部门，组织建立和完善环境影响评价的基础数据库和评价指标体系。

第二章　规划的环境影响评价

第七条　国务院有关部门、设区的市级以上地方人民政府及其有关部门，对其组织编制的土地利用的有关规划，区域、流域、海域的建设、开发利用规划，应当在规划编制过程中组织进行环境影响评价，编写该规划有关环境影响的篇章或者说明。

规划有关环境影响的篇章或者说明，应当对规划实施后可能造成的环境影响做出分析、预测和评估，提出预防或者减轻不良环境影响的对策和措施，作为规划草案的组成部分一并报送规划审批机关。

未编写有关环境影响的篇章或者说明的规划草案，审批机关不予审批。

第八条　国务院有关部门、设区的市级以上地方人民政府及其有关部门，对其组织编制的工业、农业、畜牧业、林业、能源、水利、交通、城市建设、旅游、自然资源开发的有关专项规划（以下简称专项规划），应当在该专项规划草案上报审批前，组织进行环境影响评价，并向审批该专项规划的机关提出环境影响报告书。

前款所列专项规划中的指导性规划，按照本法第七条的规定进行环境影响评价。

第九条　依照本法第七条、第八条的规定进行环境影响评价的规划的具体范围，由国务院生态环境主管部门会同国务院有关部门规定，报国务院批准。

第十条　专项规划的环境影响报告书应当包括下列内容：

（一）实施该规划对环境可能造成影响的分析、预测和评估；

（二）预防或者减轻不良环境影响的对策和措施；

（三）环境影响评价的结论。

第十一条　专项规划的编制机关对可能造成不良环境影响并直接涉及公众环境权益的规划，应当在该规划草案报送审批前，举行论证会、听证会，或者采取其他形式，征求有关单位、专家和公众对环境影响报告书草案的意见。但是，国家规定需要保密的情形除外。

编制机关应当认真考虑有关单位、专家和公众对环境影响报告书草案的意见，并应当在报送审查的环境影响报告书中附具对意见采纳或者不采纳的说明。

第十二条　专项规划的编制机关在报批规划草案时，应当将环境影响报告书一并附送审批机关审查；未附送环境影响报告书的，审批机关不予审批。

第十三条　设区的市级以上人民政府在审批专项规划草案，做出决策前，应当先由人民政府指定的生态环境主管部门或者其他部门召集有关部门代表和专家组成审查小组，对环境影响报告书进行审查。审查小组应当提出书面审查意见。

参加前款规定的审查小组的专家，应当从按照国务院生态环境主管部门的规定设立的专家库内的相关专业的专家名单中，以随机抽取的方式确定。

由省级以上人民政府有关部门负责审批的专项规划，其环境影响报告书的审查办法，由国务院生态环境主管部门会同国务院有关部门制定。

第十四条　审查小组提出修改意见的，专项规划的编制机关应当根据环境影响报告书结论和审查意见对规划草案进行修改完善，并对环境影响报告书结论和审查意见的采纳情况作出说明；不采纳的，应当说明理由。设区的市级以上人民政府或者省级以上人民政府有关部门在审批专项规划草案时，应当将环境影响报告书结论以及审查意见作为决策的重要依据。

在审批中未采纳环境影响报告书结论以及审查意见的，应当做出说明，并存档备查。

第十五条　对环境有重大影响的规划实施后，编制机关应当及时组织环境影响的跟踪评价，并将评价结果报告审批机关；发现有明显不良环境影响的，应当及时提出改进措施。

第三章　建设项目的环境影响评价

第十六条　国家根据建设项目对环境的影响程度，对建设项目的环境影响评价实行分类管理。建设单位应当按照下列规定组织编制环境影响报告书、环境影响报告表或者填报环境影响登记表（以下统称环境影响评价文件）：

（一）可能造成重大环境影响的，应当编制环境影响报告书，对产生的环境影响进行全面评价；

（二）可能造成轻度环境影响的，应当编制环境影响报告表，对产生的环境影响进行分析或者专项评价；

（三）对环境影响很小、不需要进行环境影响评价的，应当填报环境影响登记表。

建设项目的环境影响评价分类管理名录，由国务院生态环境主管部门制定并公布。

第十七条　建设项目的环境影响报告书应当包括下列内容：

（一）建设项目概况；

（二）建设项目周围环境现状；

（三）建设项目对环境可能造成影响的分析、预测和评估；

（四）建设项目环境保护措施及其技术、经济论证；

（五）建设项目对环境影响的经济损益分析；

（六）对建设项目实施环境监测的建议；

（七）环境影响评价的结论。

环境影响报告表和环境影响登记表的内容和格式，由国务院生态环境主管部门制定。

第十八条　建设项目的环境影响评价，应当避免与规划的环境影响评价相重复。作为一项整体建设项目的规划，按照建设项目进行环境影响评价，不进行规划的环境影响评价。已经进行了环境影响评价的规划包含具体建设项目的，规划的环境影响评价结论应当作为建设项目环境影响评价的重要依据，建设项目环境影响评价的内容应当根据规划的环境影响评价审查意见予以简化。

第十九条　建设单位可以委托技术单位对其建设项目开展环境影响评价，编制建设项目环境影响报告书、环境影响报告表；建设单位具备环境影响评价技术能力的，可以自行对其建设项目开展环境影响评价，编制建设项目环境影响报告书、环境影响报告表。

编制建设项目环境影响报告书、环境影响报告表应当遵守国家有关环境影响评价标准、技术规范等规定。

国务院生态环境主管部门应当制定建设项目环境影响报告书、环境影响报告表编制的能力建设指南和监管办法。

接受委托为建设单位编制建设项目环境影响报告书、环境影响报告表的技术单位，不得与负责审批建设项目环境影响报告书、环境影响报告表的生态环境主管部门或者其他有关审批部门存在任何利益关系。

第二十条　建设单位应当对建设项目环境影响报告书、环境影响报告表的内容和结论负责，接受委托编制建设项目环境影响报告书、环境影响报告表的技术单位对其编制的建设项目环境影响报告书、环境影响报告表承担相应责任。

设区的市级以上人民政府生态环境主管部门应当加强对建设项目环境影响报告书、环境影响报告表编制单位的监督管理和质量考核。

负责审批建设项目环境影响报告书、环境影响报告表的生态环境主管部门应当将编制单位、编制主持人和主要编制人员的相关违法信息记入社会诚信档案，并纳入全国信用信息共享平台和国家企业信用信息公示系统向社会公布。

任何单位和个人不得为建设单位指定编制建设项目环境影响报告书、环境影响报告表的技术单位。

第二十一条　除国家规定需要保密的情形外，对环境可能造成重大影响、应当编制环境影响报告书的建设项目，建设单位应当在报批建设项目环境影响报告书前，举行论证会、听证会，或者采取其他形式，征求有关单位、专家和公众的意见。

建设单位报批的环境影响报告书应当附具对有关单位、专家和公众的意见采纳或者不采纳的说明。

第二十二条 建设项目的环境影响报告书、报告表，由建设单位按照国务院的规定报有审批权的生态环境主管部门审批。

海洋工程建设项目的海洋环境影响报告书的审批，依照《中华人民共和国海洋环境保护法》的规定办理。

审批部门应当自收到环境影响报告书之日起六十日内，收到环境影响报告表之日起三十日内，分别作出审批决定并书面通知建设单位。

国家对环境影响登记表实行备案管理。

审核、审批建设项目环境影响报告书、报告表以及备案环境影响登记表，不得收取任何费用。

第二十三条 国务院生态环境主管部门负责审批下列建设项目的环境影响评价文件：

（一）核设施、绝密工程等特殊性质的建设项目；

（二）跨省、自治区、直辖市行政区域的建设项目；

（三）由国务院审批的或者由国务院授权有关部门审批的建设项目。

前款规定以外的建设项目的环境影响评价文件的审批权限，由省、自治区、直辖市人民政府规定。

建设项目可能造成跨行政区域的不良环境影响，有关生态环境主管部门对该项目的环境影响评价结论有争议的，其环境影响评价文件由共同的上一级生态环境主管部门审批。

第二十四条 建设项目的环境影响评价文件经批准后，建设项目的性质、规模、地点、采用的生产工艺或者防治污染、防止生态破坏的措施发生重大变动的，建设单位应当重新报批建设项目的环境影响评价文件。

建设项目的环境影响评价文件自批准之日起超过五年，方决定该项目开工建设的，其环境影响评价文件应当报原审批部门重新审核；原审批部门应当自收到建设项目环境影响评价文件之日起十日内，将审核意见书面通知建设单位。

第二十五条 建设项目的环境影响评价文件未依法经审批部门审查或者审查后未予批准的，建设单位不得开工建设。

第二十六条 建设项目建设过程中，建设单位应当同时实施环境影响报告书、环境影响报告表以及环境影响评价文件审批部门审批意见中提出的环境保护对策措施。

第二十七条 在项目建设、运行过程中产生不符合经审批的环境影响评价文件的情形的，建设单位应当组织环境影响的后评价，采取改进措施，并报原环境影响评价文件审批部门和建设项目审批部门备案；原环境影响评价文件审批部门也可以责成建设单位进行环境影响的后评价，采取改进措施。

第二十八条 生态环境主管部门应当对建设项目投入生产或者使用后所产生的环境影响进行跟踪检查，对造成严重环境污染或者生态破坏的，应当查清原因、查明责任。对属于建设项目环境影响报告书、环境影响报告表存在基础资料明显不实，内容存在重大缺陷、遗漏或者虚假，环境影响评价结论不正确或者不合理等严重质量问题的，依照本法第三十二条的规定追究建设单位及其相关责任人员和接受委托编制建设项目环境影响报告书、环境影响报告表的技术单位及其相关人员的法律责任；属于审批部门工作人员失职、渎职，对依法不应批准的建设项目环境影响报告书、环境影响报告表予以批准的，依照本法第三十四条的规定追究其法律责任。

第四章 法律责任

第二十九条 规划编制机关违反本法规定，未组织环境影响评价，或者组织环境影响评价时弄虚作假或者有失职行为，造成环境影响评价严重失实的，对直接负责的主管人员和其他直接责任人员，由上级机关或者监察机关依法给予行政处分。

第三十条 规划审批机关对依法应当编写有关环境影响的篇章或者说明而未编写的规划草案，依法应当附送环境影响报告书而未附送的专项规划草案，违法予以批准的，对直接负责的主管人员和其他直接责任人员，由上级机关或者监察机关依法给予行政处分。

第三十一条　建设单位未依法报批建设项目环境影响报告书、报告表，或者未依照本法第二十四条的规定重新报批或者报请重新审核环境影响报告书、报告表，擅自开工建设的，由县级以上生态环境主管部门责令停止建设，根据违法情节和危害后果，处建设项目总投资额百分之一以上百分之五以下的罚款，并可以责令恢复原状；对建设单位直接负责的主管人员和其他直接责任人员，依法给予行政处分。

建设项目环境影响报告书、报告表未经批准或者未经原审批部门重新审核同意，建设单位擅自开工建设的，依照前款的规定处罚、处分。

建设单位未依法备案建设项目环境影响登记表的，由县级以上生态环境主管部门责令备案，处五万元以下的罚款。

海洋工程建设项目的建设单位有本条所列违法行为的，依照《中华人民共和国海洋环境保护法》的规定处罚。

第三十二条　建设项目环境影响报告书、环境影响报告表存在基础资料明显不实，内容存在重大缺陷、遗漏或者虚假，环境影响评价结论不正确或者不合理等严重质量问题的，由设区的市级以上人民政府生态环境主管部门对建设单位处五十万元以上二百万元以下的罚款，并对建设单位的法定代表人、主要负责人、直接负责的主管人员和其他直接责任人员，处五万元以上二十万元以下的罚款。

接受委托编制建设项目环境影响报告书、环境影响报告表的技术单位违反国家有关环境影响评价标准和技术规范等规定，致使其编制的建设项目环境影响报告书、环境影响报告表存在基础资料明显不实，内容存在重大缺陷、遗漏或者虚假，环境影响评价结论不正确或者不合理等严重质量问题的，由设区的市级以上人民政府生态环境主管部门对技术单位处所收费用三倍以上五倍以下的罚款；情节严重的，禁止从事环境影响报告书、环境影响报告表编制工作；有违法所得的，没收违法所得。

编制单位有本条第一款、第二款规定的违法行为的，编制主持人和主要编制人员五年内禁止从事环境影响报告书、环境影响报告表编制工作；构成犯罪的，依法追究刑事责任，并终身禁止从事环境影响报告书、环境影响报告表编制工作。

第三十三条　负责审核、审批、备案建设项目环境影响评价文件的部门在审批、备案中收取费用的，由其上级机关或者监察机关责令退还；情节严重的，对直接负责的主管人员和其他直接责任人员依法给予行政处分。

第三十四条　生态环境主管部门或者其他部门的工作人员徇私舞弊，滥用职权，玩忽职守，违法批准建设项目环境影响评价文件的，依法给予行政处分；构成犯罪的，依法追究刑事责任。

第五章　附　则

第三十五条　省、自治区、直辖市人民政府可以根据本地的实际情况，要求对本辖区的县级人民政府编制的规划进行环境影响评价。具体办法由省、自治区、直辖市参照本法第二章的规定制定。

第三十六条　军事设施建设项目的环境影响评价办法，由中央军事委员会依照本法的原则制定。

第三十七条　本法自2003年9月1日起施行。

第四节　我国环境影响评价制度的特点

经过四十年的发展，我国的环境影响评价制度在吸收国外经验的基础上，不断适应具有中国特色社会主义体制和改革开放的国情，形成了鲜明的特点。

一、具有法律强制性和明确的法律责任

我国的环境影响评价制度是由一系列法律法规和部门规章组成的，具有完整的法律体

系，是由《中华人民共和国环境保护法》、《环境影响评价法》、《建设项目环境保护管理条例》、《规划环境影响评价条例》等法规体系明令规定的一项法律制度，以法律形式约束人们必须遵照执行，具有不可违抗的强制性。

《环境影响评价法》第四章中明确了环评制度中各涉及单位的法律责任，包括规划编制机关、规划审批机关、建设单位、建设项目审批部门、环境影响评价技术单位、生态环境主管部门或者其他相关部门等单位应承担的法律责任。

二、评价对象和范围拓宽

我国环境影响评价制度确立之初，其适用范围是对环境有影响的建设项目，一系列的法律法规、相关规定都是针对建设项目的环境影响评价。在 2002 年《环境影响评价法》出台之后，环评的范围扩展到了对环境有影响的规划，总则第一条即指出："为了实施可持续发展战略，预防因规划和建设项目实施后对环境造成不良影响，促进经济、社会和环境的协调发展，制定本法。"第三条进一步明确了环评制度的适用对象为："编制本法第九条所规定的范围内的规划，在中华人民共和国领域和中华人民共和国管辖的其他海域内建设对环境有影响的项目。"环评法将我国的环境影响评价制度从建设项目拓宽到政府规划，是我国环保事业的历史性突破，不仅丰富了我国环境影响评价的层次，使我国在落实环境影响评价制度上处于国际前列，而且对于落实科学发展观、实施可持续发展战略至关重要。

三、建设项目环境影响评价纳入基本建设程序

我国建设项目环评开展时间较长，建设项目环境管理纳入了项目的基本建设管理体系中，长期以来成为基本建设审批程序中的前置程序，拥有一票否决权。在计划经济时代，建设项目环境影响评价位于可行性研究阶段，是可行性研究的一部分，环境影响报告书的批复是可研报告审批的前置条件，对未经批准环境影响报告书或环境影响报告表的建设项目，计划部门不办理设计任务书的审批手续，土地管理部门不办理征地手续，银行不予贷款。这种管理体系是与经济开发投资体制密不可分的。进入 21 世纪后，适应市场经济的投资体制改革方案出台，建设项目环境影响评价的管理体系也发生了变化。

2004 年 7 月，国务院发布了《关于投资体制改革的决定》(国发[2004]20 号)，标志着我国投资项目管理程序做出重大调整，彻底改革了计划经济时代不分投资主体、不分资金来源、不分项目性质，一律按投资规模大小分别由各级政府及有关部门审批的企业投资管理办法。对于企业不使用政府投资建设的项目，一律不再实行审批制，区别不同情况实行核准制和备案制。其中，政府仅对重大项目和限制类项目从维护社会公共利益角度进行核准，其他项目无论规模大小，均改为备案制，项目的市场前景、经济效益、资金来源和产品技术方案等均由企业自主决策、自担风险。于是，现行的投资项目分为审批制、核准制和备案制三种类型。

投资体制改革后一段时间内，新的管理体系尚未完善，对新开工项目的管理存在执法不严、监管不力的问题。2007 年 11 月，国务院办公厅发布了《关于加强和规范新开工项目管理的通知》(国办发〔2007〕64 号)，严格规范投资项目新开工条件，其中必备条件之一是：已经按照建设项目环境影响评价分类管理、分级审批的规定完成环境影响评价审批。并要求各级发展改革、城乡规划、国土资源、环境保护、建设和统计等部门要加强沟通，密切配合，明确工作程序和责任，建立新开工项目管理联动机制，要求各级发展改革等项目审批(核准、备

案）部门和城乡规划、国土资源、环境保护、建设等部门都要严格遵守相关程序和规定，加强相互衔接，确保各个工作环节按规定程序进行。对未取得规划选址、用地预审和环评审批文件的项目，发展改革等部门不得予以审批或核准。对于未履行备案手续或者未予备案的项目，城乡规划、国土资源、环境保护等部门不得办理相关手续。对应以招标、拍卖或挂牌出让方式取得土地的项目，国土资源管理部门要会同发展改革、城乡规划、环境保护等部门将有关要求纳入土地出让方案。对未按规定取得项目审批（核准、备案）、规划许可、环评审批、用地管理等相关文件的建筑工程项目，建设行政主管部门不得发放施工许可证。对于未按程序和规定办理审批和许可手续的，要撤销有关审批和许可文件，并依法追究相关人员的责任。

十八大后，我国经济处于调速换挡期，为了经济健康持续发展，国务院实施简政放权，于2016年十二届全国人大常委会第二十一次会议审议修改了包括《中华人民共和国环境影响评价法》在内的6部法律，其中环评审批不再作为可行性研究报告审批或项目核准的前置条件，而是与其他几个审批程序同步进行，但仍须在项目开工前完成。环评审批由“串联”变成了“并联”，大大提高了地方行政服务的工作效率，优化了审批流程。但同时由于管理上尚不完善，不少企业拿到经济批文而并未获得环保批文便开工建设，提高了政府管理难度。

可见，尽管我国的投资体制已发生重大变动，但环境影响评价仍是投资项目管理中重要且必要的一个环节，仍起到一票否决的作用。

四、分类管理、分级审批

分类管理是按照建设项目对环境可能造成的影响程度——重大影响、轻度影响或影响很小，分别编制环境影响报告书、环境影响报告表或填报环境影响登记表，这一特点主要是针对建设项目的环境影响评价。

可能造成重大环境影响的，应当编制环境影响报告书，对产生的环境影响进行全面评价；可能造成轻度环境影响的，应当编制环境影响报告表，对产生的环境影响进行分析或者专项评价；对环境影响很小、不需要进行环境影响评价的，应当填报环境影响登记表。

现行的项目分类办法是2018年4月28日修订的《建设项目环境影响评价分类管理名录》，该名录已经过多次修订，原始版本为2003年1月1日国家环保总局制定颁布的《建设项目环境保护分管名录》。现行名录明确了50个大类、192个小类的环境影响评价分类管理要求。

分级审批是指对于不同投资主体、不同投资规模、不同行业等的建设项目，由国家生态环境部、省、自治区和直辖市、市、县等不同级别生态环境主管部门负责审批其环评文件。具体的分级方法由国家环保总局于2002年12月出台的《建设项目环境影响评价文件分级审批规定》加以说明，并随着经济和环境保护形势的变化做出适时调整，如2004年为配合宏观经济调控，国家环保总局又颁布了环发〔2004〕164号《关于加强建设项目环境影响评价分级审批的通知》，对资源能源消耗大、污染严重的一些行业和项目提高审批等级。2009年1月环保部又发出第5号令修订了《建设项目环境影响评价文件分级审批规定》。

2012年十八大后，政府实行简政放权，审批观念发生改变，由过去权限收拢转变为权限下放。2013年发布了《环境保护部关于下放部分建设项目环境影响评价文件审批权限的公告》，并于2015年重新发布了《环境保护部审批环境影响评价文件的建设项目目录（2015年本）》，大量建设项目的审批权不再归属中央。2019年2月生态环境部为进一步深化“放管服”改革，发布了《生态环境部审批环境影响评价文件的建设项目目录(2019年本)》，再次下放了9类项目的审批权限。同时，各省为响应中央号召，将权限逐级下放，如江苏省发布《关于进一步调整下放建设项目环评审批权限的通知》(苏环发〔2013〕7号)，逐步建立省直管县(市)的环境管理体制，审批权限由曾经的中央为主体逐层下放至县级。

分类管理、分级审批的制度适应了我国具体国情和政治体制，对于提高环评管理审批的效率有着积极的意义。

五、取消了环境影响评价资格证书制度

我国长期以来的建设项目环境影响评价实行资格证书制度，即提供技术服务的机构需向环境保护部申请建设项目环境影响评价资质，经审查合格，取得《建设项目环境影响评价资质证书》后，方可在资质证书规定的资质等级和评价范围内接受建设单位委托，编制建设项目环境影响报告书或者环境影响报告表。资质分为甲、乙两级。同时，国家对环境影响评价人员实行持证上岗和环境影响评价工程师职业资格登记制度，以确保环评的主体拥有充分的专业知识来保证我国环评的科学性和质量。

然而，在国家推进“放管服”、弱资质化的改革大潮中，2018年12月29日修订的《中华人民共和国环境影响评价法》正式取消了环评资质：建设单位可以委托技术单位对其建设项目开展环境影响评价，编制建设项目环境影响报告书、环境影响报告表；建设单位具备环境影响评价技术能力的，可以自行对其建设项目开展环境影响评价，编制建设项目环境影响报告书、环境影响报告表。

取消环评资质后，明确了环评文件的责任主体是建设单位，而非环评机构，可促使建设单位重视环评文件的编制质量和生态保护对策措施的落实。同时，赋予了各级生态环境部门更强有力的监管武器，并保留了环境影响评价工程师职业资格登记制度，通过对技术单位和个人加强考核和处罚，并将其信用信息归档和公开，来保障环境影响评价文件的技术水平。

六、明确规定鼓励公众参与

我国的环境影响评价制度非常强调公众参与的重要性，环评法第五条申明：国家鼓励有关单位、专家和公众以适当方式参与环境影响评价，国家环保总局颁布了《环境影响评价公众参与暂行办法》(环发2006[28号])推进和规范环境影响评价活动中的公众参与，该办法明确了环境影响评价中的公众参与实行公开、平等、广泛和便利的原则，规定了信息公开的内容和方式、公众参与的组织形式和公众意见的调查方式等，确保公众的意见能纳入到开发活动的决策过程中。同时也相应颁布《建设项目环境影响评价信息公开机制方案》(环发2015[162号])、《环境保护公众参与办法》(部令35号)2015，加强公众参与。

2018年7月，生态环境部发布部令第4号修订出台《环境影响评价公众参与办法》，对如何开展规划环评和建设项目环评的公众参与作出了系统的说明。新的《公参办法》共34条，更加明确地规定了建设单位主体责任，由其对公参组织实施的真实性和结果负责；依照《环境保护法》的规定，将听取意见的公众范围明确为环境影响评价范围内公民、法人和其他组织，优先保障受影响公众参与的权力，并鼓励建设单位听取范围外公众的意见，保障更广泛公众的参与权力；进一步将信息公开的方式细化为网络、报纸、张贴公告等三种方式；明确

了公众意见的作用，优化了公众意见调查方式，建立健全了公众意见采纳或不采纳反馈方式，针对弄虚作假提出了惩戒措施，确保公众参与的有效性和真实性；全面优化了参与程序细节，实施分类公参，不断提高效率；对生态环境主管部门环评行政许可的公众参与进行了明确等。随后，生态环境部发布了配套的《建设项目环境影响评价公众意见表》和《建设项目环境影响评价公众参与说明格式要求》，进一步完善了相关要求。

七、环评内容丰富，为其他环境管理制度提供基础数据

经过近四十年的发展，我国环境影响评价形成的文件内容丰富，数据翔实，提供了后续环境管理的基础资料，可与多项环境管理制度相衔接。如建设项目环评报告突出工程的排污环节和污染源强的分析，并结合清洁生产和循环经济的最新要求，提出完整的污染防治措施，是"三同时"环保设施竣工验收时的依据，而总量控制中提出的总量控制方案也是排污申报和许可证发放的数据来源。

此外，《环境影响评价法》将跟踪评价和后评价纳入法律规范范畴，发现有明显不良环境影响的，应当采取改进措施，并规定如造成严重环境污染或者生态破坏的，应当查清原因、查明责任，并对责任单位或个人予以追究。跟踪评价和后评价能解决预测检验性问题，对健全我国环境影响评价制度具有重大意义。

八、环境影响评价文件实行技术审查制度

我国对环境影响评价文件实行技术审查制度，国家环境保护总局令第 29 号《国家环境保护总局建设项目环境影响评价文件审批程序规定》(2005 年 11 月 23 日)明确了环评文件的审查程序，规定：环保总局受理建设项目环境影响报告书后，认为需要进行技术评估的，由环境影响评估机构对环境影响报告书进行技术评估，组织专家评审。评估机构一般应在 30 日内提交评估报告，并对评估结论负责。目前生态环境部环境工程评估中心负责部批项目的技术审查，各级省、市也成立各自的环境工程咨询或评估机构组织技术审查，出具评估意见。与环评法同时实施的国家环保总局第 16 号令《环境影响评价审查专家库管理办法》规定了国家库和地方库的设立，明确了专家库及入选专家应当具备的条件等专家库设立的办法，明确了在环境影响评价技术审查中仰仗于专家审查。2011 年颁布的《建设项目环境影响评价技术评估导则》(HJ 616－2011)规定了对建设项目环境影响评价文件进行技术评估的一般原则、程序、方法、基本内容、要点和要求，对环评文件的技术审查起到了规范和指导作用。

九、相对成熟，仍待改革和完善

我国环境影响评价制度已实施四十年，处于相对成熟的阶段，并随着我国管理体制改革的大趋势，仍在逐渐完善。如：过去对于"未批先建"的行为，环评法中只是提出了"限期补办手续"，不免使"未批先建"的行为有机可乘、有空可钻；对于应该补办环评而没有补办的、被勒令停止而没有停止的规定可处以 5 万～20 万元的罚款，对于众多动辄投资上亿的项目而言，这样的处罚力度过轻，造成违法成本过低，不足以起到足够的处罚警醒的作用。2016 年对环评法的修正中，对于"未批先建"行为，县级以上环保主管部门有权责令停止建设，根据违法情节和危害后果，处建设项目总投资额百分之一以上百分之五以下的罚款，并可以责令

恢复原状；对建设单位直接负责的主管人员和其他直接责任人员，依法给予行政处分，大大加强了对“未批先建”行为的针对性管制力度，提高了环评在项目建设流程中的重要地位。

同时，随着简政放权的改革浪潮不断深入，环境影响评价制度作为生态环境部门保留的行政许可事项，仍将处于改革的风口浪尖。尤其是目前已经确定了改变过去以环评制度为主要抓手的环境管理体制，而是构建以排污许可证制度为核心的新的环境管理制度体系，如何做好与排污许可证制度的衔接，将是下一步改革的重点。

思考题

1. 查阅相关环境保护法规体系，熟悉我国环境影响评价制度相关规定。
2. 查阅我国环境保护相关标准，熟悉各项环境质量标准、污染物排放标准。
3. 我国环境影响评价制度实行分类管理和分级审批，试分析其重要意义。
4. 如何理解我国环境影响评价制度处于改革的风口浪尖？

第三章　环境影响评价程序与方法

引言　环境影响评价实质是由一系列程序(Process)和方法(Techniques)组合而成的过程,它是一项法律制度,并不等同于环境影响报告书,因此其程序包括管理程序和工作程序。前者是指环保管理部门、建设拟议方、环评技术单位、咨询(评估)机构、公众共同完成的行政审批(审查)环节,需严格按照流程开展,否则环境影响评价的效果就大打折扣;后者则是编制环境影响报告书的各技术环节,需应用恰当的技术手段,保证环境影响评价的科学性。

第一节　环境影响评价程序

一、环境影响评价通用程序

联合国环境规划署提供给各国借鉴的环境影响评价程序如图3-1所示,该程序是从筛选开始——以确保有限的时间和资源用到确实影响环境的开发活动上,到对开发活动实施状况的后续管理结束——以了解环境影响评价开展后的实际效果。

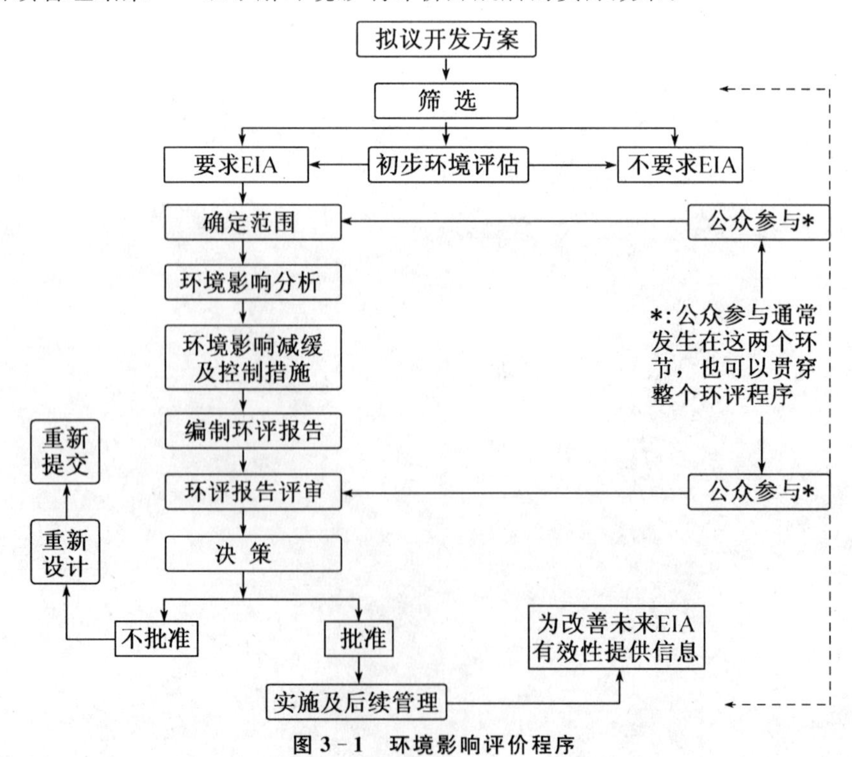

图3-1　环境影响评价程序

具体包括以下环节：

(1) 筛选(Screening)：确定拟议的开发方案是否需要开展环境影响评价，如果需要，应以何种方式开展、达到何种详细程度。

(2) 确定范围(Scoping)：确定环评中需要开展详细调查的主要活动和主要环境影响，编制环境影响评价大纲(Terms of Reference，简称 TOR)。

(3) 影响分析(Impact analysis)：识别、预测开发活动可能造成的环境和社会影响，并评估其显著性(Significance)。

(4) 环境影响减缓与管理措施(Mitigation and impact management)：提出避让、减缓、补偿不利环境影响的措施，以及环境管理计划。

(5) 编制报告(Reporting)：记录并描述环评结果，提供给决策者和其他相关利益团体(Stakeholders)。

(6) 环评质量评审(Review of EIA quality)：审查环评报告是否论证充分，是否满足大纲要求，是否为决策提供必要依据。

(7) 决策(Decision-making)：批准或不批准开发方案，并明确实施的前提。决策者也可根据实际情况延迟批复(如直到满足某些必要条件，或拟议方对方案重新设计直至环境影响减轻等)。

(8) 实施和后续管理(Implementation and follow up)：检查建设和运行过程是否达到批准的前提条件；监控环境影响的大小和减缓措施的有效性；采取必要的措施应对未预计到的问题；开展审计和评估，以改善未来的环评。

(9) 公众参与(Public involvement)：告知公众开发方案的相关信息，征集受影响的公众或感兴趣的公众对方案的意见；公众参与可贯穿环评全过程，通常最主要的两个环节是确定范围和评审阶段。

二、我国环境影响评价管理程序

我国并没有专门的文件规定环境影响评价管理程序，但是在实践中参考了国际通行的流程，建设项目的环境影响评价也是从分类管理、分级审批，即筛选开始的。建设方应根据最新的分类管理和分级审批的文件要求，自行明确编制环境影响评价文件(包括报告书、报告表、登记表)的类型及审批部门，可自主或委托具有环境影响评价文件编制经验的技术单位开展环评文件的编制工作，期间开展公众参与调查受公众的意见影响。环评文件需经环保部门的评估或咨询机构开展专家评审后出具评估意见，再报审批部门审批。建设方获得批文后方能施工，在施工结束后自主开展环保设施竣工验收工作，完成竣工验收报告(监测报告、调查报告)后正式投产，在正式运营期间开展跟踪评价和后评价，如图 3－2 所示。

其中在环评审批过程中，以环境影响评价文件为载体。国家环境保护总局 2009 年 3 月 1 日修改颁布的《建设项目环境影响评价文件审批程序规定》明确了环评文件从申请与受理，到审查，最后批准的审批程序。

(1) 申请与受理：建设单位按照环保总局公布的《建设项目环境影响评价分类管理名录》的规定，组织编制环境影响报告书、环境影响报告表或者填报环境影响登记表，向环保部门提出申请，提交材料。

(2) 审查：环保总局受理建设项目环境影响报告书后，认为需要进行技术评估的，由环

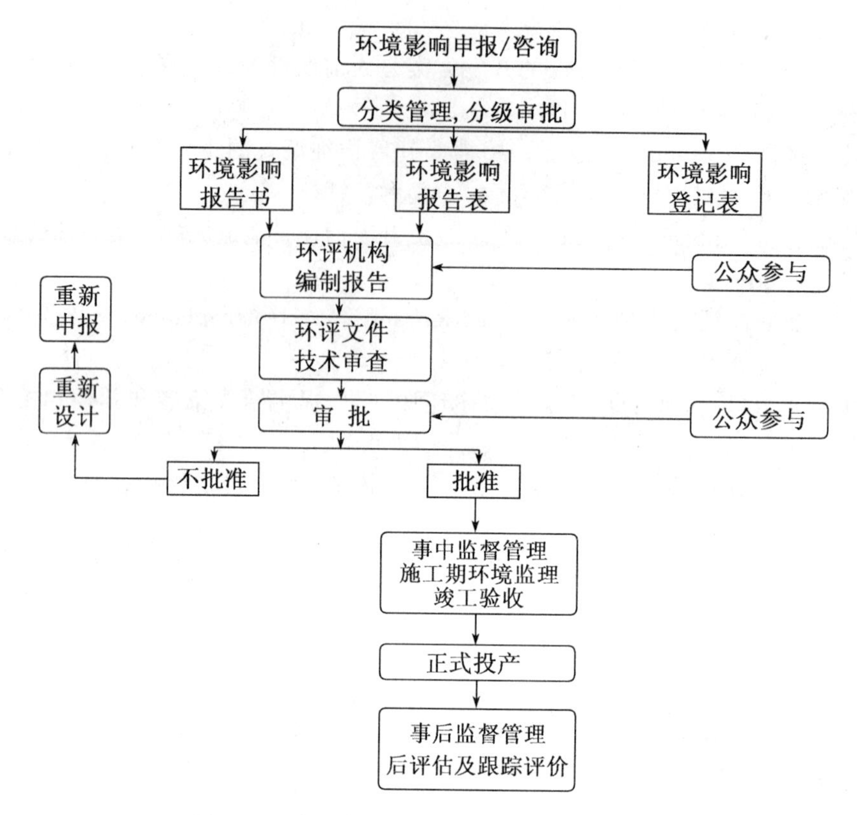

图 3-2 我国建设项目环境影响评价管理程序

境影响评估机构对环境影响报告书进行技术评估,组织专家评审。评估机构一般应在 30 日内提交评估报告,并对评估结论负责。

(3) 批准:经审查通过的建设项目,环保总局作出予以批准的决定,并书面通知建设单位。对不符合条件的建设项目,环保总局作出不予批准的决定,书面通知建设单位,并说明理由。

我国的规划环境影响评价实行审查制而非审批制,且仅对专项规划的环境影响报告书开展审查,环境影响的篇章或者说明则作为规划草案的组成部分直接报送规划审批机关。

规划环评审查办法由《专项规划环境影响报告书审查办法》(国家环境保护总局第 18 号令,2003 年)、《关于进一步规范专项规划环境影响报告书审查工作的通知》(环办〔2007〕140 号)加以规定,具体而言:专项规划编制机关在报批专项规划草案时,应将环境影响报告书一并附送审批机关;专项规划的审批机关在作出审批专项规划草案的决定前,应当将专项规划环境影响报告书送同级环境保护行政主管部门,由同级环境保护行政主管部门会同专项规划的审批机关对环境影响报告书进行审查。

环境保护行政主管部门应当自收到专项规划环境影响报告书之日起 30 日内,会同专项规划审批机关召集有关部门代表和专家组成审查小组,对专项规划环境影响报告书进行审查;审查小组应当采取会议等形式进行,必要时可以进行现场踏勘,并提出书面审查意见。

参加审查小组的专家,应当从国务院环境保护行政主管部门规定设立的环境影响评价审查专家库内的相关专业、行业专家名单中,以随机抽取的方式确定。专家人数应当不少于审查小组总人数的二分之一。

环境保护行政主管部门应在审查小组提出书面审查意见之日起10日内将审查意见提交专项规划审批机关。

专项规划审批机关应当将环境影响报告书结论及审查意见作为决策的重要依据。专项规划环境影响报告书未经审查，专项规划审批机关不得审批专项规划。在审批中未采纳审查意见的，应当作出说明，并存档备查。

三、环境影响评价工作程序

我国环境影响评价的主要技术工作由环境影响评价机构完成，对于环境影响评价机构而言，环境影响评价的工作是从接受建设单位委托开始，直至环评文件报批结束。环境影响评价工作一般分为三个阶段，即前期准备、调研和工作方案阶段，分析论证和预测评价阶段，环境影响评价文件编制阶段，具体工作程序见图3-3。

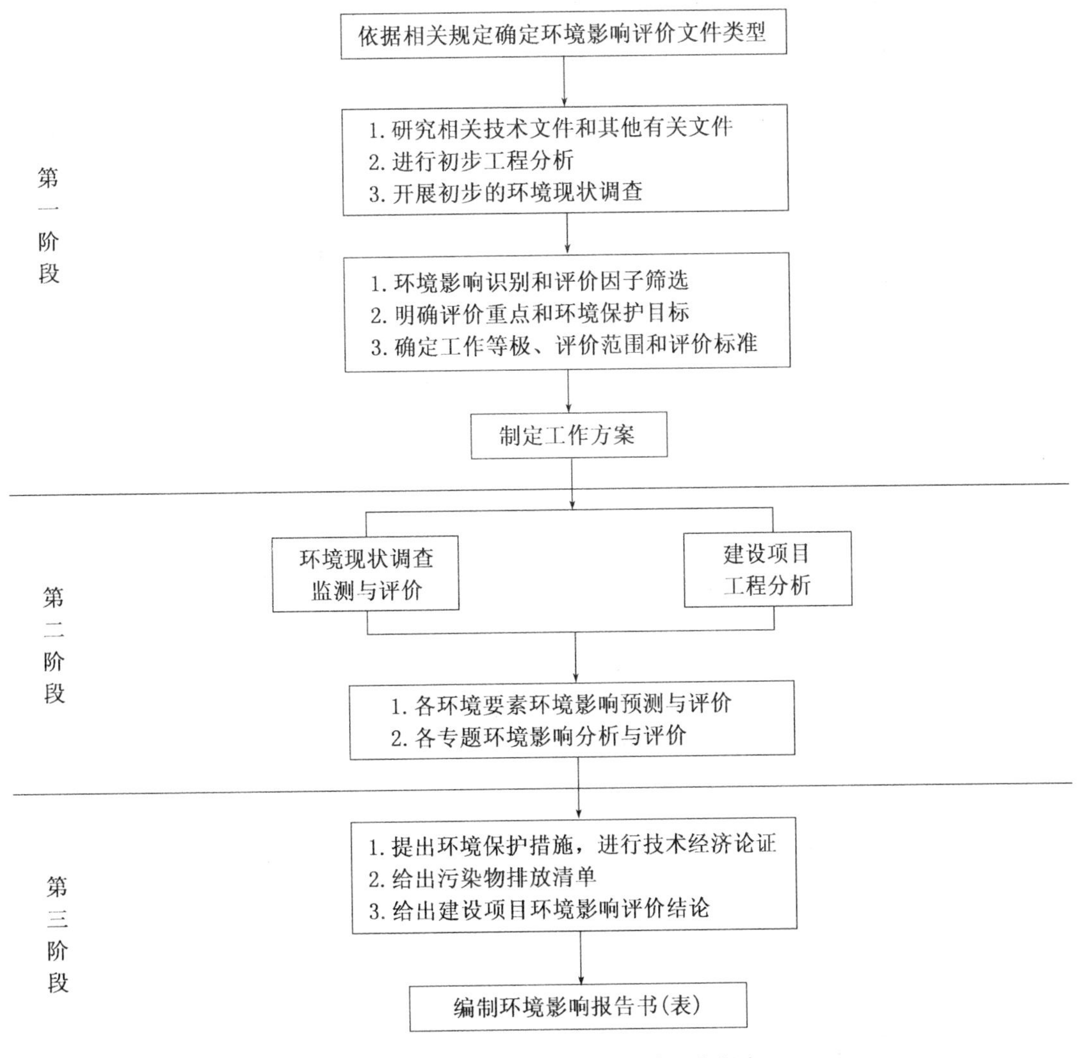

图3-3　建设项目环境影响评价工作程序

环境影响评价工作主要体现在环境影响报告书的编制上，环评程序中各环节的内容都反映到环境影响报告书中，建设项目环境影响报告书通常包括以下内容：

1. 总则

介绍项目由来、编制依据、评价原则、环境影响识别与评价因子筛选、评价重点、评价工作等级、评价范围、环境保护目标、评价标准、评价方法及建设方案的环境必选等环评工作要点。

2. 建设项目工程分析(详见第五章)

采用图表及文字结合方式，概要说明建设项目的基本情况、组成、主要工艺路线、工程布置及与原有、在建工程的关系。

对建设项目的全部组成和施工期、运营期、服务期满后所有时段的全部行为过程的环境影响因素及其影响特征、程度、方式等进行分析与说明，包括污染影响因素和生态影响因素。根据污染物产生环节(包括生产、装卸、储存、运输等)、产生方式和治理措施，核算建设项目有组织与无组织、正常工况与非正常工况下的污染物产生和排放强度，给出污染因子及其产生和排放的方式、浓度、数量等，完成污染源源强核算。

3. 环境现状调查与评价(详见第四、六、七、八、九章)

根据当地环境特征、建设项目特点和专项评价设置情况，从自然环境、社会经济环境、主要环境保护目标、区域污染源调查与评价、环境质量现状调查与评价、上级规划和规划环评等方面选择相应内容进行现状调查与评价。

4. 环境影响预测与评价(详见第六至九章、十一章)

根据环境影响识别的结果，从大气、水、土壤、噪声、固废、生态等角度，采用数学模拟、类比对比、专家调查等多种方式，分别预测、评估主要影响因子的影响水平。

5. 环境风险评价(详见第十二章)

识别重大风险源，分析最大可信事故发生概率与源强，预测其风险大小，给出环境风险评估后果、环境风险的可接受程度，从环境风险角度论证建设项目的可行性，并提出具体可行的风险防范措施和应急预案。

6. 环境保护措施及其可行性论证(详见第十章)

根据工程分析的结果，按工程实施不同阶段，提出明确的水、大气、声、固废等污染防治措施和生态减缓措施，并开展技术、经济可行性论证，确保各项污染物达标排放，并明确各项污染防治和生态减缓措施的投资，给出“三同时”措施及投资估算一览表。

7. 环境经济损益分析(参见第十三章)

分析项目实施可能带来的经济效益、社会效益和环境效益，提出补偿措施与建议，从经济的角度为决策提供依据。

8. 环境管理及监测计划(参见第十章)

明确项目建成后的环境管理机构及职责，制定环境监测计划，以监控项目运行期的污染源达标排放情况和对周围环境质量影响的情况。

9. 环境影响评价结论

对建设项目的建设概况、环境质量现状、污染物排放情况、主要环境影响、公众意见采纳情况、环境保护措施、环境影响经济损益分析、环境管理与监测计划等内容进行概括总结，结合环境质量目标要求，明确给出建设项目的环境影响可行性结论。

第二节　环境影响评价方法

环境影响评价是对拟议中的开发活动实施后可能对自然和社会环境产生的各种影响进行系统的识别、预测和评估，其研究横跨自然和社会科学，牵涉众多学科，是一门典型的交叉学科，其方法可大致分为识别、预测和评估三类。

环境影响识别是定性地判断开发活动可能导致的环境变化以及由此引起的对人类社会的效应，要找出所有受影响（特别是不利影响）的环境因素，以使环境影响预测减少盲目性，环境影响综合分析增加可靠性，污染防治对策具有针对性。环境影响识别的内容包括影响因子、影响类型、影响程度（包括建设期、运营期、服务期满后）等。常用的方法是核查表法，当影响类型复杂时，也可采用矩阵法、网络图法等。

环境影响预测是对识别出的主要环境影响开展定量预测，以明确给出各主要影响因子的范围和大小，常用数学模型预测或实验模拟预测，在这两种手段都无法实现时，尤其是对社会、文化等难以定量的影响开展预测时，也可采用社会学调查方法，包括公众意见调查和专家调查。

环境影响综合评估是将开发活动可能导致的各主要环境影响综合起来，即对定量预测的各影响因子进行综合，从总体上评估环境影响的大小，可采用指数法、矩阵法、网络图法、图形叠置等方法。此外，随着地理信息系统（GIS）技术的不断发展，基于地理信息系统平台的综合评估越来越受到重视。环境影响评价常用方法简述如下：

一、核查表法（Checklists）

核查表法是最常用的环境影响识别方法，是利特（Little）等 1971 年提出的，利用开列清单的方法，将受开发方案影响的环境因子和可能产生的环境影响在一张表单上一一列出的识别方法，可以鉴别出开发行为可能会对哪一种环境因子产生影响。

核查表法又称为列表清单法或一览表法，根据表单的具体形式，常用的有简单型和描述型核查表。

某港口建设项目简单型核查表见表 3－1。

表 3－1　简单型核查表

可能受影响的环境因子	可能产生影响的性质									
	不利影响						有利影响			
	短期	长期	可逆	不可逆	局部	大范围	短期	长期	显著	一般
水生生态系统		*		*	*					
渔　业		*		*	*					
河流水文条件		*		*		*				
河水水质		*			*					
空气质量	*			*	*					
声环境	*		*		*					
地方经济								*	*	
…										

某工业建设项目的描述型核查表见表 3 - 2。

表 3 - 2 描述型核查表

环境要素	可能产生影响的性质及程度					主要影响因素和污染因子
	有利影响	无明显不利影响	一般不利影响	较严重不利影响	严重不利影响	
大气				√		燃烧烟气和工业废气排放：烟尘、SO_2、乙醛、乙二醇、聚醚
地表水				√		生产和生活废水排放：pH、COD_{Cr}、SS、乙醛、氨氮、磷酸盐
声			√			设备噪声、施工噪声
土壤		√				固废堆放
景观		√				土地利用方式、建筑
社会经济	√					经济发展、就业岗位

二、矩阵法(Matrices)

Leopold 等人在 1971 年为进行水利工程等建设项目的环境影响评价创立了矩阵法。矩阵法是由清单法发展而来，一般是在清单法对环境因素和环境影响因子进行识别筛选的基础上进行，将开发活动分解成完整的基本行为清单，并把开发行为和受影响的环境要素分别作为行和列，从而组成一个矩阵，在开发行为和环境影响之间建立起直接的因果关系。

矩阵法的特点是简明扼要，将行为与影响联系起来评估，以直观的形式表达了拟议活动或建设项目的环境影响。矩阵法不仅具有影响识别功能，还有影响综合分析评价功能，可以定量或半定量地说明拟议的工程行动对环境的影响。目前已广泛应用于铁路、公路、水电、供水系统、输油、输气、输电、矿山开发、流域开发、区域开发、资源开发等工程项目和开发项目的环境影响评价中。

矩阵法可以分为关联矩阵法和迭代矩阵法两大类，其中应用广泛的是关联矩阵(或相关矩阵)法。

一般关联矩阵的横轴列出一项开发行动所包含的对环境有影响的各种活动，纵轴列出所有可能受开发行动的各种活动影响的环境因子。矩阵中的每个元素用斜线一隔为二，上半格表示影响的大小 m_{ij}，下半格表示影响的重大性权重 w_{ij}；有利影响 m_{ij} 为“+”，不利或负面影响为“−”。Leopold 将影响大小 M 分为 10 级，“10”最大，“1”最小；将影响的重要性也分为 10 等，“10”表示影响最重要，“1”表示影响重要性最低。由每行的元素累加得到 $\sum_{j=1}^{m} m_{ij} \cdot w_{ij}$，由每列的元素累加得到 $\sum_{i=1}^{n} m_{ij} \cdot w_{ij}$；行和列元素累加得到矩阵的加权分值 $\sum_{i=1}^{n}\sum_{j=1}^{m} m_{ij} \cdot w_{ij}$，即为拟议工程行动方案的总的加权分值。

以某公路项目为例，典型的矩阵见表 3 - 3。

表 3-3　某公路项目的关联矩阵

环境因子		前期		施工期					运营期		$\sum_{j=1}^{m} m_{ij} \cdot w_{ij}$
		征地	拆迁安置	取弃土石方	桥涵工程	道路工程	服务区建设	材料运输	车辆行驶	服务区运营	
大气环境	大气质量		−1/6	−4/4	−2/2	−6/4	−2/2	−3/4	−8/8	−1/2	−132
水环境	水文		…								…
	水质										
声环境	噪声										
生态环境	土地利用	−5/6									
	水土保持	−2/2									
	植被	−5/4									
	动物	−2/2									
	景观	−3/3									
社会环境	就业劳务										
	社会经济	8/10									
	交通运输						m_{ij}/w_{ij}				
	农业生产	−7/5									
	旅游发展	3/5									
	居住条件									…	
$\sum_{i=1}^{n} m_{ij} \cdot w_{ij}$		−7	…								…

利用矩阵法可以对环境影响评价重点进行识别和选择，即环境影响权重值大，影响到的环境因子多就是评价重点（识别）。也可以对比多个方案的矩阵表，选择出较佳方案，还可以根据综合评价矩阵表的评价结果，对开发活动（或建设项目）的环境影响综合评价作出结论（评估）。

关联矩阵是在开发活动与环境因子间建立起直接的因果关系，因此只能识别出直接影响，而不能判断环境系统中错综复杂的交叉和间接影响，于是又产生了迭代矩阵。迭代矩阵是在关联矩阵的基础上，将识别出的显著影响在形式上当作“行为”来处理，再与各环境因素间建立起关联矩阵，得出全部的“二级影响”，此即为“迭代”。迭代矩阵形式上较复杂，应用很少，通常所说的矩阵法实际上只是指关联矩阵，而迭代矩阵进一步发展成为网络图法，成为在识别、评估间接和累积影响时常用的一种方法。

三、网络图法(Networks)

网络图是一种能够将定性分析与定量分析相结合的新型多目标决策方法，在环境影响评价中可以用网络图来表示开发活动造成的环境影响以及各种影响之间的因果关系，将多级影响逐步展开，呈树枝状，因此又称为影响树，典型的网络图如图 3-4 所示。

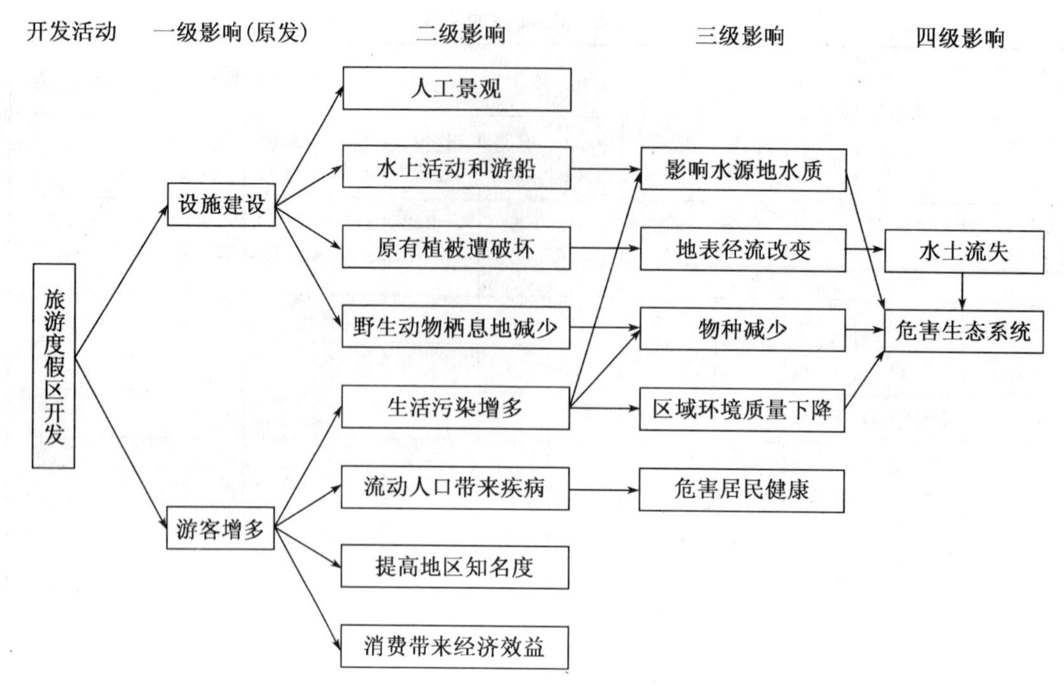

图 3-4 环境影响网络示意图

网络图法实际上是迭代矩阵的延伸，但比迭代矩阵直观明了。它描绘一个有因果关系的网络或网中的环境或社会的各种组分，让使用者通过一系列链接关系追踪原因和结果，可以识别开发活动带来的多样影响，追踪那些由直接影响对其他环境要素产生的间接影响，这样就可以确定某项开发活动对各个环境要素、生态系统和人类社会的多重影响的累积，成为环境影响评价中识别开发活动产生累积效应的原因和结果关系的最佳方法，能间接地说明各种直接变化和次级影响之间的交互作用。无论是多个活动对同一环境要素产生的影响，还是同一活动对一种环境要素产生的多种影响，其累积效应都可以被识别。

网络图法不但可以识别，还可以通过定量半定量的方法对环境影响进行预测和评价，即在网络的箭头上标出该路线发生的概率，并将网络路线终点的影响赋予权重(正面影响权重为正、负面影响权重为负)，然后计算该网络各个路线的权重期望，对各个替代方案进行排序比较，从而得出评价结果。

四、层次分析法(AHP)

层次分析法(Analytical Hierarchy Process)是一种能够将定性分析与定量分析相结合的新型多目标决策方法。它最早是在 20 世纪 70 年代，由美国匹兹堡大学教授萨蒂(Thoms L. Saaty)提出。这种方法一般用来处理具有复杂因素的技术、经济和社会问题。这些问题往往很难用定量的模型或模拟来分析，因为其中所含定性因素很多，而且需要考虑决策者的心理因素、知识经验和决策水平等。层次分析法则能通过建立判断矩阵的过程，逐步分层地将众多的复杂因素和决策者的个人因素综合起来，进行逻辑思维，然后用定量的形式表示出来，从而使复杂问题从定性的分析向定量结果转化。层次分析法基本步骤包括：

1. 建立层次架构模型

将问题条理化、层次化，构建层次结构模型，通常分为最高层（目标层）、中间层（准则层，可进一步细分出子准则层）和最低层（方案层），如图 3-5 所示。

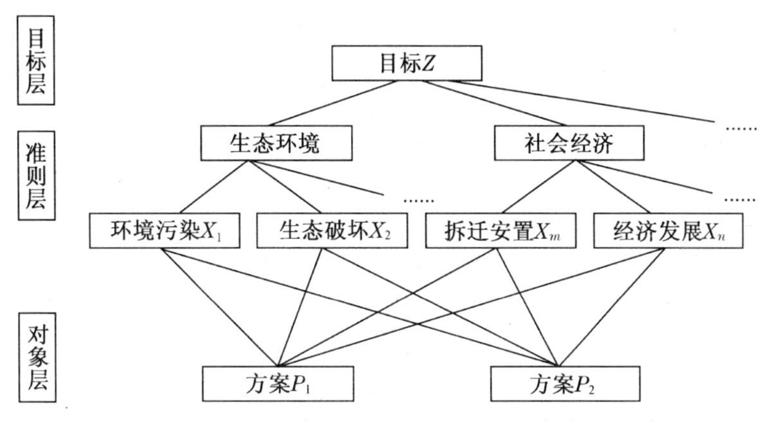

图 3-5　层次架构

2. 构造判断矩阵

设要比较 n 个因素 $X=\{X_1, X_2 \cdots X_n\}$ 对目标 Z 的影响，确定它们在 Z 中的比重。每次取两个因素 X_i 和 X_j，用 a_{ij} 表示 X_i 和 X_j 对 Z 的影响之比，全部比较结果用 $A=(a_{ij})n \times n$ 矩阵表示，A 称为成对比较的判断矩阵。矩阵 A 是正互反矩阵，$a_{ij}>0$，且 $a_{ii}=1$，$a_{ij}=1/a_{ji}(i \neq j, i, j=1, 2, ..., n)$。$A$ 中的每一元的取值，一般采用萨蒂提出的标度（见表3-4）确定。

表 3-4　相对重要标度取值及其含义表

相对重要标度	含　义	理　解
1	一个元素与另一个元素同等重要	对于同一个问题两要素贡献相同
3	一个元素比另一个元素稍微重要	认为一个要素比另一个要素贡献稍微大些
5	一个元素比另一个元素明显重要	认为一个要素比另一个要素贡献明显大些
7	一个元素比另一个元素强烈重要	认为一个要素比另一个要素贡献强烈大些
9	一个元素比另一个元素极端重要	认为一个要素比另一个要素贡献极端大些
2、4、6、8	作为上述相邻判断的插值	

3. 层次排序及其一致性检验

层次排序包括层次单排序和层次总排序。层次单排序的目的是对于上层次中的某元素而言，确定本层次与之有联系的各元素重要性次序的权重值。它是本层次所有元素对上一层次元素而言的重要性排序的基础；层次总排序是利用同一层次中所有层次单排序的结果，就可以计算针对上一层次而言的本层次所有元素的重要性权重值。具体步骤为：

(1) 取特征向量的分量，计算判断矩阵 A 第 j 列元素乘积的 n 次方根：

$$\overline{A_i}=\left(\sum_{j=1}^{n} A_{ij}\right)^{1/n} \tag{3-1}$$

(2) 进行归一化处理,得各影响因素的权向量:

$$W_i=\overline{A_i}\Big/\sum_{j=1}^{n}\overline{A_i} \tag{3-2}$$

(3) 对权重计算的判断矩阵作相容性检验:为保证取值的可靠性,需对判断矩阵进行一致性检验,检验方法如下:

$$CR=\frac{CI}{RI} \tag{3-3}$$

式中:CR 为随机一致性比率,CI 为偏离一致性指标,按下式计算:

$$CI=\frac{\lambda_{\max}-n}{n-1} \tag{3-4}$$

式中:$\lambda_{\max}$ 为判断矩阵的最大特征根;RI 为随机一致性指标,随 n 的不同而变化,取值见表 3-5。一般认为 $CR<0.10$,则认为符合满意一致性要求,W_i 即为各因子的权向量;若 $CR>0.10$,则需调整判断矩阵,直至满意为止。

表 3-5 RI 的取值

n	1	2	3	4	5	6	7	8	9	10
RI	0	0	0.58	0.9	1.12	1.24	1.32	1.41	1.45	1.49

4. 得到评价结果

根据权重分配结果,可以得到不同因素的影响大小,也可以得到不同方案的影响大小,为决策提供依据。

五、指数法

通过计算指数来判断环境质量的好坏是最早也最常用的一种方法,既可用于环境现状评价,也可用于环境影响综合评估。

从 20 世纪 60 年代开始,各种指数就大量出现在环境影响评价中,可以非常简明直观地表示环境质量的好坏及影响大小的相对程度。指数大致可分为两大类:等标型指数和函数型指数。

1. 等标型指数

判断环境质量的好坏往往依据的是环境质量标准,等标型指数就是根据对应的环境质量标准将评价对象作无量纲化处理,即以实测值或预测值 c 与标准值 c_s 的比值作为指数:$P=c/c_s$。

某个特定的评价因子的等标型指数称为单因子指数,用 P_i 表示,可表示该环境因子的达标($P_i<1$)或超标($P_i>1$)及其程度。

在计算单因子指数的基础上,可对多个评价因子进行综合评价,即将各因子的指数相加,此为多因子综合指数。

在单因子指数累加的过程中,如果将各因子看成同等重要,只是简单的相加,则为均值型综合指数。

$$P=\sum_{i=1}^{m}\sum_{j=1}^{n}P_{ij},P_{ij}=c_{ij}/c_{s_{ij}} \tag{3-5}$$

式中：i 为第 i 个环境要素；m 为环境要素总数；j 为第 i 个环境要素中的第 j 个环境因子；n 为第 i 个环境要素中的环境因子总数。

如果根据各因子重要性差异分别给以权重，经加权累加后得到加权型综合指数。

$$P=\frac{\sum_{i=1}^{m}\sum_{j=1}^{n}W_{ij}P_{ij}}{\sum_{i=1}^{m}\sum_{j=1}^{n}W_{ij}} \tag{3-6}$$

式中：W_{ij} 为权重因子，表示第 i 个环境要素中的第 j 个环境因子在整体环境中的重要性。

求出综合指数 P 后，还可以根据其数值与健康、生态影响间的关系进行分级，转换为分级型等标指数。

2. 函数型指数

在某些情况下（如环境质量标准尚未确定），可根据评价对象的毒性数据，在其浓度范围与指数间建立函数关系，即以评价因子的浓度为横坐标，环境质量指数为纵坐标，绘制指数函数图，然后根据评价因子的实测值或预测值，根据该图得到该因子的指数。根据人们对评价因子毒性效应认识的不同，指数函数可分为线性函数、分段线性函数或非线性函数。

如将纵坐标标准化为 0～1，以“0”表示质量最差，“1”表示质量最好，则为“巴特尔指数”，在标准化后的单因子巴特尔指数的基础上，又可获得综合指数，综合计算的方法同等标型指数。

六、数学模型法

数学模型广泛应用于环境影响预测中，通过对评价对象变化规律的研究并用数学语言加以描绘，建立起数学模型以定量地预测。

图 3-6 为数学模型建立的过程。

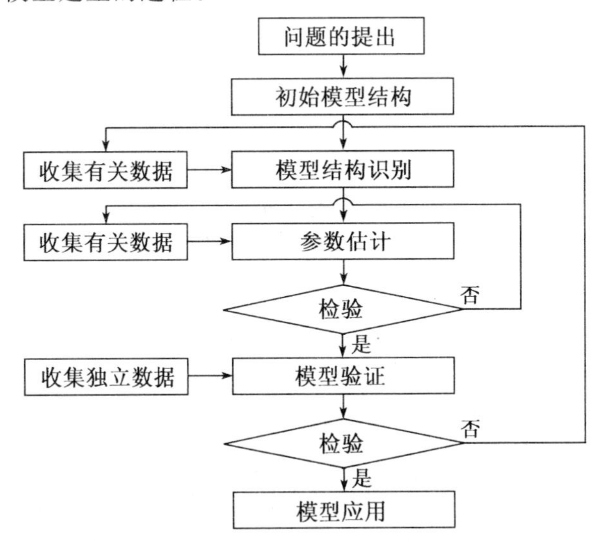

图 3-6　数学模型建立程序

根据人们对评价对象变化规律的认识深浅，数学模型又可分为黑箱、白箱和灰箱三类，黑箱模型不研究变化发生机理，仅通过统计、归纳的方法，建立起输入-输出间关系的数学模型，从而外推作出预测；白箱模型则相反，通过系统研究发生机理，得到系统的物理、化学或生物学过程，建立起描述各过程的数学方程，通过求解得到解析解或数值解来做出预测；灰箱模型则介于两者之间，用于人们对事物发生规律有一定了解，但是仍有某些方面并不充分了解的情况，而这也是最常见的情况，因此灰箱模型应用最广。对这类事物的预测通常用半经验、半理论的方法，也就是把了解清楚的方面用白箱，建立起各种变化关系，而未了解清楚的方面用黑箱，设法根据统计关系确定参数。

常用的数学模型将在本书各专题章节中具体介绍。

七、物理模拟法

在对评价对象变化规律缺乏了解，也缺乏相关的统计资料，无法得出规律时，就无法进行数学分析，而需要借助于实验室或现场模拟。物理模拟法是通过直接对环境中物理、化学、生物过程的现场或实验室测试，来预测人类活动对环境的影响，通常又分为野外模拟和室内模拟两类。

1. 野外模拟

野外模拟是在研究现场采用实验方式开展模拟，常见的有：

(1) 示踪物浓度测量法：通过在现场施放示踪物，跟踪检测其在环境中的浓度分布，从而获得物质在空间和时间上的变化规律。示踪物的选择直接影响示踪物浓度测量法是否成功，必须无毒、稳定、易于检测。常用的示踪剂有：荧光类如罗丹明 B，同位素类如溴-82、碘-132等。

(2) 光学轮廓法：按一定的采样时段拍摄照片(或录像)，获得污染物在介质中的瞬时存在状态，通过对照片的分析和对比来粗略地得出污染物的迁移转化情况。

野外模拟能直接真实地反映环境质量的变化，但是其花费巨大，施放的物质对于环境而言易造成二次污染，而且实验条件难以控制，因此开展得更多的是室内模拟。

2. 室内模拟

室内模拟是基于相似性原则，在实验室构建野外环境的实物模型，根据模型尺度的不同，又包括微宇宙(环境)模拟、风洞试验等。

(1) 微宇宙模拟：在室内建立结构和功能与被研究系统相似的按一定比例缩小的实物系统，用来模拟被研究系统的运行机理。微宇宙模拟总体可分为三大类，即陆生微宇宙模拟、水生微宇宙模拟和湿地微宇宙模拟。

(2) 风洞试验：风洞是能人工产生和控制气流，以模拟环境中气体的流动，并可量度气流对物体的作用以及观察物理现象的一种管道状实验设备，它是进行空气动力实验最常用、最有效的工具。风洞实验时，常将模型或实物固定在风洞内，使气体流过模型。这种方法流动条件容易控制，可重复地、经济地取得实验数据。为使实验结果准确，实验时的流动必须与实际流动状态相似，即必须满足相似律的要求。但由于风洞尺寸和动力的限制，在一个风洞中同时模拟所有的相似参数是很困难的，通常是按所要研究的课题，选择一些影响最大的参数进行模拟。

物理模拟法常用于研究变化机理，确定模型参数，在其研究结果的基础上，就可以构建数学模型，而更方便地应用于环境影响评价中。

八、主观预测法

对某些社会环境要素的影响很难通过理性的数学逻辑推理或物理实验模拟来衡量，而需要借助于社会学调查方法。在环境影响评价中，通常相对于客观预测法的方法被称为主观预测法。

专家意见调查是最常用的主观预测法，可通过组织专家咨询会、论证会，或通过发放专家意见调查表来征求专家的意见。专家会议的形式更容易达成一致意见，但是成本较高，而且容易因权威专家的意见而未能充分表达相反意见；调查表法成本低，每个专家都能充分发表自己的意见，但是不容易达成一致，往往由于调查者对各种意见的处理方式不同而得到不同的结果。为避免这些问题，可采用一类特殊的专家咨询法——特尔斐法(Delphi)。

特尔斐技术是美国兰德公司于1964年首先用于技术预测的，也可用于识别、综合、决策。此法通过围绕某一主题让专家们以匿名方式充分发表其意见，并对每一轮意见进行汇总、整理、统计，作为反馈材料再发给每个专家，供他们做进一步的分析判断、提出新的论证。经多次反复，论证不断深入，意见日趋一致，可靠性越来越大。由于建立在反复的专家咨询的基础之上，使专家意见通过价值判断不断向有益方向延伸，最后的结论往往具有权威性，为决策科学化提供了途径。此法的关键在于专家的选择(包括人数与素质)，一个专家集团应该充分反映一个完整的知识集合；其次，评价主题与涉及事件要集中、明确，紧紧围绕价值关系开展讨论、论证，并注意不要影响专家意见的充分发表，组织者在反馈材料中不应加入自己的意见；最后，专家咨询结果的处理和表达方式也十分重要，要统计专家意见的集中程度和协调程度，以及专家的积极性系数和权威程度。

此外，针对公众意愿调查的“条件价值评估法”(contingent valuation method, CVM)常常被用于评估生态系统和环境物品的价值，也是主观预测法中的一种。该方法是利用效用最大化原理，以得到商品或服务的价值为目的，采用问卷调查直接询问人们在模拟市场中对某项生态系统服务功能改善的支付意愿或放弃某项服务功能而愿意忍受的接受意愿，以此揭示被调查者对环境物品和服务的偏好，从而最终得到公共物品非利用经济价值。由于方法本身的灵活性和广泛的适用性，CVM已经成为发达国家社会经济评价中运用最广、影响最大的一种方法。

九、图形叠置法(Overlays)

图形叠置法最早是由美国生态规划师McHarg提出，他使用该方法分析几种可供选择的公路路线的环境影响，以确定建设方案。这种方法最初是手工作业，在一张透明图片上画上项目位置及评价区域的基图，根据可能受影响的当地环境要素一览表，由专家判断各要素受项目影响的程度和区域，对每一种要评价的因素都准备一张透明图片，每种因素受影响的程度可以用一种专门的黑白色码阴影的深浅来表示。通过在透明图上的地区给出的特定的阴影，可以很容易地表示影响程度。然后，用表征各种环境要素受影响状况的阴影图叠置到基图上，就可以看出一项工程的总体影响。不同地区的综合影响差别由阴影的相对深度来表示。

图形叠置法非常适用于空间特征明显的开发活动，直观性强、易于理解，尤其在选址、选线类的建设项目上有着得天独厚的优势。

但是手工叠图有明显的缺陷，首先是当评价因子过多时，透明图数量激增，使得颜色过杂过乱，难以分辨；其次是简单的叠置不能体现不同因子重要性的区别。随着计算机技术的发展，图形叠置法开始借助于计算机，逐渐成为地理信息系统(GIS)可视化技术中的一部分。克服了手工叠图存在的缺点后，图形叠置法应用于环境影响综合评估的优势正日益显现。

十、地理信息系统(GIS)

地理信息系统(Geographic Information System)是以地理空间数据库为基础，对空间相关数据进行采集、存储、管理、描述、检索、分析、模拟、显示和应用的计算机系统。它由硬件、软件、数据和用户有机结合而构成。地理信息系统处理、管理的对象是多种地理空间实体数据及其关系，包括空间定位数据、图形数据、遥感图像数据、属性数据等，用于分析和处理在一定地理区域内分布的各种现象和过程，可解决复杂的规划、决策和管理问题。

地理信息系统在环境影响评价中的应用主要体现在以下几方面：

1. 构建强大的数据库系统

包括法规与标准数据库、环境信息数据库、污染源信息库。环境影响评价中环境基础数据的收集是十分关键的环节，基于 GIS 的环境基础信息数据库的建立有助于简化数据收集的工作，而且通过规范的数据管理能够保证数据的可获得性、可靠性，甚至是数据的可视性，GIS 的数据库系统能大大提高环境影响评价工作的效率。

2. 环境质量监测和现状评价

可利用地理信息系统技术对环境监测网络进行设计，环境监测收集的信息又能和地理信息结合进行存储和显示，并将地理信息和各个环境要素的监测数据结合，利用地理信息系统的空间分析模块和图层叠置功能对环境质量现状进行评价。

3. 集成预测模型

环境预测模拟一般具有明显的时空特性，如二维或三维的水质模型、大气扩散模型、污染物在地下水中扩散的模型等，但这些环境模型在空间数据的操作尤其是结果显示方面比较困难，而地理信息系统正是有空间分析和可视化这样的优势，因此可通过对地理信息系统的二次开发，将预测模型整合到地理信息系统中，使环境模型运行于地理信息系统内部，实现地理信息系统和环境预测模型的整体集成。

4. 选线、选址评价

利用地理信息系统强大的空间分析功能和图形显示功能，可以作为选线、选址的辅助工具。在选线、选址的评价中，地理信息系统一般是和土地利用适宜性或生态适宜性分析方法结合，通过多种指标筛选得出目标范围内一系列与拟议项目相关度较高的指标集，同时在地理信息系统软件中将目标区域网格化，指标就作为单元网格的属性。无论是单指标评价还是多指标的综合评价，其结果都能以图层的方式进行显示，根据显示的结果与拟议选址相符性的分析可得出选址合理或者不合理的结论；另外 GIS 的缓冲区分析和最短线路分析的功能更是为具有特殊要求的选线、选址问题提供了很好的解决问题的途径。

5. 构建风险应急反应系统

地理信息系统凭借其出色的空间分析能力和可进行二次开发的特点，在人们应对突发事故的工作中可以发挥重要作用。它可以实现风险源的记录、污染物迁移的预测、事故发生后应对措施在时间和空间方面的安排以及风险评价等功能，这一切均能为快速的应急反应决策提供有效的支持。

6. 建设跟踪、管理系统

地理信息系统有很强的数据管理、更新和跟踪能力，能协助检查和监督环境影响评价单位和工程建设单位履行各自职责，并对环境影响预测进行事后验证。

7. 图形输出系统

地理信息系统将空间地理信息以地图、报表、统计表格等形式显示在屏幕上，利用开窗缩放工具可以对所显示地图的任意点和范围进行无级开窗缩放；可以按照一定的比例尺显示图形，进行对比分析；也可按照用户需要设置符号和颜色，根据编辑好的空间数据分层选择，实现图像分类处理；还可以通过逐层叠加形成各种专题图，再通过绘图机、打印机等多种方式输出图形。

思考题

1. 比较我国环境影响评价管理程序与联合国环境规划署提供的通用程序有何差异？

2. 以编制建设项目环境影响报告书为例，说明我国环境影响评价工作中应包括哪些环节？

3. 环境影响识别常用方法有核查表法、矩阵法、网络图法等，试比较各自的特点，分别适用于识别哪些影响？

第四章　环境背景调查、污染源调查

引言　开发活动的环境影响与之所处区域的环境背景密切相关，同样的项目如果在不同的地区建设，造成的环境影响有可能相差甚远。因此，环境影响评价工作带有非常明显的地域特征，在开展环境影响评价工作的前期，对区域环境背景（包括污染源）展开细致的调查与分析，是十分必要的。

第一节　环境背景调查

环境背景是指没有或较少受到人类活动干扰的自然环境状态。对环境背景进行调查有助于了解该地区环境质量的本来面目；有助于了解当前环境问题的发生、发展过程，以及预测将会发生的环境影响；有助于寻求改善环境、防治污染的科学方法和最佳途径。

一、环境背景调查内容

根据具体项目的不同特征，调查的内容各不相同。一般来说，应涵盖以下几个方面：

1. 气象和水文调查

气象调查主要包括区域的平均风速和主导风向，年平均气温、月平均气温与极端气温，平均降水量、降水量极值和降水天数，主要的天气特征（如梅雨、寒潮、冰雹、台风、飓风等），年日照时数，大气稳定度等。

水文背景调查主要包括地面水和地下水两个方面。对地面水环境的调查主要包括平、枯、丰三个水期的流量和流速、水深、含沙量、比降、弯曲系数等；而对于地下水，则主要是水的类型、埋藏深度、物理化学特性等。

2. 地质地貌调查

一般情况下，地质调查应包括当地地层概况，地壳构造的基本形式（岩层、断层及裂层等），矿物资源的种类分布、物理与化学特性。

对地形地貌的调查主要包括建设项目所在地区的海拔高度，地形特征，周围的地貌类型如岩溶地貌、冰川地貌、风成地貌的情况。可视实际情况有选择地调查崩塌、滑坡、泥石流、冻土等地貌现象。

3. 土壤及生物背景调查

土壤背景调查仅需要了解土壤类型及分布，土壤的肥力，主要污染物的来源及其质量现状、水土流失现状等。当需要进行土壤环境影响评价时，要详细调查到它的剖面结构，发生污染的土壤层的物理、化学性质以及土壤中微生物的特征，土地利用状况（包括农、林、牧各业的用地面积和生产量等）。

生态背景调查主要包括：植被覆盖度、生长情况，主要生态系统类型（森林、草原、沼泽、荒漠等）及现状，主要的生物资源、种类、形态特征和生物习性，生态系统的生产力、物质循环状况，生态系统与周围环境的关系等。

4. 社会经济结构调查

社会经济结构调查主要包括以下内容：人口数量和人口密度，城镇、农村居民点的分布情况和分布特点；工业结构与工业布局，工业发展的技术水平、产量、产值、利润以及能源的供给、消耗方式；农业结构规模、产量、作物品种，农药、化肥的使用情况，灌溉设施及方法；水资源和其他能源的结构与利用现状；工业与生活污染源的种类与分布。

5. 社会经济发展规划

开发活动的方案从提出到实施有一定的过程，从图 4－1 可看出：环境影响评价并不是评估其在方案提出时对环境背景情况的改变（B 减 A），而是评估方案实施后对未来的环境背景的改变（B 减 C）。

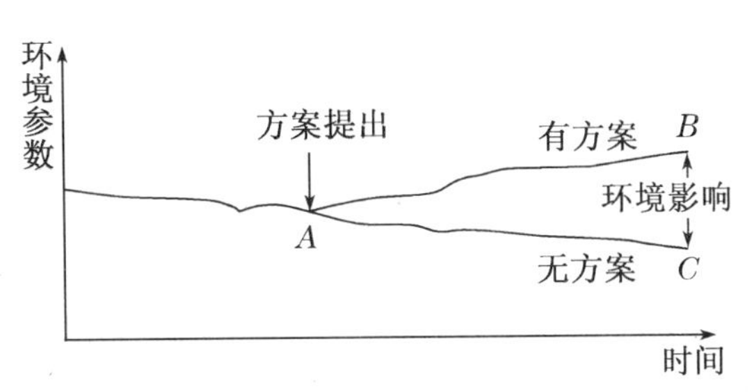

图 4－1　环境影响与背景情况的关系

因此，在环境背景调查时，还应该调查区域的经济发展规划、人口发展规划、工农业布局和水资源开发与利用规划，以及公共设施发展规划、居民住宅区建设规划等信息，以了解该区域本身的变化情况，即从 A 点到 C 点间的变化。

二、环境背景值

“环境背景值”这一概念最先由美国人 J. J 康纳等人提出。其含义是：在不受人类污染的条件下，环境中的各个组成部分，如水体、大气、土壤、农作物、水生生物等，在自然界的存在和发展过程中，其本身原有的稳定的基本化学组分含量。它不受外界人为因素影响，反映了原有的自然面貌。环境背景值是对某一个客观边界范围内的环境状况的客观描述，它具有显著的客观性和一定程度的自然属性；它不是一个定值，而是一组相互关联的统计数组；同时它又具有明显的时代性。

环境背景值是环境特征的定量反映，不同的环境单元具有不同的环境背景值；而同一单元内部，以地下水为例，由于地下水的流动性和地质体的不均匀性，不同地点，上、下游之间水-岩相互作用的强度和特点仍有一定差异，环境各要素会表现出局部差异和渐变的特点，故环境背景值表现为一个范围值，而不是一个点。它是环境科学和环境保护工作的基础研究内容之一，是评价环境质量、判断污染程度、制定防治污染措施、进行环境质量预测预报的基本依据。污染物进入环境的数量、分布、变迁，都必须与环境背景值比较才能加以分析和判断。

1. 背景样本的采集

在对某一地区进行环境背景值研究时，需布设采样点。由于样点的代表性和均衡性直接影响其精度，所以不同环境单元必须有一定数量的代表点，这些样点的数量应满足数理统计的要求，并且，样点应在一定程度上反映出单元内的区域差异性。以土壤的环境背景值调查为例：不同的母质、土层深度、坡位与坡向、土地利用方式均会对土壤的背景值有不同程度的影响。另外，针对不同的土壤以及调查的目的不同，调查的侧重点也各不相同，可以分别为：pH、重金属元素含量、微量元素含量、难降解农药含量、有机质含量等等。

目前一般采用单元法或网格法选样和布点。单元法就是根据环境的某些特征划分环境单元，然后按单元布设或选取有代表性的、合理数量的采样点。网格法就是用经纬度将区域划分成网格，其边长根据研究精度确定，每个网格内的样点数根据统计要求随机选取。

网格法和单元法各有优缺点，两者若结合使用可达到协同，即首先根据区域水文地质条件划分环境单元，再在各单元内使用网格法，可根据各单元内条件的差异程度确定网格密度。

2. 背景值的确定方法

(1) 未污染区

在确定背景值之前，先采用散点图法、平均值加标准差法等方法来剔除异常点，然后采用如下方法确定背景值：

① 平均值法　以样品某组分的算术平均值作为该组分的环境背景值。显然，仅用平均值一个数作为背景值显得过于粗略，且背景值应为一个范围值，所以用平均值加减一个标准差作为背景值会更合理。当环境单元较大而样品较少时，可用95%置信度数据的范围作为背景值。

② 趋势分析法　经异常剔除后，可对元素或组分进行趋势分析。作出二次或三次趋势面图，可清晰地反映出环境背景值及其分布。并且，根据系列样品可做出系列图，可得到不同时间的环境背景值，这样，不仅可以反映出背景值的时间差异性，而且可以反映出研究区的各种局部变化。

(2) 污染区

对于一些已发生污染的地区，即使立即取样也很难反映该地区的背景状况。因此，充分利用以往资料显得尤为重要，故可结合比拟法对其进行研究，即选择与污染区形成条件相似的污染区进行对照比较，把未污染区各特征量的背景值作为污染区的环境背景值。除此之外，还可采用剖面图法、变差曲线法、历史曲线法、趋势分析法等等。

三、环境现状调查与评价

目前，在全球受到污染的情况下，要寻求不受污染的环境背景值，是很难做到的，它实际上只是一个相对的概念。在当前的环境影响评价中，对主要环境要素(包括水、气、土、声、生态)的背景调查，主要采用现场调查与现状评价的方式，定量地给出开发活动实施前的环境背景。

水、气、土、声、生态的现状调查与评价均包含在以后各章中。

第二节　污染源调查与评价

了解环境污染的历史和现状，才能更好地预测环境污染的发展方式，为污染治理、总量控制、循环经济提供科学依据，因此，污染源调查与评价也是环境影响评价中一项不可或缺的工作。

污染源是指对环境产生污染影响的污染物的来源，通常是指向环境排放或释放有害物质或对环境产生有害影响的场所、设备和装置。重点污染源是指污染物排放种类多(特别是含危险污染物)、排放量大、影响范围广、危害程度大的污染源。

在开发建设和生产过程中，凡以不适当的浓度、数量、速率、形态进入环境系统而产生污染或降低环境质量的物质和能量称为环境污染物，简称污染物。污染物对环境的污染过程可分为直接污染和转化污染。前者是指污染物释放的对环境有害的物质通过扩散、转移造成对人体健康的危害，或导致环境质量下降；后者是指污染物产生一系列物理、化学和生物化学反应后再作用于人体或导致环境质量下降。

一、污染源的分类

由于污染物的来源、特性、结构形态和调查研究的目的不同，污染源可按不同的划分方式划分为不同的类型。

(1) 按污染物产生的来源可分为自然污染源和人为污染源。自然污染源可分为生物污染源(鼠、蚊、蝇、细菌、病毒等)和非生物污染源(火山、地震、泥石流等)；人为污染源可分为生产性污染源(工业、农业、交通、科研等)和生活污染源(住宅、医院、商业等)。

(2) 按污染源对环境要素的影响可分为空气、水体、土壤和生物污染源。空气污染源按污染源的形式可分为高架源、地面点源、线源和面源；水体污染源又可分为地表水污染源、地下水污染源与海洋污染源；生物污染源也可分为农作物污染源、动物污染源、森林污染源。

(3) 按污染源几何形状可分为点源、线源、面源。

(4) 按污染源的运动特性可分为固定源和移动源。

污染源类型不同，对环境影响的方式和程度也不同。

二、污染物的分类

(1) 按其产生过程可分为一次污染物和二次污染物。一次污染物是指由污染源直接排入环境的污染物；二次污染物是指进入环境的某些一次污染物在大气、水体或土壤中相互作用，或与其他成分发生物理、化学、生物作用而生成的新的污染物。

(2) 按其物理、化学、生物特性可分为物理污染物(噪声、光、热、放射性、电磁波等)、化学污染物(重金属、油类、有机污染物等)、生物污染物(病毒、致病菌、寄生虫卵等)和综合性污染物(烟尘、废渣等)。

(3) 按环境要素可分为水污染物(油类、酸、碱、汞等)、大气污染物(NO_x、SO_x、粉尘、酸雨、光化学烟雾等)和土壤污染物。这三者之间可以相互转化：大气污染物通过降雨可以进入水体和土壤，转变为水污染物和土壤污染物；同样，水污染物通过灌溉转变为土壤污染物，或通过蒸发转变为大气污染物；土壤污染物通过扬尘进入大气，转变为大气污染物，或通过径流转变为水污染物。

三、污染源调查

污染源调查就是要了解、掌握污染物的种类、数量、排放方式、途径及污染源的类型和位置，直接关系到的影响对象、范围、程度及其他有关问题。污染源调查不仅是为了给污染综合防治提供依据，也是环境影响评价的基础工作。

1. 污染源调查的原则

明确目的性：污染源调查和评价的目的、要求不同，采用的方法和步骤也就不同。

把握系统性：要把污染源、生态、环境、人体健康作为一个系统来考虑，而不是独立地调查污染源。

重视联系性：污染源所处的位置及周围的环境状况都会影响到其所释放的污染物的迁移、转化过程。

保持同一性：为了方便地比较各种污染源所排放的污染物，必须采用同一基础、同一标准、同一尺度。

2. 污染源调查的内容

(1) 工业污染源调查

工业污染源调查包括生产和管理调查、污染物排放与治理调查和发展规划调查。其中生产和管理调查又包括企业和项目概况，工艺调查，能源、水源、原辅材料情况，生产布局调查和管理调查这五个方面；污染物排放与治理调查也可分为污染物排放状况(种类、数量、组分、规律等)和污染防治调查(工艺改革、回收利用等)。

(2) 农业污染源调查

随着工业污染治理技术的日益发展，农业生产中的污染越来越得到人们的重视。对其污染源的调查包括农药使用情况、化肥使用情况、农业废物处置、水土保持以及农业机械使用情况调查。另外，对于禽畜饲养和水产养殖业，必须调查其饲养、养殖的品种、数量、工艺用水和排水量以及废物排放量、处理设施与效果等。

(3) 生活污染源的调查

生活污染源排放的主要污染物包括污水、粪便、垃圾、废气等，调查的内容十分广泛，包括：城镇居民人口调查、居民供排水状况、生活垃圾、民用燃料、城市污水和垃圾的处理及处置方法。

(4) 交通运输的污染源调查

针对汽车、火车、飞机和船舶等交通工具在运输过程中会发出噪声、排出废气、需定时清洗并有发生事故的风险等特点，在对其进行污染源调查时应包括：噪声调查，尾气调查，洗车厂排放的废水水质、水量调查，事故污染调查。

除上述污染源调查外，还有噪声污染调查、电磁辐射调查和放射性污染源调查等。在开展污染源调查时，应同时调查污染源周围的自然环境背景，包括地质、地形地貌、气候与气象、水文、土壤与水土流失、生物等；收集社会背景的资料，包括人口、工业与能源、风景区等。根据调查的项目不同，应有不同侧重点。

3. 污染源调查程序与方法

一般污染源调查可分为三个阶段：准备阶段、调查阶段、总结阶段，具体内容如图 4－2 所示。结合污染源调查的内容和原则，就可制定出调查工作的计划、程序、步骤、方法。

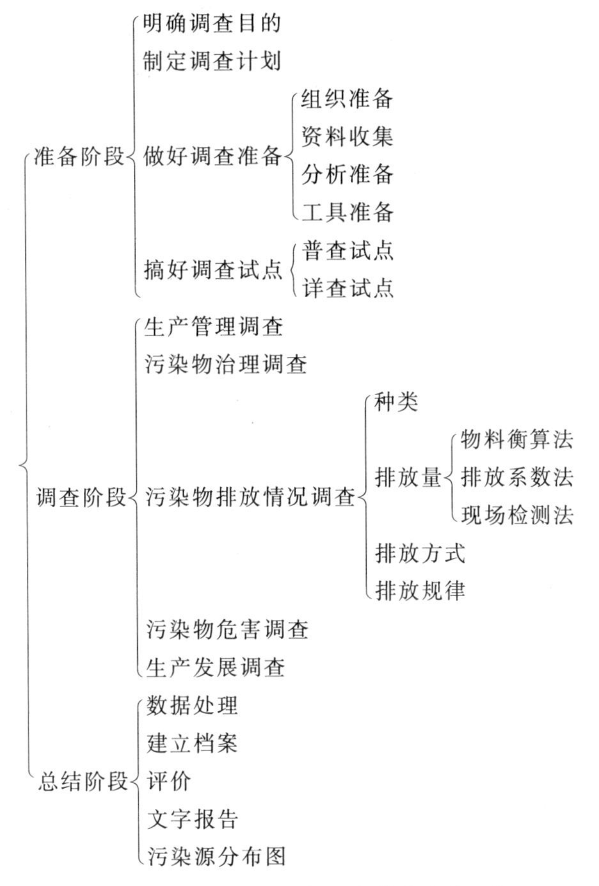

图 4－2　污染源调查各阶段基本内容一览

(1) 区域污染源调查

采用的基本方法是社会调查，包括印发调查表、召开座谈会、现场调查等，可以分为普查和详查两个阶段。

普查就是概略性的调查，首先从有关部门查清区域或流域内的工矿、交通运输等企业、事业单位名单，采用发放调查表的方法对各单位的规模、性质和排污情况作概略调查。对于农业污染源和生活污染源也可到主管部门收集农业、渔业和禽畜饲养业的基础资料、人口统计资料、供排水和生活垃圾排放等方面资料，通过分析和推算得出本区域和河流内污染物排放的基本情况。在普查基础上筛选出重点污染源，再进行详查。

详查时调查人员应深入到污染源现场，通过现场实测取得翔实和完整的数据并进行理论计算，掌握其污染物产生及排放情况。

(2) 具体项目的污染源调查

具体项目的调查方法必须在初步调查基础上进行剖析，并开展深入的现场调查。其内容包括：

① 排放方式、排放规律　例如废水要了解其有无排污管道，排污口的个数、分布、排放量，是否做到清污分流，以及排放时是连续排放还是间歇排放，是夜间排放还是白天排放，排放的污水均匀与否等。

② 重点污染物的物理、化学、生物特性　只有充分了解重点污染物的物理、化学及生物特性，以及其对环境影响的大小和排放量，才能筛选出主要的污染因子，便于提出治理方案，有的甚至可以在排放前经过相关的工艺处理而减少其排放量或降低污染程度。

③ 对主要污染物进行追踪分析　这就要求对生产工艺各个产污环节，物质的输入、输出了解得很清楚，查清产生主要污染物的环节是哪几个，排放量分别为多少，为污染物的治理或清洁生产提供依据。

④ 污染物流失原因的分析　根据生产工艺分析、类比法（调查国内、国际同类型的先进工厂的消耗量与本项目的实际消耗量进行对比）和设备分析（包括维修情况、生产能力是否平衡等）查找污染物流失的原因，并计算各类原因影响的比重。

四、污染源评价

1. 污染源评价的概念和目的

污染源评价是指对污染源潜在污染能力的鉴别和比较，通过评价找出主要污染源和主要污染物。潜在污染能力与污染源对环境产生的实际污染效应不同，它仅仅取决于排放污染物的种类、性质、排放方式等，与环境接收者的性质无关，也不考虑污染物之间的相互作用和协同效应。污染源评价的目的在于将不同量纲的量进行标准化处理，使它们之间具有可比性，也确定其对环境影响大小的顺序，从而确定主要污染源和主要污染物，为污染治理、总量控制、循环经济提供科学依据。

2. 评价方法——等标污染负荷法

目前环境影响评价中的污染源评价普遍采用等标污染负荷法，通过计算特征数，评价污染源和污染物影响的大小。

(1) 某污染物的等标污染负荷(P_{ij})为：

$$P_{ij}=\frac{c_{ij}}{c_{oj}}Q_{ij} \tag{4-9}$$

式中：P_{ij}为第j个污染源中第i种污染物的等标污染负荷（有量纲，且与流量的量纲一致）；c_{ij}为第j个污染源中第i种污染物的排放浓度；Q_{ij}为第j个污染源中第i种污染物的排放流量；c_{oi}为第i种污染物的排放标准。

故第j个污染源中n种污染物的总等标污染负荷为：

$$P_j=\sum_{i=1}^{n}P_{ij}=\sum_{i=1}^{n}\frac{c_{ij}}{c_{oj}}Q_{ij} \tag{4-10}$$

在m个污染源中第i种污染物的总等标污染负荷为：

$$P_i=\sum_{j=1}^{m}P_{ij}=\sum_{j=1}^{m}\frac{c_{ij}}{c_{oj}}Q_{ij} \tag{4-11}$$

同理，该区域的总等标污染负荷为：

$$P=\sum_{i=1}^{n}P_i=\sum_{j=1}^{m}P_j \tag{4-12}$$

(2) 等标污染负荷比的计算公式为：

$$K_{ij}=P_{ij}/P$$
$$K_i=P_i/P \qquad (4-13)$$
$$K_j=P_j/P$$

K_{ij}越大，表示该污染物在 j 污染源中对环境的污染越严重，根据 K_{ij} 的大小可以对 j 污染源内部各种污染物的危害程度进行排序。

(3) 确定主要污染物和主要污染源

按照调查区域内污染物的等标污染负荷比 K_i 排序，分别计算累积百分比，将累计百分比大于80%的污染物列为该区域的主要污染物。同样，按照调查区域内污染源的等标污染负荷比 K_j 排序，分别计算累计百分比，将累计百分比大于80%的污染源列为该区域的主要污染源。同时可以根据各污染源、污染物的等标污染负荷比 K_i、K_j 的大小进行排序。

思考题

1. 环境背景调查应涵盖哪些方面？
2. 环境背景值是一个确定的值吗？
3. 什么是等标污染负荷法？

第五章 工程分析

引言 我国的环境影响评价经过近三十年的发展，已形成了鲜明的特点，其中以建设项目环境影响评价中强调工程分析、清洁生产和循环经济分析最为明显。本章介绍工程分析的主要内容、工艺流程及产污环节分析方法、如何通过物料平衡和水平衡计算污染源参数，以及如何开展清洁生产和循环经济分析。

第一节 工程分析的内容

根据建设项目对环境影响的不同，可以分为以污染影响为主的污染型建设项目和以生态破坏为主的生态影响型建设项目，这两类项目的工程分析也相差很大。污染型建设项目的环境影响具有直接、快速呈现的特点，其工程分析类型多、难度高，是环境影响评价中分析项目建设影响环境内在因素的重要步骤。通过对项目组成分析，了解建设项目的基本内容和主要环境特征，同时必须详细分析建设项目在建设期、营运期的工艺过程、产污环节，核算污染源种类、源强，为提出合适的污染控制措施、预测并最终降低建设项目对环境的影响奠定基础。生态影响型建设项目则更强调项目组成的系统性和完整性，各单项污染源强的预测则采用较简单的类比、排污系数等方法，更接近于国际上较常见的环境影响识别。

建设项目按性质可分为新建、技改和扩建等类型。对于新建项目，直接进行该项目的工程分析即可；对于改、扩建类技改项目，应首先对技改项目的依托单位的现有项目情况进行分析，其内容包括：已建、在建项目概况、现有项目环评批复落实情况、生产情况（是否达到设计生产能力等）、主要污染源污染物排放现状及现有污染治理设施运行状况、排污概况、现存环境问题、明确“以新代老措施”。对于依托单位已投入运行的项目，应以实际生产、环境监测数据给出；在建项目则以环评批复数据给出。

对于环境影响以污染因素为主的建设项目来说，工程分析的工作内容，原则上应根据建设项目的工程特征，包括建设项目的类型、性质、规模、方式与强度、能源与资源用量、污染物排放特征以及项目所在地的环境条件来确定。其工作内容主要包括工程概况、工艺流程及产污环节分析、污染物源强分析等。

一、工程概况

工程概况包括项目名称、建设性质（新建、扩建、技改）、建设地点、项目总投资及环保投资、项目定员及工作制度、预计投产时间、项目工程组成（包括主体工程、公用工程、辅助工程等）、产品方案等，技改、扩建工程应说明技改前后产品方案的变化。

产品方案包括主产品、副产品、回收及综合利用产品的名称、规格、年生产能力、年生产时数。

本单位回收利用产品需给出质量控制指标、回用去向、回用量；副产品或综合利用产品需给出所执行的国家或行业质量标准。

综合利用产品特别应注明所含有机物、重金属等等名称、含量，当含有有毒有害物质时，需指明定向销售去向。

二、原辅材料及能源消耗分析

结合物料与能源消耗定额，给出主要原料与辅料的名称、单位产品消耗量、年总耗量和来源，对于含有毒有害物质的原料、辅料还应给出组分。

1. 原辅材料调查

任何一种生产过程的效率不会是100%，生产中所使用的原料常常不能够完全转化为产品，可能转变成副反应物，或被分解、转化等。根据物质不灭定律，其未转化为产品的原料可能通过各种分离步骤，以各种形式进入到废气、废水或固体废弃物中，成为污染物的一部分。另一方面，生产过程常常使用的大量辅助性原料如溶剂、酸碱调节剂、催化剂等，虽不参与反应，但会有过程损耗如流失、回收损失和分解等，损耗的部分同样最终进入废气、废水和固体废弃物中，成为污染因子。因此，对生产过程所使用的各类原辅材料进行调查分析是十分必要的。

在工程分析中，对各类原辅材料的调查分析应注重两个问题：一是其理化性质、毒性；二是其消耗。

理化性质、毒性的调查范围，不仅是生产过程使用的各类原辅材料，还包括中间产物和产品。应给出规范的名称、分子式、分子量、危规号、外观与性状、密度、熔点、沸点、溶解性、饱和蒸气压、燃烧性、爆炸极限、闪点、稳定性、毒性指标等；应特别注意给出溶解性、饱和蒸汽压、与其他物质接触或高温条件下的稳定性、分解产物等。物质的溶解性关联到该物质在废水中的最低浓度；而有机物如有机溶剂的挥发损失和冷凝损失都与其饱和蒸气压相关；某些物质与其他物质接触时会发生剧烈的化学反应，某些物质在高温、或其他条件下易分解甚至放出有毒有害气体等，易引起次生/伴生环境风险。

对于物质的毒性，除了对人体一般性毒害的定性描述外，还应给出LD_{50}、LC_{50}等毒性指标、“三致”性等特殊毒性参数。

在对生产过程所使用的各类原辅材料的调查中，如有拟使用或在生产过程中可能产生POPs、ODS、易制毒类及其他国际和国内禁用或严格控制使用或生产的化学品，须逐一标明。

各类原辅材料的消耗，首先应根据建设方提供的可行性研究报告或其他工艺资料给出拟定单耗和年用量，同时，应计算出其理论消耗。

理论消耗是在最适宜条件下，原料完全转变为产品得到的。在实际生产中，由于各种生产过程的工艺条件、效率等很难达到理想条件，原料在生产过程中不能被完全利用，就有了化学反应的转化率、物理过程的转变率和产品收率。显然，这些效率越高，原料的利用率就越高，原料的拟定消耗就越接近于理论消耗。通过工程分析中计算出的这类数据，是核定各类污染源源强和评估建设项目清洁生产水平的依据。

2. 能源

工业生产中要用到各种冷、热源——高到几百度，低到零下几十度甚至更低，就需要各种能源提供。通常有电能和由各类锅炉提供的高、中、低压蒸汽和过热蒸汽、导热油及其他高热介质等，使用的基本能源主要有煤、燃料油、天然气等。各种基本能源在燃烧时会产生二氧化硫、氮氧化物、二氧化碳和烟尘等污染物。在环评中应说明各种能源的供热来源、燃料名称、含硫量、单耗、年用量等。

3. 仓储

常用的物料包装形式有袋装、桶装、瓶装和储罐。

固体物料如果毒性较小，不具有升华性，常采用袋装形式运输和储存。包装袋的材料有纸质、多层塑料、塑料编织袋等。

液体物料、高毒性固体物料和具有升华性的固体物料等常采用桶装。包装桶的材质多种多样，一般有金属、各种塑料、纸质、陶瓷甚至玻璃等，视物料的理化性质而定。

少量的气态物料在运输和仓储时采用将其高压液化后瓶装，常见的如液氨、液氯、液氮等。

大量的液体或气体物料仓储采用各类储罐。储罐种类很多，按结构可分为固定顶储罐、浮顶储罐、球形储罐等。球状储罐耐压能力较好，各类液化气体常采用球罐储存。按压力等级可分为常压储罐和压力储罐。按容积是否可随物料容量变化分为拱顶罐、浮顶罐等。拱顶储罐是指罐顶为球冠状、罐体为圆柱形的一种固定顶储罐。拱顶储罐制造简单、造价低廉，是应用最为广泛的一种罐型，国内拱顶储罐的最大容积已经达到 30 000 m^3。浮顶储罐是由漂浮在介质表面上的浮顶和立式圆柱形罐壁构成。浮顶随罐内介质储量的增加或减少而升降，浮顶外缘与罐壁之间有环形密封装置，罐内介质始终被内浮顶直接覆盖，减少介质挥发。内浮顶储罐是在拱顶储罐内部增设浮顶而成，罐内增设浮顶可减少介质的挥发损耗，外部的拱顶又可以防止雨水、积雪及灰尘等进入罐内，保证罐内介质清洁。这种储罐主要用于储存轻质油，例如汽油、航空煤油等。按安装方式储罐又分为立式和卧式。立式储罐大、中、小型都常用，卧式储罐的容积一般都小于 100 m^3，通常用于生产环节或加油站。

物料仓储时，易挥发液体会有因装卸和气温变化引起的无组织排放；装卸时少量的滴漏导致冲洗污水和初期雨水污染；装卸运输过程中也会发生因包装物破损而导致的洒落等。

由于上述污染物的产生和源强与包装、仓储的形式等密切相关，环评中要列表给出各种原辅材料的储存量、储存方式、年用量，各储罐的种类、储存对象、容积、数量等。

4. 压缩空气、惰性气体

压缩空气是许多工业生产中常用的压力源，一般用于气力输送、气动机械和气动仪表及其他空气动力源。通常，压缩空气由各类空气压缩机(air compressor)产生。空气压缩机种类很多，按工作原理可分为容积式、往复式(也称活塞式)、离心式等。容积式压缩机是通过压缩气体的体积，使单位体积内气体分子的密度增加以提高压缩空气的压力，如螺杆式空气压缩机；离心式压缩机是通过提高气体分子的运动速度，使气体分子具有的动能转化为气体的压力能，从而提高压缩空气的压力；往复式压缩机则是直接压缩气体，当气体达到一定压力后排出。

现在常用的空气压缩机有活塞式空气压缩机、螺杆式空气压缩机(属于回转容积式压缩机)、离心式压缩机以及滑片式空气压缩机(属于回转式变容压缩机)、涡旋式空气压缩机等。

轴流式压缩机属速度型压缩机，其中气体由装有叶片的转子加速，主气流是轴向的。

各类空气压缩机实用的环境影响主要是噪声和含油冷却水。

工业上使用的惰性气体(inert gas)的含义与化学上所称惰性气体并不一致。工业上将在参与工艺条件下不会参与化学反应气体称之，最常用的是氮气，特殊情况下用氩气等。

通常惰性气体的使用和排放不会造成环境影响，但如果采用变压吸附(Pressure Swing Adsorption，PSA)系统生产氮气，则应关注该系统的噪声控制。

三、工业设备及其运行时的环境特征

很多设备在工作时会产生和排放各类污染物，我们将生产设备在工作时产生、排放污染物的方式、种类和特点称为该设备运行时的环境特征。常见化工设备的环境特征见表5－1。

表5－1　常见化工设备的环境特征

	排污工况	排污方式	排放的污染物
压力反应器	卸压	间歇	充装的惰性气体、体系中的挥发性物质及夹带的物料液滴
连续式生产设备	在中修、大修时需吹扫、清洗等	间歇	吹扫废气和清洗废水
间歇式生产设备	常需清洗	间歇	设备清洗废水或废溶剂
各种固液分离设备	凡在有机相中的固液分离过程	间歇	有机溶剂挥发形成的无组织排放
连续式干燥设备	物料全部经过分离系统；工艺分离系统与尾气净化合为一体	连续	颗粒物
间歇式干燥设备	蒸汽挥发时夹带粉尘	间歇	颗粒物
真空设备	排气、排水	连续	不凝气、废水

四、溶剂及冷凝回收率

很多工业生产过程都需要使用溶剂，溶剂不参与化学反应，除农药调配和涂料等外，一般亦不进入产品。因此，通常采用蒸馏-冷凝后回收循环使用。

大部分溶剂属于易挥发物质，蒸气压较高，因此，在冷凝过程中不能完全冷凝，产生所谓的“不凝气”，是工业生产中重要的废气源。

有机溶剂的冷凝回收量与循环量之比称为冷凝回收率。冷凝回收率与该物质的蒸气压、冷凝工作温度、换热器面积、组分和压力等有关，从经济性角度出发，沸点低于100℃的有机溶剂的冷凝回收率，一般为85%～92%；沸点高于150℃的，一般为95%～98%。

有机溶剂的平衡可以用两个方程式表示：

溶剂补充量＝损耗量

溶剂损耗量＝进入(废气＋废水＋蒸馏残渣＋产品)量

五、产污环节及源强核算

对建设项目工艺流程的分析，是为了找出流程中全部的污染物产生环节，为进一步查清源强提供依据。

一般来说，一个工业产品的生产过程是由一个或多个工艺单元过程构成的，这些单元过程按其原理，可分为物理过程和化学过程两大类，在实际工艺流程中，常常既有物理过程又有化学过程。

工业生产中的产污环节按生产过程可分为原料投放时、生产过程中和仓储过程中的产污环节。按污染源的种类可分为废气、废水、固体废弃物和噪声等。

在工程分析中，首先要绘制流程框图(石油化工类项目一般用装置流程图的方式说明生产过程)，按工艺流程中的单元过程顺序逐一阐述，说明并图示主要原辅料投加点和投加方式。工艺流程中有化学反应过程的，应列出主化学反应方程式和主要副反应的反应方程式、主要工艺参数，明确主要中间产物、副产品及产品产生点、污染物产生环节和污染物的种类(按废水、废气、固废、噪声分别编号)、物料回收或循环环节。工艺流程说明、工艺流程及产污环节图和污染源一览表应做到文、图、表统一。

污染源分布和污染物类型及排放量是各专题评价的基础资料，必须按建设过程、运营过程两个时期详细核算和统计，根据项目评价需要，一些项目还应对服务期满后(退役期)的影响源强进行核算。因此，对于污染源分布应根据已经绘制的带产污环节的生产工艺流程图，列表逐个给出各污染源中各种污染物的排放强度、浓度及数量，完成污染源核算。

1. 废水产生环节及源强核算

(1) 废水来源和类型

水污染是指水体因某种物质的介入，而导致化学、物理、生物或者放射性等方面特性的改变，从而影响水的有效利用，危害人体健康或破坏生态环境造成水质恶化的现象。

根据污染物的不同，可将水污染分为生理性污染、化学性污染、物理性污染和生物性污染四大类。生理性污染指污染物排入天然水体后引起的嗅觉、味觉、外观、透明度等方面的恶化；物理性污染指污染物进入水体后改变了水的物理特性，如热、放射性物质、油、泡沫等污染；化学性污染指污染物排入水体后改变了水的化学特征，如酸、碱、盐、有毒物质、农药等造成的污染；生物性污染指病原微生物排入水体，直接或间接地传染各种疾病。

废水按产生源可分为工业废水、服务性行业废水、农业生产污水和生活污水。

农业生产污水主要是农业生产过程中过量施用的化肥、农药等的流失以及生活污水和人畜排泄物等，呈现面源特性。

服务性行业废水主要是宾馆、餐饮业等排水，具有生活污水的特征，但浓度高于居民生活污水水质。

工业废水指工业各行业生产过程中排出的废水、污水，一般包括生产母液、产品洗涤水、设备冷却水的排放水、排气洗涤水、设备及场地冲洗水、露天布置的设备界区内初期雨水、罐区初期雨水等。工业行业种类繁多，产生的废水性质悬殊巨大，表示工业废水水质的主要指标有常规指标悬浮物(SS)、耗氧量(COD、高锰酸盐指数、BOD_5)、色度、pH、嗅味等，还有特征污染物，如各种有毒有害物质、重金属、放射性物质等。工业废水可按下列方法进行分类：

按行业产品和加工对象分类，如冶金废水、造纸废水、炼焦煤气废水、金属酸洗废水、印染废水、制革废水、农药废水、化学肥料废水、涂料及颜料生产废水、合成树脂与橡胶废水、氯碱工业废水、有机原料及合成材料废水、无机盐工业废水、感光材料工业废水等。

按工业废水中所含污染物的主要成分分类，如酸性废水、碱性废水、含氰废水、含酚废水、含油废水、含重金属废水、含有机磷废水等。该分类突出废水的主要污染成分，可以针对性地考虑回收和处理方法。

按废水的危害性和处理的难易程度分类，第一类为生产过程中的热排水或冷却水，对其稍加处理后就可以回用；第二类为含常规污染物废水，无明显毒性，易于生物降解；第三类含有毒污染物或不易生物降解的污染物，包括重金属。

按一个生产单元分，有工艺废水、产品洗涤废水、冲洗设备及地面废水、废气洗涤水、直接冷却水和间接冷却水排水、初期雨水等。

工艺废水指从其中分离出中间体或产品后剩下的生产母液；产品洗涤废水则是以水洗涤不溶于水或难溶于水的产品或中间体时产生的废水；转换产品或批次时常需清洗设备，产生设备冲洗废水；各类物料装卸、转移时可能会有少量的滴漏，因而产生车间冲洗废水；很多生产废气用水喷淋法处理，产生一定数量的废气洗涤水；直接冷却水与物料接触，会含有相应的污染物，应当进行处理；间接冷却水虽不与物料直接接触，但由于设备、管道的泄漏等，会有少量的污染物进入其中，同时，长时间的循环使用，水不断蒸发再补充，使得循环冷却水中无机盐和有机物浓度不断升高，影响换热设备的传热系数，必须排出一部分，就形成了间接冷却水（循环冷却水）排水；在罐区和露天装置区，由于物料的少量滴漏，初期雨水也可能会因此受到污染，形成必须处理的所谓“初期雨水”。

实际上，一个产品的生产过程可以排出几种不同性质的废水，一种废水又会含有不同的污染物或不同的污染效应。不同工业行业，虽然产品、原料和工艺过程完全不一样，也有可能排出性质类似的废水。工程分析中应对各股废水说明种类、成分、浓度、排放方式、排放去向。

水污染物源强应按废水源编号逐一给出。特别应注意不能遗漏特征因子，如废水中含盐量较高，应根据物料平衡结果给出盐的种类、浓度和产生量。

（2）水平衡

水是工业生产最基本的原料、溶剂和载体。根据质量守恒定律，在任一用水单元内都存在着水量的平衡关系。任一工业用水单元内水平衡关系见图 5－1。

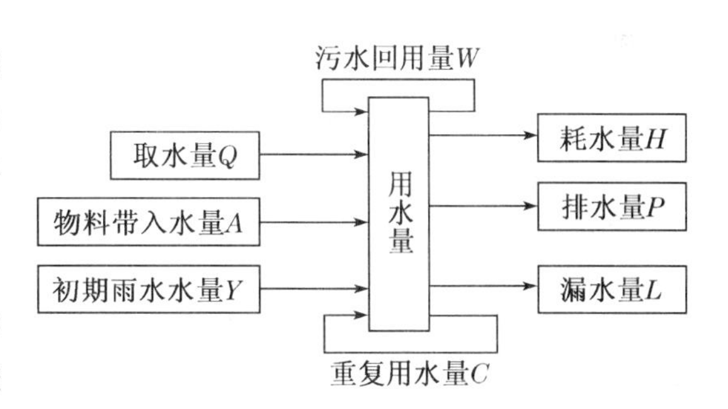

图 5－1　工业用水单元内水平衡关系

该水平衡关系可以用下式表示：

$$Q+A+Y=H+P+L \qquad (5-1)$$

式中：取水量 Q 指建设项目取自地表水、地下水、自来水、海水、城市污水及其他水源（包括外供蒸汽）的总水量（新鲜水量）；重复用水量 C 指建设项目内部循环使用和循序使用的总水量；排水量 P 指建设项目排放的废（污）水量总和，包括各类生产废水、生活污水、收集的初期雨水等；漏水量 L 指建设项目供水管网漏水量；耗水量 H 指建设项目消（损）耗掉的水量总和，即：

$$H=q_1+q_2+q_3+q_4+q_5+q_6+q_7 \qquad (5-2)$$

式中：q_1 为产品含水，即由产品带走的水；q_2 为间接冷却水系统补充水量，即循环冷却水系统挥发损失水量；q_3 为洗涤用水（包括装置和生产区地坪冲洗水）挥发损失水量；q_4 为锅炉运转包括蒸汽挥发损耗水量；q_5 为绿化等用水量；q_6 为生活用消耗水量；q_7 为其他消（损）耗水量、外输的中水、蒸汽及蒸汽冷凝水等。

水平衡分为针对生产线的“工艺水平衡图”和针对全公司的“总水量平衡图”、“蒸汽平衡图”等。

工艺水平衡图应比较细致，要包括生产过程的加入水、原料带入水、反应生成水、反应耗水、蒸发损失水、中间产品带走水、产品带水、回用水点和回用水量等。

总水量平衡图包括各生产工段（车间）给排水、公用工程给排水（机泵冷却排水、锅炉用排水、储罐冷却、地面冲洗用排水等）、冲洗地面和设备水、废气处理排水、绿化用水、循环冷却水、梯级用水、回用水、损耗水、初期雨水、输入输出蒸汽、生活给排水等。

蒸汽用量较大，或蒸汽直接与物料接触时，应给出单独的蒸汽平衡图。

技改、扩建项目还应分别绘制技改、扩建前后总水量平衡图。

根据上述各类水平衡图，经计算给出总取水量、水重复利用率等。

(3) 废水源强核算

工业废水源强核算最主要是两项：水量和水质。

① 水量核算　任一工业废水源的水量可根据下式得到：

$$Q=Q_1+Q_2+Q_3-Q_4-Q_5-Q_6 \tag{5-3}$$

式中：Q 为该生产单元的单位产品废水产生量，m^3/t；Q_1 为该生产单元的单位产品加入水量，m^3/t；Q_2 为该生产单元的单位产品原料带入水量，m^3/t；Q_3 为该生产单元的单位产品反应生成水量，m^3/t；Q_4 为该生产单元的单位产品反应消耗水量，m^3/t；Q_5 为该生产单元的单位产品损失水量，m^3/t；Q_6 为该生产单元的单位产品及副产品带走水量，m^3/t。

任一工业废水源水量的组成可以是上式中的几项或全部。生产单元的单位产品用水量由工艺要求所决定，如印染生产的浴比、造纸生产的纸浆浓度等；原料带入水指各种以水溶液形式采用的原材料所带入的水；典型的反应生成水如酸碱中和反应生成的水等；反应消耗水量指有水参加的反应，体系中减量的水，如水解反应等；损失水量指生产过程中以蒸发、升华等形式减量的水。

② 水质核算　水质指废水中污染物的组分和浓度。污染物进入废水有以下几个原因：

(a) 溶解

各类物质在水中都有一定的溶解度，生产母液往往是被物料中各组分所饱和了的（无机盐类、酸碱物质则不一定）。

物质在水中的溶解度受温度、酸碱度、同离子效应（common ion effect）、盐效应（salt effect）以及废水中其他组分等影响变化很大。所谓同离子效应是指在电解质 i 的饱和溶液中，加入和电解质 i 有相同离子的强电解质 j 时，电解质 i 的溶解度会降低的效应。这种效应对于微溶电解质特别显著。盐效应是指在弱电解质、难溶电解质和非电解质的水溶液中，加入非同离子的无机盐，改变溶液的活度系数，从而改变离解度或溶解度。当溶解度降低时为盐析效应（salting out）；反之为盐溶效应（salting in）。对于非电解质，盐效应使离子和水分子（为偶极子）因静电作用而产生水化，减少了可以作为“自由”溶剂的水分子，从而降低了其溶解度；而难溶电解质溶液中加入具有不同离子的可溶性强电解质后，常使其溶解度增大。酸碱度对酸性物质和碱性物质的溶解度有影响，当废水呈碱性时，酸性物质溶解度增大而碱性物质溶解度下降，反之亦然。很多物质的溶解度随温度变化。气体的溶解度除与废水的酸碱性有关外，通常随温度升高而下降。例如，常压下，二氧化硫在 20℃ 时溶解度为 11 g/100 g 水，而温度升至 50℃ 时，溶解度降至 4 g/100 g 水。

当母液通过固液分离与固体物料分离而成为废水时，这些溶于水中的物质便成为污染物；当再用清水洗涤物料时，其中的各种组分依照自己的溶解性，再次溶于洗涤水中，经固液分离成为洗涤废水。洗涤废水中，无机盐类、酸碱物质的浓度随洗涤过程逐次降低，污染物浓度趋向其在纯水中的溶解度。

(b) 分离过程的流失

废水中污染物的另一来源是分离过程的流失。受分离过程的效率限制，物料并不能100%被分离。例如有机相与水相的分离，在工业上，两者很难完全分开，那么在水相里，就有以不溶的有机相形式存在的微量有机相。而过滤介质的分离不彻底，使得固体物料流失以悬浮物的形式进入滤液，成为污染物。如纤维球过滤机属于较精密的固液分离设备，随进水 SS 浓度和粒径大小，固液分离效率为 85%～96%。

工程分析中的水质核算，就是要定量地计算出各类物质由于溶解或不完全分离而留在废水中的量。

2. 废气产生环节及源强核算

(1) 废气产生环节和类型

按照国际标准化组织(ISO)的定义，“大气污染通常系指由于人类活动或自然过程引起某些物质进入大气中，呈现出足够的浓度，达到足够的时间，并因此危害了人体的舒适、健康和福利或环境的现象”。由人为因素引起的大气污染主要有工业废气、生活废气、交通工具尾气和农业废气等。

生活污染源主要是家庭、商业服务部门等燃煤排放的烟尘和废气，具有量大、分布广、排放高度低等特点。交通污染源主要是汽车、火车、飞机、船舶等移动源排放的废气。

工业生产时，在原料运输、储存、生产、加工和使用过程中都有可能产生工业废气。产生的原因、方式、数量和成分随生产工艺和方法的不同有很大的不确定性，工业大气污染源可以按其组成、污染物形态、排放形式和来源等进行分类。

按所含污染物性质，工业废气可分为三大类：第一类为含无机污染物的废气，主要来自化肥、酸、无机盐、能源等行业；第二类为含有机污染物的废气，主要来自有机原料及合成材料、农药、染料、涂料、石油化工等行业；第三类为既含无机污染物又含有机物污染物的废气，主要来自精细化工、氯碱、炼焦等行业。

按废气中污染物的形态，可分为气态污染物和颗粒态污染物。生产过程中产生并能较长时间悬浮于气体中的颗粒态污染物又称为颗粒物，其分类见表 5-2。

表 5-2　颗粒物分类

分类方法	粉尘名称	特　点
粉尘起因	工业粉尘	在工艺过程中散发出的，人工可以控制
	自然飘尘	由风吹起的，人工难以控制
工业粉尘按其生成特性	生产性粉尘	由生产过程中产生而漂浮于空气中的各种粉尘，形成时无物理、化学变化，多为常温下粉尘
	烟尘	粉尘生成过程中伴随着物理、化学变化，如由于氧化、还原、升华、蒸发、冷凝等过程而形成的固体微粒，多为高温烟气中的粉尘

(续表)

分类方法	粉尘名称	特　点
颗粒大小	尘埃	粒径一般大于 10 μm,在静止空气中呈加速度沉降,肉眼可见
	尘雾	粒径 10～0.25 μm,在静止空气中等速沉降,用显微镜可见
	尘云	粒径在 0.25 μm 以下,在静止空气中不沉降(或非常缓慢曲折地降落),受空气分子的冲撞而作布朗运动,有相当强的扩散能力,只能用高倍显微镜观察
理化性质	无机粉尘	矿物性粉尘(石英、石棉、滑石、石灰石、黏土粉尘等),金属性粉尘(金属粉尘、金属氧化物、其他无机化学品粉尘等)和人工无机性粉尘(如金刚砂、水泥、石墨、玻璃等)
	有机粉尘	植物性粉尘(煤炭、棉、麻、谷物、烟草、茶叶粉尘等),动物性(如兽毛、毛发、骨质、角质粉尘等)和人工有机性粉尘(如各种有机化学品粉尘等)
	混合性粉尘	上述两种或多种粉尘的混合物。混合性粉尘在生产过程中常常遇到,如磨床磨削过程既有金刚砂粉尘又有金属粉尘
卫生学性质	有毒粉尘	重金属粉尘、化学品粉尘、有毒矿物粉尘,5 μm 以下的呼吸性粉尘等
	无毒粉尘	如铁矿石粉尘、棉尘等
	放射性粉尘	如铀矿物粉尘等
燃烧和爆炸性	易燃易爆粉尘	如煤粉、硫磺粉、可燃化学品粉尘、活泼金属粉尘、有机纤维粉尘等
	非燃非爆粉尘	如石灰石粉尘等

从排放形式上区分,工业废气可以分有组织排放(organization discharge)和无组织排放(inorganization discharge)两大类。

有组织排放指经空气动力装置(如风机、空气压缩机、真空泵等)并经一定口径排气筒排出的废气,或无空气动力源经一定高度、口径排气筒排出的废气。

无组织排放指大气污染物不经过排气筒的无规则排放。低矮排气筒的排放在一定条件下也可造成与无组织排放相同的后果,因此低矮排气筒排放的废气也可以看作是无组织排放。无组织排放源指设置于露天环境具有无组织排放的设施或建筑构造(如车间、工棚等)。工业上常采取一些措施例如通过集风罩将无组织排放的废气收集后转为有组织排放,以便于回收处理。

根据污染源的排放特征,大气污染源可以分为点源、面源和线源等。工业大气污染源主要是点源,但是较大型的仓储场所的大气污染源呈现面源特征。

以产生来源分类,工业废气一般来源于以下几个方面:

① 化学反应,包括反应不完全或副反应所产生的废气　在生产过程中,随着反应条件和原料纯度的不同,原料不可能全部转化为产品或半成品,有时为使一种较重要的原料反应完全,常将另一种原料过量,未反应完的原料以气态或原本就是气态原料排出反应体系就形成了废气。一般情况下,在进行主反应的同时,还伴随着一些不希望发生的副反应,副反应的产物若以气态排出则形成废气。例如烷基苯磺化反应,参加反应的三氧化硫与烷基苯物质的量之比应当为 1∶1,但气态三氧化硫的量很难控制,常常过量而形成废气污染。活性炭生产时,原料先以盐酸浸泡酸化再高温焙烧,高温下氯化氢挥发形成烟雾状污染物。有的

可回收利用，有的因数量不大、成分复杂，无回收价值，因而作为废气排出。

② 原料及产品加工和使用过程中产生的废气　如塑料加工过程中散发的气体污染物属于典型的产品加工过程中排出的废气。在高温下，塑料生产时加入的助剂如增塑剂、抗老化剂、热稳定剂等，甚至塑料单体本身的微量分解混合在一起，形成塑料加工废气。

类似的还有印染厂用氨处理棉坯布时产生的氨气；涂料生产及使用过程中逸散的挥发性有机废物等。

又如橡胶制品生产过程的高温精炼、硫化时，橡胶会产生一定量的挥发气体，该挥发物成分非常复杂。根据苏联轮胎研究所对硫化废气成分分析，证明该废气含有160多种化学物质，以有机物为主，可以用非甲烷总烃来表示，此外还含有SO_2、H_2S等无机污染物。

③ 工艺气体或易挥发液体　从各类设备、管道的动、静密封点跑、冒、滴、漏产生的废气，这类废气属于无组织排放。

④ 储运过程废气　挥发性液体储存时排放的废气主要是"大呼吸"、"小呼吸"产生的。所谓"大呼吸"是指储罐进出物料时内部液体升降而使液体上部的饱和蒸气容积增减，物料蒸气向外的排放；"小呼吸"是指由于昼夜或气候变化引起罐内蒸气分压变化，物料蒸气通过罐的呼吸阀向外的排放。这两类气体的无组织排放量与物料的饱和蒸气压、物料温度、储罐结构、罐内气体空间大小、周转次数及气象条件等因素有关。

此外还有桶装挥发性液体或瓶装气体在投加时，开罐（瓶）的瞬间挥发排气。储运过程废气的排放一般属于无组织排放，但也有收集回收后有组织排放的。

⑤ 开停车及其他非正常工况下的短期排放　例如在一定压力下的反应，当反应结束后卸压时，反应器内的气体排出成为废气。这种情况下废气主要组分是载气（空气或其他惰性气体）、残余的气态原料、挥发或带出的产物或副反应物，其排放数量和排放时间决定于工艺条件；设备大中修时的吹扫将产生吹扫废气，主要组分是载气（空气或其他惰性气体）、挥发或带出的物料等。

⑥ 废弃物处理过程中排放的废气　例如，含硫酸盐的废水在厌氧处理过程中硫酸根将被还原产生硫化氢气体；气浮过程中，废水中的硫化氢、氨及其他挥发性有机物逸出；吸附过程的有机溶剂脱附/回收单元，将有冷凝单元的不凝气产生；各类水工构筑物加盖收集的废水处理过程中逸散的氨、有机胺、硫化氢、有机硫及其他挥发性有机物；污泥处置过程中以及各类固（危）废在厂内临时贮存时逸散的恶臭气体等，这类废气大多属于无组织排放。

⑦ 事故性排放　例如危险化工工艺单元、可燃粉体输送及除尘系统等常设置有安全阀、防爆膜等应急泄放设施，当发生超温、超压时安全阀启动或防爆膜爆破泄放出物料。泄放物料的组分、浓度、泄放量及泄放速率等由工艺设计决定；泄放物料可以送火炬焚毁，也可以送相应的处理设施处理后排放，也有的是直接放空。在环境影响评价中，应视泄放物料的不同处置去向进行相应的环境影响预测。

（2）有组织排放源强核算

有组织排放废气源强主要有污染物组分、产生速率、排气量和浓度等参数。

污染物组分和物质量依据物料平衡结果给出；产生速率取决于该废气源的运行时数；工艺废气排气量取决于废气源中各组分的物质量，在温度较高，压力不大（温度大于500 K或者压力不高于1.01×10^5 Pa）时，可以视为理想气体，按物料平衡结果计算；由产生速率和排气量则可以计算各污染物组分的浓度。

非工艺废气的有组织排放废气源，视其排放设施工艺参数，计算其源强。其中，污染物组分、产生速率常通过实测或类比得到；排气量取决于排放设施（各类集气罩、密闭场所等）的工艺和设备参数，如伞形集气罩的罩口面积、罩口风速等。

另一方面，有组织排放废气处理设施，还应给出其排气筒参数（高度、排口直径、排气温度等），如有几个废气源处理后共用排气筒的，应给出混合废气的各参数。

(3) 无组织排放源强核算

无组织排放是没有排气筒或排气筒高度低于 15 m 的排放源排放的污染物，包括生产工艺过程中具有弥散型的污染物的无组织排放，设备、管道和管件的跑冒滴漏，在空气中的蒸发、逸散引起的无组织排放。无组织排放的主要污染物除气体物质外，易挥发液体和易升华固体也应予以考虑。

无组织排放产生源主要有以下几类：

① 生产环节的无组织排放　包括生产环节的加料、出料、卸压，敞口操作的转移、过滤、干燥等，热过程的蒸馏、精馏的冷凝不凝气（所谓不凝气是指在冷凝器管壁最低温度不冷凝的气体）等。

敞口容器易挥发液体挥发损失量与其饱和蒸气压和风速有关，可按下列经验公式计算：

$$y=(5.38+4.1v)P_b \cdot F \cdot M^{0.5} \tag{5-4}$$

式中：y 为易挥发液体的挥发损失量，g/h；v 为敞口容器口处风速，m/s；P_b 为易挥发液体在该温度下的饱和蒸气压，mmH_2O；F 为容器敞口面积，m^2；M 为易挥发液体分子量，g。

易挥发液体在某温度下的饱和蒸气压可以按 Antoine 方程计算：

$$\lg P_b=(-0.052\,23A/T)+B \tag{5-5}$$

式中：T 为绝对温度，K；A、B 为常数，一些常见物质的 A、B 值见表 5-3。

表 5-3　一些常见物质的 A、B 值

名称	A	B	名称	A	B
苯	34 172	7.962	甲苯	39 198	8.330
甲烷	8 516	6.863	乙酸乙酯	51 103	9.010
甲醇	38 324	8.802	乙醇	23 025	7.720
乙酸甲酯	46 150	8.715	乙醚	46 774	9.136
四氯化碳	33 914	8.004			

② 仓储过程的无组织排放　易挥发液体物料在仓储过程中会产生"大呼吸"废气和"小呼吸"废气。大、小呼吸的无组织排放量可以用经验公式估算。

(a) 小呼吸排放量

对于浮顶罐，小呼吸年排放量 L_{fs} 为：

$$L_{fs}=K \cdot V^n \cdot P_r \cdot D \cdot M_p \cdot K_s \cdot K_c \cdot K_f \tag{5-6}$$

式中：L_{fs} 为浮顶罐小呼吸年排放量，kg/a；K 为系数；V 为罐外平均风速，m/s；n 为与密封有关的风速指数；P_r 为蒸气压函数，$P_r=P/\{P_A \cdot [1+[1-(P/P_A)]^{0.5}]^2\}$，其中 P 为储罐内平均温度下液体的真实蒸气压，Pa；P_A 为储罐所在地的平均大气压，Pa；D 为储罐直径,m;M_p 为物料蒸气的平均分子量 kg/kmol;K_s 为密封系数;K_c 为物料系数;K_f 为二次密封系数。

(b) 大呼吸排放量

对于浮顶罐,大呼吸年排放量 L_{fw} 为:

$$L_{fw}=4Q\cdot C\cdot y/D \quad (5-7)$$

式中:L_{fw}为浮顶罐大呼吸年排放量,kg/a;Q 为平均输料量,m^3/a;C 为罐壁粘附系数,$m^3/1\,000m^2$;y 为储存物料的密度,t/m^3;D 为储罐直径,m。

由于用经验公式计算时许多参数难以查到,因此储罐的无组织排放量大多用经验值估算,按其储存方式和物料饱和蒸气压的高低,可以从万分之五到千分之五。

③ 设备、管道等动、静密封点泄漏　动密封点泄漏是指从各种机泵等运转部件密封处的泄漏;静密封点泄漏是指从压力管道的法兰、螺纹接口、套管接口等密封处的泄漏。由于工厂的各类动、静密封点数以千万计,实际上该类泄漏占工业生产中无组织排放气体的绝大部分。该类泄漏量可按下列经验公式计算:

$$G=CVK(M/T)^{0.5} \quad (5-8)$$

式中:G 为通过设备、管道缝隙溢出的易挥发物的质量,kg/h;C 为随设备或管道内压力而定的系数,见表 5-4;V 为设备或管道的内部容积,m^3;K 为视设备的磨损程度而定的安全系数,一般取 1～2;M 为物质的分子量,g;T 为设备或管道内物质的绝对温度,K。

表 5-4　不同压力下的系数 C

表压 kg/cm^2	<1	1	6	16	40	160	400	1 000
C	0.121	0.166	0.182	0.189	0.252	0.298	0.310	0.370

④ 厂房内无组织排放量估算　现代工业生产很多都采用密封式标准厂房,通过持续换气的方法保持厂房内的温度、湿度和空气质量,因此,可以用测定方法估算该类厂房里各种无组织排放气体总量:

$$G_x=[V_1(x_2-x_1)+V_2(x_p-x_i)t]/t \quad (5-9)$$

式中:G_x 为某种有害蒸气或气体散发量,g/h;V_1 为房间容积,m^3;V_2 为房间换气量,m^3/h;x_1,x_2 为室内空气中气体(蒸气)的最初和最终浓度,g/m^3;x_i,x_p 为进气和排气中气体(蒸气)的浓度,g/m^3;t 为进行测定的时间,h。

⑤ 厂房排放　一些工业厂房设置有大排气量的厂房墙壁或屋顶轴流风机进行通风,如果厂房内有挥发性污染物随之排出,此时应将该厂房视为无组织排放源。其排放废气量取决于所设置的轴流风机组总排风量,污染物浓度可由实测或类比得到。

3. 固体废弃物产生环节和核算

所谓固体废弃物是指人类在生产、消费、生活和其他活动中产生的固态、半固态废弃物质。一些工业生产过程中产生的废酸、废碱、废油、废有机溶剂等高浓度的液体也归为固体废弃物。

固体废弃物按其组成可分为有机废物和无机废物;按其形态可分为固态的废物、半固态的废物和液态废物;按其污染特性可分为有害废物和一般废物等。按产生源可分为城市固体废物、工业固体废物、农业固体废物和有害废物。

城市固体废弃物主要是指在城市日常生活中或者为城市日常生活提供服务的活动中产生的固体废弃物，即城市生活垃圾，主要包括居民生活垃圾、医院垃圾、商业垃圾、建筑垃圾（又称渣土）等。一般来说，城市生活水平愈高，垃圾产生量愈大，通常城市每人每天产生的垃圾量为1～2 kg。

农业废弃物也称为农业垃圾，主要来自人、畜粪便以及植物秸秆类、废农用薄膜及其他废农业生产物质等。

工业生产过程中产生的固体废弃物主要有生产碎屑、边角料、滤渣、废滤袋及其他废过滤介质、各类废料液、蒸馏残液、固体废品、废催化剂、各类工艺塔废填料、废化学包装材料等。除生产过程中产生的外，废弃物处理过程也会产生废吸附材料、废吸收液、废填料、废滤袋、蒸发析盐渣、物化处理污泥（如混凝沉淀、微电解混凝渣）、生化污泥等。

在工程分析中，应按《中华人民共和国固体废物污染环境防治法》、《固体废物鉴别标准通则》、《国家危险废弃物名录》等对废物进行鉴别、分类。废液应说明种类、组分、浓度，废渣应说明有害成分、浓度、溶出性。同时需要界定是否属于危险废物，并明确贮存、处置方式和去向。

绝大多数固体废弃物的产生量很难用物料平衡精确计算，常采用以现有同类项目的类比资料估算的方法给出产生量。

对于一个工业园区来说，工业固体废物发生量可采用单位工业用地发生系数法预测：

$$V_g = S_1 \times M \tag{5-10}$$

式中：V_g 为工业固体废物预测发生量，万 t/a；S_1 为单位工业用地工业固体废物发生量，万 t/公顷；M 为工业用地面积，公顷。

根据对有关工业行业类比调查，一类工业生产固废产生系数为 8～10 t/ha・a，取 9 t/ha・a；二类工业生产固废产生系数为 8～12 t/ha・a，取 10 t/ha・a；危险固废产生系数约为一般工业固废的 12%。

生活垃圾发生量常采用人均每天垃圾产生量法预测：

$$V_s = S_2 \times N \times 365 \times 10^{-7} \tag{5-11}$$

式中：V_s 为生活垃圾预测发生量，万 t/a；S_2 为人均每天垃圾发生量，居住人口取 1 kg/d，工作人口取 0.5 kg/d；N 为总人口数，人。

4. 噪声产生环节和源强

从物理学的观点来看，噪声是由各种不同频率、不同强度的声音杂乱、无规律的组合而成的声音。从生理学观点来看，凡是干扰人们休息、学习和工作的声音，即不需要的声音，统称为噪声。当噪声对人及周围环境造成不良影响时，就形成噪声污染。

噪声污染按声源的机械特点可分为气体扰动产生的空气动力型噪声、固体振动产生的机械噪声、液体撞击产生的噪声以及电磁作用产生的电磁噪声等。按声音的频率可以分为<400 Hz 的低频噪声、400～1 000 Hz 的中频噪声及>1 000 Hz 的高频噪声；按其随时间变化的属性可分为稳态噪声、非稳态噪声、起伏噪声、间歇噪声以及脉冲噪声；按噪声源所在位置可分为室外噪声源和室内噪声源；按发生规律可分为连续性和间断性噪声源。

噪声的来源主要有交通噪声、工业噪声、建筑噪声、社会生活及公共场所噪声。

交通噪声包括机动车辆、船舶、地铁、火车、飞机等的噪声。由于机动车辆数目的迅速增加，公路和铁路交通干线的增多，机车和机动车辆的噪声已成了交通噪声的元凶，占城市噪声的75%。

工业噪声指工业企业生产中产生的噪声。主要是各种动力机、工作机做功时产生的撞击、摩擦、流体喷射以及振动产生的巨大噪声。如各类大、中型风机、压缩机、泵、具有高速运转部件的设备、冲压设备、冷却塔等。工业噪声的声级一般较高,会对操作人员及周围居民带来较大的影响。

建筑噪声主要来源于建筑机械发出的噪声。建筑噪声的特点是强度较大,且多发生在人口密集地区,因此严重影响居民的休息与生活。

社会生活及公共场所噪声。如公共场所的商业噪声、餐厅、公共汽车、旅客列车、人群集会、高音喇叭和家用电器、音响设备发出的噪声。这些设备的噪声级虽然不高,但由于和人们的日常生活联系密切,使人们在休息时得不到安静,极易引起纠纷。据统计,社会生活和公共场所噪声占城市噪声的14%。

工程分析中应给出各产噪设备的名称、等效声级、数量、噪声类型(机械、空气动力或混合型)、距最近项目边界距离、治理措施、降噪效果等。常见噪声源见表5-5和表5-6。

表5-5 常见工业噪声源特性与降噪措施

序号	名称	噪声声级 dB(A)	噪声特性	降噪措施
1	离心机	80	机械	隔声
2	各类输送泵	70～75	机械	隔声、减震
3	空气压缩机	85～90	机械、空气动力	消声、隔声、减震
4	高真空泵	87	空气动力	建筑隔声
5	冷却塔	85	机械	减震
6	制冷机组	87～92	机械	隔声、减震
7	高压喷射(泵)	80	机械、空气动力	
8	大型风机	94	机械、空气动力	消声、隔声、减震
9	各种织机	85	机械	建筑隔声
10	水循环真空泵	87	机械、空气动力	建筑隔声

表5-6 常见服务性行业和社会生活噪声源及特性

序号	名称	噪声声级 dB(A)	噪声特性
1	建筑施工噪声	90～130	机械、空气动力
2	卡车	70～85	机械
3	轿车	65～79	机械
4	高音喇叭	90～120	空气动力

5. *其他产污环节*

工业生产中,放射性源主要用于石油、煤炭等资源勘探、矿石成分分析、工业探伤、无损检测、材料改性和料位、密度和厚度测量等。放射源还可用于火灾烟雾报警、污水治理等。

工业电磁辐射源主要有高压输电网站,以及广泛应用的中、高频电工业设备,如高频塑料热合机、高频熔炼炉、高频焊接机、高频切割、高频淬火机、高频除氧机、射频溅射仪等高功率电磁辐射源。这些设备利用中、长波波段的高频电磁场能量使导体或半导体本身发热，达到热加工的目的。通常，工频指工业上用的交流电源的频率(50 Hz)，中频约为200～2 500 Hz，感应加热、电磁炉高频感应加热设备(如熔炼炉、淬火炉等)工作频率为几百 kHz；高频介质加热设备的工作频率约为几 MHz 至几十 MHz，如塑料热合机为40.68 MHz。

6. 工业非正常排污工况的源强统计与分析

所谓非正常工况是与正常生产状态不同的另一种生产状态，它不是事故状态，是生产过程的一部分，如开、停车，进、出料，产品切换、检修、试验性生产等阶段。

在这些情况下，系统的控制参数如温度、压力等达不到正常工作状况时的数值，或者要进行一些额外的操作如抽取原料、从原先密封的设备中放出物料等。因此，非正常工况得不到正常的产品，反而可能增加一些在正常工况下不会产生的废弃物。如：

(1) 抽取或放出物料时物料的无组织排放；

(2) 开、停车时吹扫系统产生的吹扫废气；

(3) 开、停车时因系统的控制参数的改变而生成的不合格品；

(4) 设备检修时从设备中清理出的沉积物、清洗废液、污水等；

(5) 产品切换时的清洗废液、污水等。

工程分析中，应根据建设单位提供的技术资料或同类装置的类比资料，分析项目非正常工况的具体种类、可能产生的废弃物的种类、源强，以便提出相应的技术控制和管理要求并分析可能的环境影响。

六、污染物源强汇总

对于新建项目污染物排放量按环境要素，就废水、废气、固体废弃物分别统计排放量，可采用表5-7表示。

表5-7 新建项目污染物排放量汇总 (t/a)

种类	污染物名称	产生量	削减量	排放量
废水	COD			
	…			
废气	SO_2			
	…			
固废	工业固废		按：利用量、贮存量、处置量分类	
	危险固废			
	生活垃圾			

技改扩建完成后(包括“以新带老”削减量)污染物排放量，其相互的关系可表示为：技改前排放量－“以新带老”削减量＋技改扩建项目排放量＝技改扩建完成后排放量，见表5-8。

表5-8　技改扩建项目污染物排放量统计

类别	名称	技改前排放量	“以新带老”削减量	技改项目产生量	技改项目削减量	技改项目排放量	技改完成后排放量	技改完成后较技改前增减量
废气								
废水								
固体废物								

第二节　工程分析的方法

一般而言，建设项目的工程分析都应依据项目规划、可行性研究和设计方案等技术资料开展。当建设项目在可行性研究阶段所能提供的工程技术资料不能满足工程的需要时，可以根据具体情况选用其他适用的方法进行工程分析。目前主要采用的方法有类比法、物料衡算法和资料复用法。

一、类比法

类比法是用与拟建项目类型相同的现有项目的设计资料或实测数据进行工程分析的常用方法。采用此法时，为提高类比数据的准确性，应充分注意分析对象与类比对象之间的相似性和可比性。如：

(1) 工程一般特征的相似性　所谓一般特征包括建设项目的性质、建设规模、车间组成、产品结构、工艺路线、生产方式、主要设备类型和过程控制水平、原料、燃料与消耗量、用水量等。

(2) 污染物排放特征的相似性　包括污染物排放类型、浓度、强度与数量，排放方式与去向以及污染方式与途径等。

(3) 环境特征的相似性　包括气象条件、地貌状况、生态特点、环境功能以及区域污染情况等方面的相似性。因为在生产建设中常会遇到这种情况，即某污染物在甲地是主要污染因素，在乙地则可能是次要因素，甚至是可被忽略的因素。

类比法中，产污系数是常用数据之一。产污系数是根据某种产品成熟的生产工艺中较先进水平下的单位产污量的统计数据得出的，可以用于计算同类生产工艺的产品的污染物排放量。但是采用此法必须注意，一定要根据生产规模等工程特征和生产管理以及外部因素等实际情况进行必要的修正。

对于工业园区的污染物产生量估算，常用单位面积土地产污系数法。其中，一些有毒有害污染物(特征因子)由于不可能所有项目都会产生，即不会所有工业用地都会产生，若采用简单的工业用地的单位面积排污系数进行估算，则可能会偏大许多，可以采用双系数法：

$$W_i = c_i F_i Q \times 10^{-6} \tag{5-12}$$

式中：W_i 为污染物 i 的排放量，t/a；c_i 为污染物 i 的达标排放浓度，mg/L；F_i 为产生污染物 i 的项目占全区项目的用地比例，%；Q 为开发区工业用地预测污水量，t/a。

对于技改扩建、搬迁类项目，由于有现有项目实例，应主要以类比法、辅以计算法进行，用实际生产数据给出相关污染源源强。

城市生活污水、农业面源污水、城市固体废弃物和农业固体废弃物等，因其产生量相对稳定，常采用产污系数法估算源强。

对于新建项目，主要依据建设单位提供的可行性研究等技术资料进行计算，过程中可以参考国内外同类项目的类比资料或排污系数。

有关产品生产过程的产污系数和排污系数，可参见国家环保部颁布的相关行业清洁生产标准。

二、计算(物料衡算)法

当没有足够的可行性资料进行类比分析时，需要通过理论计算获得污染源数据。

计算法是依据质量守恒定律，投入的原材料和辅助材料的总量等于产出的产品和副产物以及产生污染物的总量。通过物料衡算，可以核算产品和副产品的产量，并计算出污染物的源强。物料平衡的种类很多，有以全厂物料的总进出为基准的物料衡算，也有针对具体的装置或工艺进行的物料平衡，比如在合成氨厂中，针对氨进行的物料平衡，称为氨平衡。在环境影响评价中，必须根据不同行业的具体特点，选择若干有代表性的物料，主要是针对有毒有害的物料，进行物料衡算。

1. 总物料衡算

物料衡算法是用于计算污染物排放量的常规方法。此法的基本原则是依据质量守恒定律，即在生产过程中投入系统的物料总量必须等于产出的产品量和物料流失量之和。其计算通式如下：

$$\sum G_{投入} = \sum G_{产品} + \sum G_{流失} \tag{5-13}$$

式中：$\sum G_{投入}$ 为投入系统的物料总量；$\sum G_{产品}$ 为产出产品总量；$\sum G_{流失}$ 为物料流失总量。

流失的物料在很大程度上最终成为了各类废弃物。

2. 单元工艺过程或单元操作的物料衡算

对某单元过程或某工艺操作进行物料衡算，可以确定这些单元工艺过程、单元操作的污染物产生量。例如，对管道和泵输送过程、吸收过程、分离过程、反应过程等进行物料衡算，可以核定这些加工过程的物料损失量，从而了解污染物产生量。

3. 有毒有害物质或元素衡算

对生产过程中使用或排放的有毒有害物质、重金属、有机溶剂或元素等应作单独的物料平衡计算，如各类重金属等。通过平衡计算，了解这些物质或元素在生产过程中的转化、迁移及最终去处，得到其在各类污染源(废气、废水和固体废弃物)中的分布及含量。

某物质 i 的物料衡算可按下式进行：

$$\sum G_{排放} = \sum G_{投入} - \sum G_{回收} - \sum G_{处理} - \sum G_{分解} - \sum G_{产品} \tag{5-14}$$

式中：$\sum G_{投入}$ 为投入原料中的 i 的质量；$\sum G_{产品}$ 为进入产品结构中的 i 的质量；$\sum G_{回收}$ 为进入回收产品中的 i 的质量；$\sum G_{处理}$ 为经净化处理分解、转化的 i 的质量；$\sum G_{分解}$ 为生产过程中分解了的 i 的质量；$\sum G_{排放}$ 为进入污染物的 i 的排放量。

4. 不同行业的特殊要求

对于氮肥尿素制造、冶金、印染、石油炼制、石油化工、电镀等工艺过程，化学变化及物质组成极其复杂，中间过程对环境的最终影响并不大，通常不需要做出详细物料平衡，而是有针对性地作出特征因子平衡、水平衡即可。如氮肥尿素制造做出N、S等特征因子平衡和总物料进出平衡即可；印染生产主要做出水平衡；电镀生产做出各金属平衡和水平衡；电力生产应作水平衡、硫平衡等；造纸及类似生产过程做浆水平衡等。

5. 化工物料平衡详解

化工生产过程牵涉到的化学品种类多，有毒有害物质多；化工生产流程长，单元过程复杂；化工生产过程产生的废水、废气和固体废弃物种类多，污染源中污染物组分复杂。基于以上特点，在化工项目的环境影响评价中，应通过物料平衡分析，得到污染源的源强，作为提出合理的废弃物控制措施的基础和前提。

(1) 化工物料平衡的条件

完成一个化工物料平衡，需要以下资料和数据支持：

① 产品的指标(含量、其他杂质含量、水含量等)、原辅材料指标(规格含量等)；

② 主、副化学反应式，各反应的比例关系，各反应的转化率；

③ 各单元所用主要生产设备，特别是分离设备的类型、各单元预期收率、流程的总收率(收率包含了化学反应的转化率、物理过程的转变率等的影响)等；

④ 所用溶剂的种类、回收工艺、回收设备和主要工艺参数，预期回收率。

其中，主、副化学反应式，各反应的比例关系，各反应的转化率是由该工艺路线、参数所决定的，一般情况下环评技术人员不得也无法去调整，但产品的收率、辅助原料特别是酸、碱、溶剂的回收率等，经环评人员分析后，对于可能造成较大环境影响的，可以与建设单位沟通，通过更换回收设备、改进回收工艺参数等，提高产品和辅助原料的收率、回收率。

(2) 化工物料平衡的要求和目的

每个单元和全流程中，需做到以下平衡：① 进、出的总物料平衡；② 反应物的平衡；③ 水(包括反应生成水、参加反应的水)的平衡；④ 惰性物质(不参加反应的溶剂、酸、碱等)的平衡；⑤ 必要时，应作出元素或物质的单独平衡(如重金属、有毒有害物质等)。

通过物料平衡，要求核实或得到以下数据：① 产品收率。该参数直接影响物料流失量即污染物源强。② 溶剂回收率。该参数直接影响溶剂流失量，而流失的溶剂成为大气、水体污染物和危废的重要组成。

(3) 化工物料平衡计算步骤

① 从产品倒算。根据从后往前每个单元的收率、转化率，得到所需的上一步的中间体或原料的量，最终得到所需的起始原料的量；

② 先算出各化学反应的物质变化量，再计算该步骤所需的惰性物质、水等的量；

③ 核算各单元的平衡，再核算全流程的平衡，最后从全流程的平衡中解出元素或物质

的平衡。

(4) 需注意的问题

① 污染物在废水中的浓度,在无电解质形成盐效应时,以其溶解度为最低浓度;

② 有机溶剂的冷凝回收率与该物质的沸点、冷凝工艺有关,与冷凝温度、换热器面积等参数有关。沸点越低、饱和蒸气压越大,越难以冷凝回收,同时需考虑冷凝的动力消耗与成本,故一般沸点低于 100 ℃的,冷凝回收率不高于 85%~92%;沸点高的,不高于 95%~99%。

(5) 几个典型问题实例

【实例 1】某产品生产过程的滤渣产生环节和源强如图 5-2。

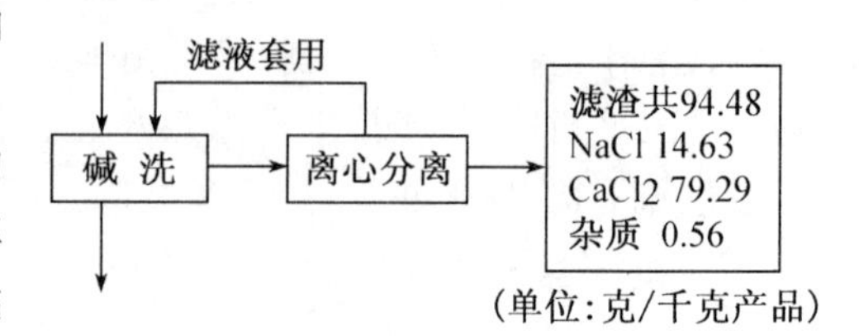

图 5-2 离心分离的产污环节

该例中,滤渣应当含有一定水。离心分离的脱水率与滤渣性质有关。晶体类物质的脱水率较高,可以达到 95%;滤渣的颗粒越细小、黏性越大,脱水率越低,只能达到 50%~60%左右。因此,不管哪种情况,滤渣中仍应当含有少量的水。从另一个角度出发,如果滤液是所需要的,就会损失一部分在滤渣中,该损失量越大,产品收率越低。

【实例 2】吡啶醇钠生产物料平衡如图 5-3 所示。该例的问题是:

(1) 氯化亚铜虽基本不溶于料液,但脱腈后过滤总会有少量穿透滤布,最终进入脱溶废水,即脱溶废水中应当含有铜;

(2) 丙烯腈虽经加热脱腈,但不会完全脱尽,放料时会有微量无组织排放;

(3) 应说明干燥方式。干燥时不仅有水蒸气,还应有丙烯腈、硝基苯等有机物和粉尘。

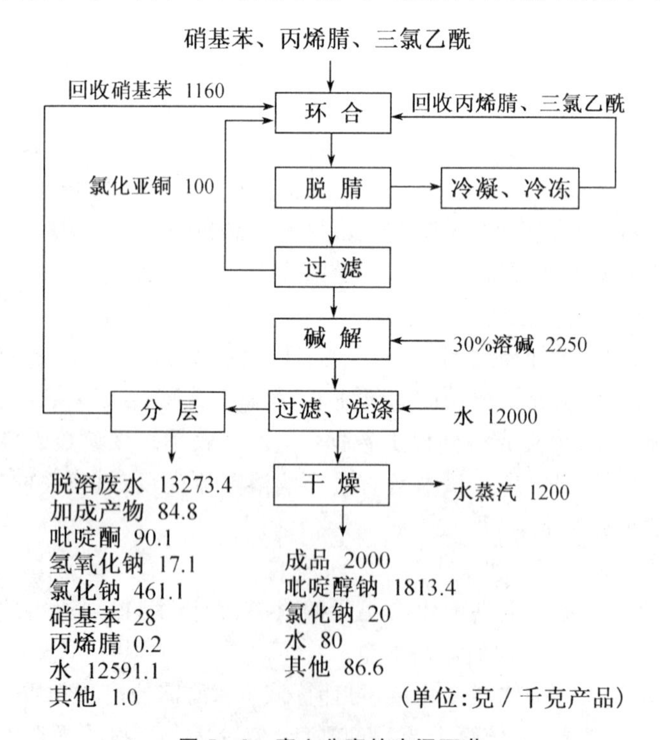

图 5-3 离心分离的产污环节

【实例3】某含甘油的含盐废水拟经过蒸发浓缩结晶制取工业盐，其流程如图5-4所示。

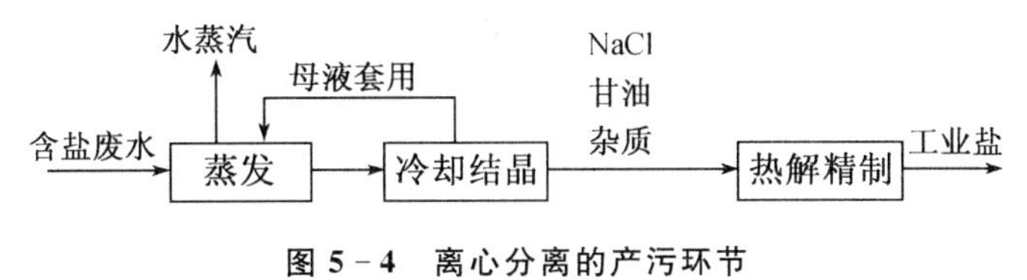

图5-4　离心分离的产污环节

该例的主要问题是，甘油易溶于水，应主要在结晶母液中，而不是在结晶的盐中。因此，结晶母液不能无限制套用，套用一定次数后需排放处理。

三、资料复用法

此法是利用同类工程已有的环境影响评价资料或可行性研究报告等资料进行工程分析的方法，是一种较为简便的方法。

通常，在可行性研究后是初步设计、扩初设计和施工设计，再经工程建设到投入运行。在经过多步不断完善、调整后，真正运行的项目与可行性研究报告相比较，从布局、工艺流程到设备都可能会有相当的改变，如果用该项目的可行性研究作为另一个同类项目环境影响评价的模板，其技术经济指标可能是落后的，数据的准确性更难保证。因此，资料复用法只能在评价工作等级较低的建设项目工程分析中使用，在使用前，应充分了解已有项目在设计和建设过程中的变化和改进，尽可能减少偏差。

相关链接　**若干指标解释**

1. 单位产品新鲜水耗

单位产品新鲜水耗反映了生产过程中新鲜水的用量。计算公式为：

$$单位产品新鲜水用量=\frac{新鲜水用量}{产品产量}$$

2. 水的重复利用率

水的重复利用率反映了生产过程中水的梯级使用、循环使用的情况。计算公式为：

$$水的重复利用率=\frac{梯级用水量+循环用水量}{新鲜水量+梯级用水量+循环用水量}\times100\%$$

3. 单位产品主要原材料消耗

单位产品主要原材料消耗是指生产单位产品平均实际耗用的若干种主要原材料数量。它反映该种原料的实际消耗水平，与该种原料的理论消耗之差可表明企业生产技术水平和管理水平。计算公式为：

$$单耗=\frac{生产某种产品的某种原材料消耗总量}{某种产品产量}$$

4. 转化率

转化率是指在化学反应中，某种原料转化为产物的量与投入的该原料总量的比率。说明该反应过程的效率，可以反映原材料的利用率。计算公式为：

$$转化率=\frac{某原料转化产物量}{某原料投入量}\times 100\%$$

5. 收率

收率是指合格产品中包含的某原料量与生产过程中投入的该原料总量的比率。影响收率的不仅有化学反应过程的转化率，还有后续的分离、精制、包装等过程的效率，因此收率说明了生产过程总的原料被有效利用的程度。计算公式为：

$$收率=\frac{合格产品包含的某原料量}{生产过程投入的某原料总量}\times 100\%$$

第三节　清洁生产分析

中华人民共和国《清洁生产促进法》第十八条指出："新建、改建和扩建项目应当进行环境影响评价，对原料使用、资源消耗、资源综合利用以及污染物产生与处置等进行分析论证，优先采用资源利用率高以及污染物产生量少的清洁生产技术、工艺和设备。"

在环境影响评价中开展建设项目清洁生产分析，促使建设项目在一个较高的清洁生产水平上投入建设和运行，能够从根本上减少建设项目实施后对环境造成不良影响，减少建设项目投运后为消除对环境不良影响所采取的污染控制措施的建设和运行成本。同时，建设项目特别是技改项目采用先进的生产工艺和技术装备也可促进同类生产过程的技术进步。因此，在环境影响评价中遵循清洁生产的理念，从工艺的环境友好性、工艺过程的主要产污节点以及末端治理措施的协同性等方面进行深入分析具有重要意义。

一、清洁生产水平分析主要内容

1. 资料收集、工程分析

应收集的资料包括：建设单位提供的项目可行性研究报告、试验报告、研究报告等各类技术文件，同行业同类生产工艺的相关资料，建设项目生产涉及的各种化学物质理化性质、毒性等资料。

环评单位通过对建设单位提供的生产工艺流程、产污环节的分析和物料平衡、水平衡核算，得到各类污染源源强，单位产品原辅材料、能源消耗量，单位产品产污量（包括废水、废气、固体废弃物），单位产品耗水量（包括耗新鲜水量），水的梯级利用和循环利用率等。

根据以下资料：建设项目拟采用的企业管理模式、管理体系，如环境管理体系、质量管理体系等，建设项目开展清洁生产的规划等，分析建设项目可达到的管理水平，提出改进、完善的建议。

2. 拟采用的工艺先进性

拟采用的生产工艺，应优先采用国家有关部门推荐的清洁生产工艺、已经成熟的绿色化学工艺、节水工艺、同行业已采用的先进工艺以及科研设计单位开发的已经中试的先进工艺等。同时，可以从以下几方面分析其先进性：

（1）拟采用工艺的原辅材料要求

所谓生产工艺路线，实际上主要取决于所采用的原料路线。生产中拟使用的原辅材料、可能产生的中间品和最终产品的毒性、环境友好性、可再生性、可回收利用性与产生的废弃物易处理性和环境影响有相当大的关系。

常用的化学物质毒性指标有 LD/LC(致死剂量/致死浓度)、LD_{50}/LC_{50}(半数致死剂量/半数致死浓度)、MLD/MLC(最小致死剂量/最小致死浓度)、MTD/MTC(最大耐受剂量/最大耐受浓度)、TDL_0/TCL_0(最小中毒剂量/最小中毒浓度)、Lim_{ac}(急性阈作用浓度)、Lim_{ch}(慢性阈作用浓度)、Ames(基因突变快速筛选试验)等。化学物质急性毒性分级见表 5-9。

表 5-9　化学物质急性毒性分级

毒性分级	大鼠一次经口 LD_{50} (mg/kg)	6 只大鼠吸入 4 h 死亡 2～4 只的浓度(ppm)	兔涂皮时 LD_{50} (mg/kg)	对人可能致死量	
				(g/kg)	总量(g)(60kg 体重)
剧毒	<1	<10	<5	<0.05	0.1
高毒	1～50	10～100	5～44	0.05～0.5	3
中等毒	50～500	100～1 000	44～350	0.5～5	30
低毒	500～5 000	1 000～10 000	350～2 180	5～15	250
微毒	>5 000	>10 000	>2 180	>15	>1 000

对原辅材料清洁性的要求有以下几个原则：

① 优先采用无毒无害或低毒低害原料　通过调查、咨询技术专家等方式，并在与建设单位技术人员充分沟通的基础上，提出尽量采用无毒无害或低毒低害原料替代有毒有害原料，以减少这些物质通过有组织和无组织排放的废气、废水和固体废弃物对环境和人体健康造成的影响。

② 尽可能不采用难生物降解的原辅材料　绝大多数废水处理装置采用生物处理方法或物化-生化法，若生产中大量采用难生物降解的有机物，后续的废水处理设施则必须增加强氧化等单元，增加了处理过程的复杂性、难度和成本。因此，应通过比选原辅材料，尽可能不采用难生物降解的原辅材料。

③ 特殊物质　如项目使用或产生受关注化学品、恶臭及“致癌、致畸、致突变”的“三致”物质等，应专节论述使用的必要性、从生产过程到污染控制措施的先进性等，做到原料路线合理少使用、工艺先进少产生、污染控制措施到位少排放。

(2) 生产工艺对溶剂的要求

有机溶剂是化工、皮革、木材加工等众多生产过程重要的辅助原料。同样的生产工艺往往可以采用不同的溶剂，而不同的溶剂其毒性、环境友好型、消耗指标、价格等差异很大。在生产过程中，有机溶剂往往采用精馏等方法回收、套用，在使用和回收过程中会因为挥发、冷凝回收时的不凝气等而损失进入环境成为大气环境污染物；溶剂会因为其溶解性而溶解于料液中，或因为分离不彻底而夹带，最终进入废水，成为废水中特征污染物和 COD 的贡献者；在冷凝回收过程中还会有部分进入废液成为固废。为了弥补这些损失需要补充同样多的新溶剂，补充的新溶剂量等于生产系统通过废气、废水和固体废弃物进入环境的量。因此，应通过对溶剂理化性质和毒性、使用的必要性、消耗指标、拟采用的溶剂回收工艺及主要参数如冷凝温度、真空度、冷凝器换热面积等情况的分析，在满足工艺要求的前提下，尽可能采用毒性小的溶剂，使用的品种尽可能少，尽可能提高溶剂的回收率，以减少溶剂损失对环境，特别是对大气环境的影响。

(3) 生产方式

生产方式是指产品的生产过程是连续的还是间断的。很多产品的生产既可以采用连续生产也可以采用间断生产。在开、停车时，会因为温度、流量、压力等参数变化以及物料与外界接触时，产生一定量的废料或不合格品，也可能伴随溶剂等的额外损失。所以，通常间断生产比连续生产的能耗高、废弃物产生量大，采用连续生产方式，可以减少该类开、停车损失。

(4) 技术、经济及环境指标

工业技术经济指标是用来表明设备、原材料、动力等利用程度，以及反映生产技术水平、经济效果和产品质量的各种指标的总称。每个工业部门和企业，都有一套与其技术设备、工艺过程、所用原材料和产品特点相适应的技术经济指标。主要有：① 工艺指标，如反应转化率、产品收率；② 产品质量指标，包括合格率、成品返修率、废品率、等级率等；③ 原材料、动力消耗指标，如主要原材料消耗、综合能耗、能耗(电、油、煤、蒸汽等)、新鲜水消耗等；④ 设备利用程度指标等。

环境指标主要有单位产品的各类废弃物产生量、产生浓度、可回收利用性等。

3. 设备先进性

工业生产设备是满足工艺要求，高效地生产出符合质量的产品的基础。按其作用可以分为反应器、换热设备、分离设备、混合设备等；按应用范围可以分为通用设备和专用设备；按形状可以分为罐式(釜式)、塔式设备等。

同一工艺目标有多种不同类型的设备可以达到，如沉降器、离心机、真空式过滤机和压力式过滤机等都可以完成固液分离。但不同的设备，其能耗和水耗、自动化程度、稳定性和可靠性、物料流失、噪声、生产安全性、劳动条件和工业卫生条件等差异很大。

在环评中，应根据拟采用的设备的类型、型号、主要技术规格和指标、制造时间等，进行比较分析。设备先进性分析应遵循的基本原则为：

(1) 优先采用专用设备　专用设备是根据某个工艺过程的要求而专门设计的，具有比通用设备更加高效的特点，从而可以降低原材料和能源消耗，减少废弃物的产生。

(2) 优先采用连续生产设备　连续生产设备可以避免频繁开、停车或频繁倒空设备导致的能源消耗、物料流失、废弃物量增加。

(3) 优先采用可自动化运行的设备　自动化运行的设备可以避免人的疲劳误操作、人的失误操作、人的情绪失常时反应迟滞造成的失误等，提高成品率，减少废弃物的产生。

4. 过程控制先进性

工业生产离不开对生产过程的控制。工业生产控制是通过对温度、压力、流量、物位等参数的控制，实现生产过程的质量、产率和安全等控制。高水平的过程控制是先进生产工艺实现的保障。

(1) 过程控制系统

现代工业控制系统是从1940年开始投入实际运用的。从早期的现场基地式仪表到继电器控制再到现在以PLC和DCS为代表的第三代控制系统，在冶金、石油、化工、建材、机械制造、电力、轻工、汽车及污染控制等工业过程控制中得到广泛应用，为降低工业生产中原料、能源消耗,减少废弃物产生起到了不可取代的作用。

① 可编程逻辑控制　1969 年,在美国诞生了世界上第一台可编程逻辑控制器(Programmable Logic Controller,PLC)。PLC 是一个以微处理器为核心的数字运算操作电子系统,采用可编程的存储器,用以在其内部存储执行逻辑运算、顺序控制、定时/计数和算术运算等操作指令,并通过数字式或模拟式的输入、输出接口,控制各种类型的机械或生产过程。

随着计算机技术、电子技术、网络通信技术及自动控制技术的飞速发展,工业可编程控制进一步向基于定性实时多任务操作系统发展,出现了可编程计算机控制器(Programmable Computer Controller,PCC)。PCC 引入了大型计算机的分时多任务操作系统理念,并辅以多样化的应用软件设计手段。由于分时多任务运行机制,使得应用任务的循环周期与程序长短无关,而是由设计人员根据工艺需要自由设定,从而将应用程序的扫描周期同真正外部的控制周期区别开,满足了真正实时控制的需要。

② 集散控制系统　集散控制系统(Distributed Control System,DCS)是由 HONEYWELL 公司在 1975 年首先推出的。DCS 是一个由过程控制级和过程监控级组成的以通信网络为纽带的多级计算机系统,综合了计算机、通信、显示和控制等 4C 技术,其基本思想是分散控制、集中操作、分级管理、配置灵活以及组态方便。DCS 是计算机技术、数字通讯技术和现代控制技术结合的产物。通常 DCS 系统的体系结构分为三层:现场控制级、集中操作监视级、综合信息管理级。

与早期的工业控制系统相比较,DCS 系统将不同的控制任务按照一定的设计方案分别由不同的控制站控制,同时控制站之间通过通信网络连接,上层控制人员则又通过通信网络连接下层控制站,实现对现场情况的监视和控制。其优点在于,当一台控制站出现故障之后,不会影响到其他控制站的运行,同时,控制站又是处于集中管理的状态,方便维护。

DCS 将系统控制功能分散在各台计算机上实现,具有高可靠性;DCS 采用开放式、标准化、模块化和系列化设计,具有开放性,可以根据需要方便地在系统中增加或卸下计算机;通过组态软件根据不同的流程应用对象进行软硬件组态,具有很好的灵活性;采用功能单一的小型或微型专用计算机,维护简单、方便;各工作站之间通过通信网络传送各种数据,整个系统信息共享,协调性好;控制算法丰富,集连续控制、顺序控制和批处理控制于一体,可实现串级、前馈、解耦、自适应和预测控制等先进控制,并可方便地加入所需的特殊控制算法。

(2) 过程控制原则

环评中过程控制先进性分析应遵循以下原则:

① 采用足够的控制参数和控制精度　根据工艺需要,选取足够多的控制参数,保证生产过程的原辅材料消耗指标、转化率、收率等符合设计要求,废弃物产生量最小量化。

② 恶劣工况应采用远传控制　对于高温、高压、强腐蚀、高毒性一类生产过程,应避免操作人员在现场操作,而采用传感器远传控制参数至控制室内进行控制的方式。

③ 采用先进的工业控制系统　在环境影响评价中,环评单位应根据建设单位提供的技术资料,并调研同行业生产中过程控制水平,分析建设项目可采纳应用的过程控制技术,要求或建议建设单位尽量采用以 PLC 和 DCS 为代表的第三代控制系统,以保障先进工艺的实现。

5. 资源和能源回收水平

循环经济是一种先进理念，建设项目的资源回收与综合利用是体现项目循环经济理念和水平的重要方面，即依据减量、再用和再循环三原则指导生产过程设计，提高生产过程的资源利用率，减少最终废弃物产生量。

分析拟建项目资源循环链，提出相关建议，包括拟建项目内部资源的梯级利用、副产品的综合利用。拟建项目产生的废弃物、废热、废水在区域内循环再利用以及本项目利用外部的废弃物或废热的途径。分析拟建项目选址是否有利于在区域内企业形成生态产业链。

先进的生产工艺，应当充分考虑资源的回收利用，例如设置高效回收装置，回收、套用生产过程排放的各种未反应的原料，使之尽可能转化成产品，尽可能减少进入环境的释放物；采用先进高效的精馏-冷凝设备，并合理控制其参数，可在获得高纯度产品的同时，最大限度回收各种未反应的原料和中间产物(副反应物)，提高原料利用率和产品收率。

工业生产热能综合利用包括反应热能(冷能)和各类能源的梯级使用和回收。如设置高效热交换器或余热锅炉，降低生产过程的能耗。

水资源综合利用包括水梯级利用、循环利用、蒸汽冷凝回收利用等。对于生产中各类排水，应根据各生产用水点对水质的要求，直接或经简单处理后进行梯级利用，直至水质劣化需送深度处理为止。中水回用即属于水的梯级利用。水质劣化后经适当处理的水再送回相关用水单元，实现循环利用。各类工业循环冷却水即属于典型的水循环利用。

蒸汽冷凝水既属于低热值热源亦属于可利用水资源，可根据水质及用水要求经适当处理后回用。蒸汽冷凝水的处理一般有除油、除铁、除微量有机物和除悬浮物等。

各类水和水蒸气的综合利用应给出处理方法、回用水质、回用点、回用量等，并应在工艺水平衡和项目总水平衡图中表达出来。同时，应计算出工艺水循环利用率、全厂水循环利用率等。

6. 管理水平分析

任何先进的工艺技术、生产设备和过程控制手段都必须在一定的企业管理平台上才能够运行。良好的企业管理可以提高全体员工“工作生活质量”，从而提高工作效率、降低生产成本、减少废弃物的产生量。

在建设项目环评的清洁生产分析中，应对建设项目管理水平进行分析。其内容包括建设项目拟采用的管理理念、管理模式、人员培训规划等，通过这些方面的分析，判断建设项目将来的管理水平，提出适当的建议，促使建设项目投运后提高管理水平，以保证先进的工艺技术、设备等发挥应有的效能，达到预期的清洁生产目标。

7. 综合分析比较

在收集了工艺、设备等各方面的信息基础上，应当对拟建项目进行综合分析，量化比较拟建项目的清洁生产水平。综合分析比较的依据主要有以下几种：

(1)《淘汰工艺和产品目录》

由工业和信息化部发布。

(2)《产业结构调整指导目录》

该目录由国家发展和改革委员会公布，分为鼓励类、限制类和淘汰类三类。

(3)《外商投资产业指导目录》

该目录由国家发展和改革委员会、商务部联合发布，是指导审批外商投资项目和外商投资企业适用有关政策的依据，亦分为鼓励、限制和禁止三类。

(4)《国家重点行业清洁生产技术导向目录》

由国家发展和改革委员会、国家环保部联合发布。

(5)《中国鼓励引进技术目录》

为贯彻落实《国务院关于实施〈国家中长期科学和技术发展规划纲要(2006—2020年)若干配套政策〉的通知》(国发[2006]6号)要求，鼓励企业引进国外先进适用技术，商务部和国家税务总局联合制定了《中国鼓励引进技术目录》。

(6) 清洁生产评价指标体系、行业清洁生产标准或技术方法

近年来，国家发展和改革委员会以及国家环保部陆续发布了一些行业的清洁生产评价指标体系、清洁生产标准或技术方法。

2006年10月，国家发展改革委提出并组织国家质检总局和国家标准委联合发布了《工业清洁生产评价指标体系编制通则》(GB/T 20106—2006)。该标准是第一个有关清洁生产方面的国家标准，对清洁生产评价指标体系的术语和定义、编制原则、指标体系结构和考核评分计算方法等方面作了规范。本标准的发布将指导和规范清洁生产评价指标体系编制修订工作，规范行业清洁生产评价指标体系的建立。

清洁生产评价指标体系根据清洁生产的原则要求和指标的可度量性，分为定量评价和定性要求两大部分。依据综合评价所得分值将企业清洁生产等级划分为两级，即代表国内先进水平的“清洁生产先进企业”和代表国内一般水平的“清洁生产企业”。

国家环境保护部(包括原国家环保总局)公布了一系列清洁生产标准或技术方法，这些清洁生产标准或技术方法属于国家环境保护行业标准，为推荐性标准，可用于建设项目环境影响评价参考、企业的清洁生产审核和清洁生产潜力与机会的判断，以及企业清洁生产绩效评定和企业清洁生产绩效公告制度。

清洁生产行业标准或技术方法是在达到国家和地方环境标准的基础上，根据当前的行业技术、装备水平和管理水平而制定，共分为三级：一级代表国际清洁生产先进水平；二级代表国内清洁生产先进水平；三级代表国内清洁生产基本水平。

清洁生产行业标准或技术方法中清洁生产指标通常分为生产工艺与装备要求、资源能源利用指标、产品指标、污染物产生指标(末端处理前)、废物回收利用指标和环境管理要求等六类。

(7) 行业技术进步和先进水平

目前，无论是《淘汰工艺和产品目录》，还是已颁布的清洁生产评价指标体系、行业标准或技术方法的数量都有限，不能满足环境影响评价中清洁生产水平分析的需要，因此，跟踪行业技术进步情况，应与同行业先进指标进行类比，是环评工作对建设项目清洁生产水平进行分析的一个重要方面。类比分析时，应以同类产品、相同工艺进行比较。

环境影响报告书中的清洁生产分析要从工艺先进性、设备的先进性和过程控制的先进性，以及建设项目的技术、经济指标、各类废弃物综合利用水平、各类污染物产生量等进行分析，评价其清洁生产水平，对报告书中工程分析的内容拓展和深化，以进一步提高项目的清洁生产水平。

二、清洁生产水平分析方法

目前，环境影响评价中采用的分析方法主要有权重分值评定法和先进指标对比法。

1. 权重分值评定法

权重分值评定法是原国家环保总局“环境影响评价制度中的清洁生产内容和要求”建议使用的评价方法。该方法是设立一定数量的权重指标，指标根据不同行业情况实际确定，一般可分为原材料、产品、资源消耗和污染物产生指标等，由专家进行各指标的权重值确定，采用百分制，所有指标的总权重值为100。

根据以上权重值按照等级评分标准进行打分，等级分值范围为0～1，各权重指标得分等于权重值乘以等级分值，各权重指标得分加和等于总体评价分值，代表项目的清洁生产程度。即清洁生产（＞80）、传统先进（70～80）、一般（55～70）、落后（40～55）、淘汰（＜40）。

该法应用的关键是合理设置权重指标和等级分值，特别应注意避免等级分值确定时的主观性。为了准确设置权重指标和设定等级分值，应当聘请熟悉有关生产过程的工艺、设备及过程控制专家以及污染控制专家共同分析该生产过程的原材料及能源消耗、装备及过程控制水平、废弃物产生水平和净化处理难度等。

该法应用的另一难点是合理设定资源消耗和污染物产生指标等定量指标依据，应通过相关专家对行业先进水平的认定而设定。在应用时，环评单位应给出专家认定材料。

2. 先进指标对比法

先进指标对比法是以国内外同类企业的先进水平或国家清洁生产标准/清洁生产技术方法或清洁生产定量判断评价体系等直接进行类比，得出拟建项目的清洁生产水平。

该法可以直接反映建设项目拟采取的工艺技术的清洁生产水平，具有较好的客观性。该法应用的难点在于：

（1）市场经济条件下，竞争激烈，国内外同行业的先进水平资料难以收集，无法得到先进消耗定额和排污参数作为参照目标。

（2）已公布的国家清洁生产标准/清洁生产技术方法数量和质量远远不能满足需要。主要表现在已发布的一些清洁生产标准/清洁生产技术方法过粗，无法满足现代工业分工极细、工艺指标相差极大的客观实际；又如有的清洁生产标准/清洁生产技术方法中物料消耗指标与污染物产生指标间不匹配，无法一一对应使用。

由于产品的多样性及技术的不断发展进步，无论是收集的国内外同行业的先进水平资料，还是国家清洁生产标准/清洁生产技术方法都面临着如何克服滞后、及时更新的问题。

思考题

1. 建设项目环境影响评价的工程分析的重点是什么？
2. 工程分析的方法有哪些？各自的特点及适用范围是什么？
3. 环境影响评价中如何开展清洁生产水平分析？

第六章　水环境影响评价

引言　水以气、液、固三种聚集状态存在，是地球上分布最广的物质，也是人类环境的重要组成部分。地球上水的总量约有 $1.36\times10^9\ km^3$，其中海水占地球总水量的97%，剩余3%的淡水中2.997%分布在高山和冰冻地区，以巨量冰雪和冰川的形式存在，只有0.003%的淡水可为人类直接利用，却在整个自然界和人类社会中发挥着不可估量的巨大作用。

我国的人均水资源拥有量仅为世界平均水平的1/4，而日益突出的水污染问题使水资源更为紧缺，许多地方出现水质型缺水。因此，水环境影响评价历来是我国环评报告中的重要部分，也是许多环评的评价重点。

第一节　水环境中污染物迁移转化机理

一、基本概念

1. 水体

水环境是地球表面上各种水体存在的客观环境系统，包括河流、湖泊、沼泽、水库、地下水、冰川、海洋等水体。水体的组成不仅包括水，也包括其中的悬浮物质、胶体物质、溶解物质、底泥和水生生物，所以水体是一个完整的生态系统，或是被水覆盖地段的自然综合体，水环境也是环境要素中最复杂的系统之一。

2. 水体污染

人类活动和自然过程的影响可使水的感官性状（色、嗅、味、透明度等）、物理化学性质（温度、氧化还原电位、电导率、放射性、有机和无机物质组分等）、水生物组成（种类、数量、形态和品质等），以及底部沉积物的数量和组分发生恶化，破坏水体的原有功能，这种现象称为水体污染。

(1) 水体污染源

水体污染大体来源于两类：一类是水体自然污染源。诸如岩石的风化和水解、火山喷发、水流冲蚀地面、大气降尘的降水淋洗以及生物（主要是绿色植物）在地球化学循环中释放物质等。水体的自然污染是难以控制的，而且它是引起某些地方病的发病原因之一。另一类是水体人为污染源，与自然过程比较，人类的生产和生活活动是造成水体污染的主要原因。按排放形式的不同，可将第二类（人为）污染源分为两大类：点污染源和非点污染源。

点污染源是指由城市、乡镇生活污水和工业企业通过管道和沟渠收集和排入水体的废水。点源含污染物多，成分复杂，其变化规律依据生活污水和工业废水的排放规律，有季节性和随机性的特点。生活污水是人们生活中产生的各种污水的混合液，主要来自于家庭、商业、机关、学校、餐饮业、旅游服务业及其他城市公用设施。生活污水中含纤维素、糖类、淀粉、蛋白质和脂肪等有机物，还含有氮、磷与硫等无机盐类以及病原微生物等污染物。生活污水水质参数的大体数值范围见表 6－1。

表 6－1 生活污水的水质参数

参数	数值范围(mg/L)	参数	数值范围(mg/L)
BOD_5	110～400	TN	20～85
COD	250～1 000	TP	4～15
有机氮(Org-N)	8～35	总残渣	350～1 200
氨氮(Amm-N)	12～50	SS	100～350

工业废水来自工业生产过程，其水量和水质随生产过程而异，一般可分为工艺废水、原料及成品洗涤水、设备与场地冲洗水、冷却用水以及生产过程中跑、冒、滴、漏流失的废水。工业废水中常含有生产原料、中间产物、成品及各种杂质。由于行业众多，工业废水数量大、组成成分多变，所以对工业废水污染源作明确分类是很困难的。表 6－2 按废水中所含污染物种类列举了与其相应的各种污染源。

表 6－2 工业废水污染源

污染物	污染源	污染物	污染源
游离氯	造纸、织物漂洗液	镉	电镀、电池生产
氨	化工厂、煤气和焦炭生产	锌	电镀、人造丝生产、橡胶生产
氟化物	烟道气洗涤水、玻璃刻蚀业、原子能工业	铜	冶金、电镀、人造丝生产
硫化物	石油化工、织物染色、制革、煤气厂、人造丝生产	砷	矿石处理、制革、涂料、染料、药品、玻璃等生产
氰化物	煤气厂、电镀业、贵金属冶炼、金属清洗业	磷	合成洗涤剂、农药、磷肥等生产
亚硫酸盐	纸浆厂、人造丝生产	糖类	甜菜加工、酿酒、食品加工制罐厂
酸类	化工厂、矿山排水、金属清洗、酒类酿造、植物生产、电池生产	淀粉	淀粉生产、食品加工、织造厂
油脂	毛条厂、织造厂、石油加工、机械厂	碱类	造纸厂、化学纤维、制碱、制革、炼油等工业
酚	煤气和焦炭生产、焦气蒸馏、制革、织造厂、合成树脂生产、色素生产	铬	电镀、制革业
铅	铅矿矿区排水、电池生产、颜料业	甲醛	合成树脂生产、制药
镍	电镀、电池生产	放射性物质	原子能工业、同位素生产和应用单位

非点污染源又称面源，是指分散或均匀地通过岸线进入水体的废水和自然降水通过沟渠进入水体的废水。主要包括城镇排水、农田排水和农村生活废水、矿山废水、分散的小型禽畜饲养场废水，以及大气污染物通过重力沉降和降水过程进入水体所造成的污染废水。

与点源污染相比，非点源污染起源于分散多样的地区，地理边界和发生位置难以识别和确定，随机性强、成因复杂、潜伏周期长，因而防治十分困难。如美国非点源污染量占污染总量的 2/3，而农业生产活动是最大的非点源污染，占非点源污染的 68%～83%。随着各国政府对点源污染控制的重视，点源污染在许多国家已经得到较好的控制和治理，而非点源污染由于涉及范围广、控制难度大，目前已成为影响水体环境质量的重要污染源。

（2）水体污染物

凡是能够造成水体的水质、水生生物、底质质量恶化的各种物质或能量统称为水体污染物。水体主要污染物可分为：耗氧有机污染物、营养物、有机毒物、重金属、非金属无机毒物、病原体污染物、酸碱污染物、热污染物和放射性污染物等。

① 耗氧有机污染物　本身无毒，包括碳水化合物、蛋白质、有机酸、酚、醇等，其在微生物的作用下分解时需要消耗大量溶解氧(DO)。当 DO 浓度过低时，鱼类死亡和正常的水生生态系统受到破坏。在水中 DO 和 NO_3^-、NO_2^- 等氧化物被耗尽时，厌氧微生物大量繁殖，使有机物的好氧分解过程转入厌氧分解，所产生的甲烷、硫化氢等使水体出现"黑臭"现象。需氧有机污染指标通常有：生化需氧量(BOD)、化学需氧量(COD)、总有机碳(TOC)、总需氧量(TOD)和溶解氧(DO)等。

② 营养物　水中营养物质主要指氮和磷，包括有机氮化物、氨氮、硝酸盐和磷酸盐等。水中过量的营养物使水体富营养化，造成水中蓝藻、绿藻和有些浮游生物种群大量繁殖，它们的生长周期短，有的藻类排放毒素，死亡的藻类和浮游生物在被微生物分解过程中消耗水中的 DO，并产生硫化氢等有害气体，使水体中原有水生生物消失，水体发臭。

③ 有机毒物　主要有有机氯、有机磷和氨基甲酸酯类农药、多环芳烃(PAHs)、多氯联苯(PCBs)、卤代脂肪烃、单环芳香族化合物、酚类化合物、洗涤剂和石油等。有机毒物对人体健康和生态环境危害严重，比如：进入海洋环境中的 PAHs 易分配到生物体和沉积物中，并通过食物链进入人体，对人类健康和生态环境具有很大的潜在危害；PCBs 在生物脂肪组织中富集倍数很高，对人肝脏、神经、骨骼等有影响，有致癌作用，可促成遗传变异，1968 年曾在日本引起过严重的米糠油"公害事件"；微量酚在水厂消毒氯化时可生成氯酚，使饮用水产生令人不愉快的恶臭；石油的有毒组分危害生物，阻碍天然水同大气之间的物质交换，使水中溶解氧减少，同时抑制生物的正常运动以及阻碍生物进食、呼吸，甚至死亡，抑制水鸟产卵和孵化，使水产品质量降低。

④ 重金属　主要有汞(Hg)、镉(Cd)、铅(Pb)、铬(Cr)以及类金属砷(As)等毒性显著的重金属，也有具有一定毒性的锌(Zn)、钴(Co)、镍(Ni)、锡(Sn)等毒性较小的重金属。其特点是毒性大，在环境中稳定以及能在生物体中富集和在人体中累积。

⑤ 非金属无机毒物　主要有氟化物、亚硝酸盐、氰化物和硫化氢等。

⑥ 病原体污染物　受病原体污染后的水体微生物激增，其中许多是致病菌、病虫卵和病毒，它们往往与其他细菌和大肠杆菌共存，导致各种介水传染病，通常规定用细菌总数和大肠杆菌指数及菌值数作为病原体污染的直接指标。

⑦ 酸碱污染物　指各种酸性或碱性废水，其使水的 pH 超出正常的 6.5～8.5 范围，从而影响水生生物的正常生长和妨碍水体自净作用。

⑧ 热污染物　主要是由电力、冶金、化工等工业排放温度高的冷却用水，也称温排水。温排水使水体水温升高，降低 DO 浓度而影响水生生物生长，破坏水生生态系统。

⑨ 放射性污染物　水体中的放射性污染物可以附着在生物体表面，也可以进入生物体中蓄积起来，还可通过食物链对人产生内照射。

3．水体自净

水体可以在其环境容量的范围内，经过自身的物理、化学和生物作用，使受纳的污染物浓度不断降低，逐渐恢复原有的水质，这种过程称为水体自净。事实上，水体自净可以看作是污染物在水体中迁移转化的结果。

二、污染物在水体中的迁移转化机理

污染物在水体中迁移转化是水体具有自净能力的一种表现。进入水体的污染物首先通过水力、重力等作流体动力迁移，同时发生扩散、稀释、浓度趋于均一的作用，也可能通过挥发转入大气，通过沉淀进入底质，还可能通过生物活动引起空间位置的变化。在适宜的环境条件下，污染物还会在水圈内发生迁移的同时产生各种转化作用。

1．迁移(transportation)

迁移是指污染物在环境中所发生的空间位移及其所引起的富集、分散和消失的过程。污染物在水体中的迁移包含机械迁移、物理-化学迁移和生物迁移。

(1) 机械迁移

包括污染物随水流平移运动产生的推流平移(advection)和污染物在水流中通过分子扩散、湍流扩散(turbulence diffusion)和弥散扩散(dispersion)产生的分散稀释。平移运动只是改变污染物在空间中的位置，并不改变水中污染物的浓度。分子扩散是由于分子的随机运动引起的质点分散现象，分子扩散的质量通量与扩散物质的浓度梯度成正比。湍流扩散是在水体的湍流场中质点的各种状态(流速、压力、浓度等)的瞬时值相对于其平均值的随机脉动而引起的分散现象。弥散扩散是由于断面上实际的流速及浓度分布的不均匀性引起的分散现象，是由于空间各点湍流速度(或其他状态)时平均值与流速时平均值的空间系统差别所产生的分散现象。

(2) 物理-化学迁移

通过悬浮-沉降，溶解-沉淀，氧化-还原，水解，配位和螯合，吸附-解吸等作用实现污染物的迁移。

例如，污染物质中有着极为微小的悬浮颗粒，这些物质随着污水排入河道后，因流速降低而使一些悬浮物和虫卵等沉落河底，有时虽然它们比水重，但在水流紊动的作用下仍呈悬浮状态，当到达流速缓慢的地方由于紊动的减弱而沉降。天然水体中含有各种各样的胶体，如硅、铝、铁等的氢氧化物，黏土颗粒和腐殖质等，由于有些微粒具有较大的表面积，另有一些物质本身又是凝聚剂，这就使水体具有混凝沉淀作用和吸附作用，从而使某些污染物随这些作用自水中去除。

(3) 生物迁移

污染物通过生物体的吸收、代谢、生长、死亡等过程实现迁移。

以污染物在河流中的机械、物理迁移为例：污染物进入河流后，随河水运动推移，并且与河水混合，同时与泥沙悬浮颗粒发生吸附和解吸、沉淀与再悬浮，污染物的传热与蒸发以及底泥中污染物以泥沙为载体进行输送。

对于一般的污染物(包括无机的和有机的)的溶解状态和胶体状态颗粒来说,它们与河水的混合作用和混合程度是十分重要的过程。因为污染物在与河水相混的同时,本身得到了分散和稀释,这种过程起着自净的作用。污染物与河水的混合过程一般分为三个阶段:① 竖向混合阶段,是从排污口到污染物在水深方向上充分混合;② 横向混合阶段,是从竖向充分混合到横向充分混合阶段;③ 纵向混合阶段,是横断面上充分混合以后到水流方向充分混合的阶段。

其中横向混合阶段最受关注,其长度可由下式估算:

$$L=\frac{(0.4B-0.6a)Bu}{(0.058H+0.0065B)(gHI)^{1/2}} \tag{6-1}$$

式中:L 为混合过程的长度,m;B 为河流的宽度,m;a 为排放口到岸边的距离,m;H 为河流的深度,m;u 为流速,m/s;g 为重力加速度,m/s^2;I 为河流的坡度,m/m。

2. 转化(transformation)

转化是指污染物在环境中通过物理、化学或生物的作用改变存在形态或转变为另一种物质的过程。

(1) 物理转化

污染物可通过蒸发、渗透、凝聚、吸附和放射性元素蜕变等物理过程实现转化。

(2) 化学转化

污染物可通过光化学氧化、氧化还原、配位络合、水解等化学作用实现转化。其中氧化还原反应是河流污染物化学转化的重要途径:流动的水体通过水面波浪不断将大气中的氧气溶入,这些溶解氧与水中的污染物将发生氧化作用,如某些重金属离子可因氧化生成难溶物而沉淀析出;硫化物可氧化为硫代硫酸盐或硫而净化。还原作用对水体污染物净化也有作用,但这类反应多在微生物作用下进行。

(3) 生物转化

污染物可通过生物的吸收、代谢等生物作用实现转化。

3. 典型污染物迁移转化过程

(1) 重金属在水体中的迁移转化

重金属污染物进入水体以后,不会被分解破坏,只会受水体物理化学条件的影响转变其物理和化学形态、价态,显示出不同毒性,并影响重金属在水体中的迁移。重金属在水体中的主要反应有以下几个方面:

① 重金属化合物的沉淀-溶解作用。重金属化合物在水中的溶解度可以表征其在水环境中的迁移能力。溶解度大者迁移能力大,溶解度小者迁移能力小。重金属在水中反应生成的氢氧化物、硫化物、碳酸盐等的溶解度小,易于生成沉淀物转入固相,沉积于底泥中;如果重金属化合物是离子化合物,则溶解度较大,在水中迁移能力强,污染的范围相对较广。

② 重金属在水环境中的氧化-还原作用。水体的氧化-还原条件对金属的价态变化和迁移能力会产生很大影响。一些金属元素在氧化环境中具有较高的迁移力,而另一些金属元素在还原条件下的水体中更容易迁移。例如铬、钡等元素在高度氧化条件下形成易溶的铬酸盐、钡酸盐。相反地,如铁、锰等元素在氧化条件下形成溶解度很小的高价化合物(Fe^{3+}、Mn^{4+}),很难迁移;而在还原条件下形成易溶的低价化合物(Fe^{2+}、Mn^{2+}),很易迁移。

某些重金属价态的变化也相应地引起毒性变化，例如，氧化条件下生成的 Cr^{6+} 比还原条件下生成的 Cr^{3+} 毒性大得多，而 As^{3+} 比 As^{5+} 的毒性大。

③ 配位体对重金属的络合、螯合作用。天然水体中存在两类配位体：无机配位体有 Cl^-、OH^-、CN^-、$CO_3{}^{2-}$、$HCO_3{}^-$、$SO_4{}^{2-}$、$NH_4{}^+$、$PO_4{}^{3-}$、F^-、S^{2-} 等；有机配位体有氨基酸、糖、腐殖酸、洗涤剂、农药和大分子环状化合物等。配位体能与重金属离子形成稳定度不同的络合物或螯合物，对重金属离子在水环境中的迁移有很大影响。当形成难溶于水的螯合物时，降低了重金属的迁移能力；形成易溶于水的螯合物时，则提高了重金属的迁移能力。

④ 胶体对重金属离子的吸附作用。水环境中的胶体可分为三大类：1）无机胶体，包括各种次生的矿物胶粒和各种水合氧化物；2）有机胶体；3）有机-无机胶体复合体。重金属与水中胶体发生吸附、离子交换、凝聚、絮凝等胶体化学过程。与各种胶体相结合的重金属物质常达其含量的 60%～90%，对重金属的迁移转化产生重要影响。

⑤ 重金属的生物转化。在厌氧微生物的作用下，可以使某些重金属甲基化。例如，甲基钴胺素能使无机汞转化为甲基汞和二甲基汞；砷的化合物在同样条件下，也可能生成二甲基砷。生成的甲基化合物毒性更大，对水体污染更严重。由于其脂溶性强，可以通过食物链在生物体内逐渐聚集，最后进入人体。

⑥ 生物富集。当重金属污染物进入生物体后，可以在生物体内逐渐蓄积，然后经过食物链的传递作用，在较高营养级的生物体内高度富集，其富集系数可达几千、几万乃至数十万倍。

（2）有机物在水体中的迁移转化

进入水体的各类耗氧有机污染物，如碳水化合物、脂肪、蛋白质等，在水体中各种细菌和酶的作用下，通过水解反应、氧化反应降解为简单化合物，并逐步无机化。而难溶解有机物多为人工合成的有机化合物，例如杀虫剂 DDT、毒杀芬、热交换剂 PCB、除锈剂 2，4，5 - T 等。它们在天然条件下降解缓慢，在环境中滞留时间长。在研究它们在水环境中的迁移、分布和归宿时，如果只考虑它们在水中的机械运动，可以用一般形式的多相模型描述持久性有机物在气相与水相间、水相与固相间的迁移。另外，难降解有机物也可以通过生物放大和食物链的输送作用对动物和人体健康构成威胁。

4. 水体的耗氧和复氧过程

有机物进入水体后在微生物的作用下不断衰减的同时，水中的溶解氧被不断地消耗掉，而空气中的氧又不断溶入水中，此过程被称为水体的耗氧和复氧过程。

（1）水体耗氧过程

水体中的耗氧过程主要有以下几个子过程：

① 碳化需氧量衰减耗氧：有机污染物生化降解，使碳化需氧量衰减，消耗一定的氧气。

② 含氮化合物硝化耗氧：含氮化合物因为硝化作用而耗氧。

③ 水生植物呼吸耗氧：水中的藻类和其他水生植物在光合作用停止后的呼吸作用耗氧。

④ 水体底泥耗氧：底泥中的耗氧物质返回到水中和底泥顶层耗氧物质的氧化分解耗氧。

（2）水体复氧过程

水体中的溶解氧被不断消耗的同时，大气中的氧气不断溶于水中，水生植物的光合作用产氧等作用使水中的溶解氧水平得到一定程度的恢复。

水中溶解氧就同时受耗氧和复氧过程的共同影响，呈现特殊的变化规律。

第二节　水环境影响评价内容和方法

一、水环境影响评价工作程序

根据《环境影响评价技术导则　地表水环境》(HJ 2.3—2018)，我国地表水环境影响评价的技术工作程序如图6-1所示。工作程序大体分为三个阶段：第一阶段，研究有关文件，

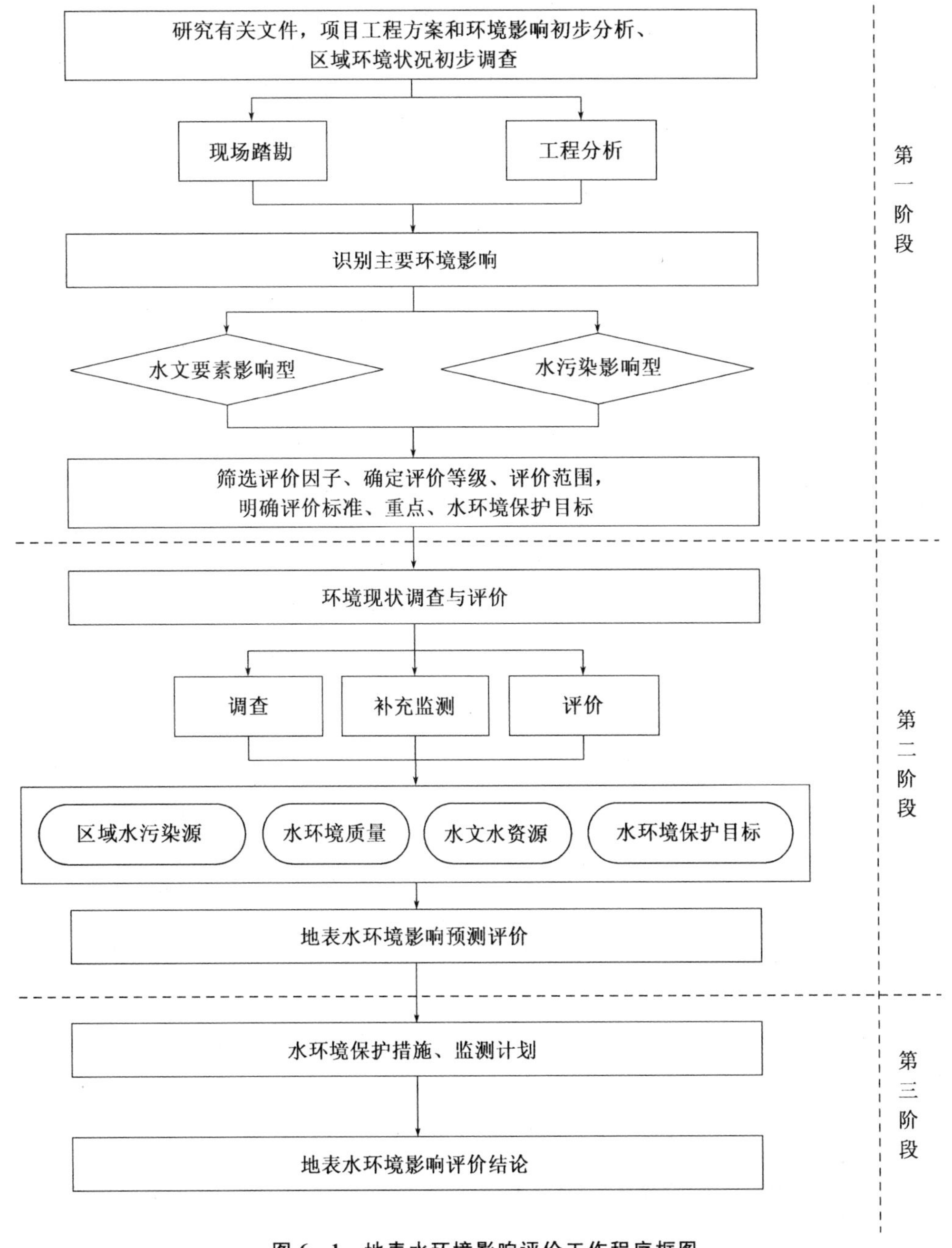

图6-1　地表水环境影响评价工作程序框图

进行工程方案和环境影响的初步分析，开展区域环境状况的初步调查，明确水环境功能区或水功能区管理要求，识别主要环境影响，确定评价类别。根据不同评价类别进一步筛选评价因子，确定评价等级、评价范围，明确评价标准、评价重点和水环境保护目标。第二阶段，根据评价类别、评价等级及评价范围等，开展与地表水环境影响评价相关的污染源、水环境质量现状、水文水资源与水环境保护目标调查与评价，必要时开展补充监测；选择适合的预测模型，开展地表水环境影响预测评价，分析与评价建设项目对地表水环境质量、水文要素及水环境保护目标的影响范围与程度，在此基础上核算建设项目的污染源排放量、生态流量等。第三阶段，根据建设项目地表水环境影响预测与评价的结果，制定地表水环境保护措施，开展地表水环境保护措施的有效性评价，编制地表水环境监测计划，给出建设项目污染物排放清单和地表水环境影响评价的结论，完成环境影响评价文件的编写。

二、评价等级、范围、标准

1. 评价等级的确定

(1) 地表水环境影响评价等级

根据《环境影响评价技术导则　地表水环境》(HJ 2.3—2018)，地表水环境影响评价分为三级，评价等级的划分直接决定着评价的工作量，并在一定程度上可以表征拟建项目对地表水环境的影响程度。

建设项目地表水环境影响评价等级按照影响类型、排放方式、排放量或影响情况、受纳水体环境质量现状、水环境保护目标等综合确定。其中水污染影响型建设项目根据排放方式和废水排放量划分评价等级，见表 6-3。直接排放建设项目评价等级分为一级、二级和三级 A，根据废水排放量、水污染物污染当量数确定。间接排放建设项目评价等级为三级 B。

表 6-3　水污染影响型建设项目评价等级判定

评价等级	判定依据	
	排放方式	废水排放量 $Q/(m^3/d)$； 水污染物当量数 W/（无量纲）
一级	直接排放	$Q \geq 20\ 000$ 或 $W \geq 600\ 000$
二级	直接排放	其他
三级 A	直接排放	$Q < 200$ 且 $W < 6\ 000$
三级 B	间接排放	—

注 1：水污染物当量数等于该污染物的年排放量除以该污染物的污染当量值，计算排放污染物的污染物当量数，应区分第一类水污染物和其他类水污染物，统计第一类污染物当量数总和，然后与其他类污染物按照污染物当量数从大到小排序，取最大当量数作为建设项目评价等级确定的依据。

注 2：废水排放量按行业排放标准中规定的废水种类统计，没有相关行业排放标准要求的通过工程分析合理确定，应统计含热量大的冷却水的排放量，可不统计间接冷却水、循环水以及其他含污染物极少的清净下水的排放量。

注 3：厂区存在堆积物（露天堆放的原料、燃料、废渣等以及垃圾堆放场）、降尘污染的，应将初期雨污水纳入放心水排放量，相应的主要污染物纳入水污染当量计算。

注 4：建设项目直接排放第一类污染物的，其评价等级为一级；建设项目直接排放的污染物为受纳水体超标因子的，评价等级不低于二级。

（续表）

注 5:直接排放受纳水体影响范围涉及饮用水水源保护区、饮用水取水口、重点保护与珍稀水生生物的栖息地、重要水生生物的自然产卵场等保护目标时,评价等级不低于二级。 注 6:建设项目向河流、潮库排放温排水引起受纳水体水温变化超过水环境质量标准要求,且评价范围有水温敏感目标时,评价等级为一级。 注 7:建设项目利用海水作为调节温度介质,排水量≥500 万 m^3/d,评价等级为一级;排水量＜500 万 m^3/d,评价等级为二级。 注 8:仅涉及清净下水排放的,如其排放水质满足受纳水体水环境质量标准要求的,评价等级为三级 A。 注 9:依托现有排放口,且对外环境未新增排放污染物的直接排放建设项目,评价等级参照间接排放,定为三级 B。 注 10:建设项目生产工艺中有废水产生,但作为回水利用,不排放到外环境的,按三级 B 评价。

（2）地下水环境影响评价等级

根据《环境影响评价技术导则　地下水环境》(HJ 610—2016),评价工作等级的划分应依据建设项目行业分类和地下水环境敏感程度分级进行判定,可划分为一、二、三级。建设项目行业分类依据导则附录 A 确定,而建设项目的地下水环境敏感程度可分为敏感、较敏感、不敏感三级,分级原则见表 6-4。建设项目地下水环境影响评价工作等级划分见表 6-5。

表 6-4　地下水环境敏感程度分级表

敏感程度	地下水环境敏感特征
敏感	集中式饮用水水源(包括已建成的在用、备用、应急水源,在建和规划的饮用水水源)准保护区;除集中式饮用水水源以外的国家或地方政府设定的与地下水环境相关的其他保护区,如热水、矿泉水、温泉等特殊地下水资源保护区。
较敏感	集中式饮用水水源(包括已建成的在用、备用、应急水源,在建和规划的饮用水水源)准保护区以外的补给径流区;未划定准保护区的集中式饮用水水源,其保护区以外的补给径流区;分散式饮用水水源地;特殊地下水资源(如矿泉水、温泉等)保护区以外的分布区等其他未列入上述敏感分级的环境敏感区[a]。
不敏感	上述地区之外的其他地区。

注：a“环境敏感区”是指《建设项目环境影响评价分类管理名录》中所界定的涉及地下水的环境敏感区。

表 6-5　地下水环境影响评价工作等级分级表

项目类别 / 环境敏感程度	Ⅰ类项目	Ⅱ类项目	Ⅲ类项目
敏感	一	一	二
较敏感	一	二	三
不敏感	二	三	三

在评价工作中,如果遇到以下几种情况,其评价要求如下：

① 对于利用废弃盐岩矿井洞穴或人工专制盐岩洞穴、废弃矿井巷道加水幕系统、人工硬岩洞库加水幕系统、地质条件较好的含水层储油、枯竭的油气层储油等形式的地下储油库,危险废物填埋场应进行一级评价,不按表 6-5 划分评价工作等级。

② 当同一建设项目涉及两个或两个以上场地时，各场地应分别判定评价工作等级，并按相应等级开展评价工作。

③ 线性工程根据所涉地下水环境敏感程度和主要站场位置(如输油站、泵站、加油站、机务段、服务站等)进行分段判定评价等级，并按相应等级分别开展评价工作。

2. 评价范围

(1) 水环境评价范围

建设项目地表水环境影响评价范围指建设项目整体实施后可能对地表水环境造成的影响范围。水污染影响型建设项目评价范围，根据评价等级、工程特点、影响方式及程度、地表水环境质量管理要求等确定。

① 一级、二级及三级 A，其评价范围应符合以下要求：

(a) 应根据主要污染物迁移转化状况，至少需覆盖建设项目污染影响所及水域。

(b) 受纳水体为河流时，应满足覆盖对照断面、控制断面与消减断面等关心断面的要求。

(c) 受纳水体为湖泊、水库时，一级评价，评价范围宜不小于以入湖(库)排放口为中心、半径为 5 km 的扇形区域；二级评价，评价范围宜不小于以入湖(库)排放口为中心、半径为 3 km 的扇形区域；三级 A 评价，评价范围宜不小于以入湖(库)排放口为中心、半径为 1 km 的扇形区域。

(d) 受纳水体为入海河口和近岸海域时，评价范围按照 GB/T 19485 执行。

(e) 影响范围涉及水环境保护目标的，评价范围至少应扩大到水环境保护目标内受到影响的水域。

(f) 同一建设项目有两个及两个以上废水排放口，或排入不同地表水体时，按各排放口及所排入地表水体分别确定评价范围；有叠加影响的，应该将叠加影响水域作为重点评价范围。

② 三级 B，其评价范围应符合以下要求：

(a) 应满足其依托污水处理设施环境可行性分析的要求。

(b) 涉及地表水环境风险的，应覆盖环境风险影响范围所及的水环境保护目标水域。

(2) 水环境保护目标

应识别出社会影响大或在自然生态系统中具有特殊重要性的保护目标，例如：生活饮用水水源地，各类保护区，风景名胜区，珍稀和特有水生生物、两栖动物、野生鱼类的产卵场、孵化场、索饵场，水产养殖和农业灌溉水源地，工业用水水源地，文物古迹，历史遗迹等。

应在地图中标注各水环境保护目标的地理位置、大致范围，并列表给出水环境保护目标内主要保护对象和保护要求，以及与建设项目占地区域的相对距离、坐标、高差，与排放口的相对距离、坐标等信息，同时说明与建设项目的水力联系。

(3) 评价因子

地表水环境影响因素识别应分析建设项目建设阶段、生产运行阶段和服务期满后各阶段对地表水环境质量、水文要素的影响行为。各类指标选取原则如下：

① 调查指标

调查指标从常规水质因子、特征水质因子和其他方面的因子中选取。

(a) 常规水质因子：从地表水环境质量标准中选取，如 pH、DO、COD、BOD、石油类、氨氮、总磷、挥发性酚等。

(b) 特征水质因子：根据区域背景资料和工程分析结果从建设项目的特征污染物中(某类企业所排放的对环境影响突出的污染物称之为该类企业的特征污染物)选取，如重金属、无机毒物、有机毒物等。

(c) 其他方面的因子：如水温、叶绿素 a、浮游动植物、水生生物、底栖动物等。

② 评价指标

(a) 国家或地方环境保护部门有管理要求的指标。

(b) 对受纳水体危害大的污染因子。

(c) 特征污染物中的主要指标。

③ 预测指标

预测指标的选择要在调查和评价的基础上确定，原则上只预测与废水排放有关的因子，根据项目的具体情况，从持久性污染物指标、非持久性污染物指标、酸和碱、DO、热污染中选取。预测指标不宜过多(一般 2～3 项即可)，指标选取可参照污染物排序指标 ISE 进行。

$$ISE = c_p Q_p / (c_s - c_h) Q_h \tag{6-2}$$

式中：c_p 为污染物排放浓度，mg/L；c_h 为河流上游污染物浓度，mg/L；Q_p 为废水排放量，m^3/s；Q_h 为河流流量，m^3/s；c_s 为预测断面污染物浓度，mg/L。

3. 确定评价标准

(1) 环境质量标准

我国的水环境质量标准由综合性水环境质量标准——《地表水环境质量标准》(GB 3838—2002)和各种专项水环境质量标准，如《生活饮用水卫生标准》(GB 5749—2006)、《渔业水质标准》(GB 11607—89)、《农田灌溉水质标准》(GB 5084—2005)、《地下水水质标准》(GB/T 14848—93)、《海水水质标准》(GB 3097—1997)等组成。

《地表水环境质量标准》将地表水水域按照环境功能和保护目标的高低，依次划分为五类：

Ⅰ类主要适用于源头水、国家自然保护区；

Ⅱ类主要适用于集中式生活饮用水地表水源地一级保护区、珍稀水生生物栖息地、鱼虾类产卵场、仔稚幼鱼的索饵场等；

Ⅲ类主要适用于集中式生活饮用水地表水源地二级保护区、鱼虾类越冬场、洄游通道、水产养殖区等渔业水域及游泳区；

Ⅳ类主要适用于一般工业用水区及人体非直接接触的娱乐用水区；

Ⅴ类主要适用于农业用水区及一般景观要求水域。

对应地表水上述五类水域功能，将地表水环境质量标准值分为五类，不同功能类别分别执行相应类别的标准值。水域功能类别高的标准值严于水域功能类别低的标准值。同一水域兼有多类使用功能的，执行最高功能类别对应的标准值。如果受纳水体的实际功能与该标准的水质分类不一致时，可根据项目所在地人民政府或当地环保部门及上一级环保部门规定的水环境功能区划来明确受纳水体的功能，确定对地表水水质的要求。

地表水环境质量标准涉及项目共计 109 项，其中基本项目 24 项，主要常规水质参数的标准限值见表 6-6。

表 6-6　主要常规水质参数标准限值　　单位:mg/L

项目＼标准值＼分类		Ⅰ类	Ⅱ类	Ⅲ类	Ⅳ类	Ⅴ类
pH(无量纲)		6～9				
溶解氧	≥	饱和率 90%(或 7.5)	6	5	3	2
高锰酸盐指数	≤	2	4	6	10	15
化学需氧量(COD)	≤	15	15	20	30	40
五日生化需氧量(BOD_5)	≤	3	3	4	6	10
氨氮(NH_3-N)	≤	0.15	0.5	1.0	1.5	2.0
总磷(以 P 计)	≤	0.02(湖、库 0.01)	0.1(湖、库 0.025)	0.2(湖、库 0.05)	0.3(湖、库 0.1)	0.4(湖、库 0.2)

其他专项水环境标准与地表水环境质量标准间的关系如下:凡是由地方政府根据《地表水环境质量标准》功能分类要求,批准划定的单一渔业保护区域或鱼虾产卵场的水域执行《渔业水质标准》,非单一的渔业保护区执行《地表水环境质量标准》;单一景观娱乐用水水域执行《景观娱乐水质标准》,非单一的景观娱乐用水水域执行《地表水环境质量标准》;《农田灌溉水质标准》只能用来评价作农灌的水是否符合要求,不能用来评价农业用水区,以地表水为水源的农田灌溉用水应执行《地表水环境质量标准》;自来水厂出水和其他直接饮用的水执行《生活饮用水标准》;生活饮用水水源地执行《地表水环境质量标准》。

环境影响评价中应根据排放范围内各水体的水环境功能,确定其保护等级,通过查找以上标准,明确各评价指标的标准限值。

(2) 污染物排放标准

水环境评价中常用的排放标准是《污水综合排放标准》(GB 8978—1996)。该标准按照污水排放去向,分年限规定了 69 种水污染物最高允许排放浓度及部分行业最高允许排水量。

该标准将排放的污染物按其性质及控制方式分为两类:第一类污染物(13 项)主要是重金属和放射性污染,一律在车间或车间处理设施排放口采样,其最高允许排放浓度达到标准要求;第二类污染物(56 项)则在排污单位排放口采样,其最高允许排放浓度达到标准要求。

排放标准限值实行三级,排入 GB 3838 Ⅲ类水域的执行一级标准,排入Ⅳ、Ⅴ类水域的执行二级标准,排入设置二级污水处理厂的城镇排水系统的执行三级标准。

此外,国家还颁布了众多的行业排放标准,如《城镇污水处理厂污染物排放标准》(GB 18918—2002)、《制浆造纸工业水污染物排放标准》(GB 3544—2008)、《船舶水污染物排放标准》(GB 3552—2018)、《石油炼制工业污染物排放标准》(GB 31570—2015)、《无机化学工业污染物排放标准》(GB 31573—2015)、《电镀污染物排放标准》(GB 21900—2008)、《纺织染整工业水污染物排放标准》(GB 4287—2012)、《合成氨工业水污染物排放标准》(GB 13458—2013)、《钢铁工业水污染物排放标准》(GB 13456—2012)、《磷肥工业水污染物排放标准》(GB 15580—2011)等。

同时,如有省、自治区、直辖市人民政府颁布的地方排放标准,则应执行要求更严格的地方标准。

三、水环境现状调查与评价

1. 地表水环境现状调查

(1) 调查范围与断面、采样点布设

地表水环境的现状调查范围应覆盖评价范围，应以平面图方式表示，并明确起、止断面的位置及涉及范围。在此区域内进行的调查，能全面说明与地表水环境相联系的环境基本状况，并能充分满足环境影响预测的要求。

对于水污染影响型建设项目，除覆盖评价范围外，受纳水体为河流时，在不受回水影响的河流段，排放口上游调查范围宜不小于 500 m，受回水影响河段的上游调查范围原则上与下游调查的河段长度相等。

受纳水体为湖库时，以排放口为圆心，调查半径在评价范围基础上外延 20%～50%。建设项目排放污染物中包括氮、磷或有毒污染物且受纳水体为湖泊、水库时，一级评价的调查范围应包括整个湖泊、水库；二级、三级 A 评价时，调查范围应包括排放口所在水环境功能区、水功能区或湖(库)湾区。

受纳或受影响水体为入海河口及近岸海域时，调查范围依据 GB/T 19485 要求执行。

当下游附近有环境敏感区时，调查范围应考虑延长到敏感区上游边界，以满足预测敏感区所受影响的需要。

在评价范围内应设置好采样断面与取样点。

① 取样断面的布设

河流采样断面的布设遵循以下原则：

(a) 在调查范围内的两端应布设取样断面。

(b) 调查范围内重点保护对象附近水域应布设取样断面。

(c) 水文特征突变处(如支流汇入处等)、水质急剧变化处(如污水排入处等)、重点水工构筑物(如取水口、桥梁涵洞等)附近应布设取样断面。

(d) 水文站、常规控制断面等附近应布设采样断面。

(e) 在拟建成排污口上游 500 m 处应设置一个取样断面。

(f) 采样断面布设还应适当考虑其他人们关心的、需进行水质预测的地点。

② 取样断面上取样垂线的布设

当河面形状为矩形或相近于矩形时，可按下列原则布设：

(a) 小河：在取样断面的主流线上设一条取样垂线。

(b) 大河、中河：河宽小于 50 m 者，在取样断面上各距岸边 1/3 水面宽处设一条取样垂线(垂线应设在明显水流处)，共设两条取样垂线；河宽大于 50 m 者，在取样断面的主流线上及距两岸不小于 5 m，并有明显水流的地方各设一条取样垂线，共设三条取样垂线。

(c) 特大河：例如长江、黄河、珠江、黑龙江、淮河、松花江、海河等，由于河流过宽，取样断面上的取样垂线数应适当增加，而且主流线两侧的垂线数目不必相等，拟设有排污口的一侧可以多一些。如断面形状十分不规则时，应结合主流线的位置，适当调整取样垂线的位置和数目。

③ 垂线上取样水深的确定

在一条垂线上，水深大于 5 m 时，在水面下 0.5 m 处及在距河底 0.5 m 处，各取样一个；

水深为 1～5 m 时，只在水面下 0.5 m 处取一个样；在水深不足 1 m 时，取样点距水面不小于 0.3 m，距河底也不应小于 0.3 m。

水质调查取样时需注意以下特殊情况：

① 对设有闸坝、受人工控制的河流，其流动情况在排洪时期为河流流动；在用水时期，如用量大则类似河流，用量小则类似狭长形水库；在蓄水期也类似狭长形水库。这种河流的取样断面、取样位置、取样点的布设及水质调查的取样次数应分别参考河流、水库的取样原则酌情处理。

② 在我国的一些河网地区，河流流向、流量经常发生变化，水流状态复杂，特别是受潮汐影响的河网，其情况更为复杂。遇到这类河网，应按各河段的长度比例布设水质采样、水文测量断面。至于水质监测项目、取样次数、断面上取样垂线的布设可参照河口的有关内容，调查时应注意水质、流向、流量随时间的变化。

(2) 环境现状调查时间与频次

根据当地的水文资料确定河流、河口、湖泊、水库的丰水期、平水期和枯水期，同时确定最能代表这三个时期的季节或月份。并按照不同评价等级的要求，尽可能在水体自净能力较差的季节或月份开展调查，以提高水环境影响评价的保证率。

水质调查时间见表 6－7。

表 6－7 不同评价等级时水质的调查时期

受影响地表水体类型	评价等级		
	一级	二级	水污染影响型(三级 A)/水文要素影响型(三级)
河流、湖库	丰水期、平水期、枯水期；至少丰水期和枯水期	丰水期和枯水期；至少枯水期	至少枯水期
入海河口(感潮河段)	河流：丰水期、平水期和枯水期；河口：春季、夏季和秋季；至少丰水期和枯水期，春季和秋季	河流：丰水期和枯水期；河口：春、秋 2 个季节；至少枯水期或 1 个季节	至少枯水期或 1 个季节
近岸海域	春季、夏季和秋季；至少春、秋 2 个季节	春季或秋季；至少 1 个季节	至少 1 次调查

取样频次要求如下：

① 在所规定的不同规模河流、不同评价等级的调查时期中每期调查一次，每次调查三四天，至少有一天对所有已选定的水质参数取样分析，其他天数根据需要，配合水文测量对拟预测的水质参数取样。

② 不预测水温时，只在采样时测水温；预测水温时，要测日平均水温，一般可采用每隔 6 h 测一次的方法求平均水温。

③ 一般情况，每天每个水质参数只取一个样，在水质变化很大时，应采用每间隔一定时间采样一次的方法。

(3) 水文调查和水文测量

应尽量向有关的水文测量和水质监测等部门收集现有资料，当上述资料不足时，应进行一定的水文调查与水文测量。一般情况，水文调查与水文测量在枯水期进行，必要时，其他时期(丰水期、平水期、冰封期等)可进行补充调查。

水文测量的内容与拟采用的环境影响预测方法密切相关。在采用数学模式时应根据所选用的预测模型及应输入的环境水力学参数(主要指水体混合物输移参数及水质模型参数)的需要决定其内容。在采用物理模型时,水文测量主要应取得足够的制作模型及模型试验所需的水文要素。水文测量应与水质调查同时进行,原则上只在一个时期内进行(此时的水质资料应尽量采用水团追踪调查法取得)。水文测量与水质调查的次数不要求完全相同,在能准确求得所需水文要素和环境水力学参数的前提下,尽量精简水文测量的次数和天数。

以河流为例,河流水文调查与水文测量的内容应根据评价等级、河流的规模决定,其中主要有:丰水期、平水期、枯水期的划分;河流平直及弯曲情况(如平直段长度及弯曲段的弯曲半径等);横断面、纵断面(坡度)、水位、水深、河宽、流量、流速及其分布、水温、糙率及泥沙含量等;丰水期有无分流漫滩,枯水期有无浅滩、沙洲和断流;北方河流还应了解结冰、封冰、解冻等现象。

在采用数学模型预测时,其具体调查内容应根据评价等级及河流规模按照河流水质数学模型、河流环境水力学参数等的需要决定。

在需要预测建设项目的面源污染时,还应调查历年的降雨资料,并根据预测的需要对资料进行统计分析。

2. 地下水环境现状调查

地下水环境现状调查包括水文地质条件调查、环境水文地质问题调查、地下水水质调查等。

(1) 水文地质条件调查

水文地质条件调查应收集以下资料:

① 气象、水文、土壤和植被现状;② 地层岩性、地质构造、地貌特征和矿产资源;③ 包气带岩性、厚度和结构;④ 含水层的岩性组成、厚度、渗透系数和富水性,隔水层的岩性组成、厚度、渗透系数;⑤ 地下水类型、地下水补给、径流和排泄条件;⑥ 地下水水位、水质、水量和水温;⑦ 泉的成因类型,出露位置、形成条件及泉水流量、水质、水温,开发利用情况;⑧ 集中供水水源地和水源井的分布情况;⑨ 地下水现状监测井的深度、结构以及成井历史、使用功能;⑩ 地下水背景值。

因为全国的1/20万的水文地质普查已经完成,部分地区还做了1/5万普查。所以水文地质基础调查和试验以收集现有资料为主,不足之处做些补充工作,这样可以节约经费。但对于比较重要而以往水文地质工作不大重视的问题,应补充开展调查。

(2) 环境水文地质问题调查

环境水文地质调查应包括以下内容:

① 原生环境水文地质问题,包括天然劣质水分布状况,以及由此引发的地方性疾病等问题。

② 地下水开采过程中水质、水量、水位的变化情况,以及引起的环境水文地质问题。

③ 与地下水有关的其他人类活动情况调查,如保护区划分情况等。

(3) 地下水水质调查

地下水水质调查应尽量收集现有资料。如果没有水质资料或水质资料不足,而环境评价的级别又是一级,则应在全区一次(枯水期)或二次(丰、枯水期)取样分析。分析项目除了地下水的常规项目外，还应包含可能的污染组分，以便根据分析的结果判断地下水是否已受污染。如已污染，则对主要的污染物、污染程度和污染范围等作出评价。

(4) 地下水污染源调查

地下水污染源主要包括工业污染源、生活污染源和农业污染源。调查重点主要包括废水排放口、渗坑、渗井、污水池、排污渠、污灌区，已被污染的河流、湖泊、水库和固体废物堆放(填埋)场等。地下水污染源调查因子应根据拟建项目的污染特征选定。

(5) 地下水环境现状监测

建设项目地下水环境现状监测应通过对地下水水质、水位的监测，掌握或了解评价区地下水水质现状及地下水流场。

地下水水质现状监测项目的选择，应根据建设项目行业污水特点、评价等级、存在或可能引发的环境水文地质问题而确定。评价等级较高，环境水文地质条件复杂的地区可适当多取，反之可适当减少。

3. 地表水环境现状评价

现状评价是水质调查的继续，它通过对水质调查结果进行统计和评价，说明水质的污染程度并可作为环境影响预测和评价的基础。

目前，国内外已提出并应用的地表水环境质量现状评价方法是多种多样的，较成熟的方法有环境质量指数法、概率统计法、模糊数学法、生物指数法等，我国导则推荐采用水质指数法评价。以下介绍几类常用的水质现状评价方法。

(1) 水质指数评价法

① 单因子指数评价

单因子水质评价是目前使用最多的水质评价方法，一般采用标准指数评价法。

一般项目的标准指数为：

$$S_{i,j}=\frac{c_{i,j}}{c_{s,j}} \tag{6-3}$$

式中：$S_{i,j}$为单项水质参数i在第j点的标准指数；$c_{i,j}$为i污染物在第j点的浓度，mg/L；$c_{s,j}$为i污染物的水质评价标准，mg/L。

溶解氧的标准指数为：

$$S_{DO,j}=\frac{|DO_f-DO_j|}{DO_f-DO_s}\quad (DO_j \geqslant DO_s) \tag{6-4}$$

$$S_{DO,j}=10-9\frac{DO_j}{DO_s}\quad (DO_j < DO_s) \tag{6-5}$$

$$DO_f=468/(31.6+T) \tag{6-6}$$

式中：DO_f为饱和溶解氧的浓度，mg/L；DO_s为溶解氧的评价标准，mg/L；T为水温，℃。

pH的标准指数为：

$$S_{pH,j}=\frac{7.0-pH_j}{7.0-pH_{sd}}\quad (pH_j \leqslant 7.0) \tag{6-7}$$

$$S_{pH,j}=\frac{pH_j-7.0}{pH_{su}-7.0}\quad (pH_j > 7.0) \tag{6-8}$$

式中：pH_{sd}为评价标准中规定的pH下限；pH_{su}为评价标准中规定的pH上限。

若水质参数的标准指数>1,则表明该水质参数超过了规定的水质标准,已经不能满足使用要求。

② 多因子指数评价

当调查的水质参数较多时,常采用多项水质参数综合评价的方法。通过多因子指数评价,能了解多个水质参数与相应标准之间的综合对应关系,但有时也掩盖了高浓度的影响。下面是几种常用的评价方法。

(a) 幂指数法

$$S_j = \prod_{i=1}^{m} I_{i,j} W_i \quad (0 \leqslant I_{i,j} \leqslant 1,\ \sum_{i=1}^{m} W_i = 1) \tag{6-9}$$

式中:S_j 为 j 点的综合评价指数;$I_{i,j}$ 为污染物 i 在 j 点的污染指数;W_i 为 i 污染物的权重值。

(b) 向量模法

$$S_j = \left[\frac{1}{m}\sum_{i=1}^{m} S_{i,j}{}^2\right]^{\frac{1}{2}} \tag{6-10}$$

(c) 加权平均法

$$S_j = \sum_{i=1}^{m} W_i S_{i,j} \quad (\sum_{i=1}^{m} W_i = 1) \tag{6-11}$$

(d) 算术平均法

$$S_j = \frac{1}{m}\sum_{i=1}^{m} S_{i,j} \tag{6-12}$$

以上各种指数中,幂指数法适用于各水质参数标准指数相差较大的场合;向量模法适用于突出污染最重的水质参数的影响;加权平均法一般用于水质参数的标准指数相差不大的情况。

③ 内梅罗(N. L. Nemerow)水质指数评价

美国学者 N. L. 内梅罗建议的水质指标的计算公式如下:

$$\mathrm{PI}_j = \sqrt{\left(\max \frac{c_i}{S_{ij}}\right)^2 + \left(\frac{1}{n}\sum_{i=1}^{n} \frac{c_i}{S_{ij}}\right)^2} \tag{6-13}$$

式中:PI_j 为水质指标;c_i 为 i 污染物的实测浓度;S_{ij} 为 i 污染物的水质标准(j 代表水的用途)。

该水质指标考虑了各污染物的平均污染水平、个别污染物的最大污染状况、水的用途,设计是比较合理的。因为在污染物平均浓度比较低的情况下,有时个别污染物的浓度可以很高。此时,为了保证该项水质的用途,对个别污染物常需要特殊处理(该水质指标法对水质处理具有指导意义)。

内梅罗建议选取 14 项水质指标参数——温度、颜色、透明度、pH、大肠杆菌数、总溶解固体、悬浮固体、总氮、碱度、氯、铁和锰、硫酸盐、溶解氧等。并且将水的用途划分为三类:

(a) 人类直接接触使用的(PI_1):包括饮用、游泳、制造饮料等。

(b) 间接接触使用(PI_2):包括养鱼、工业食品制备、农业用等。

(c) 不接触使用(PI_3):包括工业冷却用、公共娱乐及航运等。

根据水的不同用途,内梅罗拟定了相应的水质标准作为计算水质指标的依据,进而计算出各种用途水的水质指标值。

为了表明各种用途水的总水质指标，内梅罗建议根据 PI_1、PI_2、PI_3 求和计算 PI 值。这里首先需要确定该水体在利用中不同用途所占的份额，分别以 W_1、W_2、W_3 代表，这样，总水质指标用下式计算：

$$PI = W_1 \cdot PI_1 + W_2 \cdot PI_2 + W_3 \cdot PI_3 \tag{6-14}$$

④ 有机污染综合评价

依据氨氮和溶解氧饱和百分率之间的相互关系，上海市环保工作者提出了有机污染综合平均值 A，其定义为：

$$A = \frac{BOD_i}{BOD_0} + \frac{COD_i}{COD_0} + \frac{NH_3\text{-}N_i}{NH_3\text{-}N_0} - \frac{DO_i}{DO_0} \tag{6-15}$$

式中：A 为综合污染评价指数；BOD_i、BOD_0 分别为 BOD 的实测值和评价标准值；COD_i、COD_0 分别为 COD 的实测值和评价标准值；$NH_3\text{-}N_i$、$NH_3\text{-}N_0$ 分别为 $NH_3\text{-}N$ 的实测值和评价标准值；DO_i、DO_0 分别为溶解氧的实测值和评价标准值。

可见，根据有机物污染为主的情况，评价因子只选了代表有机污染状况的四项，其中溶解氧项前面的负号表示它对水质的影响与上三项污染物相反(溶解氧不能理解为污染物质)。

⑤ 水质指数(WQI)

1970 年，R. M. Brown 等提出评价水质污染的水质指数(WQI)，对 35 种水质参数征求了 142 位水质管理专家的意见，选取了 11 种重要水质参数，即 DO、BOD_5、浑浊度、总固体、硝酸盐、磷酸盐、pH、温度、大肠菌群、杀虫剂、有毒元素，然后由专家进行不记名投票，确定每个参数的相对重要性权系数。水质指数(WQI)按下式计算：

$$WQI = \sum_{i=1}^{n} W_i P_i \tag{6-16}$$

式中：WQI 为水质指数，其数值在 0～100 之间；P_i 为第 i 个参数的质量，在 0～100 之间；W_i 为第 i 个参数权重值，在 0～1 之间，$\sum_{i=1}^{n} W_i = 1$；n 为参数个数。

P_i 值大表示水质好，P_i 值小表示水质差，是按拟定的分级标准来确定的。

求权重值的步骤如下：

(a) 各参数重要性的评价尺度："1"代表相对重要性最高，"0"代表相对重要性最低，以所有调查者给出的评价值计算每个参数重要性评价的平均数。

(b) 将所有参数的权重值归一化：先求中介权重值，即用溶解氧的平均数分别除以各参数的平均数，显然溶解氧的中介权重值为 1；然后将各参数的中介权重相加求总和；最后，用各参数的中介权重除以中介权重值的总和，得到归一化的权重值 W_i，见表 6-8。

表 6-8 9 个参数的重要性评价及权重

水质参数	应答者寄回的所有重要性评价的平均数	中介权重值	最后权重值 W_i
溶解氧	1.4	1.0	0.17
大肠菌密度	1.5	0.9	0.15
pH	2.1	0.7	0.12
BOD_5	2.3	0.6	0.10

（续表）

水质参数	应答者寄回的所有重要性评价的平均数	中介权重值	最后权重值 W_i
硝酸盐	2.4	0.6	0.10
磷酸盐	2.4	0.6	0.10
温度	2.4	0.6	0.10
浑浊度	2.9	0.5	0.08
总固体	3.2	0.4	0.08
合计		$\sum=5.9$	$\sum=1.00$

从理论上讲、水质指数可以用任何参数的指标来计算，但指标数量过多会使水质指数的使用变得复杂。

⑥ Ross 水质指数

1977 年，S. L. Ross 在总结以前的一些水质指数的基础上，对英国的克鲁德河的干流、支流进行了水质评价的研究，提出了一种较简明的水质指数计算方法。

S. L. Ross 选用了四个参数作为水质指标进行计算，其理由是：在研究的区域内不选用受区域地球化学影响的参数，如 pH、碱度、氯等；也不选用对河流污染程度变化不敏感的参数，如磷酸盐等。因此，他选了 BOD、氨氮、悬浮固体和 DO，并对这 4 个参数分别给予不同的权重值，见表 6-9。

表 6-9　不同参数的权重值

参数	BOD	氨氮	悬浮固体	DO	权重值合计
权重值	3	3	2	2	10

在计算水质指数时，Ross 不直接用各种参数的测定值或者相对污染值来统计，而是事先把它们分成等级，然后再按等级进行计算，各参数的评分尺度见表 6-10。

表 6-10　水质指数各参数的评分尺度

悬浮固体		BOD		氨氮		DO	
浓度(mg/L)	分级	浓度(mg/L)	分级	浓度(mg/L)	分级	浓度(mg/L)	分级
0～10	20	0～2	30	0～0.2	30	>9	10
10～20	18	2～4	27	0.2～0.5	24	8～9	8
20～40	14	4～6	24	0.5～1.0	18	6～8	6
40～80	10	6～10	18	1.0～2.0	12	4～6	4
80～150	6	10～15	12	2.0～5.0	6	1～4	2
250～300	2	15～25	6	5.0～10.0	3	0～1	1
>300	0	25～30	3	>10.0	0	0	0
		>50	0				

Ross 计算公式为：

$$WQI=\frac{\sum 分级值}{\sum 权重值} \tag{6-17}$$

Ross 计算法要求 WQI 值用整数表示，这样将水质指数共分成从 0～10 的 11 个等级，数值愈大则表示水质愈好。

各级指数可以这样概括描述：

WQI＝10，8，6，3，0 分别为无污染、轻污染、污染、严重污染、水质腐败。

⑦ 分级型指数

这里介绍一种与我国国家地表水环境质量标准相配套的方法（由中国环境监测总站蒋小玉提出）。该评价方法将地表水水质标准分为六级，前三级分别与现行地表水水质标准的第一、二、三级相同，对超过地表水三级标准的污染水质按其不同浓度所产生的污染程度分为轻、中、重污染三级。在以往的评价工作中，往往以各评价因子的实测值超过某一评价标准的相同倍数划定分级标准，这种做法与实际情况往往不符。因为超过同一标准相同倍数的不同污染物，它所产生的实际影响往往是不相同的，这是由于各种污染物的毒理性质不同所决定的。毒物浓度的增长和所产生的毒理效应并不都呈线性关系，而是“*S*”型。因而，不宜将相同倍数的浓度间隔作为水质分级的标准。

本评价方法中超过地表水三级标准的后三级标准是根据上述指导思想确定的，污染等级上升一级，各污染浓度并不都是增长相同的倍数。

本评价方法在地表水水质标准所列的 20 个检测项目中选取了 15 个作为评价因子。评价方法采用评分制，分值越高，表示水质越好。

水质等级及其分值见表 6－11。

表 6－11 水质等级分值

级别	单因素分值	总评价分值
第一级（Ⅰ）	10	145～150
第二级（Ⅱ）	9	135～144
第三级（Ⅲ）	8	120～134
第四级（Ⅳ）	6	110～119
第五级（Ⅴ）	3	90～109
第六级（Ⅵ）	1	15～89

将评价因子实测值对照分级标准表（此处未列出）得出各因子的相应分值，逐项相加，即得总分值，缺少实测值的因子可用近期测定值代替，并加括号以示区别。

评价结果除说明水质等级外，还要把主要污染因子和污染特征表示出来，故评价结果按以下两种情况分别表示：

(a) 所有评价因子浓度都在Ⅰ～Ⅲ级范围内，按总分值确定水质等级，表示式为：

$$\frac{\sum a_i}{P} \tag{6-18}$$

式中：a_i 为各评价因子相应的分值；P 为总分值（$\sum a_i$）所处水质等级。

(b) 评价因子中有属于污染水质级别Ⅳ～Ⅵ时，以水质最差的污染因子所在的级别作为定级依据，并注明该因子的化学符号或中文名称，即

$$\frac{\sum a_i}{P_{\max}(N_i)} \tag{6-19}$$

式中：$P_{\max}$ 为水质最差的评价因子所属的水质级别；N_i 为最差级别的污染因子的化学符号或名称。

(2) 统计型评价法

在实际工作中，由于受各种因素的制约，在对水质污染浓度随时间变化的认识尚不充分的情况下，可以不按时序来考虑其污染的历时情况，而把每一个检测值都看成一个随机变量。当取一定数量的检测值时(例如 30～40 个以上)，便可用概率的方法处理，以推求某种出现概率的污染强度是多大，即用各种污染强度的出现概率来表示时间因素，如某种强度出现机会多，则表示其污染历时较长。这样可将概率统计方法用到水质评价中。

另外，对水体做若干次检测之后的污染物浓度一般采用均值表示，以避免偶然性缺欠，但也确有大值被小值降低的现象，即使用数学期望值和方差的方法也未能从本质上改变上述缺欠。对水中污染检测值的随机系列，如果不只用均值、最大值来代表或对比，而采用各种概率的强度值或各种强度的概率来表示或比较，则能更切合实际。这也是采用概率方法做水质评价的理由。

对于某一河段上的 DO、COD 和酚、氰、砷、汞、铬等污染物的检测系列，可用下面的经验频率公式计算：

$$P=\frac{m}{n+1}\times 100(\%) \tag{6-20}$$

式中：P 为累积频率；n 为总检测次数；m 为从大到小的累积频率。

(3) 生物学评价法

水生生物与它们生存的水环境是相互依存、相互影响的统一体。水体受到污染后，必然对生存在其中的生物产生影响，生物也对此作出不同的反应和变化。其反应和变化是水环境评价的良好指标——这是水环境质量生物学评价的基本依据和原理。

在进行评价时，一般要对水生生物进行调查，调查的项目主要有：种类、种类总数、初级和次级生产力等。它们都从不同的侧面反映了水质的变化。例如，水质污染严重时，种类总数减少；而多度则反映了当污染不很严重时，对水生生物产生的影响仅是数量的变化，而不是某个种群的突然消失。调查的目的是要了解各类水生生物具有的不同生物特性，由此反映出它们在水生生态系统中具有的不同结构和功能，以及它们对水环境变化所产生的不同反应。不同的生物类群在用于评价时具有不同的特点和意义。

生物学评价方法大体可以分为三类：

① 一般描述对比法：根据对调查水体的水生生物的区系组成、种类、数量、生态分布、资源情况等的描述，对比区域内同类型水体或同一水体的历史资料，对目前的环境质量现状作出评价。

② 指示生物法：根据对环境中有机污染或某种特定污染物质敏感的或有较高耐受性的生物种类的存在或缺少，来指示其所在水体或河段内有机物(或某种特定污染物)的多寡或

分解程度。

③ 生物指数法：依据不利环境因素，如各种污染物对生物群落结构的影响，用数学形式表现群落结构来指示环境质量状况，包括污染在内的水质变化对生物群落的生态效应。如Beck指数、硅藻类生物指数、Trent生物指数等。

贝克(Beck)1955年首先提出一个简易地计算生物指数的方法。他将调查发现的底栖生物分成A和B两大类：A为敏感种类，在污染状况下从未发现；B为耐污种类，是在污染状况下才出现的动物。在此基础上，按下式计算生物指数(贝克指数)：

$$生物指数(BI)=2n_A+n_B \tag{6-21}$$

式中：n_A、n_B分别为A类、B类动物种类数。

当BI值为0时，属严重污染区域；当BI值为1～6时，属中等有机物污染区域；当BI值为10～40时，为清洁水区。

有的学者在河流中根据硅藻种类数计算出硅藻指数I，计算公式为：

$$I=\frac{2A+B-2C}{A+B-C}\times 100 \tag{6-22}$$

式中：A为不耐有机污染种类数；B为对有机污染无特殊反应种类数；C为有机污染地区独有的种类数。

4. 地下水环境现状评价

(1) 地下水水质现状评价

根据现状监测结果进行最大值、最小值、均值、标准差、检出率和超标率的分析，地下水水质现状评价应采用标准指数法进行评价。标准指数>1，表明该水质因子已超过了规定的水质标准，指数值越大，超标越严重。

(2) 环境水文地质问题的分析

环境水文地质问题的分析应根据水文地质条件及环境水文地质调查结果进行。

区域地下水水位降落漏斗状况分析，应叙述地下水水位降落漏斗的面积，漏斗中心水位的下降幅度、下降速度及其与地下水开采量时空分布的关系，单井出水量的变化情况，含水层疏干面积等，阐明地下水降落漏斗的形成、发展过程，为发展趋势预测提供依据。

地面沉降、地裂缝状况分析，应叙述沉降面积、沉降漏斗的沉降量(累计沉降量、年沉降量)等及其与地下水降落漏斗、开采(包括回灌)量时空分布变化的关系，阐明地面沉降的形成、发展过程及危害程度，为发展趋势预测提供依据。

岩溶塌陷状况分析，应叙述与地下水相关的塌陷发生的历史过程、密度、规模、分布及其与人类活动(如采矿、地下水开采等)时空变化的关系，并结合地质构造、岩溶发育等因素，阐明岩溶塌陷发生、发展规律及危害程度。

土壤盐渍化、沼泽化、湿地退化、土地荒漠化分析，应叙述与土壤盐渍化、沼泽化、湿地退化、土地荒漠化发生相关的地下水位、土壤蒸发量、土壤盐分的动态分布及其与人类活动时空变化的关系，并结合包气带岩性、结构特征等因素，阐明土壤盐渍化、沼泽化、湿地退化、土壤荒漠化发生、发展规律及危害程度。

四、水环境影响预测与评价

水环境影响预测与评价是在工程分析基础上，对纳污水体受建设项目影响将要产生的水质特征的变化(如污染物浓度增高、分布范围变大等)进行定量计算,以法规、标准为依据解释拟建项目引起水环境变化的显著性,同时辨识敏感对象对污染物排放的反应;为拟建项目的生产工艺、水污染防治与废水排放方案等提供依据,并提出水环境影响评价结论。

目前水质数学模型是最常用的预测方法,本章第三节将详细介绍。这里主要介绍预测和评价的内容。

1. 预测与评价内容

(1) 对所有预测点、所有预测的水质参数,均应进行各生产阶段建设、运行和服务期满不同情况的环境影响预测,同时应抓住重点:空间方面,水文要素和水质急剧变化处、水域功能改变处、取水口和水源保护区附近等应作为预测重点;水质方面,影响较大的水质参数应作为重点。

(2) 多项水质参数综合评价的评价方法和评价的水质参数应与环境现状综合评价相同。

(3) 进行评价的水质参数浓度应是其预测的浓度值与现状值之和(叠加值)。

(4) 应充分了解预测评价水体的环境功能,包括现状的功能和规划功能,尤其当规划功能发生变化时应做出相应调整。

(5) 评价所采用的水质标准应与环境现状评价相同。河道断流时应由环保部门规定功能,并据以选择标准,进行评价。

(6) 向已超标的水体排污时,应结合环境规划酌情处理,补充区域性水环境综合整治方案,或由环保部门事先规定排污要求。

2. 对拟建项目选址、生产工艺和废水排放方案的评价

项目选址、采用的生产工艺和废水排放方案对水环境影响有重要的作用,有时甚至是关键作用。当拟建项目有多个选址、生产工艺和废水排放方案,应分别给出各种方案的预测结果,再结合环境、经济、社会等多重因素,从水环境保护角度推荐优选方案。这类多方案比较常可利用专家咨询和数学规划方法探求优化方案。

生产工艺主要是通过工程分析发现问题,如有条件,应采用清洁生产审计进行评价。如有多种工艺方案,应分别预测其影响,然后推荐优选方案。

3. 评价结论

在环境影响识别、水环境影响预测和采取对策措施的基础上,得出拟建项目对水环境的影响是否能够接受的结论。

第三节 水质模型简介及水质模拟进展

一、工作程序

在水环境影响评价中,采用数学模型进行预测的工作程序如图 6-2 所示。

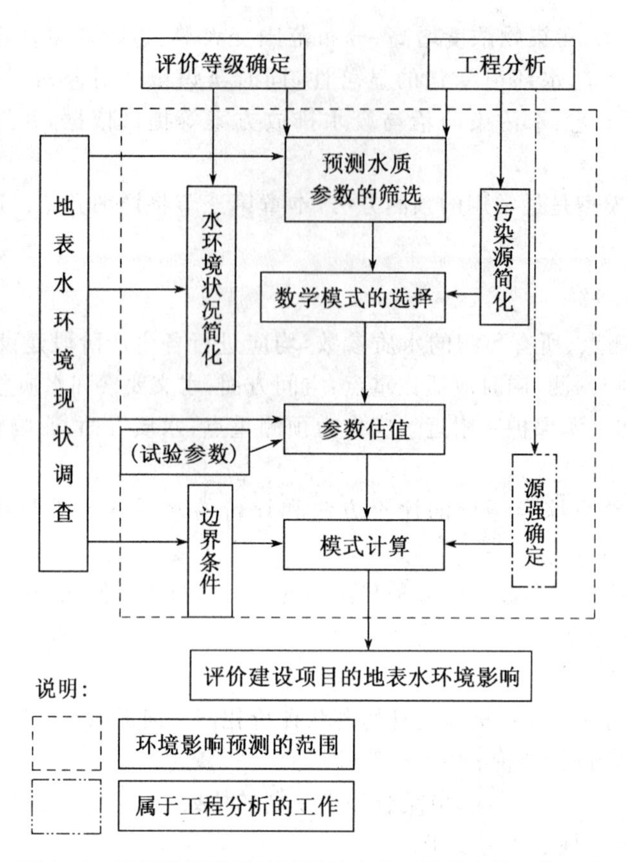

图 6-2 采用数学模型法预测地表水环境影响的工作程序

二、基本模型

运用数学模型时采用的坐标系以污染物排放点为原点,x 轴、y 轴为水平方向,其中 x 方向与主流方向一致,y 方向与主流方向垂直,z 轴铅直向上。污染物在水体中分布的基本模型如下:

$$\frac{\partial c}{\partial t}+u\frac{\partial c}{\partial x}+v\frac{\partial c}{\partial y}+w\frac{\partial c}{\partial z}=\frac{\partial}{\partial x}\left(E_x\frac{\partial c}{\partial x}\right)+\frac{\partial}{\partial y}\left(E_y\frac{\partial c}{\partial y}\right)+\frac{\partial}{\partial z}\left(E_z\frac{\partial c}{\partial z}\right)+\sum_{e=1}^{N}S_e \tag{6-23}$$

式中:u 为 x 方向(纵向)水流速度;v 为 y 方向(横向)水流速度;w 为 z 方向(垂向)水流速度;E_x 为 x 方向(纵向)扩散系数;E_y 为 y 方向(横向)扩散系数;E_z 为 z 方向(垂向)扩散系数;S_e 为污染物源、汇的强度。即

时间变化项+对流项=扩散项+源(汇)

该模型是污染物在水体中迁移转化过程的概化,对流项表征水中污染物由于对流运动引起的变化量,扩散项表征水中污染物由于分子扩散和湍流扩散作用引起的变化量,源汇项表征水中污染物由于物理、化学、生化等作用引起的降解、沉降、吸附或增生引起的增加(源)或减少(汇),由于污染物在水中的迁移转化过程引起的污染物浓度随时间的变化即为时间变化项。

三、水环境和污染源的简化

为了应用模型进行预测，常需要对水体和污染源作适当简化。

1. 河流简化

河流可简化为矩形平直河流、矩形弯曲河流和非矩形河流三类。

河流的断面宽深比≥20时，可视为矩形河流。大、中河流中，预测河段弯曲较大（如其最大弯曲系数>1.3）时，视为弯曲河流，否则可简化为平直河流；小河可简化为矩形平直河流。

2. 河口简化

河口包括河流汇合部、河流感潮段、口外滨海段、河流与湖泊、水库汇合部。

河流感潮段是指受潮汐作用影响较明显的河段。可以将落潮时最大断面平均流速与涨潮时最小断面平均流速之差等于0.05 m/s的断面作为其与河流的界限。

河流汇合部可分为支流、汇合前主流、汇合后主流三段分别进行环境影响预测。小河汇入大河时可把小河看成点源。

河流与湖泊、水库汇合部可以按照河流和湖泊、水库两部分分别预测其环境影响。

3. 湖泊（水库）简化

湖泊（水库）可以简化为大湖（库）、小湖（库）和分层湖（库）三类。

4. 海湾简化

预测海湾水质时一般只考虑潮汐作用，不考虑波浪作用。

5. 污染源简化

污染源简化包括排放形式的简化和排放规律的简化。根据污染源的具体情况，排放形式可简化为点源和面源，排放规律可简化为连续恒定排放和非连续恒定排放。在水环境影响预测中，通常可以把排放规律简化为连续恒定排放。

四、常用的地表水水质预测数学模型

地表水水质预测数学模型有很多种：根据水体性质的不同分为河流、河口、湖泊水库、海湾模型；根据数学模型的空间分布特征分为零维、一维、二维、三维模型；根据水质模型的数学特性分为确定性和随机性模型；根据水质组分多少可以分为单组分、耦合、生态综合模型等；根据研究对象不同划分为水质模型、pH模型、温度模型、水土流失模型等；根据预测方法不同可分为机理性水质模型和非机理性水质模型。

1. 河流水质预测模型

(1) 均匀混合水质模型（零维）

$$c=\frac{c_p Q_p + c_h Q_h}{Q_p + Q_h} \tag{6-24}$$

式中：c 为预测污染物浓度，mg/L；c_p 为污染物排放浓度，mg/L；Q_p 为污水排放量，m^3/s；c_h 为上游河水污染物浓度，mg/L；Q_h 为上游河水来水流量，m^3/s。

河流的均匀混合水质模型的适用条件是：① 河流是稳态的，定常排污，即河床截面积、流速、流量及污染物的输入量不随时间变化；② 污染物在整个河段内均匀混合，即河段内各

点污染物浓度相等；③ 废水的污染物为持久性污染物（污染物在水中很难由于物理、化学、生物作用而分解、沉淀或挥发，例如在悬浮物甚少，沉降作用不明显水体中的无机盐类、重金属等，可通过生化需氧量与化学需氧量比值来判定，BOD/COD<0.3 判别为持久性污染物）；④ 河流无支流和其他排污口废水进入。

(2) 一维水质模型

河流的一维水质模型可以写成：

$$\frac{\partial c}{\partial t}+u\frac{\partial c}{\partial x}=\frac{\partial}{\partial x}\left(E_x\frac{\partial c}{\partial x}\right)+\sum_{e=1}^{N}S_e \tag{6-25}$$

当河流的河段均匀，该河段的断面面积、平均流速、污染物的输入量、扩散系数都不随时间变化，源和汇项仅为反应衰减项，符合一级动力学反应，此时，距起始横断面 x 处，河流断面中污染物浓度是不随时间变化的，即 $\mathrm{d}c/\mathrm{d}t=0$。一维河流静态水质模型基本方程为：

$$u\frac{\partial c}{\partial x}=E_x\frac{\partial^2 c}{\partial x^2}-k_1 c \tag{6-26}$$

式中：k_1 为污染物的衰减系数，1/d 或 1/s。

若边界条件为 $x=0, c=c_0; x=\infty, c=0$。上式的解为：

$$c=c_0\exp\left[\frac{u}{2E_x}(1-m)x\right] \tag{6-27}$$

$$m=\sqrt{1+\frac{4k_1E_x}{u^2}} \tag{6-28}$$

式中的 c_0 可按式(6-24)计算。

对于不受潮汐影响的稳态河流，其弥散作用影响很小，可以忽略，即

$$u\frac{\partial c}{\partial x}=-k_1 c \tag{6-29}$$

若边界条件为 $x=0, c=c_0; x=\infty, c=0$。上式的解为：

$$c(x)=c_0\exp(-k_1x/u) \tag{6-30}$$

(3) Streeter-Phelps 模型（S-P 模型）

S-P 模型是由美国的斯特里特（H. Streeter）和费尔普斯（E. Phelps）于 1925 年提出的，它描述了一维河流中 BOD 和 DO 的消长变化规律。S-P 模型的基本假设是：① 河流中的 BOD 的衰减和 DO 的复氧都是一级反应；② 反应速率是定常的；③ 河流中的耗氧是由 BOD 衰减引起的，而河流中的 DO 则是来自大气复氧。根据质量守恒，提出一维稳态河流的 BOD-DO 耦合模型的基本方程式如下：

$$\begin{cases}\dfrac{\mathrm{d}L}{\mathrm{d}t}=-k_1L\\[2mm]\dfrac{\mathrm{d}D}{\mathrm{d}t}=k_1L-k_2D\end{cases} \tag{6-31}$$

式中：L 为河水中的 BOD 值，mg/L；D 为河水中的氧亏值，mg/L；k_1 为河水中 BOD 衰减（耗氧）速率常数，1/d；k_2 为河水中复氧速率常数，1/d；t 为河水的流行时间，d，$t=x/u$。

当初始条件 $L(0)=L_0, D(0)=D_0$ 时，式(6-31)的解为：

$$\begin{cases}L=L_0\exp\left(-\dfrac{k_1x}{u}\right)\\[2mm]D=D_0\exp\left(-\dfrac{k_2x}{u}\right)+\dfrac{k_1L_0}{k_2-k_1}\left[\exp\left(\dfrac{-k_1x}{u}\right)-\exp\left(\dfrac{-k_2x}{u}\right)\right]\end{cases} \tag{6-32}$$

式中：L_0 为河流起始点的 BOD 值，mg/L；D_0 为河流起始点的氧亏值，mg/L。

式(6-32)表示河流中 BOD 和氧亏值的变化规律，如果以河流的溶解氧来表示，则

$$O=O_s-D=O_s-(O_s-O_0)\exp\left(-\frac{k_2x}{u}\right)-\frac{k_1L_0}{k_2-k_1}\left[\exp\left(\frac{-k_1x}{u}\right)-\exp\left(\frac{-k_2x}{u}\right)\right] \quad (6-33)$$

式中：O_0 为河流起始断面处的溶解氧值，mg/L；O 为河流中的溶解氧值，mg/L；O_s 为河流中的饱和溶解氧值，mg/L。

式(6-33)称为 S-P 氧垂公式，根据式(6-33)绘制的溶解氧沿程变化曲线，又称为氧垂曲线，如图 6-3 所示。图中假设在排放点断面处污水即与河水完全混合。

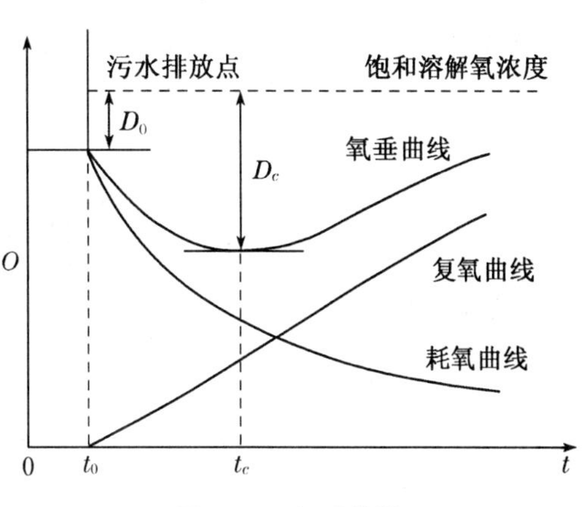

图 6-3　氧垂曲线

由图 6-3 可见，在流动的某一时间 t_c（河流的某一距离 x_c）处，氧亏值 D 具有最大值，或溶解氧 O 具有最小值。此点水质最差，人们一般较为关注，称为临界点。在临界点，河水的氧亏值最大，且变化速率为 0，即

$$\frac{\mathrm{d}D}{\mathrm{d}t}=k_1L-k_2D=0 \quad (6-34)$$

$$D_c=\frac{k_1}{k_2}L_0\mathrm{e}^{-k_1t_c} \quad (6-35)$$

式中：D_c 为临界点的氧亏值，mg/L；t_c 为由起始点到达临界点的时间，d。

临界点氧亏发生的时间可由下式计算：

$$t_c=\frac{1}{k_2-k_1}\ln\left\{\frac{k_2}{k_1}\left[1-\frac{D_0(k_2-k_1)}{L_0k_1}\right]\right\} \quad (6-36)$$

S-P 模型广泛地应用于河流水质的模拟预测中，是预测河流中 BOD 和 DO 变化规律的较好模型，也可用于计算河流的最大容许排污量。

(4) S-P 模型修正型

在 S-P 模型的基础上，结合河流自净过程中的不同影响因素，人们推导出了一些新的修正型。

① Thomas 修正型

在 S-P 模型的基础上，为了考虑沉淀、絮凝、冲刷和再悬浮过程对 BOD 去除的影响，引入 BOD 沉浮系数 k_3，BOD 变化速率为 k_3L。Thomas 采用以下的基本方程组：

$$\begin{cases}\dfrac{\mathrm{d}L}{\mathrm{d}t}=-(k_1+k_3)L\\[2ex]\dfrac{\mathrm{d}D}{\mathrm{d}t}=k_1L-k_2D\end{cases} \quad (6-37)$$

在 $L(0)=L_0$，$D(0)=D_0$ 的初始条件下，求得该方程的解为：

$$\begin{cases}L=L_0\exp\left[\dfrac{-(k_1+k_3)}{u}x\right]\\[2ex]D=D_0\exp\left(\dfrac{-k_2x}{u}\right)-\dfrac{k_1L_0}{k_1+k_3-k_2}\left[\exp\left(\dfrac{-(k_1+k_3)x}{u}\right)-\exp\left(\dfrac{-k_2x}{u}\right)\right]\end{cases} \quad (6-38)$$

沉浮系数 k_3 既可以大于零，也可以小于零。对于冲刷、再悬浮过程，$k_3<0$；对于沉淀过程，$k_3>0$。

② Dobbins-Camp 修正型

在 Thomas 模型的基础上，Dobbins-Camp 提出了两条新的假设：考虑地面径流和底泥释放 BOD 所引起的 BOD 变化率，该速率以 R 表示；考虑藻类光合作用和呼吸作用以及地面径流所引起的 DO 变化速率，该速率以 P 表示。因而采用以下基本方程组：

$$\begin{cases}\dfrac{\mathrm{d}L}{\mathrm{d}t}=-(k_1+k_3)L+R\\[2ex]\dfrac{\mathrm{d}D}{\mathrm{d}t}=k_1L-k_2D+P\end{cases}\tag{6-39}$$

在 $L(0)=L_0, D(0)=D_0$ 的初始条件下，求得该方程的解为：

$$\begin{cases}L=L_0F_1+\dfrac{R}{k_1+k_3}(1-F_1)\\[2ex]D=D_0F_2-\dfrac{k_1L_0}{k_1+k_3-k_2}\left(L_0-\dfrac{R}{k_1+k_3}\right)(F_1-F_2)+\left[\dfrac{P}{k_2}+\dfrac{k_1R}{k_2(k_1+k_3)}\right](1-F_1)\end{cases}\tag{6-40}$$

$$F_1=\exp\left[\frac{-(k_1+k_3)}{u}x\right]\tag{6-41}$$

$$F_2=\exp\left(\frac{-k_2x}{u}\right)\tag{6-42}$$

如果 $P=0, R=0$，上式就成为 Thomas 公式；如果 $P=0, R=0, k_3=0$，上式就成为 S-P 模型。

③ O'Connon 修正型

在 Thomas 模型的基础上，O'Connon 提出新的假设条件为：总 BOD 是碳化和硝化 BOD 两部分之和，即 $L=L_C+L_N$，则 Thomas 修正式可改写为：

$$\begin{cases}\dfrac{\mathrm{d}L_C}{\mathrm{d}t}=-(k_1+k_3)L_C\\[2ex]\dfrac{\mathrm{d}L_N}{\mathrm{d}t}=-k_NL_N\\[2ex]\dfrac{\mathrm{d}D}{\mathrm{d}t}=k_1L_C+k_NL_N-k_2D\end{cases}\tag{6-43}$$

在 $L_C(0)=L_{C0}, L_N(0)=L_{N0}, D(0)=D_0$ 的初始条件下，求得该方程的解为：

$$\begin{cases}L_C=L_{C0}\exp\left[\dfrac{-(k_1+k_3)}{u}x\right]\\[2ex]L_N=L_{N0}\exp\left[\dfrac{-k_Nx}{u}\right]\\[2ex]D=D_0\exp\left(\dfrac{-k_2x}{u}\right)-\dfrac{k_1L_{C0}}{k_1+k_3-k_2}\left[\exp\left(\dfrac{-(k_1+k_3)x}{u}\right)-\exp\left(\dfrac{-k_2x}{u}\right)\right]\\[2ex]\qquad-\dfrac{k_NL_{N0}}{k_N-k_2}\left[\exp\left(\dfrac{-k_Nx}{u}\right)-\exp\left(\dfrac{-k_2x}{u}\right)\right]\end{cases}\tag{6-44}$$

式中：k_N 为硝化 BOD 衰减(耗氧)速度常数，1/d；L_{C0} 为 $x=0$ 处，河水中碳化 BOD 的浓度，mg/L；L_{N0} 为 $x=0$ 处，河水中硝化 BOD 的浓度，mg/L。

（5）二维稳态混合模型

对一般河流来说，入河物质在垂向的扩散是瞬时完成的，一般情况下河水的流动基本是恒定的，因此在恒定排污情况下，常常需要建立河流水平二维稳态水质模型取得污染物的影响范围以及它在影响区内的浓度分布。在稳态情况下水平二维浓度场的基本方程为：

$$u\frac{\partial c}{\partial x}+v\frac{\partial c}{\partial y}=\frac{\partial}{\partial x}\left(E_x\frac{\partial c}{\partial x}\right)+\frac{\partial}{\partial y}\left(E_y\frac{\partial c}{\partial y}\right)-k_1c \qquad (6-45)$$

当边界条件比较简单时可直接求上式的解析解。如在等宽等深的直河道中，断面平均流速 u 沿程不变，横向平均速度 $v=0$，横向扩散系数 E_y 的平均值$\overline{E}_y$为常数。当纵向扩散项远小于平流项时，上式简化为：

$$u\frac{\partial c}{\partial x}=\overline{E}_y\frac{\partial^2 c}{\partial y^2}-k_1c \qquad (6-46)$$

在无对岸岸边影响的岸边排放条件下，当源强强度为 W 时，上式的解为：

$$c(x,y)=\frac{W}{(4\pi\overline{E}_yx/u)^{1/2}}\exp\left(-\frac{uy^2}{4\overline{E}_yx}-k_1\frac{x}{u}\right) \qquad (6-47)$$

在等强度的岸边线源排放条件下，由于在 $y<0$ 的区域内（河岸上）无浓度场存在，为保持浓度场中物质总量不变，同一点上的浓度应为无限边界中排放时对应浓度的 2 倍。即

$$c(x,y)=\frac{W}{(\pi\overline{E}_yx/u)^{1/2}}\exp\left(-\frac{uy^2}{4\overline{E}_yx}-k_1\frac{x}{u}\right) \qquad (6-48)$$

2. 河口水质预测模型

所谓河口，指入海河流受到潮汐作用的一段河流，又称感潮河段。潮汐对河口的水质具有双重影响。一方面，由海潮带来大量的溶解氧，与上游下泄的水流相汇，产生强烈的混合作用，使污染物的分布趋于均匀；另一方面，由于潮流的顶托作用，延长了污染物在河口的停留时间，有机物的降解会进一步降低水中的溶解氧，使水质下降。此外，潮汐也使河口的含盐量增加。

河口模型比河流复杂，求解也较困难。对河口水质有重大影响的评价项目，需要预测污染物浓度随时间的变化。这时应采用水力学中的非恒定流的数值模型，以差分法计算流场，再采用动态水质模型，预测河口任意时刻的水质。当排放口的废水能在断面上与河水迅速充分混合，则也可用一维非恒定流数值模型计算流场，再用一维动态水质模型预测任意时刻的水质。对河口水质有重大影响，但只需预测污染物在一个潮汐周期内的平均浓度，可以用一维潮周平均模型预测。

（1）一维潮周平均模型

如果取污染物浓度的潮周平均值，可写出一维河口水质模型如下：

$$E_x\cdot\frac{\mathrm{d}}{\mathrm{d}x}\left(\frac{\mathrm{d}c}{\mathrm{d}x}\right)-\frac{\mathrm{d}}{\mathrm{d}x}(uc)+r+s=0 \qquad (6-49)$$

式中：r 为污染物的衰减速率；s 为系统外输入污染物的速率；u 为不考虑潮汐作用，由上游来水（净泄量）产生的流速。

假定 $s=0$ 和 $r=-k_1c$，解上式得：

对排放点上游（$x<0$）　$$\frac{c}{c_0}=\exp(j_1,x) \qquad (6-50)$$

对排放点下游($x>0$)
$$\frac{c}{c_0}=\exp(j_2, x) \tag{6-51}$$

式中:$j_1=\frac{u}{2E_x}\left(1+\sqrt{1+\frac{4k_1E_x}{u^2}}\right)$;$j_2=\frac{u}{2E_x}\left(1-\sqrt{1+\frac{4k_1E_x}{u^2}}\right)$。

c_0 是在 $x=0$ 处的污染物浓度,可以用下式计算:

$$c_0=\frac{W}{Q\sqrt{1+\frac{4k_1E_x}{u^2}}} \tag{6-52}$$

式中:W 为单位时间内排放的污染物质量,g;Q 为河口上游来的淡水的平均流量净泄量,m^3/d。

(2) 一维稳态 BOD-DO 耦合模型

河流的稳态一维潮周平均 BOD-DO 或 BOD-D 耦合模型可写成:

$$E_x\cdot\frac{d^2D}{dx^2}-u\cdot\frac{dD}{dx}-k_2D+k_1L=0 \tag{6-53}$$

若给定边界条件:当 $x=\pm\infty$时,$D=0$(相当于排污前河口氧亏为零),上式的解为:

对排放点上游($x<0$)
$$D=\frac{k_1W}{(k_2-k_1)Q}(A_1-B_1) \tag{6-54}$$

对排放点下游($x>0$)
$$D=\frac{k_1W}{(k_2-k_1)Q}(A_2-B_2) \tag{6-55}$$

式中:$A_1=\frac{\exp\left[\frac{u}{E_x}(1+j_3)x\right]}{j_3}$;$B_1=\frac{\exp\left[\frac{u}{E_x}(1+j_4)x\right]}{j_4}$;$A_2=\frac{\exp\left[\frac{u}{E_x}(1-j_3)x\right]}{j_3}$;$B_2=\frac{\exp\left[\frac{u}{E_x}(1-j_4)x\right]}{j_4}$;$j_3=\sqrt{1+\frac{4k_1E_x}{u^2}}$;$j_4=\sqrt{1+\frac{4k_2E_x}{u^2}}$;$W$ 为单位时间内排入河口的 BOD 值,g;Q 为河口上游来水量(净泄量),m^3/d;u 为与净泄量对应的纵向平均流速,m/d。

3. 湖泊水库水质预测模型

(1) 完全混合模型

对于面积小、封闭性强、四周污染多的小湖或大湖湖湾,污染物质排入该水域后,在湖流和风浪的作用下,有可能出现湖水均匀混合现象,这时湖泊内各处水质浓度均一,可用均匀混合型水质模型,这一类水质模型是建立在湖泊水质的质量平衡方程的基础上的。

① 沃兰伟德(Vollenweider)模型

$$V\cdot\frac{dc}{dt}=\overline{W}-Q\cdot c-k_1cV \tag{6-56}$$

式中:V 为湖库的容积,m^3;c 为污染物或水质参数的浓度,mg/L;$\overline{W}$ 为污染物或水质参数的平均排入量,mg/s;t 为时间,s;Q 为出入湖库流量,m^3/s;k_1 为污染物衰减或沉降速率常数,s^{-1}。

积分上式得:

$$c(t)=\frac{\varphi}{Q+k_1V}\left\{\frac{\overline{W}}{\varphi}-\exp\left[-\left(\frac{Q}{V}+k_1\right)t\right]\right\} \tag{6-57}$$

$$\overline{W}=\overline{W}_0+c_p\cdot q \tag{6-58}$$

$$\varphi=\overline{W}-(Q+k_1V)c_0 \tag{6-59}$$

式中：$\overline{W}$为现有污染物排放量，mg/s；c_p为拟建项目废水中污染物的浓度，mg/L；q为废水排放量，m^3/s；c_0为湖库中污染物起始浓度，mg/L。

当$\alpha=\frac{Q}{V}+k_1$，上式可整理为：

$$c(t)=\frac{\overline{W}}{\alpha V}(1-e^{-\alpha t})+c_0e^{-\alpha t} \tag{6-60}$$

对于持久性污染物，$k_1=0$，即$\alpha=\frac{Q}{V}$。

当时间足够长，即式中的t趋于无穷大时，湖库中污染物的浓度达到平衡，则平衡时的浓度为：

$$c_e=\frac{\overline{W}}{\alpha V} \tag{6-61}$$

达到指定浓度$c(t)$，设$\frac{c(t)}{c_p}=\beta$，所需要的时间为：

$$t_\beta=\frac{V}{Q+k_1V}\ln(1-\beta) \tag{6-62}$$

无污染物输入($\overline{W}=0$)时，浓度随时间的变化为：

$$c(t)=c_0e^{-\left(\frac{Q}{V}+k_1\right)t}=c_0e^{-\alpha t} \tag{6-63}$$

这时，可以求出污染物浓度与初始浓度之比为$\delta(\delta>1)$时，$\delta=1-\beta$，所需的时间为：

$$t_\delta=\frac{1}{\alpha}\ln\frac{1}{\delta} \tag{6-64}$$

② 溶解氧模型

$$\frac{dc(O)}{dt}=\left(\frac{Q}{V}\right)[c(O_0)-c(O)]+k_2[c(O_s)-c(O)]-R \tag{6-65}$$

$$R=\gamma A+B \tag{6-66}$$

式中：$c(O_0)$为溶解氧起始浓度，mg/L；$c(O_s)$为溶解氧饱和浓度，mg/L；k_2为大气复氧系数，d^{-1}或s^{-1}；R为湖库的生物或非生物因素耗氧总量，mg/d 或 mg/s；A为养鱼密度，kg/m^3；γ为鱼类耗氧速率，mg/kg · d 或 mg/kg · s；B为其他因素耗氧量，mg/m^3 · d 或 mg/m^3 · s。

(2) 非完全混合模型

对于水域宽阔的大湖，当其中主要污染来自某些入湖河道或沿湖厂矿时，污染往往出现在入湖口附近的水域。这时需要考虑废水在湖水中的稀释扩散现象，作为不均匀混合型来处理。废水在湖水中的稀释扩散现象甚为复杂，常是二维扩散问题，故在研究湖泊水质模型时采用圆形坐标较为简便，可使二维扩散问题简化为一维扩散问题。以下简要介绍一种非完全混合模型——卡拉乌舍夫扩散模型。

卡拉乌舍夫扩散模型是为研究难降解的污染物质在湖水中稀释扩散规律而建立的，取湖滨排污口附近的一块水体，如图 6-4 所示。

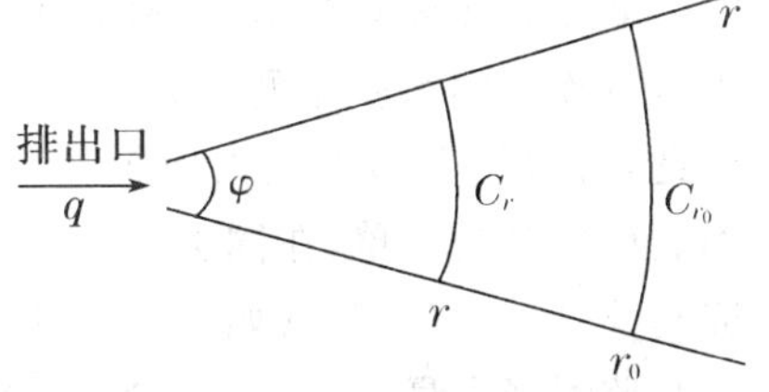

图 6-4　湖滨排污口扩散示意图

根据湖水中的移流和扩散方程，用质量平衡原理可得下式：

$$\frac{\partial c}{\partial t}=\left(E-\frac{q}{\varphi H}\right)\frac{1}{r}\frac{\partial c}{\partial r}+E\frac{\partial^2 c}{\partial r^2} \tag{6-67}$$

式中：q 为排入湖中的废水量，m^3/d；r 为湖内某计算点离排污口的距离，m；E 为径向湍流混合系数，m^2/d；c 为所求计算点的污染物浓度，mg/L；H 为废水扩散区平均水深，m；φ 为废水在湖中的扩散角(由排放口处地形确定，如在开阔、平直和与岸垂直时，$\varphi=180°$，而在湖心排放时，$\varphi=360°$)。

当排放是稳定的，且边界条件为 $r=r_0$，$c=c_0$ 时，上式的解为：

$$c=c_0-\frac{1}{\alpha-1}(r^{1-\alpha}-{r_0}^{1-\alpha}) \tag{6-68}$$

$$\alpha=1-\frac{q}{EH\varphi} \tag{6-69}$$

式中：c_0 为已知的离排污口距离为 r_0 处的湖水浓度，mg/L。

4. 海湾水质预测模型(ADI 模型)

以下简要介绍 ADI 潮流模型：

$$\text{微分方程}\begin{cases}\dfrac{\partial z}{\partial t}+\dfrac{\partial}{\partial t}[(h+z)u]+\dfrac{\partial}{\partial y}[(h+z)v]=0\\ \dfrac{\partial u}{\partial t}+u\dfrac{\partial u}{\partial x}+v\dfrac{\partial u}{\partial y}-fv+g\dfrac{\partial z}{\partial x}+g\dfrac{u(u^2+v^2)^{1/2}}{C_z^2(h+z)}=0\\ \dfrac{\partial v}{\partial t}+u\dfrac{\partial v}{\partial x}+v\dfrac{\partial v}{\partial y}+fu+g\dfrac{\partial z}{\partial y}+g\dfrac{v(u^2+v^2)^{1/2}}{C_z^2(h+z)}=0\end{cases} \tag{6-70}$$

约-新模式：

$$c_r=c_h+(c_p-c_h)\left[1-\exp\left(-\frac{Q_p}{\varphi dE_r r}\right)\right] \tag{6-71}$$

式中：c_r 为污染物弧面平均浓度，mg/L；c_h 为现状浓度，mg/L；c_p 为排放浓度，mg/L；E_r 为径向混合系数，m^2/s；C_z 为谢才系数，$m^{1/2}/s$；f 为柯氏力系数，$f=2w\sin\varphi$，其中 w 是地球自转角速度，φ 为纬度。

5. 非点源模型

非点源污染物主要有有机物、病原微生物、植物营养盐类、重金属和泥沙等。非点源排放是和暴雨径流相联系的。为了掌握非点源污染的规律性，必须开展现场观测。但是影响非点源污染负荷的因素是非常复杂的，它要受降水量与降水强度的影响，也受地理、地质和土壤条件的影响。再者由于人类发展经济的需要，在不断开发自然资源活动的过程中也改变了地面性质，影响着非点源污染的不断变化。

非点源污染物排出量，有人主张由河道上下游质量通量之差进行估算，但是目前在河道上缺少连续的水质监测数据，区间流域的源和汇也难以全面了解，估算结果的可靠性很差。因此，目前较多的人主张把每一个研究流域，按地理、地质、土壤等条件及土地利用类型分类、分区、开列清单，在同类型的小流域中挑选若干个代表作为研究水质模型的样本，进行研究与监测。对代表区(如一个小流域)非点源污染负荷的监测，一般要求在整个降水过程中同步监测降水量、地表径流量和污染物浓度。一个小集水区(小流域)内最低限度要有两个地点监测降水量。地表径流监测断面应在小集水区的出口处，至少要经历一个水文年度的监测，才可初步建立水质模型。

建立水质模型的程序大致是：首先进行某水面积的水文模拟，其次是集水面积下产污的模拟，最后是建立径流与污染物产出率的相互关系，即产流、产污、汇流、集污的问题。在选定有代表性的集水面积上，进行现场调查及水文水质监测，确定模型的各个变量，用适当的计算方法，求得各种适合于特定集水面积的特定参数，另外还要将这样建立的水质模型在其他类似的集水区进行验证。

(1) 非点源模型特征

在农业地区，非点源污染物主要由被侵蚀的地表土壤组成；在城市地区，通常是一些集中在不透水地面上的尘埃和垃圾。当降雨到达地表时，一部分被它们吸附的化学物质，如农药、化肥、重金属等变化为溶液而被解吸。当雨量大到足以产生径流时，这些化学物质将以固体和溶液的形式被输送。其中，固体是被冲刷的沉积物带着吸附的化学物质，而溶液中则是未吸附的化学物质，两者的浓度常以线性关系来模拟：

$$b=Kd \tag{6-72}$$

式中：d 为溶液中化学物质的浓度，mg/L；b 为吸附在沉积物上的化学物质的浓度，mg/kg；K 为分配系数，可在实验室中求得。式(6-72)是简单模型的基础，用于估算暴雨径流所产生的污染物质。

假定暴雨时吸附于沉积物上的化学物质的浓度为 b(mg/kg)，暴雨径流量为 Q(m^3)；在径流中沉积物量为 X(kg)，排出的污染物总量为 P(kg)，则应划分为固态的(被吸附的)和被溶解的两部分，即 S 和 D(mg)，如下式计算：

$$P=S+D=bX+d(1\,000Q) \tag{6-73}$$

假设大部分沉积在汇水面上的沉积物被暴雨均匀地冲刷，则可估算为 b_0X。由式(6-72)和式(6-73)解出浓度 b 和 d。

固态和被溶解的污染物质的产量是：

$$S=\left(\frac{Kb_0X}{KX+1\,000Q}\right)\cdot X \tag{6-74}$$

$$D=\left(\frac{b_0X}{KX+1\,000Q}\right)\cdot 1\,000Q \tag{6-75}$$

在一次径流中，固态排出与溶质排出之比 S/D 为：

$$\frac{S}{D}=\frac{K}{1\,000}\cdot\frac{X}{Q} \tag{6-76}$$

这个简单的模型表示在非点源模型中必须包括的因素，吸附较弱的化学物质主要排出在溶解状态中，沉积物的排出相对是不重要的；而对吸附力强的污染物，必须重视其沉积物排出的估算。

(2) 城市非点源污染模型

城市径流模型中的关键参数是与不透水的汇水面积(街道、停车场和屋顶表面)成比例。从不透水的汇水面积产生的径流率比透水的大。城市范围内常见的污染物，例如粉尘和大气降尘、垃圾等汇集到不透水地表的排水沟内，一般说来，城市汇水区的非点源负荷和它的不透水表面积直接有关。

① 城市径流量：通过实际的例子加以说明。设有 t 日的一次降雨，降雨量为 h_t(cm)，如果径流系数为 α，填洼的水量为 DS_t，则 t 日的总径流量 Q_t(cm)表示为：

$$Q_t = \alpha h_t - DS_t \tag{6-77}$$

式(6-77)是建立在日降雨资料、径流系数以及洼地蓄水容量三者基础上的。后两个参数可以从不透水的汇流面积成数 I 来估算。如果 P_i 和 P_p 分别为不透水和透水汇流面积的雨量成数，那么总汇流面积上的径流系数是：

$$\alpha = P_i I + P_p(1-I) \tag{6-78}$$

若不透水和透水的洼地蓄水容量分别为 d_i 和 d_p(cm)，则总的洼地容量可计算为：

$$DS^* = d_i I + d_p(1-I) \tag{6-79}$$

美国环境保护局的一级暴雨管理模型取：$P_i=0.90$，$P_p=0.15$，$d_i=0.15$ 和 $d_p=0.60$。

不透水面积的成数可从地图上直接估算，也可用建立在人口密度基础上的回归方程估算：

$$I = 0.069PD_d^{0.48} \tag{6-80}$$

式中：I 为汇流面积中不透水的成数；PD_d 为区域内人口密度，人/ha。

② 城市非点源污染物数量：通常假定城市的非点源污染物是吸附于堆积物上，因此污染物的累积量是和堆积物的聚集成正比，若堆积物内污染物 i 的浓度为 S_i(mg/kg)，则日积累量 y_i(kg/d)为：

$$y_i = 10^{-6} S_i y L \tag{6-81}$$

式中：y 为街道单位长度的日堆积物积聚量，kg/km・d；L 为汇水区内街道总长度，km。

五、常用的地下水水质预测模型

常用的地下水水质预测模型包括解析模型和数值模型等。这两种模型各有优缺点，其适用条件也不相同。

1. 解析模型

解析法多适用于水文地质条件简单或者中等的地下水评价。在求解复杂的水动力弥散方程定解问题时，由于对模型的不合理简化，使用解析法常常导致错误的产生，实际问题中多靠数值方法求解。但可以用解析解对数值解法进行检验和比较，并用解析解去拟合观测资料以得到水动力弥散系数。

常用的地下水水质预测解析模型有：

(1) 一维稳定流动一维水动力弥散

① 一维无限长多孔介质柱体，示踪剂瞬时注入

$$c(x,t) = \frac{m/w}{2n\sqrt{\pi D_L t}} e^{\frac{(x-ut)^2}{4D_L t}} \tag{6-82}$$

式中：x 为距注入点的距离，m；t 为时间，d；$c(x,t)$ 为 t 时刻 x 处的示踪剂浓度，mg/L；m 为注入的示踪剂质量，kg；w 为横截面积，m^2；u 为水流速度，m/d；n 为有效孔隙度，无量纲；D_L 为纵向弥散系数，m^2/d；π 为圆周率。

② 一维半无限长多孔介质柱体，一端为定浓度边界

$$\frac{c}{c_0} = \frac{1}{2}\mathrm{erfc}\left(\frac{x-ut}{2\sqrt{D_L t}}\right) + \frac{1}{2}e^{\frac{ux}{D_L}}\mathrm{erfc}\left(\frac{x+ut}{2\sqrt{D_L t}}\right) \tag{6-83}$$

式中：x 为距注入点的距离，m；t 为时间，d；c 为 t 时刻 x 处的示踪剂浓度，mg/L；c_0 为注入的示踪剂浓度，mg/L；u 为水流速度，m/d；D_L 为纵向弥散系数，m^2/d；erfc()为余误差

函数(可查《水文地质手册》获得)。

(2) 一维稳定流动二维水动力弥散

① 瞬时注入示踪剂——平面瞬时点源

$$c(x,y,t)=\frac{m_M/M}{4\pi n\sqrt{D_L D_T t}}\mathrm{e}^{-\left[\frac{(x-ut)^2}{4D_L t}+\frac{y^2}{4D_T t}\right]} \tag{6-84}$$

式中：x,y 为计算点处的位置坐标；t 为时间,d；$c(x,y,t)$为 t 时刻点 x,y 处的示踪剂浓度,mg/L；M 为承压含水层的厚度,m；m_M 为厚度为 M 的线源瞬时注入的示踪剂质量,kg；u 为水流速度,m/d；n 为有效孔隙度,无量纲；D_L 为纵向弥散系数,m^2/d；D_T 为横向 y 方向的弥散系数,m^2/d；π 为圆周率。

② 连续注入示踪剂——平面连续点源

$$c(x,y,t)=\frac{m_t}{4\pi Mn\sqrt{D_L D_T}}\mathrm{e}^{\frac{xu}{2D_L}}\left[2K_0(\beta)-w\left(\frac{u^2 t}{4D_L}\cdot\beta\right)\right] \tag{6-85}$$

$$\beta=\sqrt{\frac{u^2x^2}{4D_L^2}+\frac{u^2y^2}{4D_L D_T}} \tag{6-86}$$

式中：x,y 为计算点处的位置坐标；t 为时间,d；$c(x,y,t)$为 t 时刻点 x,y 处的示踪剂浓度,mg/L；M 为承压含水层的厚度,m；m_t 为单位时间注入示踪剂的质量,kg/d；u 为水流速度,m/d；n 为有效孔隙度,无量纲；D_L 为纵向弥散系数,m^2/d；D_T 为横向 y 方向的弥散系数,m^2/d；π 为圆周率；$K_0(\beta)$为第二类零阶修正贝塞尔函数(可查《地下水动力学》获得)；$W\left(\frac{u^2 t}{4D_L},\beta\right)$为第一类越流系统井函数(可查《地下水动力学》获得)。

2. 数值模型

数值模型具有精度高、物理意义明确等特点,在解决实际问题时应用越来越广泛。数值法可以解决许多复杂水文地质条件和地下水开发利用条件下的地下水资源评价问题,并可以预测各种开采方案条件下地下水的变化,即预测各种条件下的地下水状态,但不适用于管道流(如岩溶河系统等)的模拟评价。

水是溶质运移的载体,地下水溶质运移数值模拟应在地下水流场基础上进行。因此,地下水溶质运移数值模型包括水流模型和溶质运移模型两部分。

(1) 水流模型

对于非均质、各向异性、空间三维结构、非稳定地下水流系统,地下水水流模型如下：

① 控制方程

$$\mu_s\frac{\partial h}{\partial t}=\frac{\partial}{\partial x}\left(K_x\frac{\partial h}{\partial x}\right)+\frac{\partial}{\partial y}\left(K_y\frac{\partial h}{\partial y}\right)+\frac{\partial}{\partial z}\left(K_z\frac{\partial h}{\partial z}\right)+W \tag{6-87}$$

式中：μ_s 为贮水率,1/m；h 为水位,m；K_x,K_y,K_z 分别为 x,y,z 方向上的渗透系数,m/d；t 为时间,d；W 为源汇项,1/d。

② 初始条件

$$h(x,y,z,t)=h_0(x,y,z)\qquad (x,y,z)\in\Omega,t=0 \tag{6-88}$$

式中：$h_0(x,y,z)$为已知水位分布；Ω 为模型模拟区。

③ 边界条件

(a) 第一类边界

$$h(x,y,z,t)\big|_{\Gamma_1}=h(x,y,z,t) \qquad (x,y,z)\in\Gamma_1,t\geqslant 0 \tag{6-89}$$

式中：Γ_1 为一类边界；$h(x,y,z,t)$为一类边界上的已知水位函数。

（b）第二类边界

$$K\frac{\partial h}{\partial n}\bigg|_{\Gamma_2}=q(x,y,z,t) \qquad (x,y,z)\in\Gamma_2,t>0 \tag{6-90}$$

式中：Γ_2 为二类边界；K 为三维空间上的渗透系数张量；n 为边界 Γ_2 的外法线方向；$q(x,y,z,t)$为二类边界上已知流量函数。

（c）第三类边界

$$\left(K(h-z)\frac{\partial h}{\partial \overline{n}}+\alpha h\right)\bigg|_{\Gamma_3}=q(x,y,z) \tag{6-91}$$

式中：α 为已知函数；Γ_3 为三类边界；K 为三维空间上的渗透系数张量；N 为边界 Γ_3 的外法线方向；$q(x,y,z)$为三类边界上已知流量函数。

（2）溶质运移模型

① 地下水溶质运移模型的控制方程为：

$$R\theta\frac{\partial c}{\partial t}=\frac{\partial}{\partial x_i}\left(\theta D_{ij}\frac{\partial c}{\partial x_j}\right)-\frac{\partial}{\partial x_i}(\theta v_i c)-WC_s-WC-\lambda_1\theta c-\lambda_2\rho_b\bar{c} \tag{6-92}$$

式中：R 为迟滞系数，无量纲，$R=1+\frac{\rho_b}{\theta}\frac{\partial\bar{c}}{\partial c}$；$\rho_b$ 为介质密度，mg/dm^3；θ 为介质孔隙度，无量纲；c 为组分的浓度，mg/L；$\bar{c}$为介质骨架吸附的溶质浓度，mg/L；t 为时间，d；x,y,z 为空间位置坐标，m；D_{ij} 为水动力弥散系数张量，m^2/d；v_i 为地下水渗流速度张量，m/d；W 为水流的源和汇，1/d；c_s 为组分的浓度，mg/L；λ_1 为溶解相一级反应速率，1/d；λ_2 为吸附相反应速率，L/(mg・d)。

② 初始条件

$$c(x,y,z,t)=c_0(x,y,z) \qquad (x,y,z)\in\Omega,t=0 \tag{6-93}$$

式中：$c_0(x,y,z)$为已知浓度分布；Ω 为模型模拟区域。

③ 定解条件

（a）第一类边界——给定浓度边界

$$c(x,y,z,t)\big|_{\Gamma_1}=c(x,y,z,t) \qquad (x,y,z)\in\Gamma_1,t\geqslant 0 \tag{6-94}$$

式中：Γ_1 为表示定浓度边界；$c(x,y,z,t)$为一定浓度边界上的浓度分布。

（b）第二类边界——给定弥散通量边界

$$\theta D_{ij}\frac{\partial c}{\partial x_j}\bigg|_{\Gamma_2}=f_i(x,y,z,t) \qquad (x,y,z)\in\Gamma_2,t\geqslant 0 \tag{6-95}$$

式中：Γ_2 为通量边界；$f_i(x,y,z,t)$为边界 Γ_2 上已知的弥散通量函数。

（c）第三类边界——给定溶质通量边界

$$\left(\theta D_{ij}\frac{\partial c}{\partial x_j}-q_i c\right)\bigg|_{\Gamma_3}=g_i(x,y,z,t) \qquad (x,y,z)\in\Gamma_3,t\geqslant 0 \tag{6-96}$$

式中：Γ_3 为混合边界；$g_i(x,y,z,t)$为 Γ_3 上已知的对流-弥散总的通量函数。

六、水质模型的研究进展

水质模型研究的发展是与全球经济的快速增长、环境问题的日益突出以及日新月异的新技术革命密切相关的，经过几十年的艰苦努力，水质模型的研究内容与方法不断深化与完善。一方面表现在模型的数量上，迄今，据美国环保署研究与发展部(USEPA's Office of Research and Develop)公布的有关模型软件就有120多个，包括地表水、地下水、非点源、饮用水、空气、多介质、生态七类模型，广泛应用于污染物水环境过程模拟、形态分布计算、界面吸附、水生生物生长及生态效应模拟等；另一方面表现在模型的规模上，水质模型已从单纯、孤立、分散的水质研究通过自身内部之间以及与其他有关模型之间的相互渗透、联合逐步发展壮大为以水质为中心的流域管理研究，这是水质模型研究的必然结果，同时也是社会发展所需。

1. 地表水水质模型的研究进展

地表水质模型的发展可分为三个阶段：

第一阶段，20世纪20年代中期至70年代初期，特点是：① 主要集中于对氧平衡的研究，也涉及一些非耗氧物质；② 属于一维稳态模型，代表模型：1925年Streeter和Phelps提出了第一个水质模型，即河流BOD-DO模型；美国环保局(USEPA)推出QUAL-Ⅰ、QUAL-Ⅱ模型。该阶段可称为考虑水质项目不多的一维稳态模型阶段。

第二阶段，20世纪70年代初期至80年代中期，是水质模型的迅速发展阶段，特点是：开始出现了以多维模拟、形态模拟、多介质模拟、动态模拟等特征的多种模型研究。代表模型：湖泊水库一维动态模型LAKECO、WRMMS、DYRESM及三维模型；河流水质模型WASP诞生，能进行一维、二维、三维动态水质模拟。该阶段水质评价与标准的制定推动了形态模型的研究与发展，如：80年代初，Forstner、Lawrence分别进行了重金属、有机物的形态模拟研究；1979年Mackay首次提出多介质模拟逸度算法。

第三阶段，20世纪80年代中期至今，是水质模型研究的深化、完善与广泛应用的阶段，主要特点有：① 1985年Cohen正式提出多介质模型，代表模型有多介质箱式模型、植物根区模型、水生食物链积累模型、逸度模型。② 代表河流模型有一维稳态QUAL模型(QUAL2E，1985；QUAL2K，2002)，动态WASP模型得到进一步更新(WASP4，1988；WASP5，1993；WASP6，2001)，为适用于河流、水库、河口、海岸的通用模拟框架。代表湖泊模型有一维动态模型CE-QUAL-R1、二维动态模型CE-QUAL-W2等。形态模型代表为美国环保局阿森斯实验室开发的地球化学热力学平衡模型(MINTEQA1，1987；MINTEQA2，1990)，主要用于计算天然水体重金属分布形态。③ 考虑水质模型与面源模型的对接。④ 多种新技术方法，如：随机数学、模糊数学、人工神经网络、3S技术等引入水质模型研究。此外，模型广泛应用于以水环境为中心的多介质环境污染物模拟与预测、对人及生物体的暴露分析、水质监测、评价与管理控制等方面。

以下简要介绍其中一些国内外发展成熟的商业化地表水质模型软件。

(1) QUAL模型

水环境质量的指标之间并不都是相互独立的，实际上不同指标之间有很密切的联系，人为割断这些客观存在的联系，只考虑一个指标自身的运动规律，是不能正确地反映客观实际的。因此必须用多变量水质模型来描述它，QUAL模型就是一种多变量水质模型。

最初的 QUAL 模型是 F. D. Masch 及其同事和德州水利发展部分别于 1970 年和 1971 年提出的河流水质模型 QUAL－I，1972 年美国水资源工程公司（WRE）和美国环保局（EPA）合作发展成了第 1 个版本的 QUAL－Ⅱ，后经多次修订和增强，相继推出了 QUAL2E、QUAL2E－UNCAS、QUAL2K。

QUAL 模型建立在如下假定的基础之上：① 将研究河段分成一系列等长的计算单元水体，在每一个单元水体中污染物是混合均匀的。② 污染物沿水流纵向迁移、对流、扩散等作用在纵轴方向。流量和旁侧入流不随时间变化，可认为是一个常数。③ 各单元水体的水力几何特征，如坡度、断面面积、河床糙率、生化反应速率、污染物沉降等方面各小段均相同。在以上假定的基础上，导出 QUAL 模型基本方程：

$$\frac{\partial c}{\partial t}=\frac{\partial\left(A_x E_x \dfrac{\partial c}{\partial x}\right)}{A_x \partial x}-\frac{\partial(A_x uc)}{A_x \partial x}+\frac{S_e}{A_x \Delta x} \tag{6-97}$$

式中：A 为 x 位置的河流横截面积，m；u 为断面平均流速，m/s；E_x 为纵向分散系数，m/s；A_x 为小河段的间距，km；S_e 为源和汇的物质负荷，mg/L。

QUAL 模型可按用户希望的任意组合方式模拟十五种水质组分，包括：溶解氧、生化需氧量、温度、作为叶绿素 a 的藻类、有机氮、氨氮、亚硝酸盐、硝酸盐、有机磷、溶解磷、大肠杆菌、任意非守恒物质和三种守恒物质。它可研究入流污水负荷（包括数量、质量和位置）对受纳水体水质的影响，也可研究非点源问题。它既可以用作稳态模型，也可以用作时变的动态模型。QUAL 模型适用于枝状河流，它假设河流中的平流和弥散作用只在主流方向上是主要的，是一个一维的综合河流水质模型，可被用来计算靠增加河流流量来满足预订溶解氧水平时所需要的稀释流量。QUAL 模型使用范围的多样性使得它成为国内外环境部门常用的一种河流水质模型。

（2）QUASAR 模型

QUASAR（Quality Simulation Along River System）模型是由英国 Whitehead 建立的贝德福乌斯河水质模型发展起来的，是一维动态水质模型，包括：PC－QUASAR、HERMES 和 QUESTOR 等三个部分。QUASAR 模型用含参数的一维质量守恒微分方程来描述枝状河流动态传输过程。PC－QUASAR 和 QUESTOR（Quality Evaluation Simulation Tool for River System）可随机模拟大的枝状河流体系，这种河流受污水排放口、取水口和水工建筑物等多种因素影响。QUASAR 可同时模拟水质组分：BOD、DO、硝氮、氨氮、pH、温度和一种守恒物质的任意组合。QUASAR 模型首先将模拟河道划分为一系列非均匀流河段，再将河段划分为若干等长的完全混合计算单元。河道数据以河流段组织，同一河段内具有相同的水力、水质特性和参数，各河段的水力、水质特性则各不相同。QUASAR 模型忽略了弥散作用对水质的影响，并假定每个计算单元是理想的完全混合反应器，在此假定的基础之上，得到模型的基本方程为：

$$\frac{\partial c}{\partial t}=\frac{Q'(c'-c)}{V}+\Delta c \tag{6-98}$$

式中：c 为组分浓度；c' 为组分流入浓度；Q' 为组分流入量；V 为单元水的体积；Δc 为组分的内部转化。

（3）OTIS 模型

OTIS 是由 USGS 开发可用于对河流中溶解物质的输移进行模拟的一维水质模型，带有内部调蓄节点，状态变量是痕迹金属。这个模型能模拟河流，还可用于模拟示踪剂试验。它只研究用户自定义水质组分，还提供了参数优化器。

(4) WASP 模型

WASP(The water quality analysis simulation program)是美国环境保护局提出的水质模型系统，能够用于分析和预测由于自然和人为污染造成的各种水质状况，可以模拟水文动力学、河流一维不稳定流、湖泊和河口三维不稳定流、常规污染物和有毒污染物在水中的迁移和转化规律，被称为万能水质模型。WASP 具有两个独立的计算机子程序：DYNHYD(水力学计算程序)和 WASP(水质分析模拟程序)。WASP 提供了两类水质模拟子程序：EUTRO(富营养化模型)和 TOXI(有毒化学物模型)。WASP 模型的基本方程反映了对流、弥散、点杂质负荷与扩散杂质负荷以及边界的交换等随时间变化的过程，经简化 WASP 常用模型如下：

$$\frac{\partial}{\partial t}(Ac)=\frac{\partial}{\partial x}\left(-U_x Ac+E_x A\frac{\partial c}{\partial x}\right)+A(S_L+S_B)+AS_K \tag{6-99}$$

式中：c 为组分浓度；A 为横截面积；U_x 为纵向速度；S_L 为弥散负荷率；S_B 为边界负荷率；S_K 为总动力输移率。

(5) MIKE 模型

MIKE 模型是由丹麦水动力研究所(DHI)开发的，最早的 MIKE1 I 是一维动态模型，能用于模拟河网、河口、滩涂等多种地区的情况。研究的变量包括水温、细菌、氮、磷、DO、BOD、藻类、水生动物、岩屑、底泥、金属以及用户自定义物质。它研究的水质变化过程很多，被广泛应用于世界许多地区。此后，在 MIKE1 I 的基础上，DHI 又开发了二维 MIKE2 I 和三维 MIKE3 I 模型，它们都具有很好的界面，能处理许多不同类型的水动力条件。其中 MIKE2 I 是应用较为广泛的一款商业模型，由于在平面二维自由表面流数值模拟方面具有强大的功能，曾经在丹麦、埃及、澳洲、泰国及中国香港等地得到成功应用。目前该软件在国内的应用发展很快，并在一些大型工程中广泛应用，如我国在拟兴建巴河大桥工程中就用到了 MIKE2 I 模型。MIKE3 I 与 MIKE2 I 类似，但它能处理三维空间。MIKE 模型体系界面都很友好，但它的源程序不对外公布，使用有加密措施，而且售价很高。

(6) CE-QUAL-W2 模型

CE-QUAL-W2 模型是由 USACE(美国陆军工程兵团)水道试验站开发的二维水质和水动力学模型。这一模型由直接耦合的水动力学模型和水质输移模型组成。CE-QUAL-W2 模型应用于模拟湖泊和水库，也适合模拟一些具有湖泊特性的河流。它可模拟包括 DO、TOC、BOD、大肠杆菌、藻类等在内的 17 种水质变量浓度变化。CE-QUAL-W2 水质模型如下：

$$\frac{\partial Bc}{\partial t}+\frac{\partial UBc}{\partial x}+\frac{\partial WBc}{\partial z}-\frac{\partial\left[BD_x\left(\frac{\partial c}{\partial x}\right)\right]}{\partial x}-\frac{\partial\left[BD_z\left(\frac{\partial c}{\partial z}\right)\right]}{\partial z}=C_q B+SB \tag{6-100}$$

式中：B 为时间空间变化的层宽；c 为横向平均的组分浓度；U 为 x 方向(水平)的横向平均流速；W 为 z 方向(竖直)的横向平均流速；D_x 为 x 方向上温度和组分的扩散系数；D_z 为 z 方向上温度和组分的扩散系数；C_q 为入流或出流的组分的物质流量率；S 为相对组分浓度的源汇项。

(7) CE-QUAL-R1 模型

CE-QUAL-R1 是由美国陆军工程兵团开发的垂向一维水质模型。它被用于模拟湖泊、水库的水质在深度方向的变化。它包括的水质变化过程很多,研究的状态变量包括水温、氮、磷、DO、藻类、水生动物、鱼类、硅土、硫、金属、悬浮颗粒物、可溶固体颗粒、pH。它可采用 Monte-Carlo 法计算可靠度,有用户界面,免费使用。

(8) EFDC 模型

EFDC(Environmental Fluid Dynamics Code)即环境流体动态代码,它由 John Hamriek 开发,目前已由 USEPA 支持,可用于模拟点源或非点源的污染、有机物迁移、归趋等。EFDC 模型可以用于模拟包括 COD、氨氮、总磷、藻类在内的 22 种水质变量的浓度变化。

2. 地下水水质模型研究进展

地下水水质模型一直是研究溶质在地下水中迁移、转化与归宿的主要手段,地下水水质模型的研究可分为三个阶段:

第一阶段,研究初期主要是 20 世纪 60～70 年代,在水动力模型研究基础上开始水质模型的研究,如:1967 年苏联 Bel 对孔隙介质中水动力弥散研究进行了详细论述,根据统计模型探讨了水动力弥散理论及弥散系数与流速介质间的关系等;1972 年 Fried 进一步研究了水动力弥散方程。

第二阶段,发展阶段主要是 20 世纪 80～90 年代初期,主要特点:① 诞生了大量水质模型,包括水溶液平衡地球化学模型、地下水溶质运移模型以及耦合模型;② 由饱和带水质研究向包气带扩展,20 世纪 80 年代初期,美国、英国等西方发达国家,在研究非饱和带水分运动的基础上,开始研究污染物在包气带土壤中的迁移规律;③ 该阶段的模拟软件以 DOS 版本为主。

第三阶段,20 世纪 90 年代中后期至今,特点是:① 伴随计算机 WINDOWS 操作系统统治地位的确立,对传统模型进行改进,模型可视化(包括前处理、模型运行及后处理各个环节)增强,代表模型:PMWIN、Visual MODFLOW、Visual Groundwater、GMS、FEFLOW 等;② 模型与地理信息系统(GIS)技术的联系日益密切,进一步提高了可视化效果与时、空分析能力,如:以 Visual MODFLOW 为代表的许多软件都提供了与 GIS 的接口;③ 强化了污染物在包气带与饱水带中迁移的整体模拟研究;④ 地球化学模拟从平衡的静态描述转向重视其作用过程的动力学研究。

3. 非点源模型研究进展

非点源模型的研究发展,可以分为三个阶段:

第一阶段,20 世纪 70 年代初期以前,作为非点源污染研究基础的水文与土壤侵蚀模型研究取得一定的进展,代表水文模型:Horton 入渗方程、Green-Ampt 入渗方程、SCS 方程、Stanford 模型等;代表土壤侵蚀模型:1971 年美国农业部水土保持司提出的通用土壤流失方程(USLE)。它们的出现为非点源污染计算奠定了基础。非点源污染研究:主要基于统计方法建模,探讨非点源污染的影响因子及其与非点源污染间的相关关系等,不能给出污染物迁移转化机理上的解释,简称经验模型阶段。

第二阶段,20 世纪 70～80 年代,特点是:① 水旱灾害防治与水资源开发的需要推动了水文模型研究的蓬勃发展,出现了大量水文模型,代表模型:美国的萨克拉门托(Sacrmento)

模型、日本的水箱(Tank)模型、中国的新安江模型等集总参数模型。同时，伴随计算机计算能力的提高，分布式水文模型成为研究热点，出现了半分布模型如 TOPMODEL，分布模型如：SHE、SWAM、IHDM 等。此外，土壤侵蚀模型研究由于流域产沙的复杂性发展相对较慢，模型带有诸多经验特征。② 水文、土壤侵蚀机理的研究极大地推动了非点源污染研究，相继出现了一大批以机理研究为主要特点的集总参数与分布参数模型，70 年代的代表模型：PTR-HSP-ARM-NPS、STORM、ACTMO、UTM、LANDRUN 等模型；80 年代的代表模型：ANSWERS、HSPF、CREAMS、SWRRB、AGNPS、ILWAS 等模型，主要适用于中、小流域，可进行单场降雨事件模拟且连续模拟。此外，80 年代的模型开始侧重于非点源的控制管理与经济效益的分析，该阶段可以称为机理模型研究阶段。

第三阶段，出现在 20 世纪 90 年代，特点是：① 对于水文模型而言，随着计算机的飞速发展，分布式水文模型的发展突破了计算机计算能力限制的瓶颈，非线性、尺度、唯一性、等效性和不确定性五大问题成为其发展面临的难点。对土壤侵蚀研究而言，改进了通用土壤流失方程(RUSEL)；尤其是 RS 与 GIS 的应用推动了土壤侵蚀机理的研究，诞生了具有分布式特征的新一代土壤侵蚀模型 WEPP，以及欧洲的 EUROSEM、LISEM 模型。② 伴随水文与土壤侵蚀模型等研究逐步成熟以及 3S 技术的引入，非点源污染模型功能日益强大，代表模型：SWAT、WINHSPF、TOPAGNPS。③ 以分布式参数模型为主，可进行大流域的连续模拟。如：以 SWAT 模型为例，它属于将流域划分为亚流域的分布参数模型，可用于模拟流域地表水、地下水的水质与水量长期连续变化，预测土地管理措施对流域水文、泥沙与农业化学物质的影响。该阶段可以称为实用性模型研究阶段。

4. *以水质为中心的流域管理模型*

以水质为中心的流域管理模型主要出现在 20 世纪 90 年代后期至今，伴随河湖库地表水质模型、地下水质模型、非点源污染模型以及计算机技术、3S 技术应用等研究逐渐成熟，构建以水质为中心的大型流域管理模型成为发展的必然，代表模型：BASINS 模型系统、WARMF 模型等，突出特点是：集流域分析、评价、总量控制、污染治理与费用效益分析等于一体。以下简要介绍 BASINS 模型系统：

BASINS(Better Assessment Science in Integrating Point and Non-point Sources)是由美国环保局发布的多目标环境分析系统，基于 GIS 环境，可对水系和水质进行模拟。最初用于水文模拟，后来集成了河流水质模型 QUAL2E 和其他模型，同时使用了土壤水质评价工具 WEAT 和 ARCVEIW 界面，可使用 GIS 从数据库抽取数据。该系统由 6 个相互关联的能对水系和河流进行水质分析、评价的组件组成，它们分别是国家环境数据库(National environmental databases)、环境评价工具(TARGET、ASSESS、Data Mining)、实用工具(Utilities)、流域分析报告(Watershed characterization reports)、河流水质与富营养化模型(QUAL2E)、流域非点源污染及负荷模型(WINHSPF、SWAT、PLOAD)。

八、参数估值

上述水质模型标定的目的是确定模型中各个系数，这是决定预测结果准确性的关键之一。对于地表水质模型中各个参数包括 k_1、k_2、E_x、E_y 等的值，其估值可以单个进行，也可用同时估值法。单个估值可以实测、应用经验式计算或借用类似水体的经验数据。对于地下水质模型中所涉及的参数 K、D、K_d 等的值，可以使用类比或权威机构推荐的数值或计算公式。但要做到准确和切合实际，还必须结合现场条件，通过勘察、现场试验和实验室模拟来获取。以下仅介绍常用的地表水质模型中的参数估值方法。

1. 混合系数估值

(1) 经验公式

① 一个流量恒定、无河弯的顺直河段，如果河宽很大，而水深相对较浅，其垂向和横向混合系数 E_z、E_y 和纵向混合系数 E_x 可按式(6-101)、式(6-102)和式(6-103)估算。

$$E_z=\alpha_z Hu^* \tag{6-101}$$

$$E_y=\alpha_y Hu^* \tag{6-102}$$

$$E_x=\alpha_x Hu^* \tag{6-103}$$

式中：H 为平均水深，m；u^* 为摩阻流速（剪切流速），m/s，$u^*=\sqrt{gHI}$，其中 I 为水力坡度，g 为重力加速度。

不同的河流条件下，系数 α_x、α_y 变动很大。

一般河流的 α_z 在 0.067 左右。α_y 的情况较复杂，费希尔(Fischer)统计分析了许多矩形明渠资料，$\alpha_y=0.1\sim0.2$，平均为 0.15，有些灌溉渠道达 0.25。根据我国一些实测数据，可得 $\alpha_y=0.058H+0.0065B$，$B/H\leqslant100$，式中 H、B 为河流断面的平均水深和水面宽度。在天然河流中的实测数据表明 α_x 的变化幅度很大；对于河宽 15～60 m 的河流多数 $\alpha_x=140\sim300$。

② 泰勒(Taylor)公式（可用于河流与河口）

$$E_y=(0.058H+0.0065B)(gHI)^{1/2}\quad B/H\leqslant100 \tag{6-104}$$

③ 艾尔德(Elder)公式（适用于河流）

$$E_x=5.93H(gHI)^{1/2} \tag{6-105}$$

(2) 示踪试验

示踪试验法是向水体中投放示踪物质，追踪测定其浓度变化，据以计算所需要的各环境水力学参数的方法。示踪物质有无机盐（NaCl、LiCl）、荧光染料（如若丹明 W）和放射性同位素，示踪物质的选择应满足如下要求：测定简单、准确、经济，对环境无害。示踪物质的投放方式有瞬时投放、有限时投放和连续恒定投放。连续恒定投放时，其投放时间（从投放到开始取样的时间）应大于 $1.5x_m/u_x$（x_m 为投放点到最远的取样点距离）。瞬时投放具有示踪物质用量少，作业时间短，投放时间短，数据整理容易等优点。

(3) 经验数据

有关河流、河口、湖泊的系数（包括分子扩散、湍流扩散和弥散系数）可参考有关文献。

2. 耗氧系数（碳化 BOD 衰减系数）k_1 的估值

有机物在河流中氧化分解耗氧，一般是河流中耗氧的主要部分。有机物通过微生物作用而氧化分解分为两个阶段：第一阶段是碳氧化阶段，主要是不含氮的碳有机物的氧化，是有机物中的碳氧化为二氧化碳的过程。此阶段所消耗的氧称为碳化需氧量，或称第一阶段 BOD。此阶段去除 BOD 的反应很接近于一级动力学反应，其反应速率同某一时刻剩余有机物的浓度成正比。碳化 BOD 反应速率常数通常也称作耗氧系数，用 k_1 表示。第二阶段是硝化阶段，主要是有机物中含氮物质的氧化。由于硝化反应耗氧速率常数比碳化反应耗氧速率常数要小得多，故在要求精度不高的河流水质预测时不予考虑，只用碳化 BOD 衰减系数作为自净系数。

(1) 由野外实验数据估算 k_1 值

① 实测资料反推法

此法也称为“两点法”，只要实测到一河段上、下断面的各自平均 BOD_5 的浓度，以及流经上、下断面的时间，就可以估算出该河段的自净系数 k_1。实际上，需实测多组数据，求出耗氧系数 k_1 值的平均值作为该河段的耗氧系数 k_1 值，否则此法计算误差较大。估算公式为：

$$k_1=\frac{1}{\Delta t}\ln\frac{c_0}{c} \tag{6-106}$$

式中：Δt 为河水流经上、下断面的时间，d；c_o、c 为实测的上、下断面的 BOD_5 浓度，mg/L。

② 由 S-P 方程推求 k_1

对式(6-35)两边取对数得：

$$\ln D_c=\ln\frac{k_1}{k_2}L_0-k_1t_c \tag{6-107}$$

式中：k_2 为复氧系数，可用其他方法求出，在这里是已知的；D_c 和 t_c 可分别用式(6-35)和式(6-36)求得；L_0 为 $t=0$ 时的 BOD_5 值。方程只含有一个未知量 k_1，是一个一元一次方程，可以解得 k_1 值。式(6-107)只能在 $t_c>0$ 时适用，如果 $t_c\leqslant 0$，因无明显临界点，就不能用它来计算 k_1 值。

(2) 实验室测定 k_1 值

由于河流中有机物的生物化学降解条件与实验室不同，所以实验室测得的值与河流中河水的实际 k_1 值有很大差别，实验室测得的 k_1 值往往小于河水实际 k_1 值。博斯科(Bosko)曾提出了两者的经验关系，可作为参考。

$$k_1(\text{河})=k_1(\text{实验室})+\alpha\frac{u}{h} \tag{6-108}$$

式中：u 为平均流速，m/s；h 为平均水深，m；α 为与河流比降有关的参数，通过实验求得。

狄欧乃(Tierney)和杨格(Young)1974 年提出 α 系数与河流坡度 i 关系见表 6-12。

表 6-12　α 与 i 的相关性

i(m/km)	0.33	0.66	1.32	3.3	6.6
α 值	0.1	0.15	0.25	0.4	0.6

实验室测定 k_1 值的基本方法是对所研究的河段取水样，进行 BOD 实验，用 BOD 的标准测定方法，在 20℃时做从 1～10 d 序列培养样品，而后分别测定 1～10 d 的 BOD 值，对取得的室内实验数据进行数据处理，估算出 k_1 值。数据处理方法有以下两种：

① 最小二乘法

基本原理是把 BOD 的实验数据与对应的观测时间在单对数坐标纸上作图，设法把比较分散的点拟合成一条直线，使观测值离开均值的偏差平方和达到最小，这一条直线即为最佳拟合线。其斜率即为耗氧系数 k_1，而截距为 BOD 的终值。

若 BOD 值用 L 表示，时间用 t、斜率用 m、斜距用 b 表示，直线方程为：

$$\lg L = mt + b \tag{6-109}$$

某时间 t，对应最佳拟合线上的坐标为 $\lg L$，观测值为 $\lg L'$，其差值称为偏差，用 R 表示，则偏差的平方总和为：

$$\sum R^2 = \sum (\lg L - \lg L')^2 = \sum (mt + b - \lg L')^2 \tag{6-110}$$

最小二乘法的特点是最佳拟合线应当使偏差 R 的平方和为最小。为满足这一条件，把偏差平方和分别对 m 和 b 求偏导数，并令其等于零，于是得方程组：

$$\begin{cases} m\sum t^2 + b\sum t - \sum t \cdot \lg L' = 0 \\ m\sum t + nb - \sum \lg L' = 0 \end{cases} \tag{6-111}$$

求解方程组得：

$$\begin{cases} b = \dfrac{\left(\sum \lg L' - mt\right)}{n} \\ m = \dfrac{\sum t \cdot \lg L' - \dfrac{1}{n}\sum \lg L' \cdot \sum t}{\sum t^2 - \dfrac{1}{n}\left(\sum t\right)^2} \end{cases} \tag{6-112}$$

求得 $m = -k_1/2.3$，则 $k_1 = -2.3m$。

② Thomas 图解法

这种方法依据函数 $(1-\mathrm{e}^{-k_1 t})$ 与函数 $k_1 t\left(1+\dfrac{k_1 t}{6}\right)^{-3}$ 的幂级数展开式极为接近，认为这两个函数相等，并用作图方法求解方程，从而求出耗氧系数 k_1 值。两函数按幂级数展开为：

$$y(t) = L_0(1-\mathrm{e}^{-k_1 t}) \tag{6-113}$$

$$y(t) = L_0\left\{k_1 t\left[1 - \frac{k_1 t}{2} + \frac{(k_1 t)^2}{6} - \frac{(k_1 t)^2}{24} + L\right]\right\} \tag{6-114}$$

又因

$$k_1 t\left(1+\frac{k_1 t}{6}\right)^{-3} = k_1 t\left[1 - \frac{k_1 t}{2} + \frac{(k_1 t)^2}{6} - \frac{(k_1 t)^2}{21.6} + \cdots\right] \tag{6-115}$$

所以

$$y(t) = L_0\left[k_1 t\left(1+\frac{k_1 t}{6}\right)^{-3}\right] \tag{6-116}$$

$$\left(\frac{t}{y}\right)^3 = (L_0 k_1)^{-1/3} + \left(\frac{k_1^{2/3}}{6L_0^{2/3}}\right)t \tag{6-117}$$

如果将式(6-117)改写成直线方程式，则有

$$y = a + bt \tag{6-118}$$

$$a = (L_0 k_1)^{-1/3};\ b = \frac{k_1^{2/3}}{6L_0^{2/3}};\ k_1 = \frac{6b}{a};\ L_0 = \frac{1}{k_1 a^2} \tag{6-119}$$

如果将 $(t/y_t)^{1/3}$ 作为纵坐标，t 作为横坐标，将实验数据整理作图，可得一直线，如图 6-5 所示。从图中得到截距 a、斜率 b，通过上式可算出耗氧系数 k_1 和初始 BOD 值 L_0。

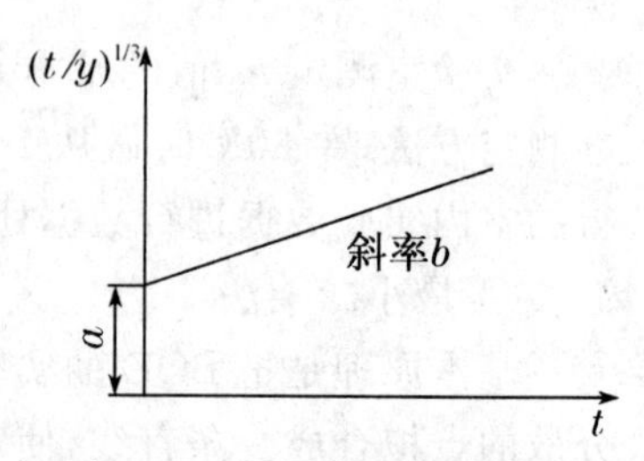

图 6-5 托马斯图解法求 k_1

3. 复氧系数 k_2 的估值

确定复氧系数 k_2 的方法大致可分为两类：一类是实测，一类是估算。前者是在野外现场实测，或在实验室内模拟测定；后者是根据一些机理模型或经验、半经验公式进行计算。

（1）实测法计算复氧系数 k_2 值

霍恩伯格（Hornberger）通过测定河水夜间溶解氧的浓度变化来计算 k_2 值，这种方法基于三点假设：所测定的河段状态是稳定的；藻类等在白天和夜间呼吸速度是不变的；藻类在夜间不进行光合作用。

$$k_2=-\frac{1}{\delta}\ln(1-\xi_1) \tag{6-120}$$

$$\delta=t_{i+1}-t_i \tag{6-121}$$

$$\xi_1=\frac{\sum d_i}{\sum a_i-N\xi_2} \tag{6-122}$$

$$\xi_2=\frac{-(\sum a_i^2\sum d_i-\sum a_i d_i\sum a_i)}{N\sum a_i d_i-\sum a_i\sum d_i} \tag{6-123}$$

式中：N 为测量时间的间隔数；d_i 为在时间 $i+1$ 和时间 i 时所测得的溶解氧浓度差；a_i 为饱和溶解氧浓度的平均值与 t_i 时所测溶解氧浓度差。

（2）经验公式法估算复氧系数 k_2 值

实测法对于特定河流是比较精确的，但必须在实验室和现场进行大量工作，要耗费大量的人力财力。许多人对复氧系数 k_2 值进行研究，提出了许多半经验和经验公式供选择应用。选择时应注意公式的适用条件与研究的河流特征相一致。

下面介绍几个求复氧系数 k_2 的公式：

① 差分复氧公式

$$k_2=k_1\frac{\overline{L}}{\overline{D}}-\frac{\Delta D}{\Delta t\,\overline{D}} \tag{6-124}$$

式中：k_1、k_2 分别为耗氧系数和复氧系数，1/d；$\overline{L}$、$\overline{D}$ 为上、下断面 BOD 均值及亏氧值均值，mg/L；ΔD 为上、下断面亏氧值之差值，mg/L；Δt 为从上断面流到下断面所需时间，d。

② Streeter-Phelps 公式

$$k_2=\frac{C_z u^n}{H^2} \tag{6-125}$$

式中：u 为河流平均流速，m/s；H 为最低水位上的平均水深，m；C_z 为谢才系数，$C_z=\frac{u}{\sqrt{RI}}$（R 为水力半径，$R=\frac{A}{x}$，A 为过水断面面积，x 为过水断面的湿周，I 为河流比降，C_z 的变化范围在 24～13 之间）；n 为粗糙系数，n 在 0.57～5.40 之间变化。

③ 奥康纳-多宾斯（O'Conner-Dobbins）公式

$$k_{2(20℃)}=294\frac{(D_m u)^{1/2}}{H^{3/2}}\quad (C_z\geqslant 17) \tag{6-126}$$

$$k_{2(20℃)}=824\frac{D_m^{0.5}I^{0.5}}{H^{2.25}}\quad (C_z<17) \tag{6-127}$$

式中：D_m 为分子扩散系数，$D_m=1.774\times10^{-4}\times1.037^{(T-20)}$；$I$ 为河流坡降系数；u 为河床糙率；C_z 为谢才系数，$C_z=\frac{1}{n}H^{1/6}$。

④ 欧文斯等人(Owens, et, al)的经验式

$$k_{2(20℃)}=5.34\frac{u^{0.67}}{H^{1.85}}\quad(0.1\leqslant H\leqslant0.6\ \text{m}, u\leqslant1.5\ \text{m/s})\tag{6-128}$$

⑤ 丘吉尔(Chuchill)的经验式

$$k_{2(20℃)}=5.03\frac{u^{0.676}}{H^{1.673}}\quad(0.6\leqslant H\leqslant8\ \text{m}, 0.6\leqslant u\leqslant1.8\ \text{m/s})\tag{6-129}$$

4. k_1、k_2 的温度校正

$$k_{1或2,t}=k_{1或2,20}\theta^{T-20}\tag{6-130}$$

温度常数 θ 的取值范围：

对 k_1，$\theta=1.02\sim1.06$，一般取 1.047；

对 k_2，$\theta=1.015\sim1.047$，一般取 1.024。

5. 多系数同时估值法

在没有条件逐项测定模型中各个系数时，可采用多系数同时估值法。

多系数同时估值法是根据实测的水文、水质数据，利用数学上的优化方法同时确定多个环境水力学参数和模型系数的方法。这种方法的优点是从模型的整体出发求得参数值，使水质模型的可靠性提高。但是这种非线性的多维参数最优搜索过程中，由于多变量函数的非凸性，会因所取初始值的不同，求得的“最优值”将有所不同，此时所求的解实际是局部最优解，而非整体最优解，因而优化的结果可能与其实际物理概念差别较大。为了提高解的合理性，常常采取如下措施：

(1) 根据经验限制各环境水力学参数的取值范围，确定初值。

(2) 降低维数，可用其他方法确定的系数尽量用其他方法确定之。

对多变量函数往往采用直接最优化方法搜索其最优值，即从给定的初始值(或起点)出发，每次增减一定的量，逐步改善目标函数，直到其满足目标值收敛的误差要求。目前直接最优化方法多采用一阶梯度法(又称“最速下降法”)，即在原点(或起点)的目标函数值下降速度最快的方向按一定的步长进行搜索。每次改进目标函数值，并得到新的起点。如此反复迭代计算，直到满足要求。

多系数优化法所需要的数据，因被估值的环境模型系数、水力学参数及采用的数学模型不同而异，一般需要如下几个方面的数据：

(1) 各测点的位置、各排放口的位置、河流分段的断面位置。

(2) 水文和水力学方面：u、Q、H、B、I、u_{max} 等。

(3) 水质方面：拟预测水质参数在各测点的浓度以及数学模型中多涉及的其他参数。

(4) 各测点的取样时间。

(5) 各排放口的排放量、排放浓度，支流的流量及其水质。

采用多系数同时估值时，往往由于基础的监测数据不足，所获得的结果可靠性不容易保证。

思考题

1. 什么是水体自净？水体自净的机理是什么？

2. 如何划分地表水环境影响评价等级？

3. 有一条河段长 4 km，河段起点 BOD_5 的浓度为 38 mg/L，河段末端 BOD_5 的浓度为 16 mg/L，河水的平均流速为 1.5 km/d，求该河段的自净系数 K_1 为多少？

4. 请列举并简要介绍 3 个目前常用的地表水质模型商业软件。

第七章　大气环境影响评价

引言　大气环境是地球环境系统的重要组成部分。人类的社会经济活动已经对大气环境造成了明显影响，产生了一系列不同尺度的大气环境问题，如城市尺度的空气污染、区域尺度的酸雨问题以及全球尺度的气候变化。大气环境影响评价是认识人类活动的大气环境效应、规范人的社会经济行为、控制和改善大气环境质量的有效手段。本章旨在为大气环境影响评价的研究者及业务工作者提供有关基本理论、基本方法和基本技术，包括大气污染和大气扩散的基本概念、大气环境影响评价的基本内容和方法、大气环境影响预测方法及常用模式简介等。

第一节　大气环境污染与大气扩散的基本概念

一、大气环境污染

通常所说的大气环境污染(简称“大气污染”)，是指大气中有害物质的数量、浓度和存留时间超过了大气环境所允许的范围，即超过了空气的稀释、扩散和降解的能力，使大气质量恶化，给人类和生态环境带来了直接或间接的不良影响。

1. 大气污染源

造成大气污染的污染物发生源称之为大气污染源。可分为自然源与人为源两大类。自然源包括风吹扬尘、火山爆发、闪电、森林火灾、放射性衰减以及动植物和微生物的生理过程等。由这些自然过程产生的气态、颗粒态等有害物质构成了大气环境背景污染物以及一定的污染物浓度水平。在维持正常的生态平衡条件下，它们一般并不恶化空气质量，人们也无法有效地控制它们。

人为源是形成大气污染问题的主要原因。它们是从人们的生产和生活过程产生的。按运动状态可分为固定源和移动源；按功能可分为工业源、生活源和交通运输源；按污染影响范围可分为局地源和区域性大气污染源；按污染源形态可分成点源、面源、线源和体源；按排放时间特征又可分为连续排放源、间断排放源、瞬时排放源等。

污染源排放污染物的强度或排放速率，对于点源通常表示为单位时间排放的物质量，如t/a、kg/h、g/s等，或单位时间排放的污染物体积，如m^3/s；对于线源通常表达为单位时间、单位长度排放的污染物的量，如$g/(m \cdot s)$；对于面源则表达为单位时间、单位面积上所排放的污染物的量，如$g/(m^2 \cdot s)$。以上三种源强都是对连续稳定排放而言的，对于瞬时源的源强则往往是以一次施放的污染物的总量表示，如kg、g等。

2. 大气污染物

大气由多种气体混合而成，可分为恒定成分、可变成分和不定成分。恒定成分有氮、氧、氩、氖、氦、氪、氙等气体；可变成分有二氧化碳和水汽，它们的含量随地区、季节、气象条件等因素变化；不定成分有氮氧化合物、二氧化硫、硫化氢、臭氧等。不论是恒定成分还是可变成分或不定成分，它们在大气中每时每刻都在进行物理和化学运动，与海洋、生物和地面发生循环交换。若大气中某一成分的源排放量超过汇的消失量，则它在大气中的含量会增加，反之则含量减少。表 7－1 列出了洁净大气的组成和城市环境污染空气中一些成分的特征含量（以浓度表示）。由表可知，洁净大气中的不定成分含量很低，以致对人体和环境是没有明显影响的，然而，在污染空气中，这些不定成分的含量都比背景值高出一个量级以上，这是由人类活动的排放造成的。

表 7－1　洁净大气组成和污染空气一些成分含量

化学成分	洁净大气	污染空气
氮	78.09%	
氧	20.94%	
氩	0.93%	
氖	18.18×10^{-6}	
氦	5.24×10^{-6}	
氪	1.14×10^{-6}	
氙	0.08×10^{-6}	
二氧化碳	0.033%	$(350\sim700)\times10^{-6}$
甲烷	1.40×10^{-6}	
氢	0.50×10^{-6}	
一氧化碳	0.10×10^{-6}	$(5\sim200)\times10^{-6}$
臭氧	$(0.02\sim0.8)\times10^{-6}$	$(0.1\sim0.5)\times10^{-6}$
二氧化氮	0.001×10^{-6}	$(0.05\sim0.25)\times10^{-6}$
一氧化氮	0.006×10^{-6}	$(0.05\sim0.75)\times10^{-6}$
二氧化硫	$(0.001\sim0.01)\times10^{-6}$	$(0.02\sim2)\times10^{-6}$
氨	0.001×10^{-6}	$(0.01\sim0.25)\times10^{-6}$
硝酸	$(0.02\sim0.3)\times10^{-9}$	$(3\sim50)\times10^{-9}$
HCHO	0.4×10^{-9}	$(20\sim50)\times10^{-9}$
过氧乙酰硝酸酯(PAN)	—	$(3\sim35)\times10^{-9}$

研究表明，大气中有上百种物质可以认为是空气污染物。对污染物有多种分类方法，若根据它们的化学成分，可归纳成如下几种：

（1）含硫化合物：主要有二氧化硫、硫酸盐、氧硫化碳、二硫化碳、二甲硫和硫化氢等。

（2）含氮化合物：主要有一氧化二氮、一氧化氮、二氧化氮、氨和硝酸盐、铵盐等。

(3) 含碳化合物:主要有一氧化碳和烃类。烃类即碳氢化合物,包括烷烃、烯烃、炔径、脂环烃和芳香烃等。

(4) 卤代化合物:即由氟、氯、碘和溴与烃类结合的化合物,亦称卤代烃,其中最引人注目的如氟氯烷(CFM),商品名称氟利昂,主要的如二氯氟甲烷(F-11)和二氟二氯甲烷(F-12)。

(5) 其他有毒有害物质:如放射性物质、苯并芘、过氧乙酰硝酸酯(PAN)等致癌物质。

按照污染物的相态,则可分为气体、固体和液体污染物。空气与悬浮于其中的固体和液体微粒一起构成气溶胶,这些微粒称之为气溶胶粒子,它们包含有许多种化学成分,其中有不少是有害物质。

根据空气污染物形成的方式,则可分为一次污染物和二次污染物。前者是从污染源直接生成并排放进入大气的,在大气中保持其原有的化学性质;后者则是在一次污染物之间或大气非污染物之间发生化学反应而形成的。主要的一次污染物有二氧化硫、氮氧化物和颗粒物等;二次污染物有光化学烟雾、酸性沉积物、臭氧等。

二、大气扩散过程

排放到大气中的空气污染物,在大气湍流的作用下迅速地分散开来,这种现象称为大气扩散。大气扩散的理论研究和实验研究表明,在不同的气象条件下,同一污染源排放所造成的地面污染物浓度可相差几十倍乃至几百倍。这是由于大气对污染物的稀释和扩散能力随着气象条件的不同而发生巨大变化的缘故。日常观察可以发现,有时烟囱排出的烟流像一根带子那样飘向远方而迟迟不散,而有时烟气一排入大气就很快散布开来与周围空气混合。不同的烟流形状反映不同的气象状况,也意味着大气的稀释扩散能力不同。由此可见大气扩散过程直接影响到大气环境污染的程度。下面简介一些影响大气扩散过程的主要因素。

1. 大气湍流

湍流是一种不规则运动,其特征量是时空随机变量。在大气中,由于受各种尺度大气运动影响的结果,导致三维空间的风向、风速发生连续的随机涨落,这种涨落是大气中污染物质扩散过程的一种特征。由机械或动力作用生成机械湍流,如近地面风切变,地表非均一性和粗糙度均可产生这种机械湍流活动。由各种热力因子诱生的湍流称为热力湍流,如太阳加热地表导致热对流泡向上运动,地表受热不均匀或气层不稳定等都可引起热力湍流。一般情况下,大气湍流的强弱取决于热力和动力两因子。在气温垂直分布呈强递减时,热力因子起主要作用,而在中性层结情况下,动力因子往往起主要作用。

研究湍流时,把它作为一种叠加在平均风之上的脉动变化(图 7-1),由一系列不规则的涡旋运动组成,这种涡旋称为湍涡。边界层内最大的湍涡尺度大约和边界层的厚度相当,最小湍涡的尺度只有几个毫米,大湍涡的强度最大,因它是由空气的动能通过湍流摩擦作用转变来的,小湍涡的能量来自大湍涡,或者说大湍涡将能量传递给小湍涡,小湍涡将能量传递给更小的湍涡,最后由分子黏性的耗散作用

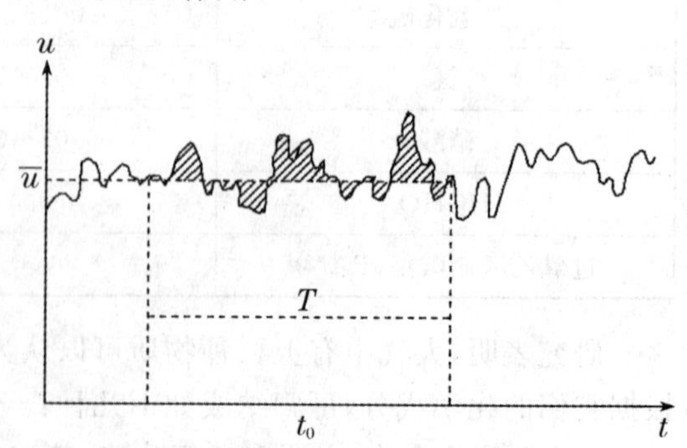

图 7-1 湍流运动与平均风速的定义

将湍能转变成热能，这一过程称为能量耗散。

大气总是处于不停息的湍流运动之中，排放到大气中的污染物质，在湍流涡旋的作用下散布开来，大气湍流运动的方向和速度都是极不规则的，具有随机性，并会造成流场中各部分之间的混合和交换。日常可以看到，烟囱中冒出的烟气总是向下风方向飘移，同时不断地向四周扩散，这就是大气对污染物的输送和稀释扩散过程。

如果大气中只有有规则的风而没有湍涡运动，烟团仅受分子扩散的影响，其尺度变化非常缓慢，如图 7-2(a)所示。事实上，大气中存在着剧烈的湍流运动，使烟团与空气之间强烈地混合和交换，大大加强烟团的扩散，如图 7-2(b)所示。通常情况下，大气湍流扩散比分子扩散的速率快 $10^5 \sim 10^6$ 倍。但在平均运动方向上，风的平流输送作用一般占主导地位，只要风速不是太小，在这个方向上的湍流输送作用可以不予考虑。

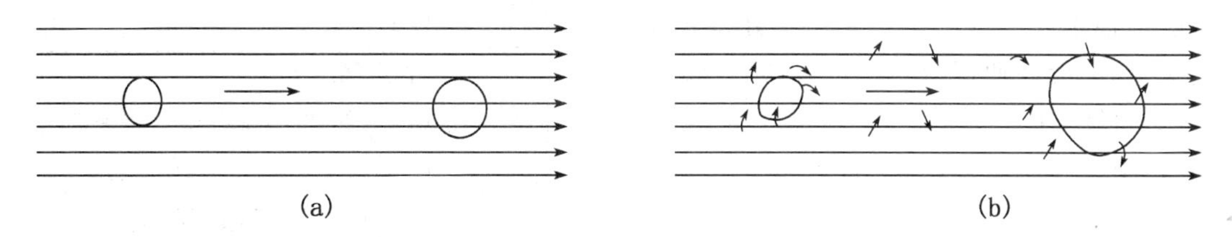

图 7-2　非湍流和湍流情况下的烟团扩散

在湍流扩散过程中，各种不同尺度的湍涡，在扩散的不同阶段起着不同的作用。图 7-3(a)描绘出烟团处于比烟团尺度小的湍涡之中。由图看出，烟团一方面飘向下风方向，同时由于湍涡的扰动，烟团边缘不断与四周空气混合，缓慢地扩张，浓度不断降低。图 7-3(b)描绘一个比烟团尺度大的湍涡对扩散的作用，这种情况下，烟团主要为湍涡所挟带，本身增大不快。图 7-3(c)描绘与烟团尺度大小相仿的湍涡的作用，在此情况下，烟团被湍涡拉开撕裂而变形，扩散过程较剧烈。在实际大气中存在着各种尺度的湍涡，在扩散中，三种作用同时存在，并相互作用。

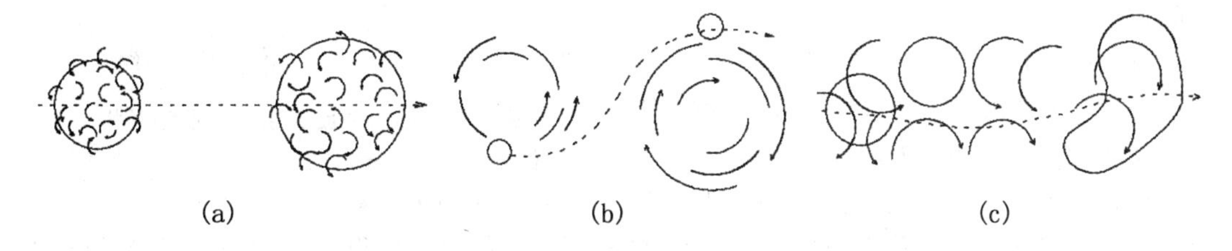

图 7-3　烟团在三种不同湍涡下的扩散

本章所讨论的大气湍流扩散问题主要集中在 2 km 以下的大气边界层中。大气边界层与人类活动的关系最密切、最直接，空气污染问题亦主要发生在这一层中。在这一层里，气流受地面摩擦力和下垫面地形地貌的影响，并受这一层里的动量、热量、水汽和其他物质的输送及其通量的支配。

2. *大气稳定度和污染*

大气稳定度直接影响湍流活动的强弱，支配空气污染物的散布。通常用气温的垂直分布表征大气层结的稳定度。气温日变化通常可以影响到离地 500 m(冬季)至 1 000 m(夏季)范围。低层的气温分布经常是夜间逆温,日间递减,午后可能出现超绝热递减率,日出后和日落前,近地面气层会出现等温过程。用气温的垂直递减率 γ 与干绝热递减率 γ_d 可以比较方便地判断气层的稳定度(静力稳定度),见表 7-2。

表 7-2 判定近地面大气层静力稳定度的条件

稳定	$\gamma<\gamma_d$
中性	$\gamma=\gamma_d$
不稳定	$\gamma>\gamma_d$

大气湍流结构与大气层温度分布密切相关,所以在研究大气扩散时,大气层的稳定度是很重要的因子。当大气层处于不稳定层结时,会促使湍流运动的发展,使大气扩散稀释能力加强;反之当大气处于稳定层结时,则对湍流起抑制作用,减弱大气的扩散能力。

观测表明,在不同的温度层结下烟流的形状是不同的,说明不同的稳定度条件大气具有不同的稀释扩散能力。图 7-4 为在不同温度层结下烟流的形态,可以看出大气稳定度对空气污染物散布的影响。

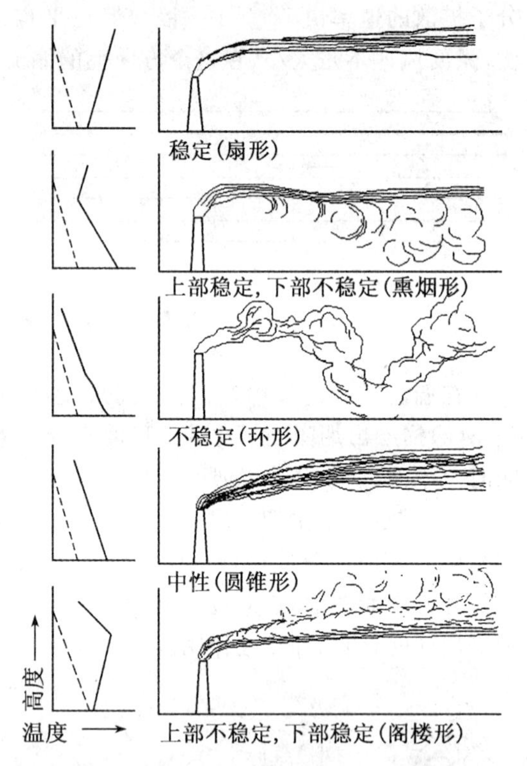

图 7-4 不同温度层结下的烟流形状

(左侧为大气温度随高度递减率示意图,虚线表示干绝热递减率,实线为实际气温递减率)

(1) 扇形(亦称平展形)

扇形发生在稳定层结大气条件下($\gamma<\gamma_d$),由于湍流活动弱,烟流的垂直扩散受到抑制,所以烟流垂直方向起伏不大,垂直方向的扩散远小于水平方向。在此情况下,扇形烟流的内部污染物的浓度是很高的,在其上下,则浓度很快降低。如果是地面源,地面污染将会是严重的;如果是高架源,烟流主体需在较远处才能落地,地面浓度则往往不是很高。因而在一般稳定的条件下,大气的稀释扩散能力虽然很弱,但是实际的环境污染影响并不一定处于很不利状况。只有当逆温抑制湍流扩散或发生逆温层封闭的情况下,地面层排放的污染物积聚才会造成十分不利的地面污染状况。

(2) 圆锥形

锥形出现在近中性层结条件下($\gamma=\gamma_d$),低层的大气层结与干绝热递减率相近。此种形状多出现于阴天(或多云)风力又较大的天气。这时烟体外形清晰,烟流离开排放口一定距离之后主轴基本上保持水平如同一个椭圆锥。

(3) 波浪形(亦称链条形)

波浪形出现在不稳定层结条件下($\gamma>\gamma_d$),存在着较大尺度的湍流,烟流曲折呈环链状,由连续及孤立片组成,烟流各部分的运动速度和方向皆不规则。由于烟流沿水平和垂直方向摆动剧烈，主体易于分裂，因而消散迅速。此种情况多出现在中午前后，夏季可持续较长的时间。由于低层大气多为超绝热递减率状况，气层很不稳定，湍流活动剧烈，所以烟流消散快，处于地面污染源形成的地面污染物浓度往往较低，如果是高架源，由于热力引起的大湍流涡的垂直运动，烟流容易被带到近处的地面，下风距源近处的地面浓度往往很高，然而随着距离的增大，平均浓度迅速降低。

(4) 熏烟形(亦称漫烟形)

上层逆温，下层不稳定。空气污染物向上扩散受抑而为对流不稳定气流夹卷向下并被带到地面，使地面浓度剧增造成局地严重污染的状况。

(5) 层脊形(亦称城堡形)

出现的气象条件与熏烟型相悖，下部逆温，湍流扩散弱，上层不稳定，湍流扩散强，形成烟流下缘浓密清晰，上部稀松或有碎块。此型常于日落前后观察到，它对高架源排放较为有利。

另外，逆温层对污染物的扩散起着抑制作用，直接关系着地面污染程度，所以逆温层是分析空气污染潜势的重要条件。逆温层如果出现在地面附近，则会限制近地面层湍流运动；如果出现在对流层中某一高度上，则会阻碍下方垂直运动的发展。与空气污染密切相关的逆温形式主要是地面辐射逆温，它的形成、维持时间、强度与厚度不仅受气象条件的制约，而且与下垫面的性质有关，对污染物浓度有着不同的影响。

3. 影响大气污染的其他因素

(1) 风

空气相对于地面的水平运动称为风，它有方向和大小之分。一方面，排入到大气中的污染物在风的作用下，会被输送到其他地区，风速愈大，单位时间内污染物被输送的距离愈远，混入的空气量愈多，污染物浓度愈低，所以风不但对污染物进行水平搬运，而且有稀释和冲淡的作用；另一方面，风随高度的变化(风切变)是形成机械性大气湍流的重要原因之一。因而，风切变的大小会直接影响大气湍流运动的强弱，从而对大气扩散造成影响。

(2) 辐射与云

太阳辐射是地球大气的主要能量来源，地面和大气层一方面吸收太阳辐射能，另一方面不断地放出辐射能。地面及大气的热状况、温度的分布和变化制约着大气运动状态，影响着云与降水的形成，对空气污染起着一定的作用。在晴朗的白天，太阳辐射首先加热地面，近地层的空气温度升高，使大气处于不稳定状态；夜间地面辐射失去热量，使近地层气温下降，形成逆温，大气稳定。

云对太阳辐射有反射作用，它的存在会减少到达地面的太阳直接辐射，同时云层又加强大气逆辐射，减小地面的有效辐射，因此云层的存在可以减小气温随高度的变化。有探测结果表明，某些地区冬季阴天时，温度几乎没有昼夜变化。

(3) 天气形势

天气现象与气象状况都是在相应的天气形势背景下产生的。一般情况下，在低气压控制时，空气有上升运动，云量较多，通常风速也较大，大气多为中性或不稳定状态，有利于污染物的扩散。相反，在高气压控制下，一般天气晴朗，风速较小，并伴有空气的下沉运动，往往在几百米或一二千米的高度上形成下沉逆温，抑制湍流的向上发展。

另外，降水、雾等对空气污染状况也有影响。降水对清除大气中的污染物质起着重要的作用,很多污染气体能溶解在水中或者与水起化学反应产生其他的物质,颗粒物与雨滴碰撞可附着在雨滴上并随着降水带到地面,从而从大气中清除。

雾是悬浮在大气近面层的小水滴或小冰晶,对空气中的一些粒子污染物或气体污染物有一定的清除作用。对雾的观测取样分析表明,气层中气溶胶粒子在雾形成后明显比雾形成前减少。但由于雾是在近地面气层非常稳定条件下产生的,这种条件下空气污染物不易扩散,所以雾的出现可能会造成不利的地面空气污染状况。

(4) 下垫面条件

地形和下垫面的非均匀性,对气流运动和气象条件会产生动力和热力的影响,从而改变空气污染物的扩散条件。其中,山区地形、水陆界面和城市热岛效应对大气污染物的输送和扩散都有显著影响。城市上空的热岛效应和粗糙度效应,有利于污染物的扩散,但在一些建筑物背后局地尾涡区则会使污染物积聚。

第二节　大气环境影响评价主要内容

大气环境影响评价的基本任务就是从保护环境的目的出发,通过调查、预测等手段,分析、判断人的社会经济活动对大气环境质量影响的程度和范围,从而为自觉调控人的社会经济行为、制定大气污染防治对策等提供科学依据或指导性意见。

针对人的社会经济活动类型,大气环境影响评价可分为建设项目环境影响评价、区域规划和开发环境影响评价以及针对重大政策决策的战略环境影响评价等。建设项目环境影响评价是开展得最多、也是最基本的一种环境影响评价类型。本节主要针对建设项目,阐述了大气环境影响评价的若干要点和主要内容。

一、评价工作程序

建设项目的大气环境影响评价通常按以下程序开展评价工作:

(1) 弄清建设项目概况,识别大气环境主要影响因素。通过工程分析,获得有关源参数(排污种类、源强、源高、排放方式、排放温度、排烟速度等)资料;对污染源进行排放评价,若不能实现达标排放,则需要提出工程措施。

(2) 开展大气环境现状监测与调查,或收集有关资料,对评价区的环境现状进行评价。

(3) 收集评价区地形和气象资料,并进行大气扩散规律的调研,必要时开展针对性的野外观测,分析评价区的污染气象特征。

(4) 根据评价对象的区域特征、污染源特征以及管理要求,选择适用的大气扩散模式。

(5) 利用上述资料及模式,预测计算不同工况下建设项目造成的污染物环境浓度分布,得到影响浓度值。将本底浓度值与影响浓度值叠加,得到叠加浓度预测值。

(6) 将浓度预测结果与评价标准进行比较,检验预测值是否能满足评价标准的要求。当不能满足时,应提出改善环境质量的措施(如增设净化设备以消减排放总量、增加烟囱高度等)或提出另选厂址的意见。如果预测结果能满足评价标准的要求,在排污总量允许的情况下,从大气环境保护角度考虑,该拟建工程是可以建设的,评价工作也就完成。项目建成后,还需要开展监测和后评估以了解项目实际的环境影响。

上述评价过程示于图 7-5 中。

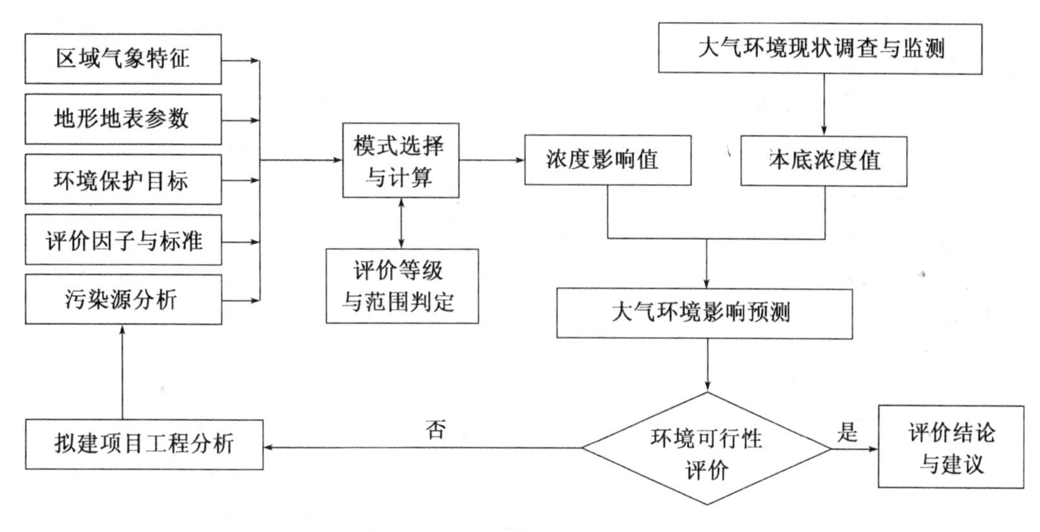

图 7-5 大气环境影响评价基本过程

二、影响识别、评价等级和评价标准

1. 影响识别

建设项目的大气环境影响，按影响时段可划分为以下几个阶段：

(1) 建设阶段影响：指建设项目在施工期间对大气环境产生的影响，如道路交通施工的扬尘、建筑材料和生产设备的运输、装卸可能造成的大气环境影响。

(2) 运行阶段影响：指建设项目投产运行和使用期间产生的影响，主要指项目生产过程排放的废气对大气环境的影响。

(3) 服务期满后的影响：指建设项目使用寿命期结束后仍继续对大气环境产生的影响。主要指原厂址遗留的那些能对大气环境产生影响的物质，如某些放射性、挥发性物质等。

按影响方式，可分为直接影响和间接影响。直接影响指污染物通过大气环境产生的直接因果关系，如大气中悬浮颗粒对人体健康的影响；间接影响是指污染物通过大气环境产生的间接因果关系，如大气酸沉降对土壤以及陆地和水生生态系统的影响等。

建设项目包含的类型非常多，不同的建设项目，其生产的工艺流程、原材料、污染物种类、排放方式等具有不同的特性，其对环境的影响也存在很大差异。另一方面，不同地区的环境特征及敏感性也很不相同。因此，在进行大气环境影响识别时，需要针对建设项目的类型、性质、规模以及周围环境特征，进行具体分析。

在影响识别的基础上，筛选出大气环境影响评价因子，主要为项目排放的基本污染物及其他污染物。按照《环境影响评价技术导则 大气环境》(HJ 2.2—2018)的要求，当建设项目或规划项目排放的 SO_2 和 NO_x 排放总量大于或等于 500 t/a 时，评价因子应增加二次 $PM_{2.5}$。对于规划项目，当排放的 NO_x 和 VOCs 排放总量大于等于 2 000 t/a 时，评价因子还应增加 O_3。

2. 评价等级与评价范围的确定

按照《环境影响评价技术导则 大气环境》(HJ 2.2—2018)的要求，在识别大气环境影响因素，筛选评价因子，并确定评价标准的基础上，结合项目的初步工程分析结果，选择正常排放的主要污染物及排放参数，采用推荐模式中的估算模式计算各污染物的最大影响程度和最远影响范围，然后对项目的大气环境评价工作进行分级。大气环境评价工作等级共分为三级。不同级别的评价工作要求不同，一级评价项目要求最高，二级次之，三级最低。

分级方法如下：

根据项目的初步工程分析结果，分别计算项目排放主要污染物的最大地面浓度占标率 P_i（第 i 个污染物），第 i 个污染物的地面浓度达标准限值 10%时所对应的最远距离 $D_{10\%}$。其中 P_i 定义为：

$$P_i=\frac{c_i}{c_{0i}}\times 100\% \tag{7-1}$$

式中：P_i 为第 i 个污染物的最大地面浓度占标率，%；c_i 为采用估算模式计算出的第 i 个污染物的最大 1 h 地面浓度，$\mu g/m^3$；c_{0i}为第 i 个污染物的环境空气质量标准，$\mu g/m^3$。

c_{oi}一般选用 GB3095 中 1 h 平均取样时间的二级标准的浓度限值，如项目位于一类环境空气功能区，应选择相应的一级浓度限值；对于仅有 8 h、或日平均、或年平均浓度限值的污染物，可分别按 2 倍、3 倍、6 倍折算为 1 h 浓度限值。对某些上述标准中都未包含的污染物，可参照国内外有关标准或推荐值，但应作出说明，报环保主管部门批准后执行。

评价工作等级按表 7-3 的分级判据进行划分。如污染物数 i 大于 1，取 P 值中最大者 P_{max}和其对应的 $D_{10\%}$。

表 7-3　评价工作级别划分

评价工作等级	评价工作分级判据
一级	$P_{max}\geqslant 10\%$
二级	$1\%\leqslant P_{max}<10\%$
三级	$P_{max}<1\%$

另外，评价工作等级的确定还应符合以下规定：

(1) 同一项目有多个（两个以上，含两个）污染源排放同一种污染物时，则按各污染源分别确定其评价等级，并取评价级别最高者作为项目的评价等级。

(2) 对于电力、钢铁、水泥、石化、化工、平板玻璃、有色金属等高耗能行业的多源（两个以上，含两个）项目，编制环境影响报告书的项目评价等级应提高一级。

(3) 对于新建包含 1 km 及以上隧道工程的城市快速路、主干路等城市道路项目，按项目隧道主要通风竖井及隧道出口排放的污染物计算其评价等级。

(4) 对于公路、铁路等项目，应分别按项目沿线主要集中式排放源（如服务区、车站等大气污染源）排放的污染物计算其评价等级。

(5) 对新建、迁建及飞行区扩建的枢纽及干线机场项目，应考虑机场飞机起降及相关辅助设施排放对周边城市环境的影响，评价等级取一级。

一级评价项目应采用进一步预测模式进行大气环境影响预测与评价；二级评价项目可不进行进一步预测与评价，只对污染物排放量进行核算；三级评价项目不进行进一步预测与评价。确定评价工作等级的同时，应说明估算模式计算参数和判定依据。

对于一级评价项目，大气环境影响评价范围根据项目排放污染物的最远影响距离 $D_{10\%}$

来确定。即以项目厂址中心区域，自厂界外延 $D_{10\%}$ 的矩形区域作为大气环境影响评价范围；当 $D_{10\%}$ 超过 25 km 时，确定评价范围为边长 50 km 的矩形区域；当 $D_{10\%}$ 小于 2.5 km 时，评价范围边长取 5 km。对于二级评价项目，大气环境影响评价范围边长取 5 km。三级评价项目不需要设置大气环境影响评价范围。对新建、迁建及飞行区扩建的枢纽及干线机场项目，评价范围还应考虑受影响的周边城市，最大取边长 50 km。规划的大气环境影响评价范围以规划区边界为起点，外延规划项目排放污染物的最远影响距离 $D_{10\%}$ 的区域。

3. 评价标准

(1) 环境质量标准

评价因子所适用的环境质量标准主要依据《环境空气质量标准》(GB3095)确定。该标准规定了环境空气功能区分类、标准分级、污染物项目、平均时间及浓度限值、监测方法、数据统计的有效性规定及实施与监督等内容。GB 3095—2012 将环境空气功能区分为两类：一类区为自然保护区、风景名胜区和其他需要特殊保护的地区；二类区为居住区、商业交通居民混合区、文化区、工业区和农村地区。环境空气质量标准按功能区分为两级：一类区执行一级标准；二类区执行二级标准。GB 3095—2012 共限定了 10 种因子(包括 6 种基本项目和 4 种其他项目)的浓度值：SO_2、NO_2、CO、O_3、PM_{10}、$PM_{2.5}$、TSP、NO_x、Pb、B[α]P。环境空气污染物基本项目的尝试限制见表 7－4。

表 7－4　环境空气污染物基本项目浓度限值(GB 3095—2012)

序号	污染物项目	平均时间	浓度限值		单位
			一级	二级	
1	二氧化硫(SO_2)	年平均 24 h 平均 1 h 平均	20 50 150	60 150 500	μg/m³
2	二氧化氮(NO_2)	年平均 24 h 平均 1 h 平均	40 80 200	40 80 200	μg/m³
3	一氧化碳(CO)	24 h 平均 1 h 平均	4 10	4 10	mg/m³
4	臭氧(O_3)	日最大 8 h 平均 1 h 平均	100 160	160 200	μg/m³
5	粒径小等于 10 μm 的颗粒物(PM_{10})	年平均 24 h 平均	40 50	70 150	μg/m³
6	粒径小等于 2.5 μm 的颗粒物($PM_{2.5}$)	年平均 24 h 平均	15 35	35 75	μg/m³

在选择大气环境质量评价标准时，如已有地方环境空气质量标准，应选用地方标准中的浓度限值。对于 GB3095 及地方环境质量标准中未包含的污染物，可参照按照《环境影响评价技术导则　大气环境》(HJ 2.2—2018)附录 D 中的浓度限值。对于上述标准中都未包含的污染物，可参照选用其他国家、国际组织发布的环境质量浓度限值或基准值，但应做出说明，经生态环境主管部门同意后执行。

(2) 污染物排放标准

我国的大气污染物排放标准远比质量标准多，往往需根据污染源行业性质、污染物特性、排气筒特点，所处大气环境功能类别，甚至项目建设时间等多种因素审慎选择，标准限值类别也更多，以《大气污染物综合排放标准》(GB16297)为例，对每个因子都包括有最高允许排放浓度(mg/m^3)、最高允许排放速率(kg/h)，以及无组织排放监控浓度限值(mg/m^3)多个限值。并且随着各地区呈现的环境问题差异化，许多地方出台了严于国家标准的地方标准，就应选用地方标准值。常用的大气污染物排放标准有：《大气污染物综合排放标准》、《火电厂大气污染物排放标准》(GB13223)、《锅炉大气污染物排放标准》(GB13271)、《恶臭污染物排放标准》(GB14554)等。

三、环境空气质量现状调查与评价

1. 环境空气质量现状调查

(1) 调查内容和目的

按照 HJ 2.2—2018，不同级别的评价项目，均需要调查项目所在区域环境质量达标情况，作为项目所在区域是否为达标区的判断依据。对于一级和二级评价项目，还需要调查评价范围内有环境质量标准的评价因子的环境质量监测数据或进行补充监测，用于评价项目所在区域污染物环境质量现状。另外，对于一级评价项目，监测数据还将用于计算环境空气保护目标和网格点的环境质量现状浓度。

(2) 数据来源

对于项目所在区域达标判定，优先采用国家或地方生态环境主管部门公开发布的评价基准年环境质量公告或环境质量报告中的数据或结论。

对于基本污染物环境质量现状数据，采用评价范围内国家或地方环境空气监测网中评价基准年连续1年的监测数据，或采用生态环境主管部门公开发布的环境空气质量现状数据。评价范围内没有环境空气质量监测网数据或公开发布的环境空气质量现状数据的，可选择符合《环境空气质量监测点位布设技术规范》(HJ664)规定，并且与评价范围地理位置邻近，地形、气候条件相近的环境空气质量城市点或区域点监测数据(对二类功能区)，或者，区域点或背景监测数据(对一类功能区)。

对于其他污染物环境质量现状数据，优先采用评价范围内国家或地方环境空气监测网中评价基准年连续1年的监测数据，评价范围内没有环境空气质量监测网数据或公开发布的环境空气质量现状数据的，可收集评价范围内近3年与项目排放的其他污染物有关历史资料。

在没有以上相关监测数据或监测数据不能满足评价要求时，应进行补充监测。

(3) 补充监测

监测时段：根据监测因子的污染特征，选择污染较重的季节进行现状监测。补充监测应至少取得7天有效数据。对于部分无法进行连续监测的其他污染物，可监测其一次空气质量浓度，监测时次应满足所用评价标准的取值时间要求。

监测布点：以近20年统计的当地主导风向与轴向，在厂址及主导风向下风向5 km范围内设置1～2个监测点。如需在一类区进行补充监测，监测点应设置在不受人为活动影响的区域。

监测方法：应选择符合监测因子对应环境质量标准或参考标准所推荐的监测方法，并在评价报告中注明。

监测采样：采样点、采样环境、采样高度及采样频率，按 HJ664 及相关评价标准规定的环境监测技术规范执行。

2. 大气环境质量现状评价

（1）项目所在区域达标判断

城市环境空气质量达标情况评价指标为 SO_2、NO_2、PM_{10}、$PM_{2.5}$、CO 和 O_3，六项污染物全部达标即为城市环境空气质量达标。

优先根据国家或地方生态环境主管部门公开发布的城市环境空气质量达标情况，判断项目所在地是否属于达标区。如项目评价范围涉及多个行政区（县级或以上），需分别评价各行政区的达标情况，若存在不达标行政区，则判定项目所在评价区域为不达标区。

国家或地方生态环境主管部门未发布城市环境空气质量达标情况的，可按照《环境空气质量评价技术规范》（HJ663）中各评价项目的年评价指标进行判定。年评价指标中的年均浓度和百分位数 24 h 平均或 8 h 平均质量浓度满足 GB3095 中浓度限值要求的即为达标。

（2）各污染物的环境质量现状评价

长期监测数据的现状评价内容，按 HJ663 中的统计方法对各污染物的年评价指标进行环境质量现状评价。对于超标的污染物，计算其超标倍数和超标率。

补充监测数据的现状评价内容，分别对各监测点位不同污染物的短期浓度进行环境质量现状评价。对于超标的污染物，计算其超标倍数和超标率。

（3）环境空气保护目标及网格点环境质量现状浓度

为评价项目建设后环境质量的叠加影响，需要计算环境空气保护目标及网格点污染物的现状浓度。根据《环境影响评价技术导则　大气环境》（HJ 2.2—2018），对于采用多个长期监测点位数据进行现状评价的，取各污染物相同时刻各监测点位的浓度平均值，作为评价范围内环境空气保护目标及网格点环境质量现状浓度，计算公式如下：

$$c_{现状(x,y,t)} = \frac{1}{n}\sum_{j=1}^{n} c_{现状(j,t)} \tag{7-2}$$

式中：$c_{现状(x,y,t)}$ 为环境空气保护目标及网格点 (x,y) 在 t 时刻的污染物现状浓度，$\mu g/m^3$；$c_{现状(j,t)}$ 为第 j 个监测点位在 t 时刻的污染物现状浓度（包括短期浓度和长期浓度），$\mu g/m^3$；n 为长期监测点位的个数。

对于采用补充监测数据进行现状评价的，取各污染物不同评价时段监测浓度的最大值，作为评价范围内环境保护目标及网格点环境质量现状浓度。对于有多个监测点位数据的，先计算相同时刻各监测点位的平均值，再取各监测时段平均值中的最大值，计算公式如下：

$$c_{现状(x,y)} = \max\left[\frac{1}{n}\sum_{j=1}^{n} C_{监测(j,t)}\right] \tag{7-3}$$

式中：$c_{现状(x,y)}$ 为环境空气保护目标及网格点 (x,y) 的污染物现状浓度，$\mu g/m^3$；$c_{监测(j,t)}$ 为第 j 个监测点位在 t 时刻的污染物现状浓度（包括 1 h 平均、8 h 平均或日平均质量浓度），$\mu g/m^3$；n 为现状补充监测点位的个数。

四、大气环境影响预测与评价

1. 基本要求

根据 HJ 2.2—2018 的规定，一级评价项目应采用进一步预测模型开展大气环境影响预测与评价，二级和三级评价项目不需要进行进一步预测与评价。选取有环境质量标准的评价因子作为预测因子。预测范围应覆盖评价范围，并覆盖各污染物短期浓度贡献值占标率大于 10%的区域。对于需要预测二次污染物的项目，预测范围应覆盖 $PM_{2.5}$ 年平均质量浓度贡献值占标率大于 1%的区域。对于评价范围内包含环境空气功能区一类区的，预测范围应覆盖项目对一类区最大环境影响。预测时段选取评价基准年的连续 1 年。选用网格模型模拟二次污染物的环境影响时，预测时段应至少选取基准年 1、4、7、10 四个月份。

2. 预测模型的选择

大气环境影响预测通常是利用适当的数学模型，模拟项目所在区域特定的气象、地形等条件下大气污染物的输送、扩散、转化和清除等过程，从而判断拟建项目污染物的排放对大气环境影响的程度和范围。可用于大气环境影响预测的数学模型多种多样，具体应用时应根据评价区域的气象和地形特征、污染源及污染物特征、时空分辨率要求，以及有关资料和技术条件等选择适当的模型。

在 HJ 2.2—2018 所推荐的模型中，对于局地尺度（≤50 km）且风场相对简单的情况，常规污染源（点源、面源、线源、体源）可采用基于湍流统计理论的解析型大气扩散模型 AERMOD、ADMS，烟塔合一源可采用 AUSTAL2000，机场源可采用 EDMS/AEDT；对于城市尺度（50 km 到几百千米）或局地尺度但风场特殊（包括长期静小风和岸边熏烟等），可采用拉格朗日烟团扩散模型 CALPUFF；对区域尺度（几百千米以上）或需要模拟复杂的大气化学过程，则可以采用区域光化学网格模型，如 CMAQ、CAMx 等。使用推荐模型时，应按 HJ2.2 的有关要求提供污染源、气象、地形、地表参数等基础数据，并优先使用国家发布的标准化数据。采用其他数据时，应说明数据来源、有效性及数据预处理方案。当推荐模型的适用性不能满足要求时，可选择适用的替代模型，但应对模型的性能进行全面评估和检验。

3. 预测与评价内容

(1) 达标区的评价项目

在项目正常排放条件下，预测环境空气保护目标和网格点主要污染物的短期浓度和长期浓度贡献值，评价其最大浓度占标率；针对环境空气保护目标和网格点，将项目的贡献浓度与现状浓度进行叠加，评价主要污染物的保证率日平均浓度（参考 HJ663）和年平均浓度的达标情况。对于项目排放的污染物仅有短期浓度限值的，评价其短期浓度叠加后的达标情况。叠加浓度应同步考虑改扩建项目的“以新代老”污染源、区域削减源，以及评价范围内其他排放同类污染的在建、拟建污染的影响。在项目非正常排放条件下，预测评价环境空气保护目标和网格点主要污染物的 1 h 最大浓度贡献值及占标率。

(2) 不达标区的评价项目

在项目正常排放条件下，预测环境空气保护目标和网格点主要污染物的短期浓度和长期浓度贡献值，评价其最大浓度占标率；针对环境空气保护目标和网格点，将项目的贡献浓度与有关环境规划（如大气环境质量限期达标规划）的目标浓度进行叠加，评价主要污染物的保证率日平均浓度和年平均浓度的达标情况。对于无法获得达标规划目标浓度或区域污染源清单的评价项目，需评价区域环境质量的整体变化情况。同样，叠加浓度应同步考虑改扩建项目的“以新代老”污染源、区域削减源，以及评价范围内其他排放同类污染的在建、拟建污染的影响。在项目非正常排放条件下，预测评价环境空气保护目标和网格点主要污染物的 1 h 最大浓度贡献值及占标率。

(3) 区域规划的环境影响评价

针对环境空气保护目标和网格点，分别按不同规划年，将规划方案的贡献浓度与现状浓度进行叠加，评价主要污染物的保证率日平均浓度和年平均浓度的达标情况。对于项目排放的污染物仅有短期浓度限值的，评价其短期浓度叠加后的达标情况。预测评价区域规划实施后的环境质量变化情况，分析区域规划方案的可行性。

(4) 污染控制措施评价

按照达标区或不达标区的预测与评价内容，预测不同污染控制方案主要污染物对环境保护目标和网格点的环境影响，评价达标情况或区域环境质量的整体变化，比较分析不同污染治理设施、预防措施或排放方案的有效性。

(5) 大气环境防护距离

采用进一步预测模型模拟评价基准年内，本项目所有污染源(改建、扩建项目应包括全厂现有污染源)对厂界外主要污染物的短期贡献浓度分布。对于项目厂界浓度满足大气污染物厂界浓度限值，但厂界外大气污染物短期贡献浓度超过环境质量浓度限值的，可以将自厂界起向外至超标区域的最远垂直距离作为大气环境防护距离，以确保大气环境防护区域外的污染物贡献浓度满足环境质量标准。对于项目厂界浓度超过大气污染物厂界浓度限值的，应要求削减排放源强或调整工程布局，待满足厂界浓度限值后，再核算大气环境防护距离。大气环境防护距离内不应有长期居住的人群。

具体预测与评价方法可进一步参考 HJ 2.2—2018 有关内容。

第三节　空气质量模拟基础

一、空气质量模式的类型及选择

1. 模式类型

空气质量模式是以数学方法定量描述大气污染物从源地到接受地所经历的全过程的一种手段或工具。空气质量模式多种多样，可以从不同的角度来分类和鉴别它们的性质。

按照发展模式的理论途径，可将空气质量模式分为统计理论模式、K 理论(包括高阶闭合)模式和相似理论模式，此外，还有一些属经验模式。按模拟区的范围可分为微尺度(建筑物尺度)模式、局地尺度(10^3～10^4 m)模式及中、远距离(10^5 m 以上)输送模式。按照模式的时间尺度又可分为短期(1～24 h)平均及长期(月、季、年)平均模式。按照污染源的形态划分，则有点源、线源、面源、体源及多源或复合源模式。有些模式除了模拟大气的输送和扩散稀释过程以外，着重模拟另一种过程，于是又可命名为酸雨模式、光化学烟雾模式和干沉积模式等。还有一些则是针对某种特殊气象条件导出的，像熏烟型扩散模式和热力内边界层扩散模式等。在上述分类的基础上，有的模式还可作进一步的划分。例如 K 模式又可分为拉格朗日(前向及后向)型、欧拉型及混合(PIC)型模式。实际上,大多数模式都可以归入高斯型和数值(K 模式)型两大类,许多模式是它们应用于不同场合的变形。有些模式之间的唯一的实质性差异仅仅在模式输入和输出方面考虑的细致程度不同而已。

从对模式的应用需要出发,有的国家又将空气质量模式分为“法规应用级”和“研究级”两类。前者指已被国家环境保护管理部门推荐应用于污染物浓度预测计算的模式;后者是指正在进行探索和研究的模式,这一类模式通常都比较复杂,大多为复杂的数值模式。在“法规应用级”的模式中,又按其精密的程度分成两级:第一级称为“筛选模式”或“估算模式”,这类模式比较简单,可以用它对某个或某类特定污染源对空气质量的影响作偏保守的评价;第二级称为“精细模式”或“进一步预测模式”,由那些能够对大气物理和化学过程作比较精细处理的方法形成,这类模式要求比较精细的输入资料,能够满足某些特殊的浓度估算要求。通常,在用筛选模式做过初步估算后,总希望能作进一步的精细分析。然而,在有些场合筛选模式是实践上和技术上唯一可行的评价手段。许多复杂模式尚处于研究阶段,达不到法规应用的标准。就目前空气质量模式的研究和应用状况来看,“法规应用级”模式大多数仍是高斯型模式,复杂的数值模式多属“研究级”模式。

2. 模式选择

不同类别的模式往往具有不同的理论来源、效能和局限性。对某一具体的应用来说,模式的选择是一个十分关键的问题,模式的适用性和可行性是实现应用目标的重要前提,另外,模式的选择在一定程度上决定了相关资料的搜集以及外场测试等工作的规模和方向。一般来说,模式选择应当综合考虑以下几方面的因素:

(1) 污染源及污染物

① 污染源的类型:污染源的形态有点源、线源、面源、体源和它们组成的复合源;按其排放方式可分为瞬时源、间断源和连续源;同时,又可按排放温度分为热源和冷源。

② 污染物的性质:可分为气态污染物或颗粒物。对后者,还需了解其粒径分布,估计重力沉降、干沉积与扩散的相对重要性。此外,还应考虑是保守的或是反应性污染物、化学转化的重要性等。

(2) 模拟的时空范围及分辨率

① 模式区的范围:通常局地空气污染问题以采用高斯型模式比较适当,即使在复杂下垫面,亦可用它的变形作为筛选模式使用。当模拟区达数十千米以上时,除仍可采用高斯烟团轨迹模式以外,还可考虑选用各种类型的 K 模式。其中,拉格朗日型 K 模式更适合处理数百千米以外的远距离输送问题。

② 模拟的时间尺度:大气扩散模式计算的基准时间尺度通常为小时平均,其他时段的平均浓度可在小时平均浓度的基础上逐时(或按一定的采样间隔)求和计算,也可选用专门的长期平均模式,这类模式一般包含了按频率加权的计算方法,通常都是计算效率高的高斯类模式。

③ 要求的空间分辨率:模式计算浓度的空间分辨率是一项重要和敏感的指标。在一个孤立点源的下风区,相距数百米两个接受点的污染物浓度可以有数量级的差异,即使在污染源分布比较均匀的城市,相距 1 km 监测浓度的差异也常常很大。低分辨率模式已将某一较大空间范围内的浓度平滑化,无法求出环保法规所需要的极端值。因此,在评价点源对局地环境的影响时,一般都采用具有高分辨率效能的高斯型模式,而不采用分辨率低的 K 模式。

后者受到梯度输送理论尺度条件的限制，最高分辨率一般不超过 1 km×1 km。这类模式一般在区域或大尺度问题中使用。在离源较远处，污染物的浓度分布已比较均匀，低分辨模式已能满足要求。

通常小尺度扩散问题要求高的空间分辨率，中尺度及远距离输送问题要求的分辨率低。高斯模式和 K 模式适用的尺度范围和具有的分辨率恰好与上述要求一致，两者是相辅相成的。

(3) 模拟区的下垫面特征

按照对大气扩散的影响，下垫面可分为平原乡村、城市、山区及水陆交界地区等。复杂下垫面上气流复杂，一般来说，由均匀定常假定导出的高斯模式不再适用。从这个意义上讲，应选用三维数值模式。另一方面，复杂地形上污染物浓度的空间分布更不均匀，起伏更大，无论是 K 模式本身或是它所要求的输入资料的空间分辨率都难以满足法规应用的需要，特别是难以满足孤立点源环境影响评价的需要。这是一个至今未能满意解决的难题。

(4) 对模式效能的要求

空气质量模式应当具备的效能与前述三方面的条件及要求有密切关系。例如，对局地空气污染，通常仅需考虑大气的扩散稀释作用，而对中、远距离问题则还必须考虑污染物的化学转化和干湿沉积等其他物理化学过程，此时对模式效能将提出不同的要求。但是，即使对相同的模拟对象，也可以用简单的参数化方法，给出化学转化速率的方法来解决，模式使用者仍有一定的选择余地。

总之，由于空气污染问题的复杂性，迫使人们不得不通过多种途径和手段来研究并建立适合各种特定条件的空气质量模式。它们的针对性很强，选用时需要认真加以鉴别。除了以上四方面的问题以外，还应根据各自的应用目的和条件做更加具体的分析。

二、模式性能评价

实践表明，模式计算结果不可能与实际情况完全相符，存在着误差和所谓的“不确切性”，其中，一部分称为“固有的”，另一部分称作是“可约束的”。固有的误差是指由于湍流活动等不可分辨的细节引起的不可重复性，进而造成的对总体的平均偏差。研究表明，这类偏差的范围约为实际浓度的 50%，另一类可约束误差则由以下原因造成：

(1) 模式使用的排放源、气象和地形资料的误差。

(2) 模式包括的所有计算公式和参数不合适引起的误差。

(3) 用来检验模式的浓度实测资料的误差。

显然，可约束误差可以通过改善测量技术、提高资料质量和改进模式来减小。这部分误差实际上是相当可观的，例如，风向偏差 5°～10°，引起平原地区点源最大浓度的误差达 20%～70%。

由此可见，通过模式选择阶段的各项分析以后只是选定了“拟用模式”。这个模式对特定的地区和应用目的是否真正适用，还要经过模式性能评价这一必不可少的工作程序。当模式预测的结果将直接被用作环境保护的决策、规划和工程设计的依据时，这项工作就更加重要，应该通过模式性能评价向环境保护机构提供模式不确切性的定量分析。模式性能评价主要包括模式的合理性、保真性和灵敏性分析等几个方面的内容。

1. 合理性分析

这项工作实际上在选择拟用模式阶段已经开始。在进行模式性能评价时，可考虑选取一个参考模式，用以校核拟用模式，进一步考核其物理模型和参数化方案等的合理性，必要时还可作一些对比性的计算试验。

2. 模式检验

主要目的是检查模式的“保真性”。一般应使用同步的排放源、气象和浓度监测资料，检验模式计算值与实测值的符合程度。这是模式性能评价最主要的内容。

检验模式所使用的资料应满足以下标准：① 排放源、气象与浓度资料的同时性；② 对所要求的时间和空间分辨率具有代表性；③ 必须是不同于建立模式所使用过的独立的数据；④ 数据的平均时段与环境保护法规的规定一致。

浓度计算值与实测值的比较是通过计算一系列的统计特征量来实现的，我国对此尚未做出具体的规定，常用的检验项目有以下几类：

(1) 浓度差分析

以相同时间、地点的观测值和计算值为数据对，求其差值：

$$\rho_d=\rho_o(x,y,z,t)-\rho_p(x,y,z,t) \tag{7-4}$$

下标 o,p 分别表示观测值与模式预测值。

显然 ρ_d 可正可负。进一步求其平均值，代表模式预测的偏倚度(过高或过低估计)。

$$\bar{\rho}_d=\frac{1}{N}\sum\rho_d \tag{7-5}$$

N 为观测的数据量，上式的平均，可以取同一时间不同位置、同一位置不同时间或全部 ρ 值的平均，从中可获取更多的信息。例如，有时模式的总体偏倚度较小，但从分时段的分析中可以发现白天计算值偏大，夜间偏小。在另一些分析中又可发现某些位置计算值总是偏高或偏低等。于是可以据此查找原因并对模式作必要的修正。

若不计 ρ_d 的正负号，则可求得模式的平均绝对过失误差：

$$|\bar{\rho}_d|=\frac{1}{N}\sum|\rho_d| \tag{7-6}$$

另一个表示浓度差离散程度的统计量，是 ρ 的方差或标准差：

$$\sigma^2(\rho_d)=\frac{1}{N-1}\sum(\rho_d-\bar{\rho}_d)^2 \tag{7-7}$$

$\sigma(\rho_d)$是标准差。显然，在所有的数据对中，高浓度区数据对的$|\rho_d|$值较大。因此在浓度差分析中，高浓度区误差所占的权重更大。

(2) 最大浓度分析

在空气污染分析中，地面最大浓度常是人们最关心的。上述浓度差分析的全部计算公式同样可以用来衡量模式预测地面最大浓度的效能。此时最大浓度差：

$$\rho_{md}=\rho_{mo}-\rho_{mp} \tag{7-8}$$

式中：ρ_{mo}、ρ_{mp}分别表示观测和预测的地面最大浓度。

同理，还可进一步求取$\bar{\rho}_{md}$、$|\bar{\rho}_{md}|$、$\sigma^2(\bar{\rho}_{md})$等统计指标。

最大浓度的数据量比全部数据少得多，为了提高统计分析的代表性，有时是为了分析模式对某一个高浓度值范围的预测效能，将最大浓度分析改为依次计算几个最大值(最大、次大、第三等)，甚至多个最大值的浓度差，以及它们的平均值和方差等。这样分析比单纯分析一个最大浓度更有代表性，获得的信息量也更多。

经验表明，由于种种原因，模式能够较好地预测最大浓度，但不能准确给出它出现的地点和时间。例如，风向的误差可使最大的浓度计算值的位置发生偏差，而大气稳定度随时间变化的估计误差则可引起 ρ_m 值出现时间的偏差等。由于空气污染分析中地面最大浓度的大小常常是首要的，它的时间、地点是第二位的，若按前述方法计算(取同时同地的数据对)，得到的模式性能指标可能很差。为了恰如其分地反映模式的效能，可不拘泥于使用同时同地的数据对，而是在观测值和计算值的数据序列中挑选时间相同、地点可以不同的最大浓度，或是地点相同、时间可以不同的最大浓度组成数据对进行分析。如果效果较好，说明模式本身模拟最大浓度的能力并不差，存在的有些误差是由于输入参数不准确造成的。

(3) 浓度比值分析

计算每一对浓度计算值与观测值的比值：

$$K=\rho_p/\rho_o \tag{7-9}$$

至今仍将 K 值落在 0.5～2 范围内作为模式精度是否可取的指标。通常较佳模式 K 值落在上述范围内的成数应超过 50%。

同理，可计算 K 值的平均值 $\overline{K}$，并可分别求取它的时间平均、空间平均和总体平均值。

K 只能表示模式是否有总体的过高或过低估计，不能说明所有个例误差的离散程度。为此需要分析的另一个指标是 $\sigma_k/\overline{K}$，σ_k 是 K 的标准差。这项指标越小表示模式性能越优。经验表明，高浓度区的浓度差 ρ_d 较大，但 K 更接近于 1；相反，在浓度很低的区域，虽然浓度差很小，但计算值与观测值相差的倍数却常常很大。因此，低浓度区的 K 值对 $\overline{K}$ 及 σ_k 起更大的作用，特别是少数大的 K 值的作用很大。实际上人们更关心的是高浓度区，为了避免上述弊端，可以舍弃某一浓度界限以下的数据对(以观测值为准)，或是只分析依次排列的若干对高浓度值。

(4) 相关分析

计算由浓度观测值和计算值组成的数据对序列的相关系数：

$$r=\frac{\sum(\rho_o-\bar{\rho}_o)(\rho_p-\bar{\rho}_p)}{\left[\sum(\rho_o-\bar{\rho}_o)^2\cdot\sum(\rho_p-\bar{\rho}_p)^2\right]^{1/2}} \tag{7-10}$$

上式可用来分别计算时间相关、空间相关和时空相关。它是表征预测与实际情况一致性的重要指标。但是它不能描述浓度的差值或比值所反映的信息，即不能表示模式计算值在总体上是否过高或过低，故应与 ρ_d 或 K 值配合分析。

如果 r 值较高，但差值指标不好，则只要对模式作线性订正即可改善精度。值得注意的是 r 只能反映计算值与观测值之间的线性相关，而不能发现它们之间的非线性关系。

(5) 浓度分布比较

为了更直观地考察模式的预测效能，还可以绘制计算浓度和观测浓度的等值线图，比较它们高、低中心区的位置、数值以及分布图形是否一致。

3. *灵敏度分析*

灵敏度的定义是模式输出(计算浓度)对输入变量的偏导数。通过此项分析，可以定量判别影响空气质量的各个因子的相对重要性，确定它们的误差和不确切性对模式输出的影响。这项工作至少有以下几方面的意义：

(1) 分析模式输入-输出响应关系的合理性，为改进模式提供依据。

(2) 明确模式所依据的各项基础资料的相对重要性以及对它们的精度和分辨率要求，以便改进观测和搜集方案，以及确定模式输入参数的方法。

(3) 为评价控制空气污染的策略提供可靠性分析和环境效益分析。

综上所述，不论是为了改进或建立一个新的空气质量模式，还是将现有的模式应用于某个实际问题，对模式的合理性、保真性和灵敏度检验都是一个重要的环节，它将提高模式的质量和应用结论的可靠程度。

三、平均浓度的计算

1. 小时平均浓度

局地大气扩散模式所代表的平均时间为数十分钟，通常把它计算的浓度定为 1 h 平均浓度(过去，习惯上也称为“一次”浓度)。局地空气污染计算中最关心的是如何求出最大的“一次”浓度，通常有以下几种方法：

(1) 逐时计算法

有的国家规定至少要逐时计算一年的小时平均浓度，然后用平均的方法求取其他时段的平均浓度并与空气质量标准相比较。这种方法当然不会漏算那些很少出现的最大值。但是这样做至少需要输入一年逐时的气象参数(可利用气象台站的常规观测资料求取)，计算工作量较大。

(2) 分类计算法

这种方法是按气象条件分类计算“一次”浓度，特别是计算各类条件下可能出现的最大地面浓度和它离源的距离。通常是将大气稳定度分为 6 类或 4 类，输入模式计算的扩散参数和抬升高度公式应与各自的稳定度类别一致，风速和混合层高度取每一类别的平均值。

(3) 保证率计算法

这种方法按一定的保证率设计计算条件，使实际可能出现的污染物浓度小于计算值的概率等于所规定的保证率。要严格按保证率给出计算条件是十分困难的，即使对孤立点源，各种可能气象条件的组合数也十分多，它们与地面浓度之间不存在简单的对应关系。目前这种方法仅在少数专门的课题中研究采用。在有些环境影响评价工作中，能够给出可造成浓度超标的不利气象条件可能出现的概率，这是值得提倡的，通常可根据风向、风速和大气稳定度的联合频率确定。此时应注意不同的气象条件组合可能对应相同的浓度值，特别是有抬升的源，要注意风速对浓度的双重影响。

应当指出，大气环境质量标准规定的 1 h 或“一次”浓度限值一般是指任何 1 h 或“一次”浓度均不得超过的数值，而前述分类计算法只能求得分类的平均值。从这个意义上来说，逐时计算法更合理可靠。

2. 日均浓度

在能够计算小时或一次浓度的情况下，求取日均浓度并无原则的困难。通常是取一日内若干个等间隔的一次浓度求平均。风向在一日内是会改变的，所以应采用地理坐标系，以便计算不同风向浓度的叠加和平均。对任意给定的计算点：

$$\rho_{日均}=\frac{1}{N}\sum_{i=1}^{N}\rho_{一次} \tag{7-11}$$

为保证日均值有代表性，一般取 $N>8$，即至少输入 8 个不同时次一次浓度所需的模式输入参数。不同的是，还需输入所有污染源和计算点的坐标和每个计算时次的风向值。

计算日均浓度的关键在于如何用比较简单的方法求取对各种典型气象条件具有代表性的值，以及如何求得法规需要的最大日均浓度。对此，我国尚无规范化的方法，现有的几种方法如下：

(1) 逐日计算法

在逐时计算法的基础上可以得到一年内任意 24 h 的平均浓度。这种方法的优点是信息量大，可以得到每个计算点最大的日均浓度和日均浓度的概率分布等对大气环境规划和排污总量控制等非常有价值的信息。当然，它需要的基础数据量和计算量都比较大，一般不易办到。

(2) 典型日(控制日)法

在污染源和下垫面给定情况下，模拟区的空气质量取决于气象条件。所谓“典型日”，是指与模拟区典型空气质量状况相对应的有代表性的“气象日”。通常采用以下两种方法来确定典型日的气象条件：

① 气象分析法：这是单纯利用气象资料寻求“典型日”气象参数的方法，并不考虑污染源的状况，甚至不考虑污染源是否存在。它仅根据模拟区的气象资料和大气扩散规律，分析并归纳出代表该地区一般的、有利和不利的日均大气扩散稀释条件，必要时可作一些计算试验，以确定各种典型日的模式输入参数。孤立源与浓度场的响应关系最简单，用这种方法更有效，对于拟建项目的预测计算则是必由之路。

② 综合分析法：这是利用平行观测的气象和浓度资料综合确定典型日计算条件的方法。在多源情况下，模拟区的空气质量不仅取决于气象条件，还和污染源的布局以及两者的相互关系有关。例如风向是一个敏感因子，主要污染源处于风向上侧时模拟区污染物浓度就高，反之则低。实际情况较为复杂，气象条件与浓度场之间的关系是多变量、非线性和非单值的。故一般需要积累两年以上的平行观测资料才能总结出比较可靠的典型日条件。

(3) 采样时间修正法

浓度均值与平均时间存在如下经验关系：

$$\rho_{\tau_1}/\rho_{\tau_2}=(\tau_2/\tau_1)^{-q} \tag{7-12}$$

式中：τ_1、τ_2 为不同平均时段；q 一般称为时间稀释因子。

利用上式，可将一次平均浓度修正为日均浓度。由于上式是考虑一日内平均风向改变致使污染物散布的范围更宽而导出的，实际上除了风向变化以外，风速、大气稳定度、混合层高度以及与之有关的有效源高等都会改变，致使污染物的纵向(离源距离)散布也不断改变，总的效果是使污染物在源的周围散布均匀，因此，用采样时间修正法求得的最大日均浓度偏高。用它作为“筛选方法”显然是可以的。当用采样时间修正法计算的日均浓度超过规定的限值时，再用其他精细的方法进一步验算。

3. 长期平均浓度

在已计算逐时、逐日平均浓度的情况下，可以进一步求取一年内任意时段的长期平均浓度，除此之外，还可以采用以下两种方法计算长期平均浓度：

(1) 简单的扇形公式

在任意角宽度为 $2\pi/n$ 的扇形区内，连续点源的地面浓度公式是：

$$\bar{\rho}=\left(\frac{2}{\pi}\right)^{1/2}\frac{nfQ}{2\pi u x\sigma_z}\exp\left(-\frac{H_e^2}{2\sigma_z^2}\right) \tag{7-13}$$

式中：f 为在所平均的时段内该扇形区风向所占的成数；u、σ_z 应取平均时段内平均风速和铅直扩散参数的平均值(例如，取 D 类稳定度的 σ_z)。

(2) 联合频率计算公式

在长时间内，不同风速和稳定度影响浓度的权重并不相等。更精确的计算，应该按照每一种风向、风速和稳定度的频率加权平均，此时的浓度公式为：

$$\bar{\rho}=\sum_k\sum_m\sum_l \varphi_{k,m,l}c_{k,m,l} \tag{7-14}$$

式中：k、m、l 分别为风向、稳定度和风速等级的下标；$\rho_{k,m,l}$ 为在每一个给定风向、稳定度和风速时的浓度，可取相应的高斯扩散公式计算；$\varphi_{k,m,l}$ 为相对联合频率，即有

$$\sum_k\sum_m\sum_l \varphi_{k,m,l}=1 \tag{7-15}$$

第四节 高斯型大气扩散公式及扩散参数

对于一般建设项目的环评来说，目前多数采用基于统计理论的大气扩散模型。高斯型大气扩散公式是这类模型的重要基础。尽管 AERMOD 等新一代大气扩散模式在对流边界层垂直浓度分布、扩散参数表征、混合层的作用，以及地形处理等方面进行了很多改进，但学习高斯型大气扩散的基本原理和公式，对于更好理解新一代大气扩散模式具有重要意义。

鉴于此，以下着重介绍传统的高斯型大气扩散计算公式及其常见的应用方法，以及大气扩散参数的确定方法等。

一、高斯型大气扩散公式

高斯模式是一类简单实用的大气扩散模式。在均匀、定常的湍流大气中污染物浓度分布满足正态分布，由此可导出一系列高斯型扩散公式。为了能够近似满足均匀、定常条件，高斯扩散公式一般适用于下垫面均匀平坦、气流稳定的小尺度扩散问题。

本节所列公式均取 x 轴与平均风向一致、z 轴指向天顶的坐标系。

1. 连续点源烟流扩散公式

所有连续点源公式，包括应用于各种特殊条件下的变形公式，仅适合于连续排放扩散物质且源强恒定的源。

当有风时($\bar{u}\geqslant1.5$ m/s)，可采用烟流扩散公式。设地面为全反射体：

$$c(x,y,z)=\frac{Q}{2\pi\sigma_y\sigma_z u}\exp\left(-\frac{y^2}{2\sigma_y^2}\right)\cdot\left\{\exp\left[-\frac{(z-H_e)^2}{2\sigma_z^2}\right]+\exp\left[-\frac{(z+H_e)^2}{2\sigma_z^2}\right]\right\} \tag{7-16}$$

式中：$c(x,y,z)$为下风向某点(x,y,z)处的空气污染物浓度，mg/m^3；x 为下风向距离，m；y 为横风向距离，m；z 为距地面高度，m；Q 为气载污染物源强，即释放率，mg/s；u 为排气筒出口处的平均风速，m/s；σ_y、σ_z 分别为水平方向和垂直方向扩散参数，m，它们是下风距离 x 及大气稳定度的函数；H_e 为有效排放高度，m。

扩散参数 σ_y、σ_z 通常表示如下形式：$\sigma_y=\gamma_1 x^{\alpha_1}$，$\sigma_z=\gamma_2 x^{\alpha_2}$，$x$ 为下风方向的距离，γ_1、γ_2、α_1、α_2 与大气稳定度有关。

关于扩散参数和有效源高的确定方法下面将详细介绍。

根据以上连续点源烟流扩散公式(7－16)，可得地面最大浓度 $\rho_{\max}$ 及其距排气筒的距离 $x_{\max}$ 为：

(1) 当 σ_z/σ_y＝常数时

$$\rho_{\max}=\frac{2Q}{\pi e u H_e^2}\cdot\frac{\sigma_z}{\sigma_y} \tag{7-17}$$

$x_{\max}$ 由下式求解：

$$\sigma_z\Big|_{x=x_{\max}}=\frac{H_e}{\sqrt{2}} \tag{7-18}$$

若 $\sigma_z=\gamma_2 x^{\alpha_2}$，则

$$x_{\max}=\left(\frac{H_e}{\sqrt{2}\gamma_2}\right)^{1/\alpha_2} \tag{7-19}$$

(2) 当 $\sigma_z/\sigma_y\neq$常数，且 $\sigma_y=\gamma_1 x^{\alpha_1}$，$\sigma_z=\gamma_2 x^{\alpha_2}$ 时

$$\rho_{\max}=\frac{2Q}{e\pi u H_e^2 P_1} \tag{7-20}$$

$$x_{\max}=\left(\frac{H_e}{\gamma_2}\right)^{\frac{1}{\alpha_2}}\left(1+\frac{\alpha_1}{\alpha_2}\right)^{-\frac{1}{2\alpha_2}} \tag{7-21}$$

$$P_1=\frac{2\gamma_1\gamma_2^{-\frac{\alpha_1}{\alpha_2}}}{\left(1+\frac{\alpha_1}{\alpha_2}\right)^{\frac{1}{2}\left(1+\frac{\alpha_1}{\alpha_2}\right)}H_e^{\left(1-\frac{\alpha_1}{\alpha_2}\right)}e^{\frac{1}{2}\left(1-\frac{\alpha_1}{\alpha_2}\right)}} \tag{7-22}$$

2. 有混合层反射的扩散公式

大气边界层常常出现这样的铅直温度分布：低层是中性层结或不稳定层结，在离地面几百米到1～2 km的高度中存在一个稳定的逆温层，即上部逆温，它使污染物的铅直扩散受到抑制。观测表明，逆温层底上、下两侧的浓度通常相差5～10倍，污染物的扩散实际上被限制在地面和逆温层底之间。上部逆温层或稳定层底的高度称为混合层高度(或厚度)，用 h 表示。

设地面及混合层全反射，连续点源的烟流扩散公式如下：

(1) 当 $\sigma_z<1.6h$

$$\rho(x,y,z)=\frac{Q}{2\pi u\sigma_y\sigma_z}\exp\left(-\frac{y^2}{2\sigma_y^2}\right)\cdot\sum_{n=-\infty}^{\infty}\left\{\exp\left[-\frac{(z-H_e+2nh)^2}{2\sigma_z^2}\right]+\exp\left[-\frac{(z+H_e+2nh)^2}{2\sigma_z^2}\right]\right\} \tag{7-23}$$

通常取 $n=-4\sim4$，计算结果就能达到足够的精度。

(2) 当 $\sigma_z\geqslant1.6h$

浓度在铅直方向已接近均匀分布，可按下式计算：

$$\rho(x,y)=\frac{Q}{\sqrt{2\pi}u\sigma_y h}\exp\left(-\frac{y^2}{2\sigma_y^2}\right) \tag{7-24}$$

3. 倾斜烟云公式

颗粒物是大气中很重要的一种污染物，与气态污染物相比，颗粒物除了受到气流的输送

和大气扩散作用以外，还明显地受到重力沉降作用。颗粒物在重力沉降和大气扩散的共同作用下垂直输送到地表，由于重力、表面碰撞、静电吸附和相互间的化学反应，其中一部分粒子将被地面阻留而从大气中清除，这种过程一般称为干沉积过程。

在实际应用中，有多种方法来处理上述颗粒物的干沉积问题，其中"倾斜烟云"方法便是常用方法之一。该方法假定有沉积的污染物整个烟云在离开源后以 V_g 速度下降。此时，只要将无沉积的污染物浓度分布函数中的有效源高用 $(H-V_g x/u)$ 来置换，即可得到有沉积污染物的浓度分布函数：

$$c(x,y,z)=\frac{Q}{2\pi u_e \sigma_y \sigma_z}\exp\left(\frac{-y^2}{2\sigma_y^2}\right)\exp\left[\frac{-\left(z-H+V_g\dfrac{x}{u}\right)^2}{2\sigma_z^2}\right]\exp\left[\frac{-\left(z+H-V_g\dfrac{x}{u}\right)^2}{2\sigma_z^2}\right] \tag{7-25}$$

Overcamp(1976)在倾斜烟云模式基础上考虑了地面的沉积作用，认为污染物只能部分反射，所以在反射项中乘上一个部分反射因子 α：

$$c(x,y,z)=\frac{Q}{2\pi u_e \sigma_y \sigma_z}\exp\left(\frac{-y^2}{2\sigma_y^2}\right)\cdot\exp\left[\frac{-\left(z-H+V_g\dfrac{x}{u}\right)^2}{2\sigma_z^2}\right]\cdot\alpha\exp\left[\frac{-\left(z+H-V_g\dfrac{x}{u}\right)^2}{2\sigma_z^2}\right] \tag{7-26}$$

若仅考虑地面浓度，令 $z=0$，上式整理后可得到以下常用的形式：

$$c=\frac{Q(1+\alpha)}{2\pi u_e \sigma_y \sigma_z}\exp\left(\frac{-y^2}{2\sigma_y^2}\right)\cdot\exp\left[\frac{-\left(H-V_g\dfrac{x}{u}\right)^2}{2\sigma_z^2}\right] \tag{7-27}$$

对于较大的颗粒，可以认为粒子到达地面后立即全部沉淀，不再扬起，也就是说被地面全部吸收，这时 $\alpha=0$，则得到全吸收的倾斜烟云公式：

$$c(x,y,z)=\frac{Q}{2\pi u_e \sigma_y \sigma_z}\exp\left(\frac{-y^2}{2\sigma_y^2}\right)\cdot\exp\left[\frac{-\left(z-H+V_g\dfrac{x}{u}\right)^2}{2\sigma_z^2}\right] \tag{7-28}$$

4. 熏烟扩散公式

高架连续点源排入稳定大气层中的烟流，在下风向有效源高度上形成狭长的高浓度带。当低层增温使稳定气层自下而上转变成中性，或不稳定层结并扩展到烟流高度时，使烟流向下扩散产生熏烟过程，造成地面高浓度。此时在熏烟高度 z_f 以下浓度在铅直方向接近均匀分布，地面浓度计算公式为：

$$\rho_f(x,y,z_f)=\frac{Q}{\sqrt{2\pi}u\sigma_{yf}z_f}\exp\left(-\frac{y^2}{2\sigma_{yf}^2}\right)\cdot\int_{-\infty}^{p}\frac{1}{\sqrt{2\pi}}\exp\left(-\frac{p^2}{2}\right)\mathrm{d}p \tag{7-29}$$

式中：$\sigma_{yf}=\sigma_y+H_e/8$；$p=(z_f-H_e)/\sigma_z$。

当稳定气层消退到烟流顶高度 h_f 时，全部扩散物质已经向下混合，地面浓度公式为：

$$\rho_f=\frac{Q}{\sqrt{2\pi}u\sigma_{yf}h_f}\exp\left(-\frac{y^2}{2\sigma_{yf}^2}\right) \tag{7-30}$$

式中：$h_f=H_e+2.15\sigma_z$。

熏烟过程中产生地面高浓度的距离为：

$$x_f=\frac{u\rho_a c_p}{2k_h}(h_f^2-H_e^2) \tag{7-31}$$

式中：k_h 为湍流热传导系数。

5. 连续线源公式

本节定义的连续线源，是指连续排放扩散物质的线状源，其源强处处相等且不随时间变化。通常把繁忙的公路当作连续线源。在高斯型模式中，连续线源等于连续点源在线源长度上的积分，其浓度公式为：

$$\rho(x,y,z)=\frac{Q_l}{u}\int_0^L f\mathrm{d}l \tag{7-32}$$

式中：Q_l 为线源源强，是单位时间单位长度排放的污染物质量；f 为表示连续点源浓度的函数，可根据源高及有无混合层反射等情况选择适当的表达式。

对直线型线源等简单的情形，可求出连续线源浓度的解析公式。

(1) 线源与风向垂直

取 x 轴与风向一致，坐标原点设于线源中点，线源在 y 轴上的长度为 $2y_0$。地面全反射的浓度公式为：

$$\rho(x,y,z)=\frac{Q_l}{2\sqrt{2\pi}u\sigma_z}\left\{\exp\left[-\frac{(z+H_e)^2}{2\sigma_z^2}\right]+\exp\left[-\frac{(z-H_e)^2}{2\sigma_z^2}\right]\right\}\cdot\left[\mathrm{erf}\left(\frac{y+y_0}{\sqrt{2}\sigma_y}\right)-\mathrm{erf}\left(\frac{y-y_0}{\sqrt{2}\sigma_y}\right)\right] \tag{7-33}$$

式中：$\mathrm{erf}(\xi)=\frac{2}{\sqrt{\pi}}\int_0^{\xi}\mathrm{e}^{-t^2}\mathrm{d}t$。

当 $y_0\to\infty$，得到无穷长线源的浓度公式：

$$\rho(x,z)=\frac{Q_l}{\sqrt{2\pi}u\sigma_z}\cdot\left\{\exp\left[-\frac{(z+H_e)^2}{2\sigma_z^2}\right]+\exp\left[-\frac{(z-H_e)^2}{2\sigma_y}\right]\right\} \tag{7-34}$$

(2) 线源与风向平行

线源在 x 轴上，长度为 $2x_0$，中点与坐标原点重合。为求得(7-32)积分的解析形式，在近距离可做如下合理的假定：

$$\sigma_y=ax,\quad \sigma_z/\sigma_y=b$$

式中：a、b 为常数。

在上述假定下线源的地面浓度公式为：

$$\rho(x,y,0)=\frac{Q_l}{\sqrt{2\pi}u\sigma_z(r)}\cdot\left\{\mathrm{erf}\left[\frac{r}{\sqrt{2}\sigma_y(x-x_0)}\right]-\mathrm{erf}\left[\frac{r}{\sqrt{2}\sigma_y(x+x_0)}\right]\right\} \tag{7-35}$$

式中：$r^2=y^2+\frac{H_e^2}{b^2}$。

无限长线源的地面浓度公式为：

$$\rho(y,z)=\frac{Q_l}{\sqrt{2\pi}u\sigma_z(r)} \tag{7-36}$$

(3) 线源与风向成任意交角

风向与线源夹角为 $\varphi(\varphi\leqslant 90°)$ 时的浓度公式为：

$$\rho(\varphi)=\rho(\text{垂直})\sin^2\varphi+\rho(\text{平行})\cos^2\varphi \tag{7-37}$$

6. 连续面源公式

源强恒定的面源称为连续面源。对面源扩散的处理方法主要有虚点源法和积分法等。

以下主要介绍前者。

设想每个面源单元上风向有一个“虚点源”，它所造成的浓度效果与对应的面源单元相当。于是，可以用虚点源的浓度公式计算面源的浓度：

$$\rho(x,y,z)=\frac{Q_A}{2\pi u\sigma_y(x+x_y)\sigma_z(x+x_z)}\exp\left[-\frac{y^2}{2\sigma_y^2(x+x_y)}\right]\cdot\left\{\exp\left[-\frac{(z+H_e)^2}{2\sigma_z^2(x+x_z)}\right]+\exp\left[-\frac{(z-H_e)^2}{2\sigma_z^2(x+x_z)}\right]\right\} \tag{7-38}$$

式中：Q_A 为某面源单元的源强，在虚点源法中，其单位与连续点源相同；x,y,z 为计算点的坐标，坐标原点位于面源中心在地面的垂直投影点上；x_y，x_z 为虚点源向上风向的后退距离。

若有：$\sigma_y=\gamma_1 x^{\alpha_1}$，$\sigma_z=\gamma_2 x^{\alpha_2}$，则

$$x_y=\left(\frac{L/4.3}{\gamma_1}\right)^{1/\alpha_1},\quad x_z=\left(\frac{H_e/2.15}{\gamma_2}\right)^{1/\alpha_2} \tag{7-39}$$

式中：L 为面源单元的边长。同样的原理，可以用虚点源计算线源、体源造成的浓度。

7. 烟气抬升公式

烟气抬升对高速或热量很大的烟气排放而言是非常重要的因素。因为污染物落地浓度的最大值与烟气有效高度的平方成反比，烟气抬升高度有时可达烟囱本身高度的数倍，从而极显著地降低了地面污染物的浓度。

烟气抬升公式很多，总的来说可以分为两大类：一类是通过对抬升机理的研究而得到的理论公式；另一类是通过实验观测得到的经验公式。以下主要介绍 HJ/T2.2—93 所推荐的计算公式，它是在综合多种研究结果的基础上提出的一种半经验公式。抬升后的烟气高度称为有效高度 H_e，可用下式表达：

$$H_e=H_s+\Delta H \tag{7-40}$$

式中：H_s 为排气筒几何高度，m；ΔH 为抬升高度，m，其计算方法如下：

(1) 有风时，中性和不稳定条件：当烟气热释放率 $Q_h\geqslant 2\,100$ kJ/s，且烟气温度与环境温度的差值 $\Delta T\geqslant 35$ K 时，则

$$\Delta H=n_0 Q_h^{n_1} H^{n_2} u^{-1},\quad Q_h=0.35P_a Q_v\frac{\Delta T}{T_t},\quad \Delta T=T_t-T_a \tag{7-41}$$

式中：n_0 为烟气热状况与地表状况系数；n_1 为烟气热释放率指数；n_2 为排气筒高度指数，n_0、n_1、n_2 具体数值见表 7-5；Q_h 为烟气热释放率，kJ/s；H 为排气筒距地面几何高度，m，超过 240 m 时，取 $H=240$ m；P_a 为大气压力，hPa；Q_v 为实际排烟率，m^3/s；ΔT 为烟气出口温度与环境温度差，K；T_t 为烟气出口温度，K；T_a 为环境大气温度，K；u 为排气筒出口处平均风速，m/s。

表 7-5 n_0、n_1、n_2 的选取

Q_h/kJ·s^{-1}	地表状况(平原)	n_0	n_1	n_2
$Q_h\geqslant 21\,000$	农村或城市远郊区	1.427	1/3	2/3
	城市及近郊区	1.303	1/3	2/3
$2\,100\leqslant Q_h<21\,000$ 且 $\Delta T\geqslant 35$ T	农村或城市远郊区	0.332	3/5	2/5
	城市及近郊区	0.292	3/5	2/5

当 1 700 kJ/s$<Q_h<$2 100 kJ/s 时，则

$$\Delta H=\Delta H_1+(\Delta H_2-\Delta H_1)\frac{Q_h-1\,700}{400} \tag{7-42}$$

$$\Delta H_1=2(1.5V_sD+0.01Q_h)/u-0.048(Q_h-1\,700)/u$$

式中：V_s 为排气筒出口处烟气排出速度，m/s；D 为排气筒出口直径，m；ΔH_2 与(7-44)式中的定义相同。

当 $Q_h\leqslant$1 700 kJ/s 或者 $\Delta T<$35 K 时，则

$$\Delta H=2(1.5V_sD+0.01Q_h)/u \tag{7-43}$$

式中各参数的定义同上。

(2) 有风时，稳定条件：

$$\Delta H=Q_h^{1/3}\left(\frac{dT_a}{dZ}+0.009\,8\right)^{-1/3}u^{-1/3} \tag{7-44}$$

式中：dT_a/dz 为排气筒几何高度以上的大气温度梯度，K/m。

(3) 静风($u_{10}<$0.5 m/s)和小风(1.5 m/s$>u_{10}\geqslant$0.5 m/s)时，则

$$\Delta H=5.50Q_h^{1/4}\left(\frac{dT_a}{dz}+0.009\,8\right)^{-3/8} \tag{7-45}$$

式中：dT_a/dz 取值宜小于 0.01 K/m。

二、大气扩散参数的确定

大气扩散参数是表示空气污染物在随机湍流场中的扩散能力和散布范围的核心参数。扩散参数具有时空变化的特点，与污染源高度、距源下风向距离 x 的值、一些重要的气象因子(如大气稳定度)以及下垫面条件(如地形、地表粗糙度等)的关系十分密切。扩散参数的确定是基于边界层污染气象条件的分析，包括：

(1) 根据可代表评价区气象条件的气象台站多年的气象观测资料，分析各气象要素常年的变化规律。

(2) 利用可代表评价区气象条件的气象台站(或在评价区内设立的临时气象站)最近1～3 年气象资料，采用 P-T 法统计出年、季(期)风频图及风向、风速、稳定度联合频率表。

(3) 依据现场低空风观测资料，分析评价区低空风的时空变化规律，给出不同稳定度下风廓线表达式和有关参数。如果是引用其他资料，须说明理由。

(4) 依据低空温度探测资料，分析评价区的逆温强度、厚度、生消规律的时空变化特征及混合层变化对大气污染扩散的影响。

(5) 大气扩散参数的选择、测试的方法及其结果，给出评价区内不同大气稳定度条件下的扩散参数值。

(6) 有些项目拟建在特殊地区，如海滨、山谷、城市或其他下垫面比较复杂的地区，此时根据需要，应增加低空气象探测内容，如海陆风、山谷风、局地流场、城市热岛效应等。

扩散参数是一个非常重要而又相当复杂的特征量，长期以来，对它进行了大量的理论与试验研究，建立了很多有效的测量和计算方法，并在实际工作中得到了广泛的应用。

1. 扩散曲线法

扩散曲线是指由常规的地面气象观测资料，如风速、云量与太阳辐射，判别出表征大气

的扩散稀释能力的稳定度级别(习惯上从强不稳定到稳定分 A、B、C、D、E、F 六类),对不同的稳定度级别分别给出不同的扩散曲线。扩散曲线描绘了扩散参数随距源下风向距离 x 的变化情况,曲线是综合大量扩散试验资料并综合理论分析总结得出的。

使用最早、最广泛的扩散曲线是 *P-G*(或 *P-G-T*)扩散曲线。考虑到 *P-G* 扩散曲线在稳定度级别的判定、扩散曲线的试验基础与范围图表曲线的使用等方面均存在一定局限性,并结合我国的环境保护研究实践,国家标准 HJ/T2.2—93 对 *P-G* 曲线做了修改与完善,使其更切合我国国情。

关于稳定度扩散级别的判定,根据 Turner 等人工作,结合我国气象记录的情况,通过表 7-6 确定太阳净辐射指数,其中+3 表示强太阳入射辐射,+2 表示中等辐射,+1 表示弱辐射,0 表示射入与射出辐射平衡,-1 表示存在弱的地球射出辐射,-2 表示强射出辐射。由(10 min 至 1 h)平均风速(10 m 高观测)及辐射等级数按表 7-7 确定稳定度级别。

表 7-6 由云量、太阳高度角确定的辐射等级数

总云量/低云量	夜间	太阳高度角(h_0)			
		≤15°	15°~35°	35°~65°	<65°
≤4/≤4	-2	-1	+1	+2	+3
5~7/≤4	-1	0	+1	+2	+3
≥8/≥4	-1	0	0	+1	+1
≥5/5~7	0	0	0	0	+1
≥8/≥8	0	0	0	0	0
十分制云量	太阳辐射等级数				

表 7-7 由辐射指数及地表风速确定的稳定度级别

地面风速(m/s)	净辐射指数					
	+3	+2	+1	0	-1	-2
≤1.9	*A*	*A*~*B*	*B*	*D*	*E*	*F*
2~2.9	*A*~*B*	*B*	*C*	*D*	*E*	*F*
3~4.9	*B*	*B*~*C*	*C*	*D*	*D*	*E*
5~5.9	*C*	*C*~*D*	*D*	*D*	*D*	*D*
≥6	*D*	*D*	*D*	*D*	*D*	*D*

为确定扩散参数,将 *P-G* 曲线的图表表达方式修改为幂函数表达方式。

(1) 有风时扩散参数 σ_y、σ_z 的确定

与 Pasquill 分类法相应的扩散参数(平坦地形,低架源),可采用表 7-6 和表 7-7 的 Pasquill-Gifford 参数。

说明:对平原地区农村及城市远郊区,A、B、C 级稳定度的扩散参数直接由表 7-8 和表 7-9 查算,D、E、F 级稳定度则需向不稳定方向提半级后由表查算;对工业区或城区中的点源,A、B 级不提级,C 级提到 B 级,D、E、F 级向不稳定方向提一级,再按表查算。

表 7－8　横向扩散参数幂函数表达式数据(取样时间为 0.5 h)

扩散参数	稳定度分级(*P-S*)	α_1	γ_1	下风距离/m
$\sigma_y = \gamma_1 x^{\alpha_1}$	*A*	0.901 074 0.850 934	0.425 809 0.602 052	0～1 000 ＞1 000
	B	0.914 370 0.865 014	0.281 846 0.396 353	0～1 000 ＞1 000
	B～*C*	0.919 325 0.875 086	0.229 500 0.314 238	0～1 000 ＞1 000
	C	0.924 279 0.885 157	0.177 154 0.232 123	0～1 000 ＞1 000
	C～*D*	0.926 849 0.886 940	0.143 940 0.189 396	0～1 000 ＞1 000
	D	0.929 418 0.888 723	0.110 726 0.146 669	0～1 000 ＞1 000
	D～*E*	0.925 118 0.892 794	0.098 563 1 0.124 308	0～1 000 ＞1 000
	E	0.920 818 0.896 864	0.086 400 1 0.101 947	0～1 000 ＞1 000
	F	0.929 418 0.888 723	0.055 363 4 0.073 334 8	0～1 000 ＞1 000

表 7-9　垂直扩散参数幂函数表达式数据(取样时间为 0.5 h)

扩散参数	稳定度分级(*P-S*)	α_2	γ_2	下风距离/m
$\sigma_z = \gamma_2 x^{\alpha_2}$	*A*	1.121 54 1.513 60 2.108 81	0.079 990 4 0.008 547 71 0.000 211 545	0～300 300～500 ＞500
	B	0.964 435 1.093 56	0.127 190 0.057 025 1	0～500 ＞500
	B～*C*	0.941 015 1.007 70	0.114 682 0.075 718 2	0～500 ＞500
	C	0.917 595	0.106 803	0
	C～*D*	0.838 628 0.756 410 0.815 575	0.126 152 0.235 667 0.136 659	0～2 000 2 000～10 000 ＞10 000
	D	0.826 212 0.632 023 0.555 36	0.104 634 0.400 167 0.810 763	0～2 000 1 000～10 000 ＞10 000
	D～*E*	0.776 864 0.572 347 0.499 149	0.111 771 0.528 992 1.038 10	0～1 000 1 000～10 000 ＞10 000

(续表)

扩散参数	稳定度分级(P-S)	α_2	γ_2	下风距离/m
	E	0.788 370 0.565 188 0.414 743	0.092 752 9 0.433 384 1.732 41	0～1 000 1 000～10 000 >10 000
	F	0.784 400 0.525 969 0.322 659	0.062 076 5 0.370 015 2.406 91	0～1 000 1 000～10 000 >10 000

(2) 小风和静风时,扩散参数的确定

小风($1.5\ m/s > u_{10} \geq 0.5\ m/s$)和静风($u_{10} < 0.5\ m/s$)时,0.5 h 取样时间的扩散参数的系数 r_{01}、r_{02} 按表 7-10 选取($\sigma_x = \sigma_y = r_{01}T$,$\sigma_z = r_{02}T$)。

表 7-10 小风和静风时的扩散参数系数

稳定度(P-S)	γ_{01}		γ_{02}	
	小风	静风	小风	静风
A	0.93	0.76	1.57	1.57
B	0.76	0.56	0.47	0.47
C	0.55	0.35	0.21	0.21
D	0.47	0.27	0.12	0.12
E	0.44	0.24	0.07	0.07
F	0.44	0.24	0.05	0.05

2. 扩散函数法

扩散曲线法使用常规的气象观测资料,虽然简单实用,但由于曲线是建立在扩散试验基础上,具有很大的经验性,实用中各种稳定度分类方案所得的结果有很多不一致和不确切性。另外,对流场结构和大气扩散特性的描述不够,在稳定度级别和湍流特性之间缺乏清晰的关系。20 世纪 70 年代以来,人们一直在寻找尽可能少的使用定性的稳定度分类途径,并在一定的大气扩散理论基础上能够更好地反映流场结构和大气扩散特性的处理方法。其中将扩散参数 σ_y、σ_z 与风速脉动标准差 σ_v(水平方向)、σ_w(垂直方向)联系起来的研究最多。形成了由野外风速脉动测量值和扩散函数确定扩散参数的方法,减少扩散曲线方法中的经验性,通常称为扩散函数法。

按照大气扩散的湍流统计理论,在均匀定常条件下,粒子位移的总体平均值由泰勒公式表述,表示从原点出发的许多粒子经过 T 时段在 y 方向位移的方差,即

$$\sigma_{y,z}^2 = 2\,\overline{(v,w)'^2}\int_0^T\int_0^t R_L(\xi)\,d\xi dt \tag{7-46}$$

式中:$\overline{(v,w)'^2}$ 可分别表示风速分量 v 和 w 的方差;$R_L(\xi)$ 为相应风速脉动分量的拉格朗日自相关;T 为扩散时间。由泰勒公式可得以下关系式:

$$\sigma_y=\sigma_v\cdot T\cdot f_y\left(\frac{T}{t_L}\right),\ \sigma_z=\sigma_w\cdot T\cdot f_z\left(\frac{T}{t_L}\right) \tag{7-47}$$

这里的 t_L 为拉格朗日时间尺度,定义为:

$$t_L=\int_0^{\infty}(\xi)\mathrm{d}\xi$$

它是稳定度和源高的函数。f_y,f_z 为普适函数,它们的函数形式随稳定度和源高变化而不同,上式中各变量的平均时间完全相同。风速脉动标准差 σ_v 和 σ_w 均取源高处的实测或者估算值。实际应用中,为方便常使用距离 x 而不以时间 T 表示。上述表达式可表示成

$$\sigma_y=\sigma_v\cdot x\cdot f_y\left(\frac{x}{ut_L}\right),\ \sigma_z=\sigma_w\cdot x\cdot f_z\left(\frac{x}{ut_L}\right) \tag{7-48}$$

由上式可知,在具备湍流量 σ_v 与 σ_w 的观测资料的情况下,只要给出普适函数 f_y 与 f_z 的形式,就可以估算出扩散参数 σ_y 与 σ_z 的值。在 1977 年,由美国气象学会召开的关于稳定度分类方案和扩散曲线的专题讨论会上,与会专家一致推荐由 Pasquill(1976)提出并经 Draxler(1976)具体阐述的扩散函数法,同时给出应用意见。此后,不少研究者也提出了不同形式的扩散函数。常用的几种扩散函数见表 7-11。

表 7-11 常用的几种扩散函数表达式

方案	水平扩散	垂直扩散
Draxler,1976	① 高架源:$\frac{1}{f_y}=1+0.9\left(\frac{T}{1\,000}\right)^{0.5}$ ② 地面源:$\frac{1}{f_y}=1+0.9\left(\frac{T}{300}\right)^{0.5}$(不稳定) $\frac{1}{f_y}=\begin{cases}1+0.9\left(\frac{T}{300}\right)^{0.5}, & T<550\\ 1+\frac{28}{T^{0.5}}, & T>550\end{cases}$(稳定)	① 高架源: $\frac{1}{f_z}=1+0.9\left(\frac{T}{500}\right)^{0.5}$(不稳定) $\frac{1}{f_z}=1+0.945\left(\frac{T}{100}\right)^{0.806}$(稳定) ② 地面源: $\frac{1}{f_z}=\frac{0.3}{0.16}\left(\frac{T}{100}-0.4\right)^2+0.7$(不稳定) $\frac{1}{f_z}=1+0.9\left(\frac{T}{50}\right)^{0.5}$(稳定)
Cramer,1976	$f_y=\left(\frac{x}{50}\right)\left(\frac{x-5}{45}\right)^{0.5}$	$f_z=1$
Irwin,1983	$\frac{1}{f_y}=1+0.9\left(\frac{T}{1\,000}\right)^{0.5}$	$f_z=1$(不稳定) $\frac{1}{f_z}=1+0.9\left(\frac{T}{50}\right)^{0.5}$(稳定)
Irwin,1983	$\frac{1}{f_y}=1+0.9\left(\frac{T}{1\,000}\right)^{0.5}$	$\frac{1}{f_z}=1+0.9\left(\frac{T}{500}\right)^{0.5}$(不稳定) $\frac{1}{f_z}=1+0.9\left(\frac{T}{50}\right)^{0.5}$(稳定)
Pasquill,1976	$\frac{1}{f_y}=\begin{cases}1+\left(\frac{x}{2\,500}\right)^{0.5}, & x<10\,000\\ 3\left(\frac{x}{10\,000}\right)^{0.5}, & x>10\,000\end{cases}$	*P-G* 方案

3. *边界层参数化方法*

实际工作中,湍流量的观测数据常常难以获得,在这种情况下,可以通过边界层气象参数风速脉动标准差 σ_v 和 σ_w 来计算。不同的边界层理论一般采用不同的方法,流体力学中

发展出来的湍流半经验理论和统计理论在大气湍流的参数化中得到了广泛的应用。

(1) 中性层结风速分量的标准差 $\sigma_u,\sigma_v,\sigma_w$

根据 M-O 相似理论进行量纲分析，在近地层中，风速标准差与地面摩擦速度是 z/L 的函数，即

$$\frac{\sigma_j}{u^*}=\phi_j\left(\frac{z}{L}\right) \quad (j=u,v,w) \tag{7-49}$$

式中：u^* 为地面摩擦速度 m/s；z 为混合层高度，m；L 为莫宁霍夫长度，m；ϕ_j 是一组普适函数；u^*、z、L 三者均可通过相应的边界层理论计算。

(2) 非中性($z/L\neq0$)层结的风速分量标准差

垂直速度标准差与摩擦速度的比应当是 z/L 的函数，下面给出了两个经验关系式，分别是 Wyngaard(1974)和 Merry(1976)给出的。

$$\frac{\sigma_w}{u^*}=\left[1.6+2.9\left(-\frac{z}{L}\right)^{2/3}\right]^{2/3} \tag{7-50}$$

$$\frac{\sigma_w}{u^*}=1.3\left[1+3\left(-\frac{z}{L}\right)\right]^{1/3} \tag{7-51}$$

当 $|-z/L|$ 增大，也就是更不稳定时，湍流结构变得和 u^* 无关，可用下式代替：

$$\sigma_w=1.8\left[\frac{gH}{c_p\rho T}\cdot z\right]^{1/3} \tag{7-52}$$

式中：H 为地面感热通量，W/m^2；T 为地面温度，K。

对于不稳定时水平风速标准差的计算方法，在分析了大量观测资料的基础上，Wyngaard 等(1974)给出了表达式：

$$\frac{\sigma_v}{u^*}=\left[12+0.5\left(\frac{z_i}{-L}\right)\right]^{1/3} \tag{7-53}$$

Panofsky 等(1977)给出了下面的表达式：

$$\frac{\sigma_v}{u^*}=\left[4+0.6\left(\frac{z_i}{-L}\right)^{2/3}\right]^{1/3} \tag{7-54}$$

近几十年来，随着边界层理论的发展，风速脉动标准差的计算方法体系也得到了不断完善。在得到了 σ_v 和 σ_w 的值以后，再通过泰勒公式及扩散函数的相关思想，可计算得到扩散参数。

第五节　常用法规空气质量模式简介

空气质量数值模式经过几十年的发展，在世界范围内产生了众多不同的模式。根据模式发展阶段以及性能和特点，现有空气质量模式基本可以分为三代。

第一代主要是基于湍流扩散统计理论的高斯模型，早期的代表模式有美国 EPA 的 ISC3 以及我国《环境影响评价技术导则　大气环境》(HJ/T2.2—93)中推荐的高斯模式。它们的共同特点是：① 水平方向和垂直方向上的污染物浓度都采用高斯分布假定；② 大气稳定度和扩散参数采用离散化的经验分类方法(如 P-G 法)。后来在高斯模式的基础上发展起来的 AERMOD、ADMS、CALPUFF 等模式，加入地形和较为复杂的气象参数，抛弃了传统离散的稳定度分类方法，在对流条件下，垂直分布采用非高斯算法，并可以处理简单的

化学转化过程。第一代模式因其简单、实用、空间分辨率高等特点，在环境影响评价、空气污染控制对策的制定和优化等方面具有十分广泛的应用。

第二代模式主要是基于大气物理-化学过程的欧拉网格动力数值模式，相对于第一类模式，该类模式考虑了更为复杂的气象参数和反应机制。代表性的模式包括 UAM、CAMx、RADM、MOZART 等。20 世纪 90 年代以来，随着计算机和大气化学分析技术的快速发展，模型描述的化学物理过程更接近于真实大气。目前这类模型可以考虑大气中比较复杂的气相和气溶胶化学以及与大气动力学相互作用，其典型特征是不同尺度的气象模型与大气化学模型的耦合，是目前研究大气污染预报及其他大气污染问题的重要手段。

第三代空气质量模式是由美国国家环保局(US EPA)于 20 世纪 90 年代末基于一个大气的理念(One Atmosphere)开发成功的空气质量模式系统(Models-3/CMAQ)。它是一个多模块集成、多尺度网格嵌套，代表了模式发展方向的新一代空气质量模式系统，其中增加了化学物质与气象要素之间的反馈作用，实现了多相态、多物种(如臭氧、SO_2、酸雨、气溶胶等)的同时模拟。对于大气物理化学过程的描述更加全面、细致。该模式可以更有效地进行全面的空气质量影响评估及决策分析。

我国最新修订的《环境影响评价技术导则　大气环境》(HJ/T2.2—2018)推荐的 AERMOD、ADMS、CALPUFF 等模式，在不同程度上反映近几十年来大气边界层及大气扩散领域的研究进展。考虑到 AERMOD 与我国传统应用的高斯模式具有较多的相似性，在各类建设工程和区域开发项目的环境影响评价中得到了广泛的应用。本节将对 AERMOD 进行较详细的介绍，对于 ADMS、CALPUFF 以及 Models-3 也进行较简要的介绍。

一、AERMOD

20 世纪 90 年代中后期，美国环境保护局联合美国气象学会组建法规模型改善委员会(AMS/EPA Regulatory Model Improvement Committee，AERMIC)，基于最新的大气边界层和大气扩散理论，成功开发了 AERMOD 扩散模型，并将其作为新一代法规模型，替代原来的法规模型 ISC3。AERMOD 模式系统可处理不同类型源(点源、面源、体源、线源)、不同地形(复杂、简单)、城市环境与乡村环境、地面与高架源等多种情形的预测与模拟。

模式系统以扩散统计理论为出发点，假设污染物的浓度分布在一定程度上服从高斯分布(对流情况下垂直方向除外)。该模式以行星边界层(PBL)湍流理论为基础，稳定度用连续参数表示，以参数化方程描述湍流扩散；对流边界层(CBL)下垂直方向的浓度分布采用非正态的双高斯概率密度函数(PDF)来表征，考虑了对流条件下浮力烟羽和混合层顶的相互作用；对简单地形和复杂地形进行了一体化的处理，包括处理夜间城市边界层的算法。

该模式适用的评价范围一般不超过 50 km，可模拟点源、面源和体源的输送和扩散，并要求排放源在一定时段内连续稳定排放；可以模拟 1 h 到年平均时间的浓度分布；可适用于农村、城市和较复杂的地形等下垫面。以下对该模式的主要内容进行一些简要介绍。

1. 模式的结构和运行流程

AERMOD 模型系统包括 2 个预处理器和 1 个扩散模块：气象预处理器(AERMET)、地形数据预处理器(AERMAP)和扩散模块(AERMOD)。模式结构和运行流程如图 7－6 所示。

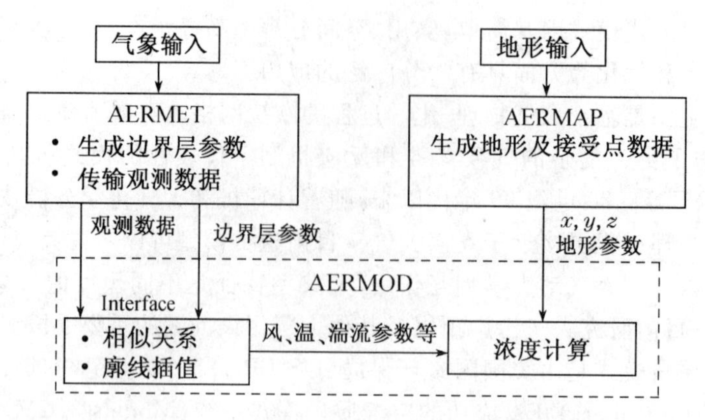

图 7-6 AERMOD 模式结构和运行流程

AERMET 的输入包括气象观测资料(地面观测的风速、风向、温度、云量等,风温等高空廓线)以及地表反照率、地表粗糙度等地面特征参数,在此基础上,AERMET 计算出边界层参数,如摩擦速度 u^*、莫宁霍夫长度 L、对流速度尺度(w^*)、温度尺度(θ^*)、混合层高度(z_i)、地面热通量(H)等。这些边界层参数连同观测的廓线数据一起输入 AERMOD 模块中的 Interface,在 Interface 中利用相似理论关系,并结合观测廓线数据,求得风速 u、水平和垂直方向的湍流脉动 σ_v 和 σ_w、位温及其梯度的垂直分布。AERMAP 是地形预处理器,它将输入的各网格点的位置参数(x,y,z)及其地形高度参数经过计算转化成 AERMOD 所需要的地形参数,包括接受体位置、平均海拔高度、特征地形高度等。利用上述数据,在 AERMOD 中进行污染物浓度的分布计算。AERMOD 模型是稳态烟羽模型,在稳定边界层(SBL),垂直方向和水平方向上的污染物浓度分布都可看作是高斯分布;在对流边界层(CBL),水平方向的污染物浓度分布仍可看作是高斯分布,而垂直方向的污染物浓度分布则认为满足非正态的双高斯分布,使用双高斯概率密度函数(PDF)来表达。一般来说,任一接受点(x,y,z)的污染物浓度都可以用下式表示:

$$c\{x,y,z\}=(Q/u)P_y\{y;x\}P_z\{z;x\} \tag{7-55}$$

式中:$c\{x,y,z\}$为污染物浓度;Q 为污染源排放率;u 为有效风速;$P_y\{y;x\}$和 $P_z\{z;x\}$分别为水平和垂直方向的污染物浓度概率密度函数。

2. 边界层参数化

AERMOD 模式引入了最新的大气边界层与大气扩散理论。在大气稳定度参数、混合层高度等计算方面都做了较大改进。大气稳定度摒弃了传统的 *P-G* 法(*A-F* 六类),而采用连续性参数莫宁霍夫长度 L 来表征,更接近于现实情况。L 可由常规地面气象观测资料和探空数据计算得到。AERMOD 模型计算混合层高度时,在对流条件下同时考虑对流混合层高度和机械混合层高度,取两者较大值作为混合层高度,对流混合层高度依据探空资料来确定。在稳定条件下,只考虑机械混合层高度,其主要受地面摩擦速度影响。

3. 对流边界层(CBL)下垂直方向非正态的双高斯概率密度函数(PDF)模式

大量观测资料表明在对流条件下,污染物浓度在垂直方向上的分布并不完全符合高斯分布,而是带有一定倾斜的非正态分布。近些年来发展出的新的边界层理论通常采用双高斯分布(PDF)模式来处理这种情况。AERMOD 将烟羽分为上升烟羽和下降烟羽两部分,如图 7－7 所示，两部分烟羽的轴线高度（z_{e_1}，z_{e_2}）与烟羽垂直方向的速度（w_1，w_2）各不相同，浓度垂直分布函数 F_z 可以从垂直速度的概率密度分布函数（p_w）中得到，p_w 是上升和下降烟羽部分两个高斯分布的叠加。

$$p_w=\frac{\lambda_1}{\sqrt{2\pi}\sigma_{w_1}}\exp\left(-\frac{(w-\overline{w}_1)^2}{2\sigma_{w_1}^2}\right)+\frac{\lambda_2}{\sqrt{2\pi}\sigma_{w_2}}\exp\left(-\frac{(w-\overline{w}_2)^2}{2\sigma_{w_2}^2}\right) \tag{7-56}$$

式中：λ_1、λ_2 是两个分布的权重，$\lambda_1+\lambda_2=1$（数字 1、2 分别代表上升烟羽和下降烟羽）；参数（w_1、w_2、σ_{w_1}、σ_{w_2}、λ_1、λ_2）都是垂直风速标准差 σ_w 的函数。

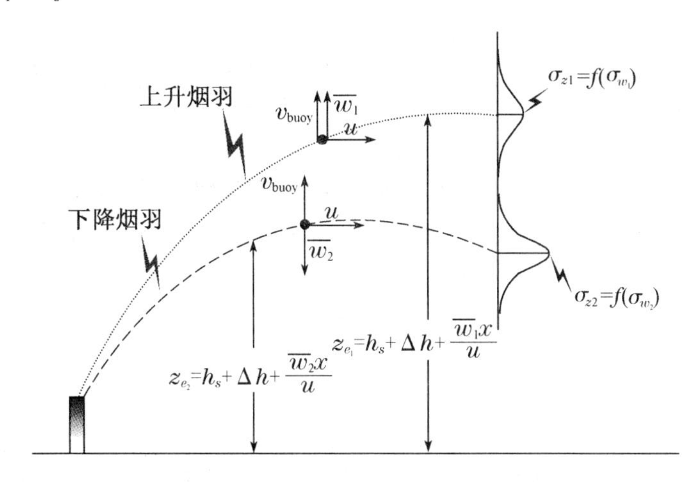

图 7－7　对流边界层垂直方向浓度双高斯分布示意图

4．对流条件下烟羽与混合层顶的相互作用

考虑到对流条件下浮力烟羽抬升到混合层顶部附近时和混合层顶的相互作用，AERMOD 模型将一个污染源分为直接源、间接源、穿透源三部分，如图 7－8 所示。污染物浓度预测值由三种污染源的浓度组成：

$$c_c\{x_r,y_r,z\}=c_d\{x_r,y_r,z\}+c_r\{x_r,y_r,z\}+c_p\{x_r,y_r,z\} \tag{7-57}$$

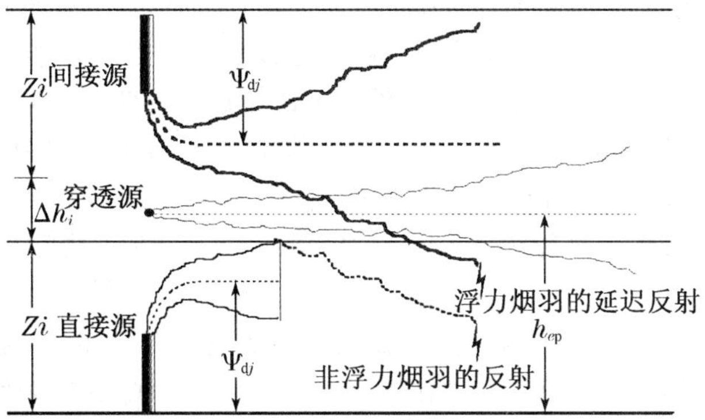

图 7－8　AERMOD 模式在对流条件（CBL）下对三种源（直接源、间接源、穿透源）的处理

$c_d\{x_r,y_r,z\}$ 为"直接源"造成的质量浓度（g/m^3），表征烟羽到达混合层顶和地面时（$z=z_i$ 或 0）时完全反射，这部分烟羽的浓度计算如下式：

$$c_{\mathrm{d}}(x_{\mathrm{r}},y_{\mathrm{r}},z)=\frac{Qf_{\mathrm{p}}}{\sqrt{2\pi}\,\bar{u}}F_{y}\sum_{j=1}^{2}\sum_{m=0}^{\infty}\frac{\lambda_{j}}{\sigma_{zj}}\left\{\exp\left[-\frac{(z-\Psi_{\mathrm{d}j}-2mz_{i})^{2}}{2\sigma_{zj}^{2}}\right]+\exp\left[-\frac{(z+\Psi_{\mathrm{d}j}-2mz_{i})^{2}}{2\sigma_{zj}^{2}}\right]\right\}$$

$$F_{y}=\frac{1}{\sqrt{2\pi}\sigma_{y}}\exp\left[-\frac{y^{2}}{2\sigma_{y}^{2}}\right] \tag{7-58}$$

$c_{\mathrm{r}}\{x_{\mathrm{r}},y_{\mathrm{r}},z\}$为上升气流扩散到混合层顶层的“间接源”的质量浓度(g/m³)，表征烟羽到达混合层顶(z_i)时没有完全反射，等到烟羽的浮力消散后，才滞后地扩散到地面。这部分源作为虚源处理，其计算公式与直接源的最大区别是在计算烟羽抬升高度 $\psi_{\mathrm{d}j}$ 时，增加了高度 Δh_i 来模拟浮力烟羽的滞后反射：

$$c_{\mathrm{r}}(x_{\mathrm{r}},y_{\mathrm{r}},z)=\frac{Qf_{\mathrm{p}}}{\sqrt{2\pi}\,\bar{u}}F_{y}\sum_{j=1}^{2}\sum_{m=1}^{\infty}\frac{\lambda_{j}}{\sigma_{zj}}\left\{\exp\left[-\frac{(z-\Psi_{\mathrm{r}j}-2mz_{i})^{2}}{2\sigma_{zj}^{2}}\right]+\exp\left[-\frac{(z+\Psi_{\mathrm{r}j}-2mz_{i})^{2}}{2\sigma_{zj}^{2}}\right]\right\} \tag{7-59}$$

$c_{\mathrm{p}}\{x_{\mathrm{r}},y_{\mathrm{r}},z\}$为穿透进入混合层上部稳定层中的“穿透源”质量浓度(g/m³)，表征穿透进入混合层上部稳定层中的烟羽，经过一段时间还将重新进入混合层，并扩散到地面的情况，其在稳定和对流情况下均满足高斯分布：

$$c_{\mathrm{p}}(x_{\mathrm{r}},y_{\mathrm{r}},z)=\frac{Q(1-f_{\mathrm{p}})}{\sqrt{2\pi}\,\bar{u}\sigma_{z\mathrm{p}}}F_{y}\sum_{m=-\infty}^{\infty}\left\{\exp\left[-\frac{(z-h_{\mathrm{ep}}+2mz_{i\mathrm{eff}})^{2}}{2\sigma_{z\mathrm{p}}^{2}}\right]+\exp\left[-\frac{(z+h_{\mathrm{ep}}+2mz_{i\mathrm{eff}})^{2}}{2\sigma_{z\mathrm{p}}^{2}}\right]\right\} \tag{7-60}$$

在式(7-58)到式(7-60)中，Q 为污染源排放率；$\bar{u}$为风速；$\Psi_{\mathrm{d}j}$，$\Psi_{\mathrm{r}j}$，h_{ep}为三种源高度(源排放高度＋抬升高度)；z_i 为混合层高度；$c_{\mathrm{c}}\{x_{\mathrm{r}},y_{\mathrm{r}},z\}$为对流条件下总的质量浓度；$z$ 为 z_{r}(水平烟羽)或 z_{p}(沿地形抬升烟羽)的烟羽高度；f_{p} 为留在混合层中的烟羽密度；F_y 为污染物浓度水平分布函数；σ_y 为水平扩散参数；σ_{zj} 为直接或者间接源垂直扩散参数；$\sigma_{z\mathrm{p}}$ 为穿透源垂直扩散参数；$\lambda_j(\lambda_1,\lambda_2)$为上升和下降两部分烟羽的权重系数，体现污染物浓度非正态的双高斯分布；m 为反射次数；$z_{i\mathrm{eff}}$为稳定层中反射面高度。

5. 简单和复杂地形的一体化处理

AERMOD 模式在考虑地形对污染物浓度分布的影响时，其物理基础是采用临界分流概念，将扩散流场分为两层，在临界分流高度(H_{c})以下的流体，没有足够的能量越过山体，只能绕过地形，而在高于 H_{c} 的气层内，气流有足够的动能克服位能并越过山头。因此，AERMOD 模型认为，复杂地形上的污染物浓度取决于烟羽的两种极限状态：一是不受山体影响的水平烟羽(Horizontal plume state)；二是在垂直方向上完全跟随山体抬升的烟羽(Terrain Responding plume state)。如图 7-9 所示，其中 z_{p} 为污染源高，z_{t} 为地形高度，z_{r} 为总高度。任一接受点的污染物浓度是这两种烟羽贡献浓度加权之和：

$$c_{\mathrm{Tot}}=fc_{\mathrm{Horiz}}+(1-f)c_{\mathrm{TerrRes}} \tag{7-61}$$

式中：c_{Horis}为水平烟羽部分的浓度；c_{TerrRes}为沿跟随地形烟羽部分的浓度；f 为两部分烟羽的权重，与临界分流高度 H_{c} 有关。如图 7-10 所示，Φ_p 为在临界高度以下的烟羽密度。

临界分流高度 H_{c} 由下式计算：

$$\frac{1}{2}u^{2}\{H_{\mathrm{c}}\}=\int_{H_{\mathrm{c}}}^{h_{\mathrm{c}}}N^{2}(h_{\mathrm{c}}-z)\,\mathrm{d}z \tag{7-62}$$

式中：$u\{H_{\mathrm{c}}\}$为高度 H_{c} 处的风速；N 为 Brunt-Vaisala 频率，是位温与位温梯度的函数；h_{c} 为地形高度尺度，由 AERMAP 模块根据地形数据计算得到。

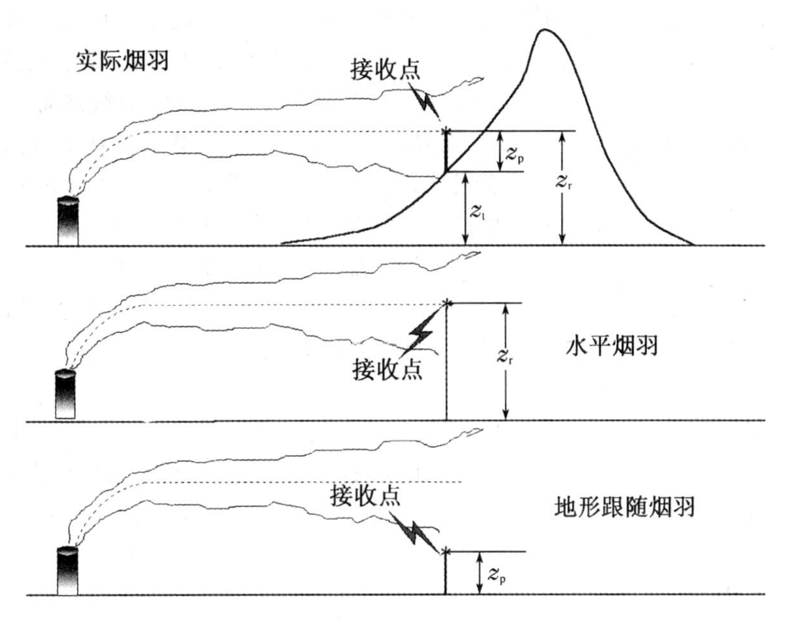

图 7-9　AERMOD 处理地形时的两种烟羽示意图

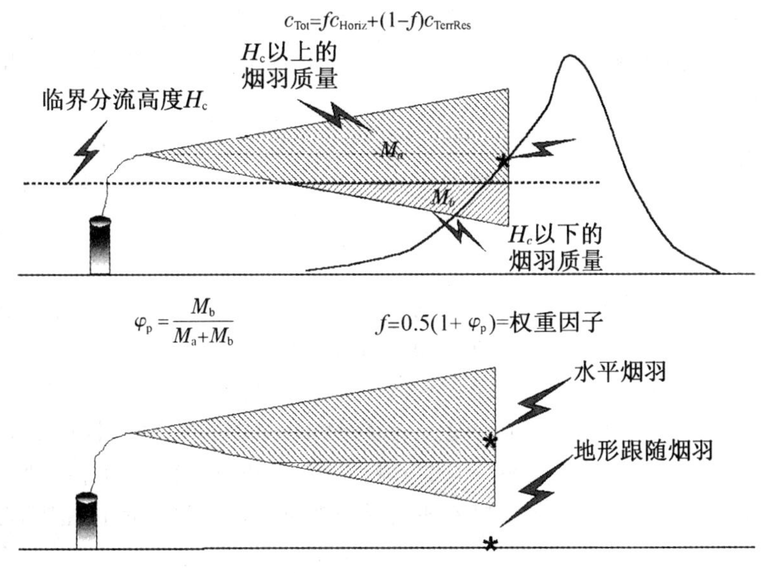

图 7-10　AERMOD 模式对地形的处理，权重因子 f 的确定

6. 其他模块

AERMOD 还有修正城市夜间混合层高度、处理建筑物下洗、计算污染物简单化学转换（NO 与 NO_2 转换）等功能，在此不再详细介绍。

二、其他常用模式

1. ADMS

ADMS（Atmospheric Dispersion Modeling System）是由英国剑桥环境研究公司

(CERC)开发的一套先进的大气扩散模型，属新一代大气扩散模型。该模式吸收了大气边界层研究的最新进展，利用常规气象要素来定义边界层结构，模式计算中也只需要输入常规气象参数。模式摒弃了 Pasqill 稳定度分类法以及跃变式 $P-G$ 曲线或幂指数形式的扩散参数体系，而采用连续性普适函数或无量纲表达式的形式；模式总体上以高斯分布公式为主，但在不稳定条件下摒弃了高斯模式体系，采用 PDF 模式及小风对流模式。ADMS 可以模拟点源、线源、面源、体源的污染物输送和扩散，可以模拟几分钟到年平均时间的浓度分布；适用于简单和较复杂的地形条件；其化学模块可以考虑一氧化氮(NO)、二氧化氮(NO_2)、挥发性有机化合物(VOC)以及臭氧(O_3)之间的化学反应。为提高 ADMS 模式应用的针对性和效能，开发了一系列专门的模式，主要包括：

(1) ADMS-Screen(ADMS-筛选)

适合用于快速计算来自单个点源的污染物地表浓度并将输出结果自动与有关的大气质量标准比较。该模式仅需要简单的污染源和气象信息。“ADMS-筛选”特别适合于对恶劣(最坏)情况下污染源的影响进行初步评价，以及对新建工厂的可行性研究进行法规性的环境影响评价。

(2) ADMS-Industrial (ADMS-工业)

可计算点源、线源、面源和体源的污染物浓度。这套系统包括如下模块：气象预处理模式，干湿沉降，复杂地形的影响，建筑物和海岸线的影响，烟羽能见度，放射性和化学模块；并可计算短期(秒)内的污染高峰浓度值，如对臭味的预测。这一系统已与地理信息系统(GIS)连接，易于分析模式结果。

(3) ADMS-EIA(ADMS-环评)

可以处理一个区域或城市所有类型的污染源，包括工业源、道路交通源、面源、体源和网格源等，适用于区域空气环境评价，并与地理信息系统相连接。

(4) ADMS-Urban(ADMS-城市)

ADMS 模式系列中最复杂的一个，它用于计算来自大区域和城市的污染物浓度。此系统可处理所有类型的污染排放源：点源、面源和道路交通的污染。除了具有“ADMS-环评”的所有特征外，此系统还包括一个光化学模式和一个完整连接的地理信息系统(GIS)。地理信息系统(GIS)允许用户在城市地图上显示高分辨率的污染浓度图，包括道路附近的污染浓度高峰值，从而可以显示不同污染源的影响。“ADMS-城市”是为详细评价城市区域的大气质量而设计的，可以应用于城市规划环境影响评价以及空气质量管理战略措施等方面，也可用于城市空气质量预报。

(5) ADMS-Roads(ADMS-道路)

主要是为详细计算一条或多条道路污染源对空气质量影响而设计的。

(6) ADMS-Airport(ADMS-机场)

适用于模拟飞机场附近的大气环境质量。

2. CALPUFF

CALPUFF 是一个非稳态烟团扩散模式系统，可模拟流场随时间和空间发生变化时污染物的输送、转化和清除过程。CALPUFF 适用于从 50 km 到几百千米范围内的模拟尺度。它包括了近距离模拟的计算功能，如建筑物下洗、烟羽抬升、排气筒雨帽效应、部分烟羽穿透、次层网格尺度的地形和海陆的相互影响，还包括长距离模拟的计算功能，如污染物的干湿沉降、化学转化、垂直风切变效应、跨越水面的传输、熏烟效应以及颗粒物浓度对能见度的影响。该模式适用于一些特殊情况，如稳定状态下的小静风、风向逆转、在传输和扩散过程中气象场时空变化等。CALPUFF 模式系统包括 CALMET 气象模块、CALPUFF 输送与扩散模块、CALPOST 后处理模块，并提供了一系列处理气象、地形等资料的工具软件。

(1) CALMET 气象模式

CALMET 为 CALPUFF 模式提供三维的网格化风场，以及边界层参数，如混合层高度、扩散特征等。它包含了客观分析、斜坡流的参数化，地形的流体效应和阻滞效应的处理、辐散最小化处理，以及陆地和水面边界层的微气象模式。

(2) CALPUFF 输送与扩散模型

CALPUFF 是适用于非稳态气象条件下的拉格朗日高斯烟团扩散模式。它可以模拟从几十米到几百千米以上的污染物扩散、迁移以及转化过程。在近距离模式可以处理如建筑物下洗、浮力抬升、动力抬升、部分烟羽穿透和海陆交互影响等过程，在远距离可以处理如干湿沉降、化学转化、垂直风修剪和水上输送等污染物清除过程。模式可以处理逐时变化的点源、面源、线源、体源等污染源，可选择模拟小时、天、月以及年等多种平均时段的浓度分布。模式包含了化学转化、干湿沉降等污染物清除过程，充分考虑下垫面的影响。模式采用在取样时间内进行积分的方法，可有效地节省计算时间。

(3) CALPOST 后处理程序

CALPOST 是 CALPUFF 模式的数据分析和后处理程序。它可以计算任意的小时时间平均浓度和各种沉降通量，还可以依据相关的推荐法规来计算能见度影响因子。结合集成在同一平台中的二维或三维可视化工具，可轻而易举地实现数据结果的可视化显示和分析。

3. Model-3/CMAQ

(1) Model-3 模式系统组成

Model-3 模式系统是美国环保局于 20 世纪 90 年代开发研制的第三代空气质量预报和评估系统，可用于多尺度、多污染物的空气质量的预报、评估和决策等方面。空气质量模式系统 Model-3 主要由三个部分组成：中尺度气象模式(如 MM5、WRF 等)、排放源处理模式 SMOKE(Sparse Matrix Operator Kernel Emission System)和空气质量模式 CMAQ(Community Multi-scale Air Quality Modeling System)。CMAQ 是该模式系统的主体模块，中尺度气象模式和排放源处理模式是非常重要的外部模块。

中尺度气象模式系统为 Model-3 提供所模拟时段的气象资料，通过 MCIP(Meteorology-Chemistry Interface Processor)模块为 Model-3 提供模拟区域的网格资料、模拟的时间、垂直分层、地形资料、气象资料等。

排放原模式(SMOKE)主要是处理排放源资料数据，将排放数据内插到模式网格点上，并将年排放资料转化为排放源强度；排放源 SMOKE 模块包括固定源、移动源、面源和生物源的处理模式。

CMAQ 模式系统是多污染物、多尺度的空气质量模式系统，可同时综合处理多种污染物的输送和转化过程。CMAQ 的结构完全采用模块化，主要包含初始化模块 ICON (Initial conditions processor)、边界条件模块 BCON (Boundary conditions processor)、光解速率常数模块 JPROC(Photolysis rate processor)、污染物输送和化学转化模块 CCTM (CMAQ

Chemical-transport model processor)。在 CCTM 模块中包括扩散和平流过程、云和气溶胶效应、烟羽处理、气溶胶干沉降速率模拟及模式流程分析等。

CMAQ 模式中最核心的部分是化学输送模块 CCTM,可处理以下几种大气过程:

① 大气化学反应过程:在 Model-3 的化学输送模式有多种可供选择的化学机制,并且也可以修改已经存在的化学机制或使用新的化学机制。

② 大气扩散和平流过程:处理大气污染物与气象条件有关的各种平流输送和湍流扩散过程。

③ 污染物的烟羽扩散过程。

④ 云的化学过程:云在液相化学反应、垂直混合、气溶胶的湿清除方面都起着很重要的作用,另外云还会通过改变太阳辐射影响污染物的光化学过程。

(2) Model-3 空气质量模式系统的主要特点

① 一个大气的概念(One atmosphere):Model-3 突破了传统模式针对单一物种或单相物种的模拟,考虑了实际大气中不同物种之间的相互转换和互相影响。

② 多层网格(multi-scale)嵌套:将模拟的区域分成大小不同的网格范围来分别模拟,可提高模式的模拟准确度和速度。

③ 可供选择的多种用途:Model-3 不仅用于各种大气污染物浓度的预测,而且可用于进行环境评估和环境控制决策。

④ 可供选择的多种空间尺度范围:用户可根据自己研究问题的需要,选择局地、城市、区域和大陆等多种尺度的研究范围。

⑤ 可同时进行多种污染物浓度的预报。

⑥ 可选择多种化学机制。

⑦ 使用标准输入输出接口,可以灵活地增加资料,便于模式扩充和节约时间。

⑧ 模式开发使用 CVS (Concurrent Version System)版本管理系统,适合于多人使用,便于用户个人编译模式,使操作者有更大的使用空间。

思考题

1. 不同的边界层大气稳定度对污染物的输送和扩散会造成怎样的影响?
2. 当前大气环境影响评价中常用的空气质量模式有哪些? 各有何特点?
3. 在选取大气环境预测模式时,应考虑哪些方面的因素?
4. 预测模式的性能评价通常包括哪些内容? 评价方法如何?
5. 制定一个比较完善的大气环境现状监测方案,通常应考虑哪些方面的内容?
6. 针对建设项目的大气环境影响评价一般包括哪些方面的内容?

第八章　土壤环境影响评价

引言　土壤是人类赖以生存与发展的重要资源与生态环境条件，其处于岩石、大气、水和生物圈交接面，具有最为复杂的能量交换和物质迁移转化过程。土壤污染来源十分广泛，而土壤环境质量直接影响着依赖于它生存的动植物。因此，自20世纪50年代起世界各国逐渐认识到土壤环境保护的重要性。我国土壤环境保护的工作长期以来集中在农用地，然而随着经济高速发展，大量的工业"三废"与交通排放污染物通过各种方式进入土壤，建设用地的环境问题日益浮现，2015年"某外国语学校毒地事件"更是将土壤环境问题推上风口浪尖。

随着《土壤污染防治行动计划》("土十条")、《土壤污染防治法》、《环境影响评价技术导则　土壤环境(试行)》的逐步颁布实施，土壤环境影响评价在我国环境影响评价体系中的地位正在不断提高。

第一节　土壤环境污染与污染物迁移扩散机理

一、基本概念

1. 土壤环境

土壤环境是指受自然或人为因素作用的，由矿物质、有机质、水、空气、生物有机体等组成的陆地表面疏松综合体，包括陆地表层能够生长植物的土壤层和污染物能够影响的松散层等。

2. 土壤环境影响

土壤环境影响包括土壤环境生态影响与土壤环境污染影响。

土壤环境生态影响是指由于人为因素引起土壤环境特征变化导致其生态功能变化的过程或状态；土壤环境污染影响是指因人为因素导致某种物质进入土壤环境，引起土壤物理、化学、生物等方面特性的改变，导致土壤质量恶化的过程或状态。

(1) 土壤环境污染物

通过各种途径输入土壤环境中的物质种类十分繁多，有的是有益的，有的是有害的。我们把输入土壤环境中的足以影响土壤环境正常功能，降低作物产量和生物学质量，有害于人体健康的那些物质，统称为土壤环境污染物质。其中主要是指城乡工矿企业排放的对人体、生物体有害的"三废"物质，以及化学农药、病原微生物等，根据污染物的性质，可把土壤环境污染物质大致分为无机污染物和有机污染物两大类。

① 无机污染物

污染土壤环境的无机物主要有重金属(汞、镉、铅、铬、铜、锌、镍以及类金属砷、硒等)、放射性元素($^{137}C_S$、^{90}Sr等)、氟、酸、碱、盐等。其中尤以重金属和放射性物质的污染危害最为严重,因为这些污染物都是具有潜在威胁的,而且一旦污染了土壤,就难以彻底消除,并较易被植物吸收,通过食物链而进入人体,危及人类的健康。

② 有机污染物

污染土壤的有机物,主要有人工合成的有机农药、酚类物质、氰化物、石油、稠环芳烃、多氯联苯以及有害生物等。其中尤以有机氯农药、有机汞制剂、稠环芳烃等性质稳定不易分解的有机物在土壤环境中易积累,造成污染危害。

土壤环境中的主要污染物见表8-1。

表8-1 土壤中主要污染物质

<table>
<tr><th colspan="3">污染物种类</th><th>主要来源</th></tr>
<tr><td rowspan="14">无机污染物</td><td rowspan="9">重金属</td><td>汞(Hg)</td><td>制烧碱、汞化物生产等工业废水和污泥、含汞农药、汞蒸气</td></tr>
<tr><td>镉(Cd)</td><td>冶炼、电镀、染料等工业废水、污泥和废气、肥料杂质</td></tr>
<tr><td>铜(Cu)</td><td>冶炼、铜制品生产等废水、废渣和污泥、含铜农药</td></tr>
<tr><td>锌(Zn)</td><td>冶炼、镀锌、纺织等工业废水和污泥、废渣、含锌农药、磷肥</td></tr>
<tr><td>铅(Pb)</td><td>颜料、冶炼等工业废水、汽油防爆燃烧排气、农药</td></tr>
<tr><td>铬(Cr)</td><td>冶炼、电镀、制革、印染等工业废水和污泥</td></tr>
<tr><td>镍(Ni)</td><td>冶炼、电镀、炼油、染料等工业废水和污泥</td></tr>
<tr><td>砷(As)</td><td>硫酸、化肥、农药、医药、玻璃等工业废水、废气、农药</td></tr>
<tr><td>硒(Se)</td><td>电子、电器、油漆、墨水等工业的排放物</td></tr>
<tr><td rowspan="2">放射性元素</td><td>铯($^{137}C_S$)</td><td>原子能、核动力、同位素生产等工业废水、废渣,核爆炸</td></tr>
<tr><td>锶(^{90}Sr)</td><td>原子能、核动力、同位素生产等工业废水、废渣,核爆炸</td></tr>
<tr><td rowspan="3">其他</td><td>氟(F)</td><td>冶炼、氟硅酸钠、磷酸和磷肥等工业废水、废气、肥料</td></tr>
<tr><td>盐、碱</td><td>纸浆、纤维、化学等工业废水</td></tr>
<tr><td>酸</td><td>硫酸、石油化工、酸洗、电镀等工业废水、大气酸沉降</td></tr>
<tr><td rowspan="8">有机污染物</td><td colspan="2">有机农药</td><td>农药生产和使用</td></tr>
<tr><td colspan="2">酚</td><td>炼焦、炼油、合成苯酚、橡胶、化肥、农药等工业废水</td></tr>
<tr><td colspan="2">氰化物</td><td>电镀、冶金、印染等工业废水、肥料</td></tr>
<tr><td colspan="2">苯并(a)芘</td><td>石油、炼焦等工业废水、废气</td></tr>
<tr><td colspan="2">石油</td><td>石油开采、炼油、输油管道漏油</td></tr>
<tr><td colspan="2">有机洗涤剂</td><td>城市污水、机械工业污水</td></tr>
<tr><td colspan="2">多氯联苯类</td><td>人工合成品及工业废气、废水</td></tr>
<tr><td colspan="2">有害微生物</td><td>厩肥、城市污水、污泥、垃圾等</td></tr>
</table>

(2) 土壤环境污染源

土壤环境污染物的来源极其广泛，这是与土壤环境在生物圈中所处的特殊地位和功能密切相关的。

① 人类是把土壤作为农业生产的劳动对象和获得生命能源的生产基地。为了提高农产品的数量和质量，每年都不可避免地要将大量的化肥、有机肥、化学农药施入土壤，从而带入重金属、病原微生物、农药本身及其分解残留物等。同时，还有许多污染物随农田灌溉用水输入土壤，利用未做任何处理的或虽经处理而未达标排放的城市生活污水和工矿企业废水直接灌溉农田，是土壤有毒物质的重要来源。

② 土壤历来就是作为废物(生活垃圾、工矿业废渣、污泥、污水等)的堆放、处理与处置场所，而使大量有机和无机污染物随之进入土壤，这也是造成土壤环境污染的重要途径和污染来源。

③ 由于土壤环境是个开放系统，土壤与其他环境要素之间不断进行着物质与能量的交换，因大气、水体或生物体中污染物质的迁移转化，从而进入土壤，使土壤环境随之遭受二次污染，这也是土壤环境污染的重要来源。例如，工矿企业排放的气体污染物，先污染了大气，但可在重力作用下或随雨、雪降落于土壤中。

以上这几类污染是由人类活动的结果而产生的，统称人为污染源。根据人为污染物的来源不同又可大致分为工业污染源、农业污染源和生物污染源。

工业污染源就是指工矿企业排放的废水、废气、废渣。一般直接由工业“三废”引起的土壤环境污染仅限于工业区所在范围内，属点源污染。工业“三废”引起的大面积土壤污染往往是间接的，并经长期作用使污染物在土壤环境中积累造成的。

农业污染源主要是指由于农业生产本身的需要，而施入土壤的化学农药、化肥、有机肥以及残留于土壤中的农用地膜等。

生物污染源是指含有致病的各种病原微生物和寄生虫的生活污水、医院污水、垃圾以及被病原菌污染的河水等，这是造成土壤环境生物污染的主要污染源。

3. 土壤环境污染的特点

(1) 隐蔽性与潜伏性

土壤污染是污染物在土壤中长期积累的过程，其危害也是持续的、具有积累性的。一般要通过观测到地下水受到污染、农产品的产量及质量下降，以及因长期摄食由污染土壤生产的植物产品的人体和动物的健康状况恶化等方式才能显现出来。这些现象充分反映出土壤环境污染具有隐蔽性和潜伏性，不像大气污染或水体污染那样容易为人们所觉察。

(2) 不可逆性与长期性

污染物进入土壤环境后，便与复杂的土壤组成物质发生一系列迁移转化作用。多数无机污染物，特别是金属和微量元素，都能与土壤有机质或矿物质相结合，而且许多污染作用为不可逆过程，这样污染物最终形成难溶化合物沉积在土壤并长久保存在土壤中，很难使其离开土壤。因而土壤一旦受到污染，就很难恢复，成为了一种顽固的环境污染问题。

(3) 危害性与扩散性

污染物不仅会在土壤中存留，还会通过食物链富集而严重危害动物和人类健康；土壤污染还可以通过地下水渗漏，造成地下水污染，或通过地表径流污染水体。土壤污染地区若遭风蚀，又将污染的土粒吹扬到远处，扩大污染面。

二、污染物在土壤中的迁移转化

根据前文，土壤污染物主要为重金属与农药等有机化合物，本部分主要探讨重金属和农药在土壤中的迁移转化。

1. 重金属

(1) 重金属在土壤-植物根系中的迁移

植物在生长过程中所需要的一切养分来自于土壤，其中重金属元素在植物体内主要作为酶催化剂。

土壤中的重金属主要是通过植物根系毛细胞的作用积累于植物茎、叶和果实部分。重金属可能停留于细胞膜外或穿过细胞膜进入细胞质。

重金属由土壤向植物体内迁移包括被动迁移和主动迁移两种。转移的过程与重金属的种类、价态、存在形式以及土壤和植物的种类、特性有关。例如日本的"矿毒不知"大麦品种可以在铜污染地区生长良好，而其他麦类则不能生长；在腐殖质火山灰土壤中和冲击土壤中分别加入重金属元素进行水稻种植，最终对水稻生长产生障碍大小各不相同。

(2) 植物对重金属污染产生耐性的几种机制

随着土壤中重金属含量增加，有些植物也会产生出较大耐受性，从而形成耐性群落，主要机制包括有植物根系通过改变根际化学性状、原生质分泌液等作用限制重金属离子跨膜吸收；部分植物通过将吸收的重金属与细胞壁结合，降低对细胞内部的影响；以及一些研究发现，耐性植物中几种酶的活性在重金属含量增加时仍能维持正常水平；或形成重金属硫蛋白或植物络合素来进行抵御重金属的影响。

2. 农药

(1) 土壤对农药的吸附作用

进入土壤的农药随着物理吸附、物理化学吸附、氢键结合和配价键结合等形式吸附在土壤颗粒表面，而使农药残留在土壤中。农药在土壤环境中的物理与物理化学行为在很大程度上受农药在土壤中的吸附与解吸能力所制约。土壤对农药的吸附不仅会影响农药在土壤中的挥发和移动性能，而且还会影响农药在土壤中的生物与化学降解特性。

(2) 农药在土壤环境中的迁移

进入土壤环境中的农药可以通过挥发、扩散而迁移进入大气，引起大气污染；或随水迁移、扩散(包括淋溶和水土流失)而进入人体，引起水体污染；也可以通过作物的吸收导致对农作物的污染，再通过食物链浓缩，进而导致对动物和人体的危害。

农药在土壤环境中的迁移速度与土壤的孔隙度、质地、结构、土壤水分含量等性质有关外，主要取决于农药的蒸气压和环境的温度。农药的蒸气压愈高，环境的温度愈高，则向大气中迁移的速度愈快。同时，农药在土壤环境中的移动性与农药本身的溶解度有密切关系。一些在水中溶解度大的农药可直接随水流进入江河、湖泊；一些难溶性的农药主要附着于土壤颗粒上，随雨水冲刷，连同泥沙流入江河。

(3) 农药在土壤环境中的降解过程

农药在土壤环境中的降解过程包括光化学降解、化学降解和微生物降解等。

化学农药大部分属于有机化合物，它们对土壤微生物(包括一些有益微生物)有抑制作用。同时，土壤微生物也会利用有机农药作为能源，在体内酶或分泌酶的作用下，使农药发生降解作用彻底分解成 CO_2 等简单化合物，这是农药在土壤环境中的主要降解过程。各种农药在不同的条件下，生物降解的形式也不同，主要有氧化还原作用，脱卤作用，腈、胺、酯的水解作用，脱氨基作用，环破裂作用，芳环羟基化作用和异构化作用等。

三、土壤环境污染防治发展历程

1. 国际

20 世纪 50 年代，全球范围内爆发了一系列环境公害事件，世界各国普遍认识到土壤环境保护的重要性。在 60～70 年代，欧美各国针对土壤环境提出了一系列环境质量标准与防治法等，例如苏联在 1968 年就制定了全球第一个土壤环境质量标准，日本“骨痛病”等环境公害事件迫使日本在 1970 年制定了土壤污染防治法，美国自 70 年代开始制定“土壤中有毒元素的最高容许量”。进入 20 世纪 80 年代，西方欧美发达国家便将土壤保护纳入国家环境管理体系，目前已形成完善的集法律法规、技术标准和管理机制为一体的土壤污染防治技术体系，采取以风险管控为核心的集污染预防、风险管控、治理修复和土地流转再利用为一体的土壤分级分类可持续管理策略。如美国以“拉夫运河事件”为起点，形成了一套完整的涵盖法律法规、技术规范及管理手段的土壤污染防治体系。如图 8－1 所示，基于《国家环境政

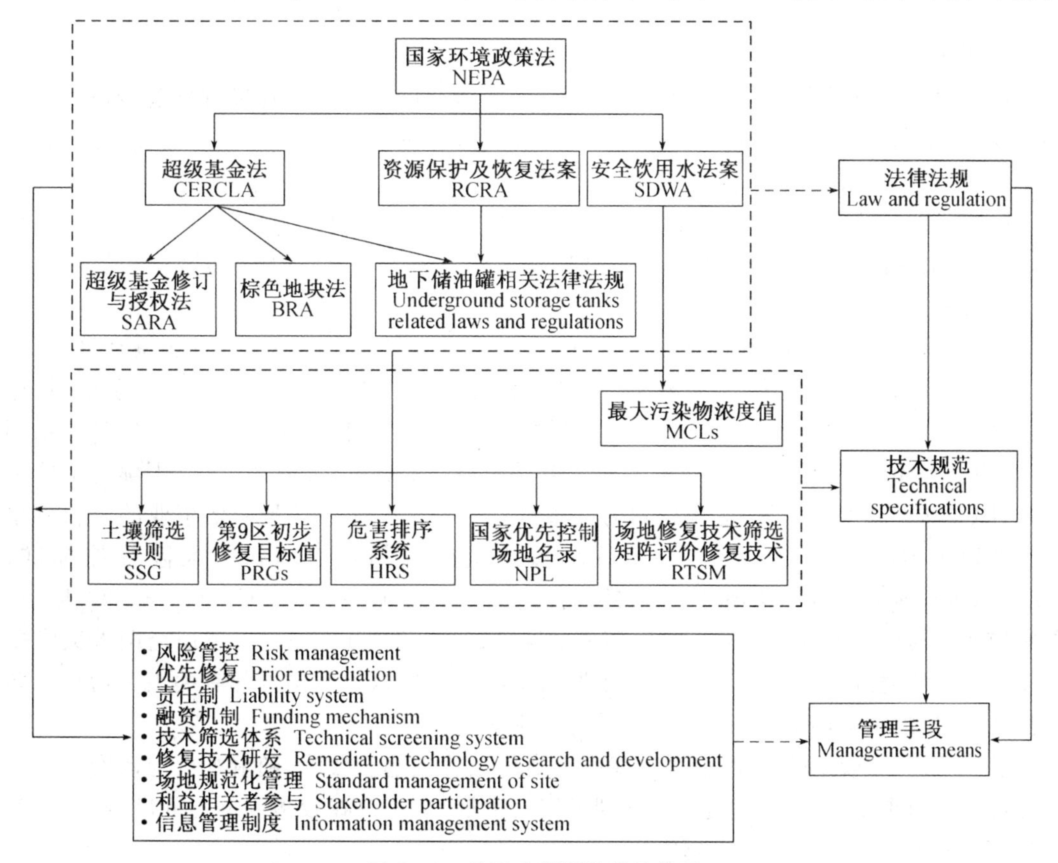

图 8－1　美国土壤污染防治体系

来源于文献：《欧美发达国家场地土壤污染防治技术体系概述》

策法》发布的《超级基金法》与《资源保护及修复法案》对于美国开展土壤污染防治具有里程碑式的意义。在超级基金法中首次提出了棕地的概念,后续在基础法案的指导下,美国土壤污染防治法律法规体系随着棕地项目的开展进一步完善,包括《土壤筛选导则》、《国家优先控制场地名录》、《第9区初步修复目标值》等。

在土壤研究方面,土壤污染防治与土壤修复一直是非常热门的研究领域。20世纪60～70年代,欧美发达国家最早开始了化学物质在土壤中的持留、释放与运移研究,这与他们开始土壤保护立法是同步进行的。之后一段时间对于土壤污染过程的机理研究一直在进行,主要研究热点集中在土壤污染过程、修复机理与技术、恢复方法等方面。1998年的第16届国际土壤科学大会上国际土壤科学联合会(IUSS)正式成立了国际土壤修复专业委员会,标志着土壤修复正式成为世界各国普遍关注的一个重要议题。

西方发达国家的土壤污染问题发现早,治理也早,因为土壤污染深深地影响到了民众的生活水平和经济发展,他们着重研究重金属、多环芳烃、农药、多氯联苯等类型污染物在土壤中的迁移积累和生态效应,同时也提出了很多对这些污染的控制修复措施。研究早期主要集中于宏观尺度上的污染物迁移转化,近年来,土壤环境与污染修复研究的国际前沿则转移到"重金属污染与生物累积效应"和"土壤有机污染与生物降解"两个方面。

总体来说,欧美国家的土壤研究发展较为成熟,土壤的污染问题已经得到了较大程度的改善。

2. 国内

由于土壤环境污染特点以及土地管理历史状况,我国开始土壤环境管理起步较晚。直到1995年才真正意义上颁布了第一个土壤环境质量标准,并于1996年3月1日起正式实施,而其重点仍局限于农用地的环境质量管控。

随着我国工业"三废"和交通污染物大量排放进入土壤,建设用地土壤环境问题日益显现,土壤污染逐渐成为社会讨论热点,再叠加农用化学品的大量使用,导致我国土壤环境面临严峻考验。

为此,国家相应颁布了一系列法律法规与政策文件,以应对日益突出的土壤环境问题。环境保护部于2014年2月出台了《场地环境调查技术导则》(HJ 25.1—2014)、《场地环境监测技术导则》(HJ 25.2—2014)、《污染场地风险评估技术导则》(HJ 25.3—2014)等一系列文件,为土壤环境管理提供了技术支持。2016年5月28日,国务院印发了《土壤污染防治行动计划》,简称"土十条"。这一计划的发布可以说是整个土壤污染防治事业的里程碑事件。2018年生态环境部颁布了《土壤环境质量建设用地土壤污染风险管控标准》(GB 36600—2018)与《土壤环境质量农用地土壤污染风险管控标准》(GB 15618—2018),更新相应要求与标准值以适应当今土壤环境状况。2018年8月31日,十三届全国人大常委会第五次会议通过了《中华人民共和国土壤污染防治法》,这是我国首部有关土壤污染的防治法案,为我国土壤环境管理提供了有效的法律支撑。

总体来说,相较于欧美发达国家,我国土壤环境管理起步较晚,随着社会与政府对于土壤环境的逐渐重视,土壤管理近年来得到了较大发展,但仍存在较多漏洞与问题,亟待在实践中予以解决。

第二节　土壤环境影响评价

一、土壤环境影响评价工作程序

紧随着《中华人民共和国土壤污染防治法》的颁布，2018 年 9 月 13 日，国家生态环境部颁布了《环境影响评价技术导则　土壤环境（试行）》（HJ 964—2018），为我国土壤环境影响评价提供了详细的技术规范。根据该导则，我国土壤环境影响评价工作程序如图 8-2 所示，大体工作程序可划分为准备阶段、现状调查与评价阶段、预测分析与评价阶段和结论阶段。准备阶段是收集分析国家和地方土壤环境相关的法律、法规、标准及规划等资料；了解建设项目工程概况，结合工程分析，识别建设项目对土壤环境可能造成的影响类型，分析可能造成土壤环境影响的主要途径；开展现场踏勘工作，识别土壤环境敏感目标；确定评价等

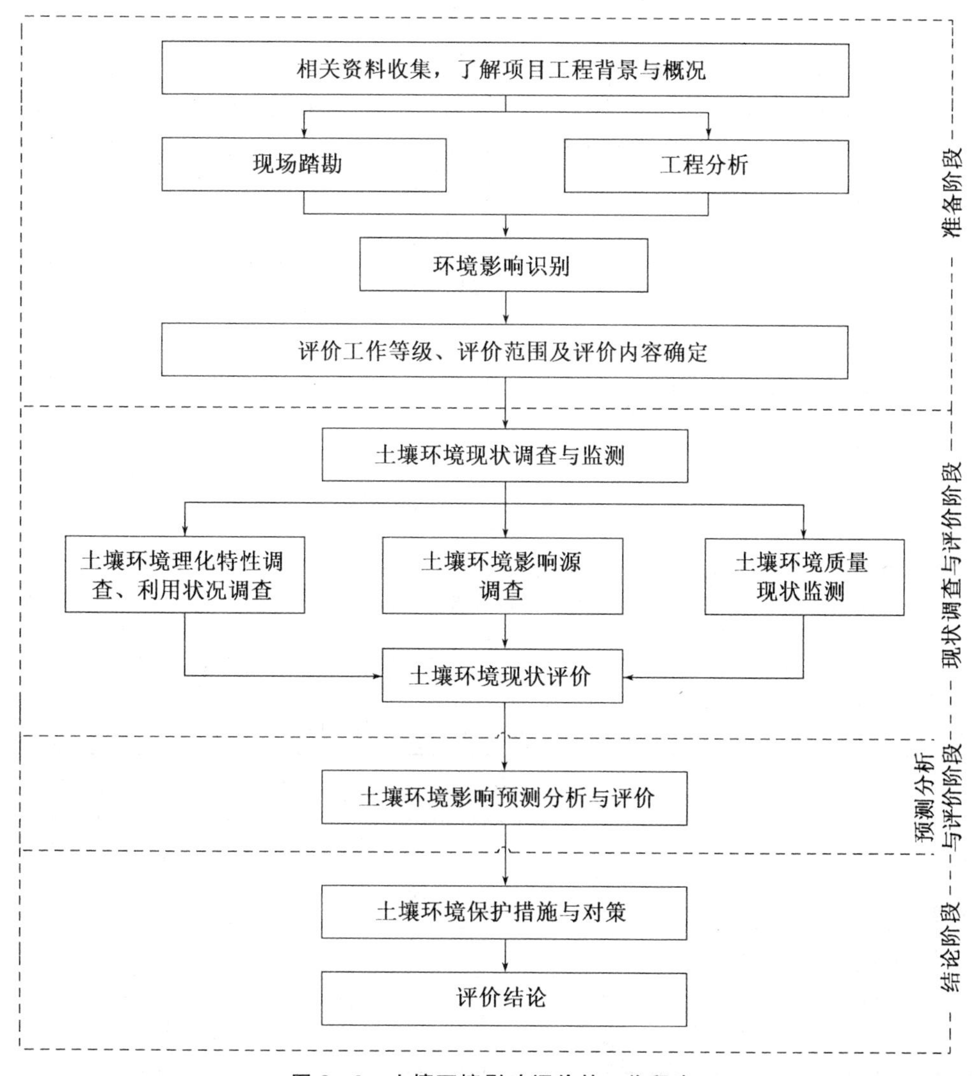

图 8-2　土壤环境影响评价的工作程序

级、范围与内容。现状调查与评价阶段是采用相应标准与方法，开展现场调查、取样、检测和数据分析与处理等工作，进行土壤环境现状评价。预测分析与评价阶段是依据本标准制定的或经论证有效的方法，预测分析与评价建设项目对土壤环境可能造成的影响。结论阶段是综合分析各阶段成果，提出土壤环境保护措施与对策，对土壤环评结论进行总结。

二、评价等级、范围、标准

1. 评价等级

根据《环境影响评价技术导则　土壤环境(试行)》(HJ 964—2018)，土壤环境影响评价工作可划分为三级。由建设项目对土壤环境可能产生的影响，将土壤环境影响类型划分为生态影响型与污染影响型，其中生态影响重点指土壤环境的盐化、酸化、碱化等。根据行业特征、工艺特点或规模大小等将建设项目分为Ⅰ类、Ⅱ类、Ⅲ类、Ⅳ类，其中Ⅳ类建设项目可不开展土壤环境影响评价。针对生态影响型与污染影响型存在不同划分依据，如下所述：

(1) 生态影响型

建设项目所在地土壤环境敏感程度分为敏感、较敏感、不敏感，判别依据见表 8－2。同一建设项目涉及两个或两个以上场地或地区，应分别判定其敏感程度。产生两种或两种以上生态影响后果的，敏感程度按相对最高级别判定。根据标准中识别的土壤环境影响评价项目类别与敏感程度分级结果划分评价工作等级，详见表 8－3。

表 8－2　生态影响型敏感度分级表

敏感程度	判别依据		
	盐化	酸化	碱化
敏感	建设项目所在地干燥度 * ＞2.5 且常年地下水位平均埋深＜1.5 m 的地势平坦区域；或土壤含盐量＞4 g/kg 的区域	pH≤4.5	pH≥9.0
较敏感	建设项目所在地干燥度＞2.5 且常年地下水位平均埋深≥1.5 m 的，或 1.8＜干燥度≤2.5 且常年地下水位平均埋深＜1.8 m 的地势平坦区域，建设项目所在地干燥度＞2.5 或常年地下水位平均埋深＜1.5 m 的平原区，或 2 g/kg＜土壤含盐量≤4 g/kg 的区域	4.5＜pH≤5.5	8.5≤pH＜9.0
不敏感	其他	5.5＜pH＜8.5	

* 是指采用 E601 观测的多年平均水面蒸发量与降水量的比值，即蒸降比值。

表 8－3　生态影响型评价工作等级划分表

评价工作等级 项目类别 / 敏感程度	Ⅰ类	Ⅱ类	Ⅲ类
敏感	一级	二级	三级
较敏感	二级	二级	三级
不敏感	二级	三级	—

注："—"表示可不开展土壤环境影响评价工作。

(2) 污染影响型

将建设项目占地规模分为大型(≥50 hm^2)、中型(5～50 hm^2)、小型(≤5 hm^2),建设项目占地主要为永久占地。

建设项目所在地周边的土壤环境敏感程度分为敏感、较敏感、不敏感,判别依据见表8-4。

表8-4　污染影响型敏感程度分级表

敏感程度	判别依据
敏感	建设项目周边存在耕地、园地、牧草地、饮用水水源地或居民区、学校、医院、疗养院、养老院等土壤环境敏感目标的
较敏感	建设项目周边存在其他土壤环境敏感目标的
不敏感	其他情况

根据土壤环境影响评价项目类别、占地规模与敏感程度划分评价工作等级,详见表8-5。

表8-5　污染影响型评价工作等级划分表

评价工作等级 / 占地规模 / 敏感程度	Ⅰ类			Ⅱ类			Ⅲ类		
	大	中	小	大	中	小	大	中	小
敏感	一级	一级	一级	二级	二级	二级	三级	三级	三级
较敏感	一级	一级	二级	二级	二级	三级	三级	三级	—
不敏感	一级	二级	二级	二级	三级	三级	三级	—	—

注:"—"表示可不开展土壤环境影响评价工作。

建设项目同时涉及土壤环境生态影响型与污染影响型时,应分别判定评价工作等级,并按相应等级分别开展评价工作。

2. 评价标准

我国在1995年实施《土壤环境质量标准》(GB 15618—1995),经过二十多年的发展,已经不再符合现代化土壤管理要求,国家针对实际情况开展修订,于2018年8月1日将原质量标准拆分为《土壤环境质量建设用地土壤污染风险管控标准(试行)(GB 36600—2018)》和《土壤环境质量农用地土壤污染风险管控标准(试行)(GB 15618—2018)》。

(1) 建设用地土壤污染风险管控标准

城市建设用地根据保护对象暴露情况的不同,可划分为两类:

第一类用地:包括《城市用地分类于规划建设用地标准》(GB 50137—2011)规定的城市建设用地中的居住用地(R)、公共管理与公共服务用地中的中小学用地(A33)、医疗卫生用地(A5)和社会福利设施用地(A6),以及公园绿地(G1)中的社区公园或儿童公园用地等。

第二类用地:包括《城市用地分类与规划建设用地标准》(GB 50137—2011)规定的城市建设用地中的工业用地(M)、物流仓储用地(W)、商业服务业设施用地(B)、道路于交通设施用地(S)、公共设施用地(U)、公共管理与公共服务用地(A)(A33、A5、A6除外),以及绿地于广场用地(G)(G1中的社区公园或儿童公园用地除外)等。

根据建设用地的分类情况,第一类用地与第二类用地皆制定了相应的污染风险筛选值与风险管控值，见表8-6。

表8-6 建设用地土壤污染风险筛选值和管制值(部分内容) 单位:mg/kg

序号	污染物项目	CAS编号	筛选值		管制值	
			第一类用地	第二类用地	第一类用地	第二类用地
重金属和无机物						
1	砷	7440-38-2	20	60	120	140
2	镉	7440-43-9	20	65	47	172
3	铬(六价)	18540-29-9	3.0	5.7	30	78
4	铜	7440-50-8	2 000	18 000	8 000	36 000
5	铅	7439-92-1	400	800	800	2 500
6	汞	7439-97-6	8	38	33	82
7	镍	7440-02-0	150	900	600	2 000

建设用地规划用途为第一类用地的，使用表中第一类用地的筛选值和管制值；规划用途为第二类用地的，使用表中第二类用地的筛选值和管制值。规划用途不明确的，使用表中第一类用地的筛选值和管制值。

污染物含量等于或者低于风险筛选值的，建设用地土壤污染风险一般情况下可以忽略；高于风险筛选值的，应当根据相应标准或技术要求开展详细调查，判断是否需要采取风险管控或修复措施；通过详细调查确定污染物含量高于风险管制值，对人体健康存在不可接受风险，应当采取风险管控或修复措施。

(2) 农用地土壤污染风险管控标准

农用地同样按照污染风险筛选值与管制值进行管控，但并未对土地类型进行分级。

表8-7 农用地土壤污染风险筛选值(部分内容) 单位 mg/kg

序号	污染物项目		风险筛选值			
			pH≤5.5	5.5<pH≤6.5	6.5<pH≤7.5	pH>7.5
1	镉	水田	0.3	0.4	0.6	0.8
		其他	0.3	0.3	0.3	0.6
2	汞	水田	0.5	0.5	0.6	1.0
		其他	1.3	1.8	2.4	3.4
3	砷	水田	30	30	25	20
		其他	40	40	30	25
4	铅	水田	80	100	140	240
		其他	70	90	120	170

表 8-8　农用地土壤污染风险管制值　单位 mg/kg

序号	污染物项目	风险管制值			
		pH≤5.5	5.5<pH≤6.5	6.5<pH≤7.5	pH>7.5
1	镉	1.5	2.0	3.0	4.0
2	汞	2.0	2.5	4.0	6.0
3	砷	200	150	120	100
4	铅	400	500	700	1 000
5	铬	800	850	1 000	1 300

当土壤中污染物含量等于或低于表中规定的风险筛选值时，土壤风险较低，一般情况可忽略；高于风险筛选值时，可能存在土壤污染风险，应当加强土壤环境监测和农产品协同监测；当土壤中镉、汞、砷、铅、铬含量高于风险管制值时，原则上应当采取禁止种植食用农产品，退耕还林等严格管控措施。

三、土壤环境现状调查与评价

1. 土壤环境现状调查

(1) 基本原则与要求

① 土壤环境现状调查与评价工作应遵循资料收集与现场调查相结合、资料分析与现状监测相结合的原则。

② 土壤环境现状调查与评价工作的深度应满足相应的工作级别要求，当现有资料不能满足要求时，应通过组织现场调查、监测等方法获取。

③ 建设项目同时涉及土壤环境生态影响型与污染影响型时，应分别按相应评价工作等级要求开展土壤环境现状调查，可根据建设项目特征适当调整，优化调查内容。

④ 工业园区内的建设项目，应重点在建设项目占地范围内开展现状调查工作，并兼顾其可能影响的园区外围土壤环境敏感目标。

(2) 调查范围

① 调查评价范围应包括建设项目可能影响的范围，能满足土壤环境影响预测和评价要求；改、扩建类建设项目的现状调查评价范围还应兼顾现有工程可能影响的范围。

② 建设项目(除线性工程外)土壤环境影响现状调查评价范围可根据建设项目影响类型、污染途径、气象条件、地形地貌、水文地质条件等确定并说明，或参考表 8-9 确定。

③ 建设项目同时涉及土壤环境生态影响与污染影响时，应各自确定调查评价范围。

④ 危险品、化学品或石油等输送管线应以工程边界两侧向外延伸 0.2 km 作为调查范围。

(3) 调查内容与要求

① 资料收集

根据建设项目特点，可能产生的环境影响和当地环境特征，有针对性地收集调查评价范围内的相关资料，主要包括以下内容：

(a) 土地利用现状图、土地利用规划图、土壤类型分布图；

(b) 气象资料、地形地貌特征资料、水文及水文地质资料等；

(c) 土地利用历史情况；

(d) 与建设项目土壤环境影响评价相关的其他资料。

表 8-9 现状调查范围

评价工作等级	影响类型	调查范围[a]	
		占地[b]范围内	占地范围外
一级	生态影响型	全部	5 km 范围内
	污染影响型		1 km 范围内
二级	生态影响型		2 km 范围内
	污染影响型		0.2 km 范围内
三级	生态影响型		1 km 范围内
	污染影响型		0.05 km 范围内

[a] 涉及大气沉降途径影响的，可根据主导风向下风向的最大落地浓度点适当调整。

[b] 矿山类项目指开采区与各场地的占地；改、扩建类的指现有工程与拟建工程的占地。

② 理化特性调查内容

在充分收集资料的基础上，根据土壤环境影响类型、建设项目特征与评价需要，有针对性地选择土壤理化特性调查内容，主要包括土体构型、土壤结构、土壤质地、阳离子交换量、氧化还原电位、饱和导水率、土壤容重、孔隙度等；土壤环境生态影响型建设项目还应调查植被、地下水位埋深、地下水溶解性总固体等。

③ 污染源调查

(a) 应调查与建设项目产生同种特征因子或造成相同土壤环境影响后果的影响源。

(b) 改、扩建的污染影响型建设项目，其评价工作等级为一级、二级的，应对现有工程的土壤环境保护措施情况进行调查，并重点调查主要装置或设施附近的土壤污染现状。

(4) 现状监测

① 布点原则

(a) 土壤环境现状监测点布设应根据建设项目土壤环境影响类型、评价工作等级、土地利用类确定，采用均布性与代表性相结合的原则，充分反映建设项目调查评价范围内的土壤环境现状，可根据实际情况优化调整。

(b) 调查评价范围内的每种土壤类型应至少设置 1 个表层样监测点，应尽量设置在未受人为污染或相对未受污染的区域。

(c) 生态影响型建设项目应根据建设项目所在地的地形特征、地面径流方向设置表层样监测点。

(d) 涉及入渗途径影响的，主要产污装置区应设置柱状样监测点，采样深度需至装置底部与土壤接触面以下，根据可能影响的深度适当调整。

(e) 涉及大气沉降影响的，应在占地范围外主导风向的上、下风向各设置 1 个表层样监测点，可在最大落地浓度点增设表层样监测点。

(f) 涉及地面漫流途径影响的，应结合地形地貌，在占地范围外的上、下游各设置 1 个表层样监测点。

(g) 线性工程应重点在站场位置(如输油站、泵站、阀室、加油站及维修场所等)设置监测点,涉及危险品、化学品或石油等输送管线的应根据评价范围内土壤环境敏感目标或厂区内的平面布局情况确定监测点布设位置。

(h) 评价工作等级为一级、二级的改、扩建项目,应在现有工程厂界外可能产生影响的土壤环境敏感目标处设置监测点。

(i) 涉及大气沉降影响的改、扩建项目,可在主导风向下风向适当增加监测点位,以反映降尘对土壤环境的影响。

(j) 建设项目占地范围及其可能影响区域的土壤环境已存在污染风险的,应结合用地历史资料和现状调查情况,在可能受影响最重的区域布设监测点;取样深度根据其可能影响的情况确定。

(k) 建设项目现状监测点设置应兼顾土壤环境影响跟踪监测计划。

② 现状监测点数量要求

(a) 建设项目各评价工作等级的监测点数不少于表 8-10 要求。

表 8-10　现状监测布点类型与数量

评价工作等级		占地范围内	占地范围外
一级	生态影响型	5 个表层样点[a]	6 个表层样点
	污染影响型	5 个柱状样点[b],2 个表层样点	4 个表层样点
二级	生态影响型	3 个表层样点	4 个表层样点
	污染影响型	3 个柱状样点,1 个表层样点	2 个表层样点
三级	生态影响型	1 个表层样点	2 个表层样点
	污染影响型	3 个表层样点	—

注:"—"表示无现状监测布点类型与数量的要求。

[a] 表层样应在 0～0.2 m 取样。

[b] 柱状样通常在 0～0.5 m、0.5～1.5 m、1.5～3 m 分别取样,3 m 以下每 3 m 取 1 个样,可根据基础埋深、土体构型适当调整。

(b) 生态影响型建设项目可优化调整占地范围内、外监测点数量,保持总数不变;占地范围超过 5 000 hm 的,每增加 1 000 hm 增加 1 个监测点。

(c) 污染影响型建设项目占地范围超过 100 hm 的,每增加 20 hm 增加 1 个监测点。

③ 现状监测因子

(a) 基本因子为《土壤环境质量建设用地土壤污染风险管控标准》(GB 36600—2018)与《土壤环境质量农用地土壤污染风险管控标准》(GB 15618—2018)中规定的基本项目,分别根据调查评价范围内的土地利用类型选取。

(b) 特征因子为建设项目产生的特有因子,根据建设项目土壤环境影响识别表 8-11 确定。既是特征因子又是基本因子的,按特征因子对待。

表 8-11 污染影响型建设项目土壤环境影响源及影响因子识别表

污染源	工艺流程/节点	污染途径	全部污染物指标[a]	特征因子	备注[b]
车间/场地	……	大气沉降			
		地面漫流			
		垂直入渗			
		其他			
	……	……			
		……			
……	……				

[a] 根据工程分析结果填写。

[b] 应描述污染源特征，如连续、间断、正常、事故等；涉及大气沉降途径的，应识别建设项目周边的土壤环境敏感目标。

④ 现状监测频次要求

基本因子：评价工作等级为一级的建设项目，应至少开展 1 次现状监测；评价工作等级为二级、三级的建设项目，若掌握近 3 年至少 1 次的监测数据，可不再进行现状监测。

特征因子：应至少开展 1 次现状监测。

2. 土壤环境现状评价

(1) 评价因子

评价因子与现状因子相同。

(2) 评价标准

根据调查评价范围内的土地利用类型，分别选取《土壤环境质量建设用地土壤污染风险管控标准》(GB 36600—2018)与《土壤环境质量农用地土壤污染风险管控标准》(GB 15618—2018)等标准中的筛选值进行评价，土地利用类型无相应标准的可只给出现状监测值。

评价因子在《土壤环境质量建设用地土壤污染风险管控标准》(GB 36600—2018)与《土壤环境质量农用地土壤污染风险管控标准》(GB 15618—2018)等标准中未规定的，可参照行业、地方或国外相关标准进行评价，无可参照标准的可只给出现状监测值。

(3) 评价方法

污染影响型：应采用标准指数法，并进行统计分析，给出样本数量、最大值、最小值、均值、标准差、检出率和超标率、最大超标倍数等。

生态影响型：对照技术导则中给出的各监测点位土壤盐化、酸化、碱化的级别，统计样本数量、最大值、最小值和均值，并评价均值对应的级别。

四、土壤环境影响预测与评价

1. 预测评价范围与时段

预测评价范围一般与现状调查评价范围一致。预测评价时段需要根据建设项目土壤环境影响识别结果，确定重点预测时段。

2. 预测与评价因子

污染影响型建设项目应根据环境影响识别出的特征因子选取关键预测因子。

可能造成土壤盐化、酸化、碱化影响的建设项目，分别选取土壤盐分含量、pH 等作为预测因子。

3. 预测评价标准

预测评价标准参照《土壤环境质量建设用地土壤污染风险管控标准》(GB 36600—2018)与《土壤环境质量农用地土壤污染风险管控标准》(GB 15618—2018)，或《环境影响评价技术导则　土壤环境》(HJ 964—2018)中土壤盐化、酸化、碱化分级标准。

表 8-12　土壤盐化分级标准

分级	土壤含盐量(SSC)/(g/kg)	
	滨海、半湿润和半干旱地区	干旱、半荒漠和荒漠地区
未盐化	SSC＜1	SSC＜2
轻度盐化	1≤SSC＜2	2≤SSC＜3
中度盐化	2≤SSC＜4	3≤SSC＜5
重度盐化	4≤SSC＜6	5≤SSC＜10
极重度盐化	SSC≥6	SSC≥10

注：根据区域自然背景状况适当调整。

表 8-13　土壤酸化、碱化分级标准

土壤 pH	土壤酸化、碱化强度	土壤 pH	土壤酸化、碱化强度
pH＜3.5	极重度酸化	8.5≤pH＜9.0	轻度碱化
3.5≤pH＜4.0	重度酸化	9.0≤pH＜9.5	中度碱化
4.0≤pH＜4.5	中度酸化	9.5≤pH＜10.0	重度碱化
4.5≤pH≤5.5	轻度酸化	pH≥10.0	极重度碱化
5.5≤pH＜8.5	无酸化或碱化		

注：土壤酸化、碱化强度指受人为影响后呈现的土壤 pH，可根据区域自然背景状况适当调整。

4. 预测评价方法

土壤环境影响预测与评价方法应根据建设项目土壤环境影响类型与评价工作等级确定。

生态影响类型的建设项目，即可能引起土壤盐化、酸化、碱化等影响的建设项目，其评价工作等级为一级、二级的，预测方法可参见以下方法或进行类比分析。

(1) 适用范围

本方法适用于某种物质可概化为以面源形式进入土壤环境的影响预测，包括大气沉降、地面漫流以及盐、酸、碱类等物质进入土壤环境引起的土壤盐化、酸化、碱化等。

(2) 一般方法与步骤

① 可通过工程分析计算土壤中某种物质的输入量；涉及大气沉降影响的，可参照《环境

影响评价技术导则　大气环境》(HJ2.2—2018)相关技术方法给出。

② 土壤中某种物质的输出量主要包括淋溶或径流排出和土壤缓冲消耗两部分。植物吸收量通常较小，不予考虑；涉及大气沉降影响的，可不考虑输出量。

③ 分析比较输入量和输出量，计算土壤中某种物质的增量。

④ 将土壤中某种物质的增量与土壤现状值进行叠加后，进行土壤环境影响预测。

(3) 预测方法

① 单位质量土壤中某种物质的增量，g/kg。

$$\Delta S=n(I_S-L_S-R_S)/(\rho_b XAXD) \tag{8-1}$$

式中：ΔS 为单位质量表层土壤中某种物质的增量，g/kg(表层土壤中游离酸或游离碱浓度增量，mmol/kg)；I_S 为预测评价范围内单位年份表层土壤中某种物质的输入量，g(预测评价范围内单位年份表层土壤中游离酸、游离碱输入量，mmol)；L_S 为预测评价范围内单位年份表层土壤中某种物质经淋溶排出的量，g(预测评价范围内单位年份表层土壤中经淋溶排出的游离酸、游离碱的量，mmol)；R_S 为预测评价范围内单位年份表层土壤中某种物质经径流排出的量，g(预测评价范围内单位年份表层土壤中经径流排出的游离酸、游离碱的量，mmol)；ρ_b 为表层土壤容重，kg/m；A 为预测评价范围，m^2；D 为表层土壤深度，一般取 0.2 m，可根据实际情况适当调整；n 为持续年份，a。

② 单位质量土壤中某种物质的预测值可根据其增量叠加现状值进行计算。

$$S=S_b+\Delta S \tag{8-2}$$

式中：S_b 为单位质量土壤中某种物质的现状值，g/kg；S 为单位质量土壤中某种物质的预测值，g/kg。

③ 酸性物质或碱性物质排放后表层土壤 pH 预测值，可根据表层土壤游离酸或游离碱浓度的增量进行计算。

$$pH=pH_b+-\Delta S/BC_{pH} \tag{8-3}$$

式中：pH_b 为土壤 pH 现状值；BC_{pH} 为缓冲容量，mmol/(kg・pH)；pH 为土壤 pH 预测值。

污染影响型建设项目，其评价工作等级为一级、二级的，预测方法可采用类比分析，或采用一维非饱和溶质运移模型开展数值模拟，即通过土壤含水的垂向运动，预测其中污染物的垂向扩散；占地范围内还应根据土体构型、土壤质地、饱和导水率等分析其可能影响的深度。评价工作等级为三级的建设项目，可采用定性描述或类比分析法进行预测。

五、保护与治理措施

1. 基本要求

(1) 土壤环境保护措施与对策应包括：保护的对象、目标，措施的内容，设施的规模及工艺、实施部位和时间，实施的保证措施，预期效果的分析等，在此基础上估算(概算)环境保护投资，并编制环境保护措施布置图。

(2) 在建设项目可行性研究提出的影响防控对策基础上，结合建设项目特点，调查评价范围内的土壤环境质量现状，根据环境影响预测与评价结果，提出合理、可行、操作性强的土壤环境影响防控措施。

(3) 改、扩建项目应针对现有工程引起的土壤环境影响问题，提出“以新带老”措施，有效减轻影响程度或控制影响范围，防止土壤环境影响加剧。

（4）涉及取土的建设项目，所取土壤应满足占地范围对应的土壤环境相关标准要求，并说明其来源；弃土应按照固体废物相关规定进行处理处置，确保不产生二次污染。

2. 建设项目环境保护措施

（1）土壤环境现状保障措施

对于建设项目占地范围内的土壤环境质量存在点位超标的，应依据土壤污染防治相关管理办法、规定和标准，采取有关土壤污染防治措施。

（2）源头控制措施

生态影响型建设项目应结合项目的生态影响特征，按照生态系统功能优化的理念，坚持高效适用的原则提出源头防控措施。

污染影响型建设项目应针对关键污染源、污染物的迁移途径提出源头控制措施，并与相关环境要素、环境影响评价技术导则等标准要求相协调。

（3）过程防控措施

建设项目根据行业特点与占地范围内的土壤特性，按照相关技术要求采取过程阻断、污染物削减和分区防控措施。

① 生态影响型

（a）涉及酸化、碱化影响的可采取相应措施调节土壤 pH，以减轻土壤酸化、碱化的程度。

（b）涉及盐化影响的，可采取排水排盐或降低地下水位等措施，以减轻土壤盐化的程度。

② 污染影响型

（a）涉及大气沉降影响的，占地范围内应采取绿化措施，以种植具有较强吸附能力的植物为主。

（b）涉及地面漫流影响的，应根据建设项目所在地的地形特点优化地面布局，必要时设置地面硬化、围堰或围墙，以防止土壤环境污染。

（c）涉及入渗途径影响的，应根据相关标准规范要求，对设备设施采取相应的防渗措施，以防止土壤环境污染。

3. 跟踪监测

土壤环境跟踪监测措施包括制定跟踪监测计划和建立跟踪监测制度，以便及时发现问题，采取措施。

（1）土壤环境跟踪监测计划应明确监测点位、监测指标、监测频次以及执行标准等。

（2）监测点位应布设在重点影响区和土壤环境敏感目标附近。

（3）监测指标应选择建设项目特征因子。

（4）评价工作等级为一级的建设项目一般每 3 年内开展 1 次监测工作，二级的每 5 年内开展 1 次，三级的必要时可开展跟踪监测。

（5）生态影响型建设项目跟踪监测应尽量在农作物收割后开展。

（6）执行标准应与现状评价标准相同。

（7）监测计划应包括向社会公开的信息内容。

第三节 常用的土壤模拟模型

目前国际研究污染物在土壤中的扩散迁移主要是研究土壤中溶质的扩散运移规律。近几十年来各国科学家都对其开展了大量研究，提出了众多数学模型，这些模型可分为确定性模型和随机模型，首先发展起来的是确定性模型。

一、对流-弥散传输模型(CDE 模型)

CDE 模型是最为经典的确定性机理模型，原始的 CDE 模型只考虑由对流和弥散作用引起的污染物质在土壤中的运移，以及在对流弥散作用下离子的吸收和分解过程，但并未考虑任何物理化学作用，一般适用于均质非饱和土壤中稳态或非稳态的溶质运移，是溶质与土壤基质不发生吸附-解吸等化学反应，又不考虑其他汇源项条件下的数学表达式。

溶质在土壤中迁移的机制是：对流、扩散和机械弥散。以一维溶质为例，根据质量守恒定律，把溶质迁移的三种机制同连续性方程结合可得到溶质运移的 CDE 方程，这也是我国目前土壤导则推荐的预测模型。

$$\frac{\partial(\theta c)}{\partial t}=\frac{\partial}{\partial z}\left(\theta D\frac{\partial c}{\partial z}\right)-\frac{\partial}{\partial z}(qc) \tag{8-4}$$

式中：c 为污染物介质中的浓度，mg/L；D 为弥散系数，m^2/d；q 为渗流速度，m/d；z 为沿 z 轴的距离，m；t 为时间变量，d；θ 为土壤含水率，%。

二、两区模型

CDE 模型依托的概念清晰，但由于受到诸多假设条件的限制，田间土壤很难满足其计算条件，导致计算误差较大，同时考虑到在多孔介质中，存在着大小不同的孔隙，其中溶质和水流在一部分孔隙中迅速运动，而在另一部分孔隙中水流速率很小(可视为不流动)。为了解决以上的不足，Coats 和 Smith 为此对 CDE 方程进行了修正，1964 年首次提出了描述可动水体与不可动水体的两区模型。

$$\theta_m\frac{\partial c_m}{\partial}+\theta_{im}\frac{\partial c_{im}}{\partial}=\theta_m D_m\frac{\partial^2 c_m}{\partial z^2}-q\frac{\partial c_m}{\partial z} \tag{8-5}$$

式中：c_m、c_{im} 分别为可动水体和不可动水体中溶质的浓度；θ_m、θ_{im} 分别为可动水体与不可动水体之间的含水量；D_m 是可动水体的弥散系数。

随着对土壤优先流研究的深入，学者们相继提出了多种优先流数值模型，包括单孔隙模型、双孔隙/渗透模型和多孔隙/渗透模型，其中较为典型的为 Van Genuchten 和 Wagenet 考虑了溶质在迁移时，随着土壤颗粒表面点位的不同，其物理化学反应特征不尽相同，从而建立了双点/双区的土壤溶质运移模型。

优势流模型虽然在一定情况下可对土壤溶质运移过程进行定量描述，但有些研究者认为在大孔隙和裂隙中水的流动不是达西流，或认为结构土壤中的水和溶质的流动十分复杂，用传统的确定性模型无法描述，从而另辟思路，许多专家则是提出了一系列随机模型。

三、随机传输函数模型

由于在田间条件下，土壤的空间结构变异性比较大，土壤中水流的速度也存在空间变异，因此不完全服从 CDE 方程。Jury 提出随机转移函数模型（简称 TFM），用来研究非饱和土体中的溶质运移过程。该模型对土壤溶质迁移的机理没有任何限制，对一特定的土体，只要知道了溶质质点从地表到达地表下某一深度处所需时间的概率分布，即可用此模型预测不同深度下的平均浓度过程，其模型可表示为：

$$c_1(t)=\int_0^{\infty} c_{in}(t-t^1)f_1(t)\mathrm{d}t^1 \qquad (8-6)$$

式中：$C_l(t)$称为时间转移概率密度函数，表示 $t=0$ 的时刻在 $z=0$ 处的溶质质点在 $t+\mathrm{d}t$ 时刻到达 $Z=L$ 处的概率。

随机模型虽然有些情况下可得到较好的结果，但这种模型是从统计学和随机理论角度出发，研究和模拟溶质的总体运移过程，不能模拟单个分子或离子的运移轨迹，同时加上许多未知影响因素，因此利用这类模型揭示土壤溶质迁移机制是非常有限的。

四、土壤溶质运移的随机-对流模型

随机对流模型假定溶质运移路径是由彼此相互独立的一簇大小不一的纵向孔隙组成，孔隙间没有混合作用。每个孔隙中的水流过程都是确定性过程，比如活塞流或 CDE 过程。在田间土壤中，这些大小不一的纵向孔隙是随机分布的，决定每个土柱内运移的参数如孔隙特征长度和孔隙流速也是随机分布的。在不同运移孔隙中的特征到达土壤某一深度的运移时间也是随机分布的。随机-对流方程弥散系数与运移距离的关系为：

$$D=(v^3/2)(x/L^2)\sigma_L^2 \qquad (8-7)$$

该模型没有考虑溶质运移的空间尺度效应，这一假定对于很多土壤深度不大的田间土壤是很适用的，因为这种情况下溶质以向下运移为主，而横向混合由于运移距离短的限制而相对微弱。但对于土层深厚或区域地下水层，溶质运移势必受空间尺度效应的影响。

但是，分层土壤中的溶质运移依旧缺乏适合模型。在土壤形成过程中，土壤剖面发生分异，形成了剖面层次，每层次的土壤性质（即机械组成、孔隙状况）都不相同。虽然有包括 Selim 等专家提出过一系列分层模型概念，但至今还未形成适当描述非均质或分层土壤中运移的数学模型。

思考题

1. 土壤环境影响分为哪几类？土壤环境污染源主要为哪几类？
2. 请简要介绍我国土壤环境保护发展历程。
3. 土壤环境现状调查中目前主要采用的布点方式有哪些？请列举并简要介绍。
4. 请介绍目前常用的一类土壤污染模拟模型与原理。

第九章　声环境影响评价

引言　在很长一段时间内，噪声污染高居我国环保投诉的榜首，因为声环境是人们日常生活中能最直接感受到的环境要素，也是人们最直观地就能判断是否受到污染的环境要素，因此声环境影响评价也就成为环境影响报告书中十分重要的专题。

第一节　环境噪声评价基础

一、环境噪声

噪声是人们生活和工作不需要的声音。环境噪声指在工业生产、建筑施工、交通运输和社会生活中所产生的干扰周围生活环境的声音。环境噪声污染是指所产生的环境噪声超过国家规定的环境噪声排放标准，并干扰他人正常生活、工作和学习的现象。

环境噪声的分类方法有以下几种：

按产生的机理可分为机械噪声、空气动力性噪声和电磁噪声三大类。若要控制和治理噪声，需从产生机理上考虑研究。

按产生来源可分为工业噪声、建筑噪声、交通噪声、社会噪声及自然界噪声等，环境噪声管理应重点考虑前四类噪声。

按随时间的变化可分为稳态噪声和非稳态噪声两类。稳态噪声指噪声强度不随时间变化或者变化幅度很小的噪声；非稳态噪声是指噪声强度随时间变化较大的噪声。

按噪声的空间分布可分为点源、线源、面源三类。按噪声的流动性可分为固定声源和流动声源。声环境的预测评价需要综合考虑其空间分布和流动性。

二、噪声的物理量

1. 分贝

分贝是指两个相同的物理量 A_1 和 A_0 之比取以10为底的对数并乘以10或20，即

$$N=10\lg\frac{A_1}{A_0} \tag{9-1}$$

分贝符号为dB，是无量纲的。式中 A_0 是基准量，A_1 为被量度的量。被量度量与基准量之比取对数，所得值称为被量度量的“级”，它表示被量度量比基准量高出多少“级”。

2. 声压和声压级

声压是衡量声音大小的尺度，其单位为 N/m^2 或Pa。人耳对1 000 Hz的听阈声压为

2×10^{-5} N/m^2，痛阈声压为 20 N/m^2。从听阈到痛阈，声压的绝对值相差 10^6 倍。为了便于应用，人们根据人耳对声音强弱变化响应的特性，引出一个对数来表示声音的大小，这个就是声压级，它的表示方法如下：

$$L_p = 10\lg\frac{P^2}{P_0^2} \tag{9-2}$$

式中：L_p 为声压 P 的声压级，dB；P 为声压，N/m^2；P_0 为基准声压，等于 2×10^{-5} N/m^2，它是 1 000 Hz 的听阈声压。

正常人耳听到的声音的声压级在 0～120 dB 之间。

3. *声功率和声功率级*

声功率是声源在单位时间内向空间辐射声的总能量：

$$W = \frac{E}{\Delta t} \tag{9-3}$$

以 10^{-12} W 为基准，则声功率定义为：

$$L_w = 10\lg\frac{W}{W_0} \tag{9-4}$$

式中：L_w 为对应声功率 W 的声功率级，dB；W 为声功率，W；W_0 为基准声功率，等于 10^{-12} W。

4. *声强和声强级*

声强是在与声波传播方向垂直的单位面积上单位时间内通过的声能量，即

$$I = \frac{E}{\Delta t\cdot\Delta S} = \frac{W}{\Delta S} \tag{9-5}$$

式中：I 为声强；E 为声能量；W 为声功率；ΔS 为声音通过的面积。

如以人的听阈声强值 10^{-12} W/m^2 为基准，则声强级定义为：

$$L_I = 10\lg\frac{I}{I_0} \tag{9-6}$$

式中：L_I 为对应声强 I 的声强级，dB；I 为声强，W/m^2；I_0 为基准声强，等于 10^{-12} W/m^2。

5. *噪声级的计算*

n 个不同噪声源同时作用在声场中同一点，这点的总声压级 L_{pT} 计算可从声压级的定义得到：

$$L_{pT} = 10\lg\frac{P_{pT}^2}{P_0^2} = 10\lg\frac{\sum_{i=1}^{n}P_i^2}{P_0^2} = 10\lg\sum_{i=1}^{n}\left(\frac{P_i}{p_0}\right)^2 \tag{9-7}$$

式中：P_i 为噪声源 i 作用于该点的声压，N/m^2。

由

$$L_{pi} = 10\lg\left(\frac{P_i}{P_0}\right)^2$$

得

$$\left(\frac{P_i}{P_0}\right)^2 = 10^{0.1L_{pi}}$$

代入式(9-7)得：

$$L_{pT}=10\lg\left(\sum_{i=1}^{n}10^{0.1L_{pi}}\right) \qquad (9-8)$$

三、环境噪声评价量

1. A 声级

环境噪声的度量，不仅与噪声的物理量有关，还与人对声音的主观听觉有关。人耳对声音的感觉不仅和声压级大小有关，而且和频率的高低有关。声压级相同而频率不同的声音，听起来不一样响，高频声音比低频声音响，这是人耳的听觉特性所决定的。因此根据听觉特征，人们在声学测量器——声级计中设计安装了一种特殊的滤波器，叫计权网络。通过计权网络测得的声压级，已经不再是客观物理量的声压级，而叫计权声压级或计权声级，简称声级。通常有 A、B、C、D 计权声级。计权网络是一种特殊的滤波器，当含有各种频率的声波通过时，它对不同的频率成分有不同的衰减程度，A、B、C 计权网络的主要差别在于对频率成分的衰减程度，其中"A 计权网络"使收到的噪声在低频有较大的衰减而高频甚至稍有放大。这样 A 网络测得的噪声值较接近人耳的听觉，其测得值单位称为 A 声级(L_A)，记作分贝(A)或 dB(A)。由于 A 声级与人耳对噪声强度和频率的感觉最相近，因此 A 声级是应用最广的评价量。

2. 等效连续 A 声级

A 计权声级能够较好地反映人耳对噪声的强度和频率的主观感觉，因此对一个连续稳态噪声，它是一种较好的评价方法，但是不适合起伏或不连续的噪声，因此提出一个用噪声能量按时间平均方法来评价噪声对人影响的问题，即等效连续声级，符号为"L_{eq}"。在声场内的一定点上，将某一段时间(T)内连续暴露的不同 A 声级变化，用能量平均的方法以 A 声级表示该段时间内的噪声大小，这个声级称为等效连续 A 声级，简称等效声级，单位为 dB(A)，也可以记为 L_{eq}(A)。在评定非稳态噪声能量的大小时，常用等效连续 A 声级作为其评价量。

等效连续 A 声级的数学表达式为：

$$L_{eq}=10\lg\left(\frac{1}{T}\int_{0}^{T}10^{0.1L_A(t)}\,dt\right) \qquad (9-9)$$

式中：L_{eq}为在 T 段时间内的等效连续 A 声级，dB(A)；$L_A(t)$为 t 时刻的瞬间 A 声级，dB(A)；T 为连续取样的总时间，min。

在等间隔取样的情况下，等效连续 A 声级又可用如下方法计算：

$$L_{eq}=10\lg\left(\frac{1}{N}\sum_{i=1}^{N}10^{0.1L_i}\right) \qquad (9-10)$$

式中：L_i 为第 i 次读取的 A 声级，dB(A)；N 为取样总数。

3. 昼、夜间等效声级

昼间等效声级是在昼间时段内测得的等效连续 A 声级，用 L_d表示，单位 dB(A)。夜间等效声级是夜间时段内测得的等效连续 A 声级，用 L_n表示，单位 dB(A)。

其中"昼间"是指 6:00 至 22:00 之间的时段，"夜间"是指 22:00 至次日 6:00 之间的时段。

4. 最大 A 声级

最大 A 声级是在规定的测量时间段内或对某一独立噪声事件，测得的 A 声级最大值，用 L_{max} 表示，单位 dB(A)。

5. 统计噪声级

统计噪声级是指在某点若噪声级有较大波动时，用于描述该点噪声随时间变化状况的统计物理量。一般用 L_{10}、L_{50}、L_{90} 表示。

L_{10} 表示在取样时间内 10%的时间超过的噪声级，相当于噪声平均峰值。

L_{50} 表示在取样时间内 50%的时间超过的噪声级，相当于噪声平均中值。

L_{90} 表示在取样时间内 90%的时间超过的噪声级，相当于噪声平均底值。

其计算方法是将测得的 100 个或 200 个数据按大小顺序排列，总数为 100 个的第 10 个数据或总数为 200 个的第 20 个数据即为 L_{10}，总数为 100 个的第 50 个数据或总数为 200 个的第 100 个数据即为 L_{50}。同理，第 90 个数据或第 180 个数据即为 L_{90}。

6. 计权有效连续感觉噪声级

计权有效连续感觉噪声级是指在有效感觉噪声级的基础上发展起来的用于评价航空噪声的方法。其特点是在考虑了 24 h 内飞机通过某一固定点所产生的总噪声级的同时，也考虑了不同时间内的飞机对周围环境所造成的影响。

一日计权有效连续噪声级的计算公式为：

$$L_{WECPNL}=\overline{L_{EPNL}}+10\lg(N_1+3N_2+10N_3)-39.4 \tag{9-11}$$

式中：$\overline{L_{EPNL}}$ 为 N 次飞行的有效感觉噪声级的能量平均值，dB；N_1 为 7:00 到 19:00 的飞行次数；N_2 为 19:00 到 22:00 的飞行次数；N_3 为 22:00 到次日 7:00 的飞行次数。

计算式中所需参数，如飞机噪声的 L_{EPNL} 与距离的关系，采用设计数据和飞机制造厂家的实测声学参数或通过类比实测获得。

四、噪声的衰减和反射效应

1. 噪声衰减的计算

A 声级衰减的算法一般用于各种噪声的计算：

$$L_{A(r)}=L_{Aref(r_0)}-(A_{div}+A_{bar}+A_{atm}+A_{gr}+A_{misc}) \tag{9-12}$$

式中：$L_{A(r)}$ 为距声源 r 处的 A 声级；$L_{Aref(r_0)}$ 为参考位置 r_0 处的 A 声级；A_{div} 为声波几何发散引起的 A 声级衰减量；A_{bar} 为声屏障引起的 A 声级衰减量；A_{atm} 为空气吸收引起的 A 声级衰减量；A_{gr} 为地面效应引起的 A 声级衰减量；A_{misc} 为其他多方面效应引起的 A 声级衰减量。

2. 噪声随传播距离的衰减

噪声在传播过程中由于距离增加而引起的几何发散衰减与噪声固有的频率无关。

(1) 点声源

① 点声源随传播距离增加引起的衰减值：

$$A_{div}=10\lg\frac{1}{4\pi r^2} \tag{9-13}$$

式中：A_{div}为距离增加产生衰减值，dB；r为点声源离受声点的距离，m。

② 在距离点声源r_1处到r_2处的衰减值：

$$A_{div}=20\lg\frac{r_1}{r_2} \tag{9-14}$$

当$r_2=2r_1$时，$A_{div}=-6$ dB，即点声源声传播距离增加1倍，其衰减值是6 dB。

(2) 线源随传播距离增加的几何发散衰减

线源随传播距离增加引起的衰减值为：

$$A_{div}=10\lg\frac{1}{2\pi rl} \tag{9-15}$$

式中：A_{div}为距离增加产生的衰减值，dB；r为点声源离受声点的距离，m；l为线源的长度，m。

对于无限长的线源和有限长的线源应采用不同的计算公式。

(3) 面源随传播距离衰减

面源随传播距离的增加引起的衰减值与面源的形状有关。例如，一个许多建筑机械的施工场地短边是a，长边是b，随着距离的增加，引起其衰减值与距离r的关系为：

当$r<\frac{a}{\pi}$，在r处，$A_{div}=0$ dB；

当$\frac{b}{\pi}>r>\frac{a}{\pi}$，在$r$处，距离$r$每增加1倍，$A_{div}=-(0\sim3)$dB；

当$b>r>\frac{b}{\pi}$，在r处，距离r每增加1倍，$A_{div}=-(3\sim6)$dB；

当$r>b$，在r处，距离r每增加1倍，$A_{div}=-6$ dB。

3. 空气吸收衰减

空气吸收声波而引起的衰减与声波频率、大气压、湿度、温度有关，被空气吸收的衰减值为：

$$A_{atm}=ar \text{ 或 } A_{atm}=\frac{a(r-r_0)}{100} \tag{9-16}$$

式中：A_{atm}为空气吸收造成的衰减值，dB；a为每100 m空气吸声系数，其值与湿度、温度有关；r_0为参考位置距声源距离，m；r为声波传播距离，m。

当$r<200$ m时，A_{atm}近似为零。

4. 地面效应

地面类型可分为坚实地面、疏松地面和混合地面。声波越过疏松地面传播，或大部分为疏松地面的混合地面时，在预测点仅计算A声级前提下，地面效应引起的倍频带衰减的计算为：

$$A_{gr}=4.8-\left(\frac{2h_m}{r}\right)\left(17+\frac{300}{r}\right) \tag{9-17}$$

式中：r为声源到预测点的距离；h_m为传播路径的平均离地高度。

5. 墙壁屏障效应

(1) 室内混响声

室内混响声对建筑物的墙壁隔声影响十分明显，其总隔声量TL可表示为：

$$TL=L_{p1}-L_{p2}+10\lg\left(\frac{1}{4}+\frac{S}{A}\right) \tag{9-18}$$

所以，受墙壁阻挡的噪声衰减值为：

$$A_{b1}=TL-10\lg\left(\frac{1}{4}+\frac{S}{A}\right) \tag{9-19}$$

式中：A_{b1} 为墙壁阻隔产生的衰减值，dB；L_{p1} 为室内混响噪声级，dB；L_{p2} 为室外 1 m 处的噪声级，dB；S 为墙壁的阻挡面积，m^2；A 为受声室内吸声量，m^2。

(2) 户外建筑物声屏障效应

声屏障的声效应与声源和接受点及屏障的位置和屏障高度、屏障长度、屏障厚度、结构性质有关；可以根据它们之间的距离、声音的频率算出菲涅耳数，然后，可以查出相对应的衰减分贝。在任何频带上，薄声屏障衰减最大不超过 20 dB，厚屏障衰减最大取 25 dB，计算了屏障衰减后，不再考虑地面衰减效应。

菲涅耳数 N 的计算：

$$N=\frac{2(A+B-d)}{\lambda} \tag{9-20}$$

式中：A 为声源与屏障顶端的距离；B 为接收点与屏障顶端的距离；d 为声源与接收点间的距离；λ 为波长。

6. 植物的吸收屏障效应

声波通过高于声源 1 m 以上的密集植物丛时，即会因植物阻挡而产生声衰减。一般情况下，松树林带能使频率为 1 000 Hz 的声音衰减 3 dB/10 m，杉树林带为 2.8 dB/10 m，槐树林带为 3.5 dB/10 m，高 30 cm 的草地为 0.7 dB/10 m。一般阔叶林带的声衰减值见表 9-1。

表 9-1　阔叶林地带的声衰减值　　单位：dB/10 m

频率/Hz	250	500	1 000	2 000	4 000	8 000
衰减值	1	2	3	4	4.5	5

7. 阻挡物的反射效应

声波在传播过程中若遇到建筑物、地表面、墙壁等大型设备阻挠，便会在这些物体的表面发生反射而产生反射效应，对于某些位置的受声点，其声级是直达声与反射声叠加的结果，使原来的声级增高 ΔL_r，采用镜像源法来处理阻挡物的反射效应。

在下列情况下必须考虑反射体引起的声级提高：反射体表面是平整、光滑、坚硬的；反射体尺寸远大于所有声波的波长；入射角 $\theta<85°$。

由图 9-1 可以看出，被 O 点反射而到达 P 点的声波相当于从虚源 I 辐射的声波，即 $SP=r$，$OP=r_r$。因反射而引起的声级增高值 ΔL_r 可按以下关系确定 ($a=r/r_r$)。

当 $a\approx1$ 时，$\Delta L_r=3$ dB；当 $a\approx1.4$ 时，$\Delta L_r=2$ dB；当 $a\approx2$ 时，$\Delta L_r=1$ dB；当 $a>2.5$ 时，$\Delta L_r=0$ dB。

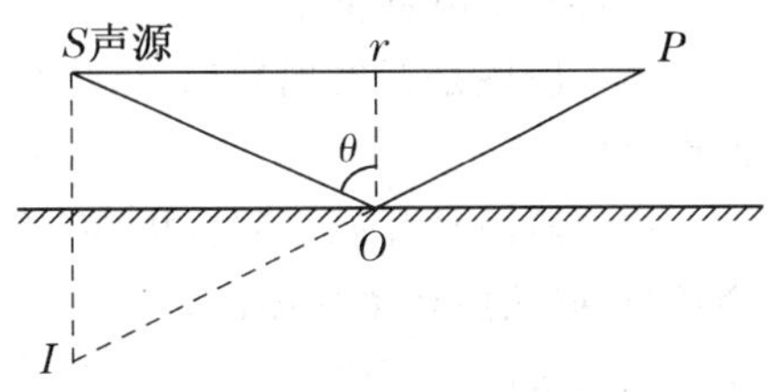

图 9-1　反射体的影响

第二节 声环境影响评价内容

一、环境噪声影响评价程序

《环境影响评价技术导则 声环境》(HJ 2.4—2009)规定的技术工作程序如图 9-2 所示。

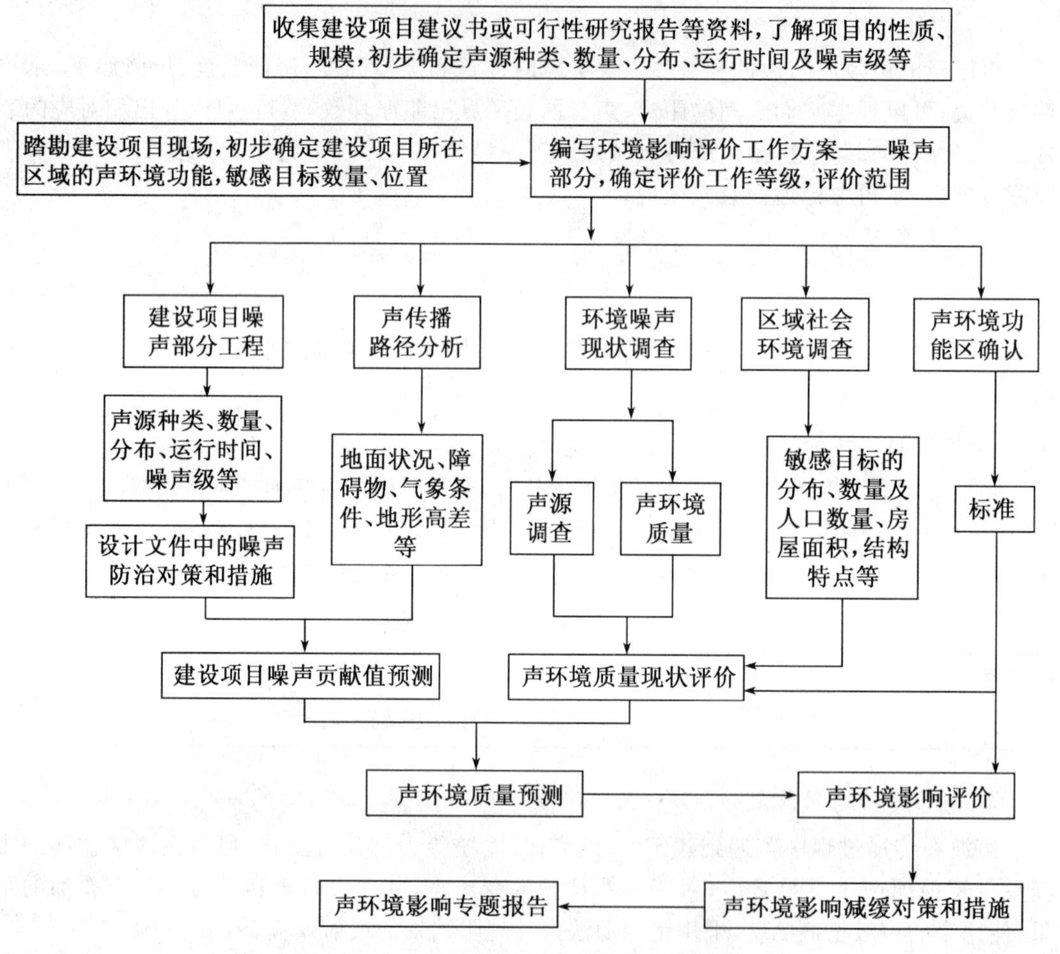

图 9-2 噪声环境影响评价技术工作程序

声环境影响评价工作一般分为四个阶段：

第一阶段是开展现场勘查，收集项目建议书或可行性报告等资料、确定评价工作等级与评价范围；

第二阶段是开展工程分析、声传播路径分析，现状监测调查声源、声环境质量及区域社会环境，确认声环境功能区；

第三阶段是预测噪声对敏感点人群的影响，对影响的意义和重大性作出评价，并提出削减影响的相应对策；

第四阶段是编写环境噪声影响的专题报告。

二、评价等级、范围和标准

1. 评价等级的划分

（1）划分依据

噪声评价工作等级划分的依据：① 建设项目所在区域的声环境功能区类别；② 建设项目建设前后的声环境质量变化程度；③ 受建设项目影响人口的数量。

（2）划分条件

① 一级评价　评价范围内有适用于 GB3096 规定的 0 类声环境功能区域，以及对噪声有特别限制要求的保护区等敏感目标，或建设项目建设前后评价范围内敏感目标噪声级增高量达 5 dB(A)以上（不含 5 dB(A)），或受影响人口数量显著增多时，按一级评价。

② 二级评价　建设项目所处的声环境功能区为 GB3096 规定的 1 类、2 类地区，或建设项目建设前后评价范围内敏感目标噪声级增高量达 3 dB(A)～5 dB(A)（含 5 dB(A)），或受噪声影响人口数量增加较多时，按二级评价。

③ 三级评价　建设项目所处的声环境功能区为 GB3096 规定的 3 类、4 类地区，或建设项目前后评价范围内敏感目标噪声级增高量在 3 dB(A)以下（不含 3 dB(A)），且受影响人口数量变化不大时，按三级评价。

在确定评价工作等级时，如建设项目符合两个及两个以上级别的划分原则，按较高级别的评价等级评价。

（3）不同等级的评价要求

声环境影响评价的基本要求和方法因评价等级不同而有所差别。一级评价要求进行深入细致的分析和评价；二级评价要求对重点内容进行详细评价，对一般内容进行粗略评价；三级评价为简略评价。

① 一级评价的基本要求与方法

(a) 在工程分析中，给出建设项目对环境有影响的主要声源的数量、位置和声源源强，并在有比例尺的图中标识固定声源的具体位置或流动声源的路线、跑道等位置。在缺少声源源强的相关资料时，应通过类比测量取得，并给出类比测量的条件。

(b) 评价范围内有代表性的敏感目标的声环境质量现状需要实测。对实测结果进行评价，并分析现状声源的构成及其对敏感目标的影响。

(c) 噪声预测应覆盖全部敏感目标，给出各敏感目标的预测值及厂界（或场界、边界）噪声值。固定声源评价、机场周围飞机噪声评价、流动声源经过城镇建成区和规划区路段的评价应绘制等声级线图，当敏感目标高于（含）三层建筑时，还应绘制垂直方向的等声级线图。给出项目建成后各噪声级范围内受影响的人口分布、噪声超标范围和程度。

(d) 对工程项目噪声级变化应分阶段分析评价。

(e) 对工程可行性研究和评价中提出的不同选址和建设布局方案，应根据各方案噪声影响人口的数量和噪声影响的程度进行比选，并从声环境保护角度提出最终的推荐方案。

(f) 针对建设项目工程特点和环境特征提出噪声防治对策，并进行经济和技术可行性论证，明确最终降噪效果和达标分析。

② 二级评价的基本要求和方法

(a) 在工程分析中，给出建设项目对环境有影响的主要声源的数量、位置和声源源强，并在有比例尺的图中标识固定声源的具体位置或流动声源的路线、跑道等位置。在缺少声源源强的相关资料时，应通过类比测量取得，并给出类比测量的条件。

(b) 评价范围内具有代表性的敏感目标的声环境质量现状以实测为主，可适当利用评价范围内已有的声环境质量监测资料，并对声环境质量现状进行评价。

(c) 噪声预测应覆盖全部敏感目标，给出各敏感目标的预测值及厂界(或场界、边界)噪声值，根据评价需要绘制等声级线图。给出建设项目建成后不同类别的声环境功能区受影响的人口分布、噪声超标范围和程度。

(d) 按工程不同阶段分别预测其噪声级。

(e) 从声环境保护角度对工程可行性研究和评价中提出的不同选址和建设布局方案的环境合理性进行分析。

(f) 针对建设项目工程特点和环境特征提出噪声防治对策，并进行经济和技术可行性论证，明确最终降噪效果和达标分析。

③ 三级评价的基本要求和方法

(a) 在工程分析中，给出建设项目对环境有影响的主要声源的数量、位置和声源源强，并在有比例尺的图中标识固定声源的具体位置或流动声源的路线、跑道等位置。在缺少声源源强的相关资料时，应通过类比测量取得，并给出类比测量的条件。

(b) 重点调查评价范围内主要敏感目标的声环境质量现状，可利用评价范围内已有的声环境质量监测资料，若无现状监测资料时应进行实测，并对声环境质量现状进行评价。

(c) 噪声预测应给出建设项目建成后各敏感目标的预测值及厂界(场界、边界)噪声值，分析敏感目标受影响的范围和程度。

(d) 针对建设项目的工程特点和所在区域的环境特征提出噪声防治措施，并进行达标分析。

2. 评价范围的确定

噪声环境影响的评价范围依据评价工作等级确定。

(1) 以固定声源为主的建设项目(如工厂、港口、施工工地、铁路站场等)

① 满足一级评价的要求，一般以建设项目边界向外 200 m 为评价范围；

② 二级、三级评价范围可根据建设项目所在区域和相邻区域的声环境功能区类别及敏感目标等实际情况适当缩小。如依据建设项目声源计算得到的贡献值到 200 m 处，仍不能满足相应功能区标准值时，应当将评价范围扩大到满足标准值的距离。

(2) 城市道路、公路、铁路、城市轨道交通地上线路和水运线路等建设项目

① 满足一级评价的要求，一般以道路中心线外两侧 200 m 以内为评价范围；

② 二级、三级评价范围可根据建设项目所在区域和相邻区域的声环境功能区类别及敏感目标等实际情况适当缩小。如依据建设项目声源计算得到的贡献值到 200 m 处，仍不能满足相应功能区标准时，应将评价范围扩大到满足标准值的距离。

(3) 拟建机场

机场周围飞机噪声评价范围应根据飞行量计算到 L_{WECPN} 为 70 dB 的区域。

① 满足一级评价要求，一般以主要航迹离跑道两端各 6～12 km、侧向各 1～2 km 的范围为评价范围；

② 二级、三级评价范围可根据建设项目所在区域的声环境功能区类别及敏感目标等实际情况适当缩小。

3．评价重点

不同类型建设项目声环境影响评价重点不同。

（1）工矿企业噪声

工矿企业噪声环境影响评价还需着重分析说明以下问题：

① 按厂区周围敏感目标所处的环境功能区类别评价噪声影响的范围和程度，说明受影响人口情况；

② 分析产生主要影响的噪声源，说明厂界和功能区超标的原因；

③ 评价厂区总图布置和控制噪声措施方案的合理性与可行性，提出必要的替代方案；

④ 明确必须增加的噪声控制措施和降噪效果。

（2）公路、铁路声环境影响评价

公路、铁路项目噪声环境影响评价还需着重分析说明以下问题：

① 针对项目建设期和不同运营期，评价沿线评价范围内各敏感目标按标准要求预测声级的达标及超标状况，并分析受影响人口的分布情况；

② 对工程沿线两侧的城镇规划受到噪声影响的范围绘制等声级曲线，明确合理的噪声控制距离和规划建设控制要求；

③ 结合工程选线和建设方案布局，评述其合理性和可行性，必要时提出环境替代方案；

④ 对提出的各种噪声防治措施进行经济技术论证，在多方案比选后规定应采取的措施并说明降噪效果。

（3）机场飞机噪声

机场飞机噪声还需重点分析的问题如下：

① 针对项目不同阶段，评价等值线范围内各敏感目标的数目，受影响人口的分布情况；

② 结合工程选址和机场跑道方案，评述其合理性和可行性，必要时提出环境替代方案；

③ 对超过标准的环境敏感区按照等值线范围的不同提出不同的降噪措施，并进行经济技术论证。

4．评价标准

（1）环境质量标准

执行《声环境质量标准》(GB 3096—2008)，按照区域功能分为五种类型：

0类声环境功能区：指康复疗养区等特别需要安静的区域。

1类声环境功能区：指以居民、医疗卫生、文化教育、科研设计、行政办公为主要功能，需要保持安静的区域。

2类声环境功能区：指以商业金融、集市贸易为主要功能，或者居住、商业、工业混杂，需要维护住宅安静的区域。

3类声环境功能区：指以工业生产、仓储物流为主要功能，需防止工业噪声对周围环境产生严重影响的区域。

4类声环境功能区：指交通干线两侧一定距离内，需要防止交通噪声对周围环境产生严重影响的区域，包括4a类和4b类两种类型。4a类为高速公路、一级公路、二级公路、城市快速路、城市主干路、城市次干路、城市轨道交通（地面段）、内河航道两侧区域；4b类为铁路干线两侧区域。

各功能区环境噪声限值见表 9－2。

表 9－2 环境噪声限值 **单位：dB(A)**

声环境功能区类别 \ 时段		昼间	夜间
0 类		50	40
1 类		55	45
2 类		60	50
3 类		65	55
4 类	4a	70	55
	4b	70	60

（2）排放标准

《工业企业厂界环境噪声排放标准》(GB 12348—2008)适用于工业企业和固定设备厂界环境噪声排放限值;《社会生活环境噪声排放标准》(GB 22337—2008)对营业性文化娱乐场所和商业经营活动中可能产生环境噪声污染的设备、设施规定了边界噪声排放限值;《建筑施工场界噪声限值》(GB 12523—90)则适用于城市建筑施工期间不同施工场地不同施工阶段产生的作业噪声限值。

三、声环境现状调查与评价

1. 环境噪声现状调查内容

（1）影响声波传播的环境要素

调查建设项目所在区域的主要气象特征,包括年平均风速和主导风向,年平均气温,年平均湿度等。收集评价范围内 1∶2 000～1∶50 000 的地理地形图,说明评价范围内声源和敏感目标之间的地貌特征、地形高差及影响声波传播的环境要素。

（2）评价范围内环境噪声功能区划分情况

调查评价范围内不同区域的声环境功能区划情况,调查各声环境功能区的声环境质量现状。

（3）评价范围内敏感目标

要调查评价范围内的敏感目标的名称、规模、人口的分布等情况,并以图、表相结合的方式说明敏感目标与建设项目的关系。

（4）评价范围内现状声源

建设项目所在区域的声环境功能区的声环境质量现状超过相应标准要求或噪声值相对较高时,需对区域内的主要声源的名称、数量、位置、影响的噪声级等相关情况进行调查。有厂界(或场界、边界)噪声的改、扩建项目,应说明现有建设项目厂界(或场界、边界)噪声的超标、达标情况及超标原因。

2. 典型工程环境噪声现状调查方法

（1）工矿企业环境噪声现状水平调查

现有车间的噪声现状调查,重点对处于 85 dB(A)以上的噪声源分布及声级分析。厂区内噪声水平调查一般采用网格法,每隔 10～50 m 划正方形网格,在交叉点布点测量,测量结果标在图上供数据处理用。

厂界噪声水平调查测量点布置在厂界外1 m处，间隔可以为50～100 m，大型项目也可以取100～300 m，具体测量方法参照相应的标准规定。

生活居住区噪声水平调查，也可将生活区划成网格测量，进行总体水平分析，或针对敏感目标，参照《声环境质量标准》(GB 3096—2008)布置测点，调查敏感点处噪声水平。

所有调查数据按有关标准选用的参数进行数据统计和计算，所得结果供现状评价使用。

(2) 公路、铁路环境噪声现状水平调查

公路、铁路为线路型工程，其噪声现状水平调查应重点关注沿线的环境噪声敏感目标，其具体方法为：

调查评价范围内有关城镇、学校、医院、居民点或农村生活区在沿线的分布和建筑情况以及相应执行的噪声标准。

通过测量调查环境噪声背景值，若敏感目标较多时，应分路段测量环境噪声背景值。若存在现有噪声源，应调查其分布状况和对周围敏感目标影响的范围和程度。

边界测点应设于距道路外侧一定距离处配对出现，其他测点应设在临路最近一排房屋窗外1 m处，学校和医院等噪声保护目标的室外以及有代表性的背景噪声测量位置上。

环境噪声现状调查一般测量等效连续A声级。必要时，除给出白天和夜间背景噪声值外，还需给出有噪声源影响的距离、超标范围和程度，以及全天24 h等效声级，作为现状评价和预测评价依据。

(3) 飞机场环境噪声现状水平调查

在机场周围环境调查时，需调查评价范围内声环境功能区划、敏感目标和人口分布，噪声源种类、数量及相应的噪声级。当评价范围内没有明显噪声源，且声级在45 dB(A)以下时可依据评价等级分别选择3～6个测点，测量等效连续A声级。

改扩建工程应根据现有飞机飞行架次、飞行程序、机场周围敏感点分布，分别选择5～12个测点进行飞机噪声监测；无敏感点的可在机场近台、远台设点监测。在每个测点分别测量不同机型起飞、降落时的最大A声级、持续时间或EPNL，每种机型测量的起降状态不得少于3次，对于飞机架次较多的机场可实施连续监测，并根据飞越该测点的不同机型和架次，计算出该点的WECPNL，同时给出年日平均飞行架次和机型，绘制现状声级线图。

3. *声环境现状评价*

声环境基本采用单因子评价方法，根据各环境噪声功能区噪声级，分析达标与超标状况及主要噪声源；评价范围边界或工业企业厂界噪声级、达标与超标状况及主要噪声源；典型测点昼夜24 h连续监测声级分布图表及楼房垂直声场分布图表；机场改、扩建工程应给出各监测点主要机型的L_{Amax}、L_{EPN}和该点的L_{WECPN}值，给出现状L_{WECPN}值70 dB、75 dB、80 dB、85 dB、90 dB声级的等值曲线；明确评价范围内受噪声影响的人口分布，敏感目标昼夜声环境达标情况。

四、声环境影响预测

1. *声环境影响预测的内容*

(1) 收集基础资料。确定声源的种类与数量及其声学性能参数，声源和建筑布局，各声源的噪声级与发生持续时间，声波传播条件，有关气象参数等。

(2) 确定预测范围。一般预测范围与所确定的评价范围相同，可视建筑项目声源特性和周围敏感目标分布特征适当扩大预测范围。

(3) 合理设置预测点。所有的环境噪声现状监测点和环境敏感目标都应作为预测点。对于地面水平分布的敏感目标，注意按其所属的声环境功能区分不同的距离段预测；对于楼房垂直分布的敏感目标，注意不同层数按垂直声场分布来预测；预测点根据评价等级和环境管理需求不同，可以是一个评价点也可以是一栋楼房或一个区域。

(4) 说明噪声源噪声级数据的获取途径。主要是类比测量法和引用已有的数据两种方法。

(5) 选用恰当的噪声预测模式和参数进行影响预测计算，说明具体参数选取的依据，计算结果的可靠性及误差范围。

(6) 按每间隔 5 dB 绘制等声级图。对于 L_{Aeq} 一般从最高声级到相邻声环境功能区要求的标准；而对 L_{WECPN} 值应有 70 dB、75 dB、80 dB、85 dB、90 dB 声级的等值曲线。用等声级图表示项目噪声影响分布，分析超标范围和程度及直接受影响人口的情况，为针对性采用有效降噪措施和城市规划提供依据。

2. 声环境影响预测方法及步骤

(1) 工业噪声环境影响预测方法和步骤

工矿企业的噪声源分为室内声源和室外声源，两种声源的噪声预测采用不同的方法。

① 室外声源

第 i 个室外声源、第 j 个预测点的噪声级计算。采用倍频带声压级法时，可按以下步骤进行。

计算第 i 个噪声源在第 j 个预测点的倍频带声压级：

$$L_{\text{oct}ij(r)}=L_{\text{oct}i(r_0)}-(A\text{oct}_{\text{div}}+A\text{oct}_{\text{bar}}+A\text{oct}_{\text{atm}}+A\text{oct}_{\text{gr}}+A\text{oct}_{\text{misc}}) \tag{9-21}$$

式中：$L_{\text{oct}ij(r)}$ 为第 i 个噪声源在参考位置 r_0 处的倍频带声压级，dB；$A\text{oct}_{\text{div}}$ 为发散衰减量，dB；$A\text{oct}_{\text{bar}}$ 为屏障衰减量，dB；$A\text{oct}_{\text{atm}}$ 为空气吸收衰减量，dB；$A\text{oct}_{\text{gr}}$ 为地面效应衰减量，dB；$A\text{oct}_{\text{misc}}$ 为其他效应衰减量，dB。

将上式中的计算结果合成为 A 声级：

$$L_{ij(\text{out})}=L_{j(r_0)}-(A_{\text{div}}+A_{\text{bar}}+A_{\text{atm}}+A_{\text{gr}}+A_{\text{misc}}) \tag{9-22}$$

② 室内声源

假如某厂房内共有 K 个噪声源，这些室内声源对预测点的影响可看成是相当于若干个等效室外声源，其计算按以下步骤。

(a) 计算厂房内第 i 个声源在室内靠近围护结构处的声级 L_{pi}：

$$L_{pi}=L_{wi}+10\lg\left(\frac{Q}{4\pi r_i^{\,2}}+\frac{4}{R}\right) \tag{9-23}$$

式中：L_{wi} 为该厂房内第 i 个声源的声功率级；Q 为声源的方向性因素，在一般情况下位于地面上的声源的 Q 取 2；r_i 为室内点到声源的距离；R 为房间常数。

(b) 计算厂房 K 个声源在室内靠近围护结构处的声级 L_{p1}：

$$L_{p1}=10\lg\left(\sum_{i=1}^{K}10^{0.1L_{pi}}\right) \tag{9-24}$$

(c) 计算厂房外靠近围护结构处的声级 L_{p2}：

$$L_{p2}=L_{p1}-(TL+6) \tag{9-25}$$

式中：TL 为墙体总隔声量。

把围护结构当作室外等效声源，再根据声级 L_{p2} 和维护结构的面积，计算等效室外声源的声功率级。

按照上述室外声源的计算方法，计算该等效室外声源在第 j 个预测点的声级 $L_{ij}(\text{in})$。如果室外声源 $L_{ij}(\text{out})$ 有 n 个，等效室外声源为 m 个，则第 j 个预测点的总声级为：

$$L_j=10\lg\left[\sum_{i=1}^{n}10^{0.1L_{ij(\text{out})}}+\sum_{k=1}^{m}10^{0.1L_{kj(\text{in})}}\right] \tag{9-26}$$

(2) 公路噪声环境影响预测方法和步骤

公路噪声影响评价比较复杂，这里介绍经常用于预测等效声级的噪声模型。由于 L_{eq} 是指能量平均的噪声级，不依赖交通流量统计。而 L_{10}、L_{50} 和 L_{90} 等噪声指标对交通流量很敏感，难以建模。作为示例，这里把公路看成是无限长线源。有限长公路噪声模型预测计算很复杂，此处不做介绍。

本法是先计算出每小时的 L_{eq}，再预测昼夜噪声级 L_{dn}。每小时的 L_{eq} 是由各种类型车辆如汽车、卡车、重型卡车造成的，故

$$L_{eq(h)_i}=(\overline{L_{OE}})_i+10\lg\left(\frac{N_i}{V_iT}\right)+10\lg\left(\frac{7.5}{r}\right)+10\lg\left(\frac{\varphi_1+\varphi_2}{\pi}\right)+\Delta L-16 \tag{9-27}$$

式中：$L_{eq(h)i}$ 为第 i 种车辆在 h 小时的 L_{eq} 值；h 为测量的时间；$(\overline{L_{OE}})_i$ 为第 i 种车辆发射的参考平均能量级（通过实测或文献中公布的数据确定的数值，见表 9-3）；N_i 为在 1 h 内通过的 i 种车辆数；V_i 为第 i 种车辆的平均速度，km/h；T 为 L_{eq} 的持续时间，常指 1 h；r 为测量时预测点离道路中心线距离；φ_1、φ_2 为预测点到有限长路段两端的张角，弧度；ΔL 为其他因素引起的修正量，dB(A)。

表 9-3　几种车辆发射的参考平均能量级

车种	车速/km·h^{-1}										
	50	55	60	65	70	75	80	85	90	95	100
汽车	62.4	63.8	65.2	66.8	67.9	69.0	70.0	71.0	71.9	72.7	73.5
卡车	72.4	74.3	76.0	77.5	78.8	80.0	81.1	81.9	82.5	82.8	82.9
重型卡车	80.5	81.4	82.5	83.2	84.0	84.6	85.2	85.8	86.3	86.7	86.8

(3) 机场噪声预测

机场的活动产生两类噪声：飞机起降运作噪声和地勤噪声。地勤噪声主要由机械和车辆运行产生，其预测类似于工业建设项目和施工噪声。而飞机噪声主要是喷气发动机或螺旋桨旋转产生的。在相同的距离内，同样速度的飞机在地面上或离地面近处运动发出的噪声，因被地面部分吸收而比空中飞行发出的噪声小。飞机在地面滑行或起降的延续时间只有几分钟，而从一个点上飞越的噪声则是瞬间和脉冲的，所产生的一次脉冲事件的最大暴露声级（SEL）更高，因此，暴露于机场操作的总量是所有飞机在所有飞行线操作的总和。勾画机场噪声廓线的步骤如下：

① 确定飞行操作的平均次数和时间。

② 应用下式确定所有飞机操作的有效次数：

$$Ne=d+16.7n \tag{9-28}$$

式中：Ne 为有效操作次数；d 为白天操作的次数(7:00～22:00)；n 为夜间操作的次数(22:00～7:00)。

③ 用表 9-4 确定区域廓线。

表 9-4 至机场操作的 L_{dn} 廓线距离

操作的有效次数	至 65L_{dn} 廓线的距离		至 75L_{dn} 廓线的距离	
	1	2	1	2
0～50	150	914	0	0
51～100	305	1 600	0	0
101～200	456	2 400	125	914
201～400	609	3 200	305	1 600
401～1 000	1 600	3 200	609	2 400
>1 000	1 600	4 000	914	2 400

表 9-4 中 1 表示从跑道中心线到廓线边缘的距离；2 表示跑道末端至廓线尖端的距离，如图 9-3 所示。

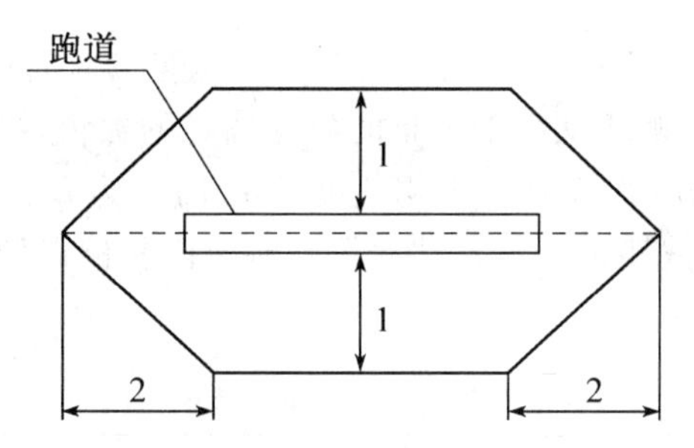

图 9-3 机场噪声区域廓线示意图

(4) 城市轨道、铁路运输噪声预测

城市轨道交通噪声预测时，预测点列车运行噪声等级计算模式为：

$$L_{eq,1}=10\lg\left[\frac{1}{T}\sum_{j=1}^{m}t_j10^{0.1L_{p,j}}\right] \tag{9-29}$$

式中：$L_{eq,1}$为预测点列车运行噪声等效声级，dB(A)；T 为预测时间段内的时间，s；m 为 T 时段内通过的列车数，列；t_j 为 j 列车通过时段的等效时间，s；$L_{p,j}$ 为预测点 j 列车通过时段内的等效声级，dB(A)。

铁路交通噪声预测时，预测点列车运行噪声等效声级预测模式为：

$$L_{eq,1}=10\lg\left[\frac{1}{T}\sum_{i}n_it_i10^{0.1(L_{p_0,i}+C_i)}\right] \tag{9-30}$$

式中：T 为规定的评价时间，s；n_i 为 T 时间内通过第 i 类列车的列数，列；t_i 为第 i 类列车通过的等效时间，s；$L_{p0,i}$ 为第 i 类列车最大垂向指向性方向上的噪声辐射源强，为 A 声级或倍频带声压级，dB(A)或 dB；C_i 为第 i 类列车的噪声修正项，可为 A 声级或倍频带声压级修正项，dB(A)或 dB。

（5）工程噪声

施工过程发生的噪声与其他重要的噪声源不同，一是噪声由许多不同种类的施工机械设备发出的；二是这些设备的运作是间歇性的，因此所发噪声也是间歇性和短暂的；三是法规规定施工应在白天进行，因此对睡眠干扰较小。在做施工噪声影响评价时应充分考虑上述特点。

预测和评价施工噪声影响的步骤如下：

① 应用表 9－5 确定各类工程在各个施工阶段场地上发出的等效声级（L_{eq}）。

表 9－5　施工场地上的能量等效级的典型范围

工程类型	住房建设		办公建筑、旅馆、公用设施		工业小区、停车场、商店		公共工程、道路、管道	
施工阶段	Ⅰ	Ⅱ	Ⅰ	Ⅱ	Ⅰ	Ⅱ	Ⅰ	Ⅱ
场地清理	83	83	84	84	84	83	84	84
开挖	88	75	89	79	89	71	88	78
基础	81	81	78	78	77	77	88	88
上层建筑	81	65	87	75	84	72	79	78
完工	88	72	89	75	89	74	84	84

注：Ⅰ：所有重要的施工设备都在现场；Ⅱ：只有少量必需的设备在现场。

② 确定整个施工过程中场地上的 L_{eq}：

$$L_{eq}=10\lg\left(\frac{1}{T}\sum_{i=1}^{N}T_i10^{L_i}10\right) \tag{9-31}$$

式中：L_i 为第 i 阶段的 L_{eq}；T_i 为第 i 阶段延续的总时间；T 为从开始阶段到施工结束的总延续时间；N 为施工阶段数。

③ 离施工场地 x 距离处的 $L_{eq}(x)$ 的修正系数：

$$ADJ=-20\lg\left(\frac{x}{0.328}+250\right)+48 \tag{9-32}$$

式中：x 为离场地边界的距离，m。因此

$$L_{eq}(x)=L_{eq}-ADJ \tag{9-33}$$

④ 在适当的地图上画出场地周围 L_{eq} 的廓线。

五、评价结论

通过影响预测、评价和采取一定的噪声防治措施后，明确各声功能区是否满足功能要求，声敏感目标是否会受明显影响，并给出推荐的拟建方案的环境噪声影响关于可行性方面的最终结论。

思考题

1. 常用的环境噪声评价量有哪些？
2. 声环境影响评价工作等级划分的依据是什么？
3. 简述声环境影响预测中主要考虑哪些衰减过程？

第十章 污染防治措施

引言 针对各类环境影响应采取相应的减缓措施，我国环境影响评价中尤其强调废水、废气、固体废弃物和噪声等的污染防治措施。本章在介绍污染控制方法的原理基础上，结合环境影响评价中对污染防治措施的要求，介绍了污染防治措施技术经济可行性论证的内容和方法。

第一节 概 述

一般来说，生产型建设项目投入运营后，会有各类废弃物如废水、废气、固体废弃物和噪声等产生，必须采取适当的控制措施，使之达到相关国家或地方排放标准后再排放，以减少对环境的影响。为此，在环境影响评价中，应对拟采用的各类污染控制措施进行技术、经济可行性论证，从处理工艺、处理能力、处理效果、二次污染、总量控制要求等方面，评述其长期稳定达标排放的技术可行性和经济合理性，为今后的污染控制工程设计起到指导作用。

总体而言，对于新建项目，应通过工程分析充分了解建设项目的污染物产生特点，在充分调查同类企业的污染物控制方法及其实际运行的技术、经济指标和经验教训的基础上，提出本项目拟采用的各类污染控制措施；对于技改、扩建项目，则应通过分析现有项目采用的污染处理措施、实际运行情况、达标率和存在问题等，提出改进意见，用于完善技改、扩建项目的污染防治措施。

提出初步拟采用的各项污染防治措施后，应对其技术可行性进行论证，并加以完善；同时，应逐项匡算其投资，分析污染防治设施投资构成及其在总投资中占有的比例，估算各项污染防治措施的运行费用，从而得到项目污染防治措施的经济合理性分析结果。如果拟采用的污染防治措施投资在总投资中占有比例过大，或运行费用过高，会影响建设项目投运后污染防治措施的长期稳定运行，此时应通过调整拟采用的污染防治措施的工艺、设备等，再次匡算其投资和运行费用，直至达到合适的技术经济性指标，最终完成污染防治措施的技术经济可行性论证。

第二节 废水处理方法及工艺流程

一、废水处理技术分类

现代废水处理单元技术按应用原理可分为物理法、化学法、物理化学法和生物法四大类。物理法是利用物理作用来分离废水中的悬浮物或乳浊物，常见的有格栅、筛滤、离心、澄清、过滤、隔油等方法。化学法是利用化学反应的作用来去除废水中的溶解物质或胶体物质，常见的有中和、沉淀、氧化还原、电化学、焚烧等方法。物理化学法是利用物理化学作用来去除废水中溶解物质或胶体物质，常见的有混凝、气浮、离子交换与吸附、膜分离、萃取、汽提、吹脱、蒸发、结晶等方法。生物处理法是利用微生物代谢作用，使废水中的有机污染物和无机微生物营养物转化为稳定、无害的物质，常见的有活性污泥法、生物膜法、厌氧生物消化法、稳定塘与湿地处理等。生物处理法也可按是否供氧而分为好氧处理和厌氧处理两类，前者主要有活性污泥法和生物膜法两种，后者包括各种厌氧消化法。

从作用上分，废水处理方法又可分为分离和无害化技术两大类。沉淀、过滤、蒸发结晶、离心、气浮、吹脱、膜分离、离子交换与吸附等单元技术均属于分离方法，其实质是将物质从混合物中分离出来或从一种介质转移至另一种介质中。分离方法通常会产生一种或几种浓缩液或废渣，需进一步处置，这些浓缩液或废渣是否能得到妥善处置常成为该分离方法应用的制约因素。氧化还原、化学或热分解、生化处理等属于污染物的无害化技术，可将污染物逐步分解成简单化合物或单质，达到无害化的目的。

按处理程度，又可分为一级、二级和三级处理。生活污水与工业废水的处理分级有所不同。生活污水一级处理的任务是从废水中去除呈悬浮状态的固体，为达到分离去除的目的，多采用物理处理法中的各种处理单元；二级处理的任务是大幅度地去除废水中呈胶体和溶解状态的有机污染物以达到排放标准，多采用生物处理方法；三级处理属于深度处理，通过进一步去除前两级未能去除的污染物，达到回用的目的。工业废水处理则可分为预处理、高级处理和深度处理等三级处理。预处理（pre-treatment）的作用首先是回收废水中有用物质；预处理的第二个作用是调节水质参数，保证后面高级处理工序的正常运行，如在吸附、离子交换、膜分离等单元方法前需通过预处理将废水中悬浮物等机械杂质降到相当低的程度；预处理的第三个作用是降低后道处理单元的负荷。工业废水的高级处理是通过化学、物理化学或生物方法进一步回收废水中有用物质或基本达到排放标准。工业废水的深度处理是通过更精细的处理过程如物理化学过程等，消除废水中微量污染物，达到更严格的排放标准或回用要求。

废水处理流程的研制，应根据工程分析得到的各废水源源强、所含有的污染因子种类和排放要求，设计完成由一个或多个工艺单元构成完整的处理流程，并对该研制流程进行投资估算和运行费用估算，得到最终的处理流程技术，经济可行性评估结论。

二、废水的物理处理方法

1. 均和调节

为尽可能减小或控制废水水质、水量的波动，在废水处理系统的前端或中间，设置均匀调节池。

根据调节池的功能，调节池分为均量池、均质池、均化池和事故池。

（1）均量池

主要作用是均化水量，常用的均量池有线内调节式和线外调节式。由于工业废水的水质变化甚于水量变化，单纯的均量池很少，大多同时具有均质功能。

（2）均质池

均质池又称水质调节池，其作用是使不同时间或不同来源的废水进行混合，使出流水质比较均匀。当废水源在不同时间段水质变化较大或有多股废水需经同一处理设施处理时，需设置均质池。

常用的均质池型式有泵回流式、机械搅拌式、空气搅拌式和水力混合式等。前三种型式利用外加的动力，其设备较简单，效果较好，但运行费用高；水力混合式无需搅拌设备，但结构较复杂，容易造成沉淀堵塞等。

(3) 均化池

均化池兼有均量池和均质池的功能，既能对废水水量进行调节，又能对废水水质进行调节。如采用表面曝气或鼓风曝气时，除避免悬浮物沉淀和出现厌氧情况外，还可以有预曝气的作用。

(4) 事故池

事故池主要用于承受事故生产系统的废液（酸、碱、盐类及低挥发性有机废液，易挥发有机废液不宜收进事故池）、废水和火灾、爆炸时救援产生的消防废水等。环境风险系数较高的建设项目应当根据生产系统可能的事故废液、废水量以及火灾时消防用水量、罐体冷却用水量等估算事故池容积。

2. 隔滤

(1) 格栅与筛网

筛滤截留法是指利用留有孔眼的装置或由某种介质组成的滤层，截留废水中粗大的悬浮物和杂物，以保证后续处理设施能正常运行的一种预处理方法。

各类格栅常用于生活污水处理系统的前端，而通常工业废水中粗大的杂物较少，故较少使用。

(2) 过滤

废水处理中过滤的目的是去除废水中的微细悬浮物质，常用的过滤设备有滤池、各种过滤机等。

滤池是一类粗过滤设备，类型很多，按外壳材料可分为钢制或水工构筑物池体；按滤速的大小，可分为慢滤池（滤速＜0.4 m/h）、快滤池（滤速 4～10 m/h）和高速滤池（滤速 10～60 m/h）；按水流过滤层的方向，可分为上向流、下向流、双向流、径向流等；按滤料种类，可分为砂滤池、煤滤池、煤-砂滤池等；按滤料层数，可分为单层滤池、双层滤池、多层滤池；按水流性质，可分为压力滤池（水头为 15～35 m）和重力滤池（水头为 4～5 m）等。

工业废水处理设施中常用的过滤机按其过滤精度可分为粗过滤设备和精密过滤设备两大类。粗过滤设备包括板框压滤机、厢式压滤机、带式过滤机等，这些设备常用于废水沉淀渣打脱水和生物处理的剩余污泥的脱水处理等。精密过滤设备包括微孔过滤机、滤筒过滤机、袋式过滤机等，常用于较高级的处理单元如吸附、离子交换、萃取、膜分离、电化学装置等之前的预处理。

各类滤池在运行过程中会产生反冲洗污水，含高浓度悬浮物，需送沉淀池或过滤设备等处理。各类过滤机在运行过程中产生的滤渣应通过资源综合利用、焚烧或其他方法加以妥善处置。

3. 沉砂与沉淀

(1) 沉砂池

沉砂池一般设置在泵站和沉淀池之前，用以分离废水中密度和颗粒较大的砂粒、灰渣等无机固体颗粒。

平流沉砂池是最常用的一种形式，它的截留效果好、工作稳定、构造简单、造价低。

曝气沉砂池集曝气和除砂为一体，由于池中设有曝气设备，具有预曝气、脱臭、防止污水厌氧分解、除油和除泡等功能，可去除一部分易挥发的有机物、无机物和COD等，为后续的沉淀、曝气和污泥消化池的正常运行以及污泥的脱水提供有利条件。但如脱除有恶臭、高毒性易挥发物质时，可能造成大气无组织排放污染，则不宜采用。

冶金、烟气处理产生的废水常采用沉砂池进行治理。

(2) 沉淀池

沉淀是水中的固体物质在重力的作用下下沉，从而与水分离的一种过程。

在废水处理系统中，沉淀池有多种功能，主要的作用是去除悬浮物，为后续处理单元创造工作条件。在生物处理前设初沉池，可减轻后续处理设施的负荷，保证生物处理设施功能的发挥；在生物处理设备后设二沉池，可分离生物污泥，使处理水达到一定的澄清度要求。

根据池内水流方向，沉淀池池型可分为平流式、辐射式和竖流式等。

平流沉淀池中废水沿池长水平流动通过沉降区并完成沉降过程，是最常用的沉淀池池型，有一定长宽比要求，占地面积较大。

辐流沉淀池是一种直径较大的圆形池，常用于大型污水处理工程中。

竖流沉淀池的池面多呈圆形或正多边形，其特点是占地面积小。

4. 离心分离

所谓离心分离，是在离心力的作用下，利用悬浮物与水的密度不同将其分离。多用于黏度较高的污泥脱水等固液分离，常用的设备或设施有离心机、水力旋流器、旋流沉淀池、甩干机等。

5. 隔油

采用自然上浮法去除可浮油的设施，称为隔油池。

常用的隔油池有平流式隔油池和斜板式隔油池两类。平流式隔油池的结构与平流式沉淀池基本相同。隔油分离出的油渣，应根据实际组成进行综合利用或焚烧处置。

6. 吹脱

吹脱法(blow-off)用以脱除废水中的溶解气体(dissolved gas)和某些易挥发溶质(volatile solute)。吹脱时，使废水与空气充分接触，使废水中的溶解气体和易挥发的溶质穿过气液界面，向气相扩散，从而达到脱除污染物的目的。若将解吸的污染物收集，可以将其回收或制取新产品。

吹脱曝气既可以脱除原存于废水中的溶解气体，也可以脱除化学转化而形成的溶解气体。例如，废水中的硫化钠和氰化钠是固态盐在水中的溶解物，它们是无法用吹脱曝气法从废水中分离出来的。但是，硫化钠和氰化钠都是弱酸强碱盐，在酸性条件下，S^{2-}和CN^-能与H^+反应生成H_2S和HCN，用曝气吹脱，就可将污染物(S^{2-}、CN^-)以H_2S、HCN形式脱除。这种吹脱曝气称为转化吹脱法。

为了使吹脱过程能顺利进行，往往需要对废水进行一定的预处理，主要目的是去除悬浮物、除油、调整酸度、调节温度和压力。常见的预处理包括：

(1) 澄清

废水中的各种悬浮物能引起传质设备阻塞，因此必须通过澄清处理将废水中的悬浮物浓度降低到一定水平。

(2) 除油

废水中的油类污染物能包裹在液滴外面,从而严重影响传质过程,应预先去除。

(3) 调整酸度

废水中污染物的存在状态与酸碱度有关。如表 10-1 所示,pH 愈低,游离的 H_2S 百分含量就愈高。如 pH≤5,则可将其全部从废水中吹脱出来。

表 10-1 游离 H_2S 和 pH 关系

pH	5	5.5	6	6.5	7	7.5	8	8.5	9	9.5	10
游离 H_2S(%)	100	97	95	83	64	40	15	4	2	1	0

又如,水体中 NH_3 的浓度可用下式表示:

$$c_{NH_3}=\frac{c_{OH^-}\cdot c}{c_{OH^-}+K_b} \tag{10-1}$$

式中:c_{NH_3} 为氨的浓度(mol·L^{-1});c_{OH^-} 为氢氧根浓度(mol·L^{-1});c 为废水中氨氮总浓度(mol·L^{-1}),$c=c_{NH_3}+c_{NH_4^+}$;K_b 为氨的离解常数。此式说明,废水中游离氨的浓度随废水中氨氮总浓度的增加而增加,随 pH 和温度的增加而增加。

(4) 加热

气体的溶解度随温度的升高而降低,欲获得高的解吸率,往往要对废水预加热。例如,常压下,二氧化硫在 20℃溶解度为 11 g/100 g 水,而温度升至 50℃时,溶解度降至 4 g/100 g 水。又如氰化氢在 40℃以下脱除率极低,当高于 40℃时,脱除率随温度的升高而迅速增加。

(5) 负压

根据亨利定律,欲脱除水中的溶解气体,有两种途径:在液面上气体压力不变的条件下,提高废水温度;在一定的温度条件下,尽量减少气体在液面上的压力。在实际工程中,往往一方面通过提高废水水温,另一方面通过不断供应新鲜空气和采用真空操作,以达到迅速脱除水中有害气体的目的。

采用吹脱法处理废水时最重要的问题是防止二次污染(secondary pollution)。吹脱过程中,污染物不断地由液相转入气相,当其逸出的浓度和速率超过排放标准时,便造成所谓的二次污染。因此,吹脱法逸出的气态污染物,当排放浓度和速率符合排放标准时,可向大气排放;中等浓度的气态污染物,可以导入炉内燃烧;高浓度的气态污染物,则应回收利用。

7. 汽提法

汽提法(steam stripping)是用来脱除废水中的挥发性溶解物质的,其实质是:通过与水蒸气的直接接触,使废水中的挥发性物质按一定比例扩散到气相中去,从而达到从废水中分离污染物的目的。

汽提法分离污染物的原理视污染物的性质而异,一般可归纳为以下两个方面:

(1) 简单蒸馏(simple distillation)

对于与水互溶的挥发性物质,利用其在气液平衡条件下,在气相的浓度大于在液相的浓度这一特性,通过蒸汽直接加热,使其在沸点(水与挥发物两沸点间的某一温度)下按一定比例富集于气相。

(2) 蒸汽蒸馏(steaming)

对于与水不互溶或几乎不互溶的挥发性污染物质，利用混合液的沸点低于两组分沸点这一特性，可将高沸点挥发物在较低温度下加以分离除去。例如，废水中的松节油、苯胺、酚、硝基苯等物质，在低于100℃的条件下，应用蒸汽蒸馏法可将其有效脱除。

汽提法通常应用于以下两种情况：一是可以回收废水中有用物质，特别是废水中与水不互溶或几乎不互溶的挥发性污染物质，通过汽提-分层法可以得到回收；二是某些高毒性或具有特殊性质如难以生物降解的污染物，在水中浓度过低不易处理，可通过汽提法富集后再采用适当的方法处理。

8. 蒸发、结晶

所谓蒸发、结晶是指加热蒸发溶剂，使溶液由不饱和变为饱和，继续蒸发，过剩的溶质就会呈晶体析出。蒸发时耗能很大，效率也较低。为了节能和提高效率，常采用多级闪蒸和多效蒸发等工艺。

所谓闪蒸，是指一定温度的溶液在压力突然降低的条件下，部分溶剂急骤蒸发的现象。多级闪蒸是将经过加热的溶液，依次在多个压力逐渐降低的闪蒸室中进行蒸发，将蒸汽冷凝而得到淡水。

在多效蒸发中，通入新鲜蒸汽的蒸发器为第一效，第一效蒸发器中水溶液蒸发时产生的蒸汽称为二次蒸汽。利用第一效蒸发器的二次蒸汽进行加热的蒸发器为第二效，以此类推。由于除末级外的各效蒸发器的二次蒸汽都作为下一级蒸发器的加热蒸汽，就提高了新鲜蒸汽的利用率，即对于相同的总蒸发水量 W，采用多效蒸发时所需的新鲜蒸汽 D 将远小于单效。由于热损失、温差损失和不同压力下汽化热的差别，工业上最小的 D/W 值见表 10-2。

表 10-2　蒸发 1 kg 水所需的新鲜蒸汽(kg)

效数	单效	双效	三效	四效	五效
$(D/W)_{min}$	1.1	0.57	0.40	0.30	0.27

环境工程中，常采用多效蒸发处理含盐量较高的废水，以脱除废水中大部分盐分，使其适合后续生化等处理单元的要求。

采用多效蒸发法处理高含盐废水需注意的问题有两个：一是当废水中含有低沸点组分时，应在蒸发器后接冷凝设备，将低沸点组分与末级的二次蒸汽冷凝收集后进行必要的处理，避免造成对大气的二次污染；二是蒸发析出的盐渣中含有大量污染物，必须经分离、精制处理后才可作为工业用盐。如难以分离、精制，则盐渣将成为固废或危废，此时即不宜采用蒸发析盐方法。

三、废水的化学处理方法

1. 中和处理

中和主要是指对酸性、碱性废水的处理。

常用的碱性中和药剂有石灰(CaO)、石灰石($CaCO_3$)和氢氧化钠(NaOH)等，由于碱性中和药剂多为固体粉状，劳动条件较差，应采取一定的措施控制投加过程产生的粉尘等。

常用的酸性中和药剂主要是无机酸如盐酸、硫酸等。使用盐酸的优点是反应产物的溶解度大，泥渣量小，但出水的溶解性总固体（TDS）和氯离子浓度高。使用硫酸时，如果废水中含有的是钙盐，则会产生大量的硫酸钙沉淀，当废水中有机物或重金属浓度高时，硫酸钙沉淀夹带有机物或重金属共沉淀物而成为危险固废；当后续处理单元中有厌氧段时，厌氧会将水中的硫酸根还原为硫化氢和单质硫，形成硫化氢气体和水中硫化物的二次污染，故不宜采用硫酸为中和剂。

当采用化工副产的酸、碱作为中和剂时，要注意其是否含有较多的有机物，特别是毒性较大的有机物以及重金属，以防在中和过程中带进新的污染因子，使水质恶化。

药剂中和法的优点是可处理任何浓度的酸性、碱性废水，允许废水中有较多的悬浮杂质，对水质、水量的波动适应性强，且中和过程易调节。缺点是劳动条件差，药剂配制及投加设备较多，泥渣多且脱水难，易形成二次污染等。

从废弃物综合利用的角度出发，在一定的条件下，可以用酸性废水与碱性废水互相中和。但需清楚了解各自的污染因子组成以及可能发生的化学作用，避免水质复杂化或二次污染。

中和处理的另一用途是通过中和，使废水中的有机酸、有机碱等物质在一定的酸碱度下析出而被分离。如涤纶碱减量废水中含有高浓度的对苯二甲酸，通过调节废水至酸性后，对苯二甲酸溶解度降低而析出，不但可回收，而且因对苯二甲酸析出后废水的 COD 得以大幅度降低，有利于后续生化处理。

2. 化学沉淀

化学沉淀法是向废水中投加某些化学药剂（沉淀剂），使其与废水中溶解态的污染物直接发生化学反应，形成难溶的固体生成物，然后进行固废分离，除去水中污染物。废水中的重金属离子（如汞、镉、铅、锌、镍、铬、铁、铜等）、碱土金属（如钙、镁）、某些非重金属（如砷、氟、硫、硼）以及一些有机物均可采用化学沉淀法去除。

化学沉淀法的工艺过程：① 投加化学沉淀剂，与水中污染物反应，生成难溶的沉淀物析出；② 通过凝聚、沉降、浮上、过滤、离心等方法进行固液分离；③ 泥渣的处理和回收利用。

3. 氧化/还原处理

利用有毒有害污染物在化学反应过程中能被氧化或还原的性质，改变污染物的形态，将它们变成无毒或微毒的新物质或者转化成容易与水分离的形态，从而达到处理的目的，这种方法称为氧化/还原法。

按照污染物的净化原理，氧化/还原处理方法包括药剂法、电化学法（电解）和光化学法三大类。

废水中的有机污染物（如色、嗅、味、COD）以及还原性无机离子（如 CN^-、S^{2-}、Fe^{2+}、Mn^{2+}等）都可通过氧化法消除其危害，而废水中的许多金属离子（如汞、铜、镉、银、金、六价铬、镍等）都可通过还原法去除。废水处理中最常采用的氧化剂是空气、臭氧、氯气、次氯酸钠和双氧水；常用的还原剂有硫酸亚铁、亚硫酸氢钠、硼氢化钠、铁屑等。

尽管与生物氧化法相比，化学氧化/还原法需较高的运行费用，但对于有毒工业废水，化学氧化/还原法作为一种预处理方法，可以破坏对生物具有毒性的基团，降解大分子有机物，为后续处理单元提供条件，因此各种化学氧化/还原法特别是催化化学氧化/还原法在农药中间体、医药中间体、染料中间体及其他难处理废水中的应用越来越广泛。

应用化学氧化/还原法需要注意的是，某些化学氧化/还原剂会与废水中的某些物质反应生成毒性更高的污染物，因此，应在充分调研废水组分的前提下采用。

四、废水的物理化学处理方法

1. 混凝澄清法

混凝是在混凝剂的离解和水解产物作用下，使水中的胶体污染物和细微悬浮物脱稳，并凝聚为具有可分离的絮凝体的过程。

混凝沉淀的处理过程包括投药、混合、反应及沉淀分离。

澄清池是用于混凝处理的一种设备。在澄清池内，可以同时完成混合、反应、沉淀分离过程。澄清池大致分为两大类：一类是悬浮泥渣型，有悬浮澄清池、脉冲澄清池；另一类是泥渣循环型，有机械加速澄清池和水力循环加速澄清池。目前常用的是机械加速澄清池，多为圆形钢筋混凝土结构。

2. 浮选法

浮选法是通过投加混凝剂或絮凝剂使废水中的悬浮颗粒、乳化油脱稳、絮凝，以微小气泡作载体，黏附水中的悬浮颗粒，随气泡夹带浮渣升至水面，通过收集泡沫或浮渣分离污染物。

浮选法主要用于处理废水中靠自然沉降或上浮难以去除的浮油，或相对密度接近于1的悬浮颗粒。浮选过程包括气泡产生、气泡与颗粒附着以及上浮分离等连续过程。

按水中气泡产生的方式，浮选法分为溶气浮选法、布气浮选法和电解浮选法。其中溶气浮选法中的加压溶气浮选法应用最广泛。

3. 吸附与离子交换

吸附就是使液相中的污染物转移到吸附剂表面的过程。活性炭是早期最常用的吸附剂，而现代常用的工业吸附剂是各类吸附树脂、活性碳纤维等高效吸附材料。在工业废水处理中，吸附主要用于回收废水中有用物质。活性炭吸附装置一般采用固定床、移动床及流动床。

离子交换技术是目前广泛应用的物理化学分离方法。对于工业废水，离子交换主要用来去除废水中的阳离子(如重金属)，但也能去除阴离子，如氯化物、砷酸盐、铬酸盐等。离子交换操作是在装有离子交换剂的交换柱中以过滤方式进行的。整个工艺过程包括交换、反冲洗、再生和清洗四个阶段，各个阶段依次进行，形成循环。

无机离子交换剂如沸石等，晶格中有数量不足的阳离子，也可以由合成的有机聚合材料制成，聚合材料有可离子化的官能团，如磺酸基、酚羟基、羧基、氨基等。

有机合成的离子交换树脂有可用于阳离子交换的，如有磺酸基、酚羟、羧基等官能团的树脂，也有可用于阴离子交换的，如含有季胺基、伯胺基等官能团的树脂。

移动床的运行操作方式，原水从下而上流过吸附层，吸附剂由上而下间歇或连续移动。由于原水从塔底进入，水中夹带的悬浮物随饱和炭排出，不需要反冲洗设备，对原水预处理的要求较低，操作管理方便。流动床是一种较为先进的床型，吸附剂在塔中处于膨胀状态，塔中吸附剂与废水逆向连续流动。由于吸附剂保持流化状态，与水的接触面积大，因此设备小而生产能力大，基建费用低。

离子交换与脱附的基本流程如图 10-1 所示。

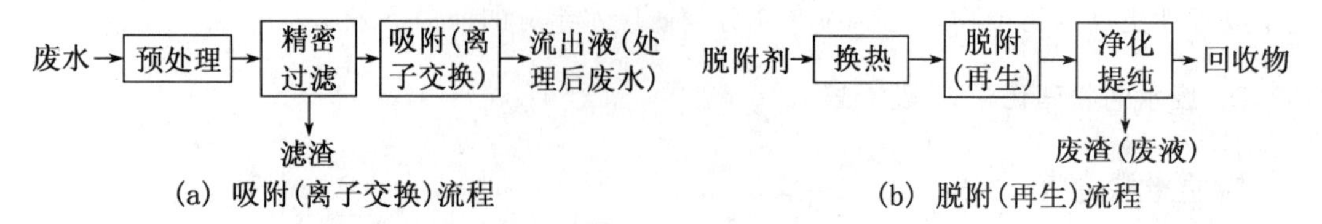

图 10-1 吸附与脱附工艺流程图

虽然现代离子交换与吸附剂具有一定的选择吸附性,但该性能吸附选择性受到多种因素影响,常常不能达到理想的程度。例如工业废水中含有具有可回收价值的物质,同时,常常也含有非常复杂的大分子有机色素物质,极易被吸附,因此,脱附液或再生液中除了含有高浓度的被吸附(交换)物质外,常常呈现高色度,必须经净化、提纯,分离除去这些杂质后,才能得到较纯净的回收物质。脱附液或再生液的净化、提纯一般可采取沉淀、精馏等方法,各种杂质、有机色素等被分离进入废渣或废液,最终送焚烧或安全填埋处置。因此,如果废水中没有回收价值足够高的物质,采用吸附(离子交换)方法经济上的可行性将成为制约因素。

4. 萃取

废水的萃取(extraction)处理是利用分配定律的原理,用一种与水不互溶,而对废水中某种污染物溶解度大的有机溶剂,从废水中分离除去该污染物的方法。

萃取剂的性质直接影响萃取效果,也影响萃取费用。在选择萃取剂时,一般应考虑以下几个方面的因素:

(1) 萃取剂应有良好的溶解性能。一是对萃取物溶解度要高,二是萃取剂本身在水中的溶解度要低。由分配定律可知,萃取物在萃取剂中的溶解度越大,分配系数越大,分离效果也就越好,相应地萃取设备也越小,萃取剂用量也越少。如酚的萃取剂分配系数见表 10-3。

表 10-3 某些萃取剂萃取酚的分配系数

萃取剂	苯	重苯	中油	杂醇油	异丙醚	三甲酚磷酸酯	醋酸丁酯
分配系数	2.2	2.5	2.5	8	20	38	50

(2) 萃取剂与水的比重差要大。两者的比重差越大,萃取相与萃余相就越容易分层分离。合适的萃取剂应该是两液相在充分搅拌混合后,分层分离的时间不大于 5 min。

(3) 萃取剂要容易再生。萃取剂与萃取物的沸点差要大,两者不形成恒沸物。

(4) 价格低廉,来源要广。

(5) 萃取剂应无毒,腐蚀性小,稳定性好,不易燃烧爆炸。

在工业上,萃取剂是循环使用的。萃取后的萃取相需经再生(regeneration),将萃取物分离后,再继续使用。常见的再生方法有:

(1) 物理法

利用萃取剂与萃取物的沸点差,采用蒸馏或蒸发方法来分离。例如,用醋酸丁酯萃取废水中的酚时,因单元酚的沸点为 181℃~202.5℃,醋酸丁酯则为 116℃,两者的沸点差较大,控制适当的温度，采用蒸馏法即可将两者分离。

(2) 化学法

投加某种化学药剂使它与萃取物形成不溶于萃取剂的盐类，从而达到两者分离的目的。例如，用重苯或中油萃取废水中的酚时，向萃取相投加浓度为2%～20%的苛性钠，使酚形成酚钠盐结晶析出。化学再生法使用的设备有板式塔和离心萃取机等。

典型萃取工艺流程如图10－2。整个过程包括以下三个主要工序：① 混合。把萃取剂与废水进行充分接触，使溶质从废水中转移到萃取剂中去；② 分离。使萃取相与萃余相分层分离；③ 回收。从两相中回收萃取剂和溶质。

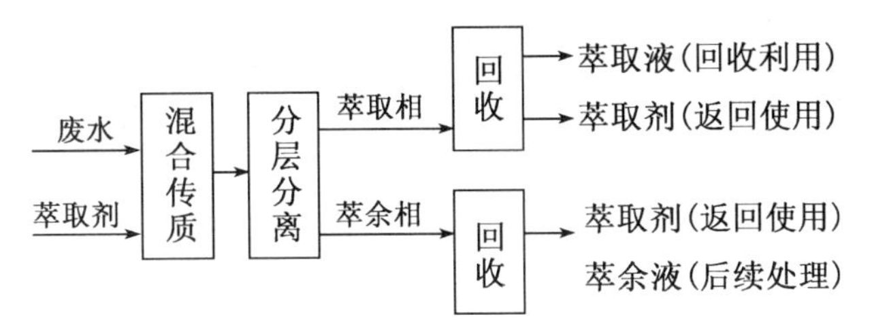

图10－2　萃取过程示意图

根据萃取剂(或称有机相)与废水(或称水相)接触方式的不同，萃取作业可分为间歇式和连续式两种。根据两者接触次数(或接触情况)的不同，萃取流程可分为单级萃取和多级萃取两种，后者又分为"错流"与"逆流"两种方式。

萃取法存在的问题主要是萃取剂的残留。这种残留可由于两种原因造成：一是任何一种萃取剂在水中都有一定的溶解度，因此即使分层分得非常好，处理尾水中也将含有等于或大于其自身溶解度的萃取剂；二是分层后分离不彻底造成萃取剂的流失，形成原因主要是萃取工艺参数不合理或设备落后所致。残留的萃取剂易成为新的污染物，在后续处理单元中应加以考虑。

5. 反渗透

在自然状态下，当半透膜(semi-permeable membrane)两侧存在不同浓度的溶液时，稀溶液中的水分子将通过半透膜进入浓溶液一侧。如果在浓溶液一侧加足够的压力，则浓溶液中的水分子将通过半透膜逆向扩散到稀溶液中去，这就是反渗透(reverse osmosis，RO)。

反渗透作为一种分离方法有如下特性：

(1) 有机物比无机物易分离。

(2) 电解质(electrolyte)比非电解质(non electrolyte)易分离。对电解质来说，电荷高的分离性好。例如，去除率大小顺序为$Al^{3+}>Mg^{2+}>Ca^{2+}>Na^{+}$，$PO_4^{3-}>SO_4^{2-}>Cl^{-}$。

(3) 无机离子的去除率受该离子在水合状态中所特有的水合数、水合离子半径的影响。水合离子半径越大的离子(一般离子半径小的离子，其水合离子半径大)，则越容易被去除。例如，某些阳离子的去除率大小顺序为$Mg^{2+}>Ca^{2+}>Li^{+}>Na^{+}>K^{+}$，而阴离子的顺序为$F^{-}>Cl^{-}>Br^{-}>NO_3^{-}$。

硝酸盐、高氯酸盐、氰化物、硫氢化物不像氯离子那样容易去除。铵盐的去除效果也没有钠离子好。

(4) 对非电解质来说，分子越大的越易去除。

(5) 气体容易透过膜，例如氨、氯、碳酸气、硫化氢、氧等气体的分离率就很低。再如，氨的分离率较差，但调整 pH，使之变成铵离子后，分离性就变好。

(6) 弱酸，如硼酸、有机酸的去除率较低。

反渗透在常温和没有发生相变化的情况下，就能将水与溶质分离开，因此适合于因加热而易变质的这类物质的浓缩。在药品制造领域内，完全有可能应用在激素、微生物、疫苗、抗生素的分离与浓缩。此外，由于相对能耗较低，所以可作为预浓缩方法来使用。例如，在糖液、牛奶、纸浆废水、放射性废液、重金属盐液、氨基酸等的浓缩，海水、咸水的淡化中都能应用。

另外，反渗透法不论物质的溶解性如何，对无机和有机成分都能进行分离浓缩。所以在处理废水时，可以去除有机和无机污染物，回收水；也可用于工厂废水或城市污水的再生。

表 10-4 反渗透法的应用范围

无机化工	海水、地下咸水、河口水的淡化、硬水软化、重金属盐的回收
有机化工	甘油与 NaCl 等这类有机物与无机物的分离，从有机溶剂中回收溶剂，沸点相近的混合物的分离
食品工业	天然果汁、野菜汁液等的浓缩，砂糖溶液的浓缩和去除盐分，咖啡、茶的提取物的分离与浓缩
医药工业	人工肾脏、病毒、细菌的分离，生物碱、激素、维生素、疫苗、抗生素的分离与浓缩
其他	纸浆工业等化学工艺排液的处理，放射性废液处理，从各种排水中回收有用物质

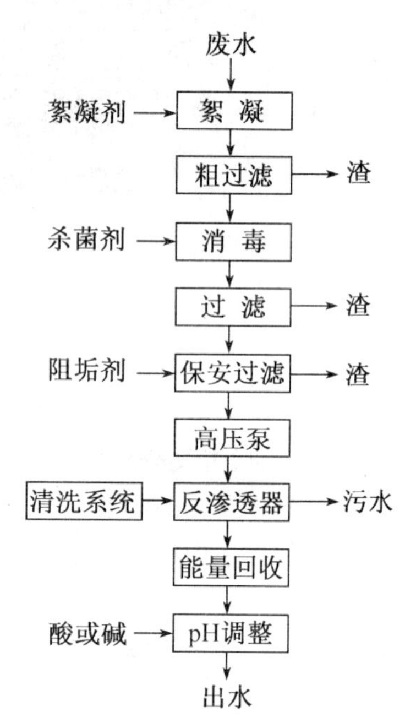

图 10-3 反渗透工业废水处理系统的典型流程

反渗透用于工业废水处理时，应对废水进行适当预处理，去除悬浮物、易污染膜的大分子有机物、微生物等，其典型流程如图 10-3 所示。

6. 电渗析

电渗析(electrodiolysis，ED)是在离子交换的基础上发展起来的新技术，但是与离子交换法不同，不需要再生，而是利用离子交换膜在直流电场作用下对溶液中电解质的阴、阳离子具有选择透过性，从而达到对溶液淡化、提纯、浓缩、精制的目的，属于隔膜分离技术。

电渗析器在两级之间交替排列着阳、阴离子选择性透过膜(selective permeable membrane)，膜间用隔板隔开，隔板槽起着导水和通过电流的作用。当两极接通直流电源之后，水中的离子发生定向迁移，而阳离子只能通过阳离子交换膜向负极迁移，被浓室中的阴膜截留；阴离子只能通过阴膜向正极方向迁移，被浓室中的阳膜截留。相应出现水中离子"只出不进"和"只进不出"的两种隔室。在"只出不进"的隔室(淡室)中离子越来越少，水逐渐被淡化，在相反的"只进不出"的隔室(浓室)中离子越来越多，电介质离子浓度不断升高而成为浓水，从而达到淡化、提纯、浓缩或精制的目的。

电渗析技术的主要特点：① 对分离组分的高选择性；② 能耗低、工程投资少；③ 连续运转，自动化程度高；④ 水回收率高；⑤ 不因化学作用和热降解改变溶液性质；⑥ 不用化学药剂，预处理要求较低。

电渗析广泛应用于海水和苦咸水淡化、有机物的回收、发酵液提取、电镀废水处理、化纤废水处理、放射性废水处理、电化学再生离子交换树脂等。

7. 超滤

超滤(ultrafiltration，UF)是以压力为推动力，利用超滤膜不同孔径对液体进行分离的物理筛分过程。在压差的推动下，原料液中的溶剂和小的溶质粒子从高压的料液侧透过膜到低压侧，所得到的液体一般称为滤出液或透过液，而大的粒子组分被膜截留，使它在滤剩液中浓度增大，达到溶液的净化、分离与浓缩的目的。

超滤起源于 1748 年，Schmidt 用棉花胶膜或璐膜分滤溶液，当施加一定压力时，溶液(水)透过膜，而蛋白质、胶体等物质则被截留下来，其过滤精度远远超过滤纸，于是他提出超滤一语。1896 年，Martin 制出了第一张人工超滤膜。20 世纪 60 年代，分子量级概念的提出，是现代超滤的开始，70 年代和 80 年代是高速发展期，90 年代以后开始趋于成熟。

超滤膜(ultrafiltration membrane)早期用的是醋酸纤维素膜材料，以后还用聚砜、聚醚砜、聚丙烯腈、聚氯乙烯、聚偏氟乙烯、氯乙烯醇等以及无机膜材料。膜的孔径大约 0.002～0.1 μm，截留分子量(CWCO)大约为 500～500 000 Dalton。其操作压力在 0.07 MPa～0.7 MPa。超滤的作用机理是超滤膜的筛滤作用，所以膜对特定物质的排斥性主要取决于物质分子的大小、形状、柔韧性以及超滤的运行条件。

超滤具有以下特点：

(1) 可实现物料的高效分离、纯化及高倍数浓缩。

(2) 处理过程无相变，对物料中组成成分无任何不良影响，且分离、纯化、浓缩过程中始终处于常温状态，特别适用于热敏性物质的处理。

(3) 系统能耗低，与传统工艺设备相比，设备运行费用低，能有效降低生产成本，提高企业经济效益。

(4) 系统集成化程度高，结构紧凑，占地面积少，操作与维护简便。

(5) 可实现对重要工艺操作参数的在线集中监控。

常用的超滤工艺流程如下：

源水→机械过滤器→活性炭过滤器→精密过滤器→高压泵→超滤主系统

超滤膜技术广泛应用于食品工业、饮料工业、乳品工业、生物发酵、医药化工、生物制剂、中药制剂、临床医学等工业生产领域，也可以用来去除废水中的淀粉、蛋白质、树胶、油漆等有机物，以及黏土、微生物等，还可用于污泥脱水。超滤可以与好氧处理一起组成膜-生物处理工艺，代替二次沉淀池等，在印染、食品工业废水或资源回收等已经有了许多成功实例。

8. 纳滤

纳滤(nanofilitration，NF)是介于超滤与反渗透之间的一种膜分离技术。纳滤在高于渗透压力作用下，水分子和少部分溶解盐通过选择性半透膜，而其他的溶解盐及胶体、有机物、细菌、微生物等杂质随浓水排出。

纳滤系统的核心是纳滤膜(nanofilitration membrane)。纳滤膜的截流分子量介于反渗透膜和超滤膜之间，约为 80～2 000 Dalton；同时纳滤膜表面带有电荷，对无机盐有一定的截流率，对二价及多价离子有很高的去除率，达 90%以上，对单价离子的截留率小于 80%。因为它的表面分离层由聚电介质构成，对离子有静电相互作用。从结构上看纳滤膜大多是复合型膜，即膜的表面分离层和它的支撑层的化学组成不同。根据第一个特征，推测纳滤膜的表面分离层可能拥有1～5 nm左右的微孔结构，故称之为“纳滤”。

纳滤膜可分为物料型(material type)和水膜(water membrane)。物料型纳滤膜最大的特点是宽流道(46～80 mil)、无死角的结构。宽流道物料膜与水膜(主要用于水处理，一般流道为28～31 mil)最大的区别在于：物料膜的流道比水膜要宽很多。较宽的流道有较好的抗污染性，流道越宽，液体在流道内的流速将会减小，膜元件两端压差降低，达到一个最佳的过滤过程。从工程经验来看，窄流道膜元件清洗频率和清洗的难度明显高于宽流道。平凡地反复清洗会大大缩短膜元件的寿命。在同样条件下，宽流道膜元件在污染后，清洗的可恢复性明显优于窄流道。

表10－5 纳滤膜特点

截留分子量	用途	操作压力
80	氨基酸浓缩及小分子物质的浓缩	20 bar
150～200	小分子物料的脱盐浓缩	15～20 bar
400～500	小分子物料的脱色、脱盐及大分子物料浓缩	10～15 bar
700～800	脱色、浓缩	10 bar

纳滤膜分离规律：① 对于阴离子，截留率递增顺序为 $NO_3^- < Cl^- < OH^- < SO_4^{2-} < CO_3^{2-}$；② 对于阳离子，截留率递增的顺序为 $H^+ < Na^+ < K^+ < Ca^{2+} < Mg^{2+} < Cu^{2+}$；③ 一价离子渗透，多价离子有滞留；④ 截留相对分子量在100～1 000之间。

纳滤主要用途为：抗生素低温脱盐、浓缩，染料脱盐、浓缩，有机酸、氨基酸的分离纯化，单糖与多糖分离精制，生物农药的净化，水中残留农药、化肥、清洗剂、THM等的脱除，果汁的高浓度浓缩，精细化工产品的脱盐、浓缩，香精的脱色、浓缩，植物、天然产物提取液脱色、浓缩，水溶性目标产物的脱色、脱盐，含盐废水处理。

纳滤可以在相当领域里取代传统离心分离、真空浓缩、多效薄膜蒸发、冷冻浓缩等工艺，已经广泛地应用于食品工业、饮料行业、生物发酵、生物医药、化工、水处理行业、环保行业等领域，可以经济高效地实现物料分离、纯化脱盐及浓缩过程。

在应用上述反渗透、电渗析、超滤和纳滤方法处理工业废水时，应注意产生的浓水的妥善处置。对于反渗透系统，浓水中污染物主要是高浓度无机盐；而对于电渗析、超滤和纳滤系统，浓水中可能既有高浓度无机盐，也有高浓度有机物。这些浓水如果不能经技术手段精制后资源化，则会成为二次污染物，此时将不宜采用膜分离方法处理。

五、废水的生物处理方法

1. 活性污泥法

普通曝气法是活性污泥法中最原始的一种处理形式，亦称为传统曝气法。池为长方形，废水与回流污泥从池的一端进，另一端出，全池呈推流式。

延时曝气是为了适应对水质具有较高要求而发展起来的一种处理工艺，设计污泥负荷 F/M 比一般控制在0.1 kg(BOD_5)/(kg·d)MLVSS以下，由于污泥负荷低、停留时间长，污泥处于内源呼吸阶段，剩余污泥量少(甚至不产生剩余污泥)，污泥的矿化程度高、无异臭、易脱水，实际上是废水和污泥好气消化的综合体。但这种处理工艺主要缺点是池容大、用气量大，建设费和运行费都较高，而且占地大。

氧化沟属延时曝气活性污泥法，氧化沟的池型，既是推流式，又具备完全混合的功能。氧化沟与其他活性污泥法相比，具有占地大、投资高、运行费用略高的缺点。

2. 生物膜法

生物膜法处理废水就是使废水与生物膜接触进行固、液相的物质交换，利用膜内微生物将有机物氧化，使废水得到净化。生物膜法有滴滤池、塔滤池、接触氧化池及生物转盘等型式。

3. 厌氧生物处理

废水厌氧生物处理是指在无分子氧条件下通过厌氧微生物(包括兼氧微生物)的作用，将废水中的各种复杂有机物分解转化成甲烷和二氧化碳等物质的过程，也称厌氧消化。

随着高浓度有机废水厌氧处理的广泛应用，厌氧生物处理法有了很大发展。厌氧消化工艺由普通消化法逐渐演变发展为厌氧接触法、厌氧生物滤池法、上流式厌氧污泥床反应器法、厌氧流化床法等。

普通厌氧消化池又称传统消化池。消化池常用密闭的圆柱形池。废水定期或连续进入池中，经消化的污泥和废水分别由消化池底和上部排出，所产生的沼气从顶部溢出。为便于进料和厌氧污泥充分接触，使产生的沼气气泡及时逸出，池内设有搅拌装置。进行中温和高温消化时，常需对消化液进行加热。

厌氧接触法又称厌氧活性污泥法。工艺上与好氧的完全混合活性污泥相类似。污水进入消化池后，迅速与池内混合液混合，污水与活性污泥充分接触。厌氧池排出的混合液在沉淀池中进行固液分离，污水自沉淀池上部排出，沉淀污泥回流至消化池。该工艺具有运行稳定、操作较为简单、有较大的耐冲击负荷的特点。

上流式厌氧污泥床反应器，简称 UASB 反应器，废水自下而上通过 UASB 反应器。在反应器的底部有一高浓度(污泥浓度可达 60～80 g/L)、高活性的污泥层，大部分的有机物在此转化为 CH_4 和 CO_2。UASB 反应器的上部设有气、液、固三相分离器。被分离的消化气从上部导出，污泥自动落到下部反应区。对于一般的高浓度有机废水，当水温在 30℃ 左右时，COD 负荷可达 10～20 kg/(m^3·d)。

试验结果表明，一个良好的 UASB 反应器可形成稳定的生物相，较大的絮体具有良好的沉淀性能，有机负荷去除率高，不需搅动设备。对负荷冲击、温度和 pH 的变化有一定的适应性。

六、环评中废水处理方案

1. 环评中废水处理方案要求和深度

对于新建项目，应根据工程分析得出的废水源及源强数据，研制并提出适宜的废水处理方案。

对于技改、扩建项目，如果新废水源中污染因子与现有项目类似，那么可以通过对现有项目废水处理设施的运行状况、达标情况等进行分析，然后根据分析结论采用现有工艺扩建、吸取现有设施的经验教训进行改进等措施完成技改、扩建项目的废水处理方案。

对于直接排放到纳污水体的项目，其废水处理方案要做到达标排放。对于接入区域污水处理厂的项目，废水处理方案的深度是通过预处理达到接管标准。

如有多个废水处理子系统，应给出全厂废水处理系统图和各子系统工艺流程图。

2. 生活污水处理流程研制基本原则

(1) 对于单纯的城市生活污水，通常采用二级处理即可达到排放标准。即一级处理悬浮态污染物，二级处理通过好氧生物处理单元去除溶解态有机污染物即可。

(2) 对于以接纳生活污水为主，兼有接纳一般工业废水的情况，由于其中可能会有难降解有机污染物等特征因子，应当强化处理流程，即需要增加混凝等物化单元，并强化生物处理单元如采用各种 A/O 流程，以达到处理要求。

(3) 重金属类污染物不应进入生活污水处理厂，以免因生物处理单元活性污泥吸附重金属使剩余污泥成为危险固废，增加处置难度和费用。

3. 工业废水处理流程研制基本原则和步骤

工业废水与生活污水不同，其水质情况千差万别，不可能有确定的流程，应当根据具体水质进行研制，在研制过程中，应遵守下列基本原则和步骤：

(1) 工业废水处理流程设计基本原则

① 按各单元酸碱度变化趋势排列流程　废水处理的不同单元过程要求不同的酸碱度控制值，而频繁调节酸碱度意味着加酸、碱量和处理成本的增加，所加的无机酸、碱中和后形成的盐会对后续处理单元如膜处理、生化处理等产生不利影响，因此，按各单元酸碱度变化趋势排列流程，可使处理成本和生成的盐量最低。

② 先去除悬浮态污染物，后去除溶解态污染物　悬浮态污染物对于大多数深度处理单元的工艺过程和设备的正常运行都有影响，应当尽量去除；同时悬浮态污染物的存在可能影响 COD 等指标，而去除却最简单，费用最低，因此应当在预处理阶段就去除。

③ 先去除回收特定污染物(particular pollutants)　当废水中某种组分的浓度高到具有回收价值时，应采用适当方法进行回收，以降低废水处理的综合成本。

④ 先进行低成本单元　利用低成本处理单元先行大幅度降低污染物浓度，对于保证整个流程的处理效果和降低处理成本都是非常重要的。例如，酸性高色度有机废水常常先进行微电解反应而不先进行中和，因为此时可利用废水的酸性进行微电解，可节约成本。

⑤ 分质处理　指对于含不同特征污染物的废水，首先分别采用对其所含特征污染物有良好回收或去除效果的单元方法进行处理，回收或去除所含的大部分特征污染物，然后再混合采用传统方法处理至排放标准。分质处理具有高效、相对成本较低的特点，特别适用于同一个生产过程或同一个企业含有不同特征污染物的废水产生情况。

分质处理的另一作用是可以减少特征污染物的排放量。如某生产过程排放 Q_1 和 Q_2 两股废水，Q_1 含某重金属而 Q_2 不含，采用化学沉淀法处理，处理后废水中重金属浓度为 c，则将 Q_1 单独处理重金属后再将两股水合并排放时，总排水中的重金属量 W_1 为：

$$W_1 = Q_1 \cdot c \tag{10-2}$$

如果先将 Q_1、Q_2 混合再处理时，总排水中的重金属量 W_2 为：

$$W_2 = (Q_1 + Q_2) \cdot c \tag{10-3}$$

显然，$W_1 < W_2$，即分质处理时总排水中的特征污染物的量小于混合处理时的量。

⑥ 防止水质恶化或复杂化　所谓“达标排放”是指按某一排放标准考核时，其任一项指标均满足排放标准要求而不能仅仅是几项指标达标。

化学法、物理化学法等废水处理单元中，常需添加一些化学处理药剂如氧化剂、还原剂、中和剂、混凝剂、沉淀剂等，在添加这些化学药剂时，除了需考虑其高效、低用量等要求外，还必须注意所添加的化学药剂不致使水质恶化或复杂化，造成二次污染，不能够全面达到排放标准。如含有较高浓度的碱性废水，以后接厌氧单元时，其中和剂不能用硫酸，否则中和形成的硫酸根将在厌氧时被还原成硫化氢和硫离子，造成水质恶化和二次污染。

(2) 工业废水处理流程研制步骤

① 根据废水水质初选处理单元　根据废水所含污染物，选择可在适当的条件下将该污染物回收或去除的单元。

② 按前述设计原则将初选单元排列形成初列流程　一般来说，一种污染物总可以有多种工艺单元对其发挥作用，因此，可以排列出多条初列流程进行比选。

③ 验证各单元的处理效果，确定拟采用流程　对各单元的处理效果进行验证计算，调整、优化处理单元，进行必要的技术、经济可行性分析，最终确定所需单元，得到拟采用工艺流程。

第三节　大气污染控制方法及工艺流程

一、概述

大气污染控制技术是重要的大气环境保护对策措施，大气污染的常规控制技术按控制对象可分为洁净燃烧技术、气态污染物净化技术、颗粒物净化技术和烟气的高烟囱排放技术等。

大气污染控制技术按其作用可以分为回收、无害化和高空排放三类。

回收吸收、吸附、冷凝等均属于这一类。回收类的处理方法要求根据欲回收物质的性质和形态选择具体方法和吸收剂、吸附材料等；回收类处理方法的另一特点是要求处理过程尽可能不带入新物质进入体系，以免造成分离困难，影响回收物料的质量。

无害化如热分解(焚烧)、化学分解、生物法等是通过其处理过程，将废气中的污染物分解、破坏成简单的矿化物，使其对环境和人类健康的影响最小。电物理化学过程经较长时间、复杂的降解反应，也可以将污染物分解实现无害化。

对于一些易在空气环境中自然降解的大气污染物，可以采取高空排放的形式。高空排放是利用大气自然环境对污染物的扩散、稀释和分解作用，降低污染物在环境中的浓度，消除或减轻污染物对环境的危害。烟气的高烟囱排放就是通过高烟囱把含有污染物的烟气直接排入大气，使污染物向更大的范围和更远的区域扩散、稀释，利用大气的作用进一步地降低地面空气污染物的浓度。

除冷凝器外，大气污染控制采用的设备如吸收塔、喷淋塔、吸附器、光催化氧化装置、各类除尘器等主要为非标准设备，可以自行按工艺要求进行设计；大气污染控制设备的另一特点是，其工作压力在 kPa 数量级，设备密封等级低，故有“漏风率”这一设备制造要求，通常不大于 5%。

二、气态污染物控制技术

气态污染物种类繁多，特点各异，因此采用的净化方法也不相同，常用的方法有吸收法、吸附法、催化法、燃烧法、冷凝法、膜分离法、电子束照射净化法和生物净化法等。

1. 吸收法

吸收法是应用最广泛的废气处理方法之一。吸收法处理废气可以分物理吸收和化学吸收。

物理吸收(physical absorption)：废气中很多污染物都可以在各种吸收设备中用水或有机溶剂吸收，使之溶解于吸收剂，再以物理解吸从而回收该种物质。物理吸收时，污染物溶解于吸收剂，包括水或各种溶剂。饱和后可采用物理或化学方法解吸，典型的例子如用有机溶剂吸收各种有机气体污染物。

化学吸收(chemical absorption)：吸收剂与被吸收的污染物间发生化学反应，污染物转化成另一种物质。典型的例子如酸性气体或碱性气体可以用对应的碱性或酸性吸收剂进行化学吸收使之中和成为盐。废气中如含有某种特定污染物如有毒物质，可以选用易与之反应而使其成为无毒物质的吸收剂。

吸收法可用于各种浓度的废气处理，也可以用于含有颗粒物的废气净化。

吸收剂有液体和固体两大类，水、酸、碱、盐溶液和各种有机溶剂等液体吸收剂最为常见。一些固体材料也可通过化学吸收处理气态污染物。

典型吸收流程见图 10－4。

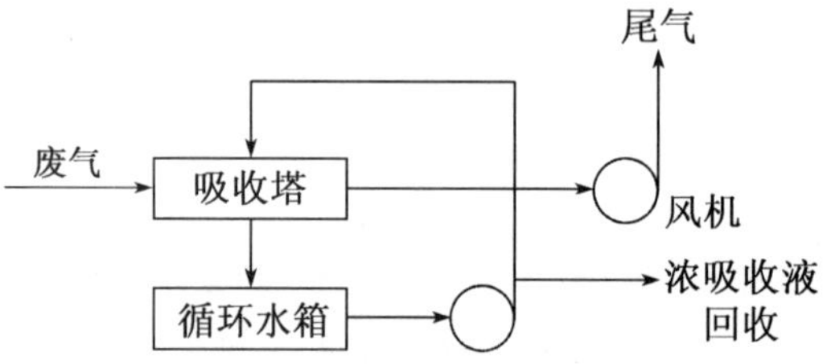

图 10－4　典型吸收流程

采用吸收法处理废气时，应考虑浓吸收液的回收或处置方法和去向。如果废气组分复杂，浓吸收液除了含有待回收物质外，常常会夹带其他污染物，应采取必要的分离、净化措施才可实现有用物质的回收。如吸收的污染物无回收利用价值，则应将浓吸收液送废水处理或焚烧处理。

2. 吸附法

对精细化工、涂料、油漆、塑料、橡胶等生产过程排出的含溶剂或有机物的废气，可用活性炭、吸附树脂、活性碳纤维、分子筛、其他化合物或某些天然物质等吸附剂吸附净化，例如氧化铝就是一种很好的氟化氢气体吸收剂。吸附饱和后可经解吸回收物质，因此吸附法通常也用于废气中有一种或几种有回收意义的废气处理中。

吸附法可分为物理吸附和化学吸附，但主要是物理吸附，即依靠范德华力(Van der waales attraction)。吸附法可以相当彻底地净化空气，即可进行深度净化，特别是对于低浓度废气的净化，比用其他方法显现出更大的优势；在不使用深冷、高压等手段下，可以有效地回收有价值的有机物组分。

由于吸附剂对被吸附组分吸附容量的限制，吸附法较适于处理低浓度废气，对污染物浓度高的废气一般不采用吸附法治理。

典型吸附及解吸流程分别见图 10－5 和图 10－6。

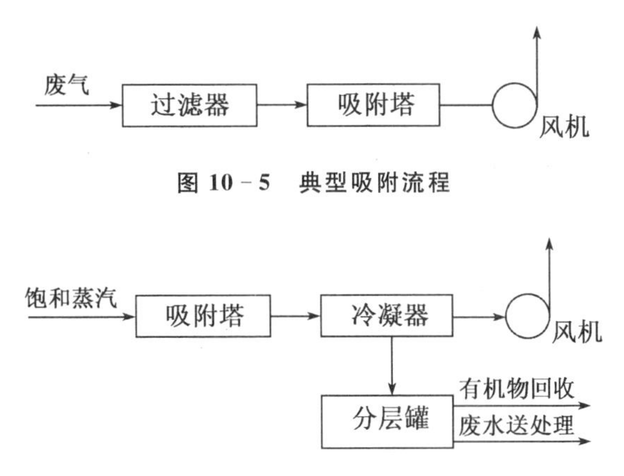

图 10－5　典型吸附流程

图 10－6　典型热解吸流程

吸附剂吸附吸附质后，其吸附能力将逐渐降低，为了保证吸附效率，对失去吸附能力的吸附剂应进行再生。吸附剂再生的常用方法见表 10－6。

表 10－6　吸附剂再生方法

吸附剂再生方法	特点
热再生	使热气流（蒸汽或热空气或热氮气）与床层接触直接加热床层，吸附质可解吸释放，吸附剂恢复吸附性能。不同吸附剂允许加热的温度不同；蒸汽再生多用于难溶于水的吸附质；热空气再生需防止再生气中有机物浓度达到爆炸极限范围，并需考虑活性炭的“碳损”
降压再生	再生时压力低于吸附操作时的压力，或对床层抽真空，使吸附质解吸出来，再生温度可与吸附温度相同
通气吹扫再生	向再生设备中通入基本上无吸附性的吹扫气，降低吸附质在气相中的分压，使其解吸出来；操作温度愈高，通气温度愈低，效果愈好
置换脱附再生	采用可吸附的吹扫气，置换床层中已被吸附的物质，吹扫气的吸附性愈强，床层解吸效果愈好，比较适用于对温度敏感的物质；为使吸附剂再生，还需对再吸附物进行解吸
化学再生	向床层通入某种物质使吸附质发生化学反应，生成不易被吸附物质而解吸下来

可作为净化碳氢化合物废气的吸附剂有活性炭（active carbon，AC）、活性碳纤维（activated carbon fiber，ACF）、硅胶、分子筛等，目前应用最广泛的是活性炭，而活性碳纤维作为一种新型吸附剂，具有比活性炭的吸附容量大、解吸快等优点，已在多方面显示其优点。

活性炭可吸附的有机物较多，吸附容量较大，并在水蒸气存在下也可对混合气中的有机组分进行选择性吸附。通常活性炭对有机物的吸附效率随分子量的增大而提高。

活性碳纤维是以有机聚合物或沥青为原料生产的，灰分低，其主要元素是碳，碳原子在活性碳纤维中以类石墨微晶的乱层堆叠形式存在，三维空间有序性较差，经活化后生成的孔隙中，90％以上为微孔，因此活性碳纤维的内表面积十分巨大。活性碳纤维第二个特点是具有较大的外表面积，而且大量微孔都开口在纤维表面，在吸附和解吸过程中，分子吸附的途径短，吸附质可以直接进入微孔，这为活性碳纤维的快速吸附，有效地利用微孔提供了条件，而活性炭需要经过由大孔、过渡孔构成的较长的吸附通道。活性碳纤维孔隙结构第三个特点是孔径分布狭窄，孔径比较均匀，暴露在纤维表面的大部分是 20 Å 左右的微孔，因此具有一定的选择吸附性，解吸比活性炭易控制。活性碳纤维的表面含有一系列活性官能团，主要是含氧官能团，如羟基、羰基、羧基、内酯基等。有的活性碳纤维还含有胺基、亚胺基以及磺酸基等官能团。其含氧团的总量一般不超过 1.5 meq/g，活性碳纤维表面官能团对吸附有明显的影响，如聚丙烯腈基活性碳纤维表面存在 N 官能团，所以它对含 N、S 化合物具有独特的吸附能力。

活性碳纤维对有机化合物蒸汽有较大的吸附量，对一些恶臭物质，如正丁基硫醇等吸附量比颗粒状活性炭 GAC 大几倍，甚至几十倍。对无机气体如 NO、NO_2、SO_2、H_2S、NH_3、CO、CO_2 以及 HF、SiF_4 等也有很好的吸附能力。表 10 - 7 是活性碳纤维与颗粒活性炭对一些有机物的平衡吸附量比较。

表 10 - 7　ACF 与 GAC 对有机物的平衡吸附量

被吸附物质	毡状活性碳纤维（质量%）	粒状活性炭（质量%）	被吸附物质	毡状活性碳纤维（质量%）	粒状活性炭（质量%）
丁基硫醇	4 300	117	三氯乙烯	135	54
二甲基硫	64	28	苯乙烯	58	34
三甲胺	99	61	乙醛	52	13
苯	49	35	四氯乙烯	87	70
甲苯	47	30	甲醛	45	40
丙酮	41	30			

在实际应用中，有两个问题需要注意：如果同一废气源中有多种可被吸附污染物，吸附材料对其中任一污染物的平衡吸附量会小于表 10 - 7 中单一物质时的最大平衡吸附量；表 10 - 7 中是指最大平衡吸附量，当吸附单元达到此最大平衡吸附量时，出口浓度可能会超过排放标准，因此，当吸附单元位于废气处理装置的末端时，应当根据吸附等温线计算达到排放标准时的平衡吸附量，而不能单纯追求高吸附量而使排放浓度超标。

3. 热分解

某些生产废气中的有机污染物，当数量较少或成分较复杂没有回收价值时，可采用热分解法处理。热分解是在高温下将有害气体、蒸气或烟尘转变为无害物质的过程，又称为燃烧净化。燃烧净化时所发生的化学作用主要是燃烧氧化作用及高温下的热分解。因此这种方法只能适用于净化那些可燃的或在高温情况下可以分解的有害气体。燃烧方法还可以用来消除恶臭。有机气态污染物燃烧氧化的结果，生成了 CO_2 和 H_2O，因而使用这种方法不能回收到有用的物质，但由于燃烧时放出大量的热，使排气的温度很高，所以可以回收热量。

目前在实际中使用的燃烧净化方法有直接燃烧和热力燃烧。热力燃烧又可分为传统热力燃烧和催化燃烧法。

直接燃烧也称为直接火焰燃烧，它是把废气中可燃的有害组分当作燃料直接烧掉，因此这种方法只适用于净化可燃有害组分浓度较高的废气，或者是用于净化有害组分燃烧时热值较高的废气。

热力燃烧是用于可燃有机物质含量较低的废气的净化处理，这类废气中可燃有机组分的含量往往很小，废气本身不能燃烧，而其中的可燃组分经过燃烧氧化，虽可放出热量，但热值很低，仅 338～750 kJ/m^3 左右，也不能维持燃烧。因此在热力燃烧中，被净化的废气不是作为燃烧所用的燃料，而是在含氧量足够时作为助燃气体，不含氧时则作为燃烧的对象。在进行热力燃烧时一般是用燃烧其他燃料的方法（如煤气、天然气、油等），把废气温度提高到热力燃烧所需的温度，使其中的气态污染物进行氧化，分解成 CO_2、H_2O、N_2 等。热力燃烧所需温度较直接燃烧低，在 540℃～820℃即可进行。

催化燃烧法通过固体催化剂，使废气在较低温度下完全分解，可降低能耗，并可对特定污染物进行处理，是一种非常有发展前途的废气处理方法。催化燃烧实际上为完全的催化氧化，即在催化剂作用下，使废气中的有害可燃组分完全氧化为 CO_2 和 H_2O。由于绝大部分有机物均具有可燃烧性，因此催化燃烧法已成为净化含碳氢化合物废气的有效手段之一。又由于很大一部分有机化合物具有不同程度的恶臭，因此催化燃烧法也是消除恶臭气体的有效手段之一。

与其他种类的燃烧法相比，催化燃烧法具有如下特点：① 催化燃烧为无火焰燃烧，所以安全性好；② 燃烧温度要求低，大部分烃类和 CO 在 300℃～450℃之间即可完全反应，由于反应温度低，故辅助燃料消耗少；③ 对可燃组分浓度和热值限制较少；④ 为使催化剂延长使用寿命，不允许废气中含有尘粒和雾滴。

蓄热式热氧化法（regenerative thermal oxidizer，RTO），该系统由燃烧室、陶瓷填料床和切换阀等组成。工作温度 750℃～850℃，适用于处理中等浓度（1 000～2 000 mg/m^3）、不含杂原子、主要由碳、氢、氧组成的有机物废气，其三燃烧室结构的净化效率可以达到 90%～97%。

热分解法适于中、高浓度废气的净化，特别是连续排气的场合。

含卤素有机化合物废气不宜采用焚烧法处理。如混合废气中有含卤素有机化合物，需采用焚烧法处理时，其烟气需考虑（氯代、氟代、溴代）二噁英类污染物的处理，增加急冷、粉状活性炭吸附等处理单元。

根据相关排放标准要求，焚烧法有机废气的实测大气污染物排放浓度，须换算成基准含氧量排放浓度，并与排放限值比较判定排放是否达标。

4. *冷凝法*

所谓冷凝法处理有机物废气是指用水或其他介质作冷却剂直接冷却、冷凝、凝固、凝华废气中有机物蒸气、升华物等，粉尘和水蒸气同时被分离，处理后的废气可以达到很高的净化程度。

冷凝法常用于高浓度废气处理，特别是组分单一的废气；作为燃烧与吸附净化的预处理，可通过冷凝回收的方法减轻后续净化装置的负荷；处理含有大量水蒸气的高温废气。

冷凝法处理有机物废气流程如图 10－7 所示。

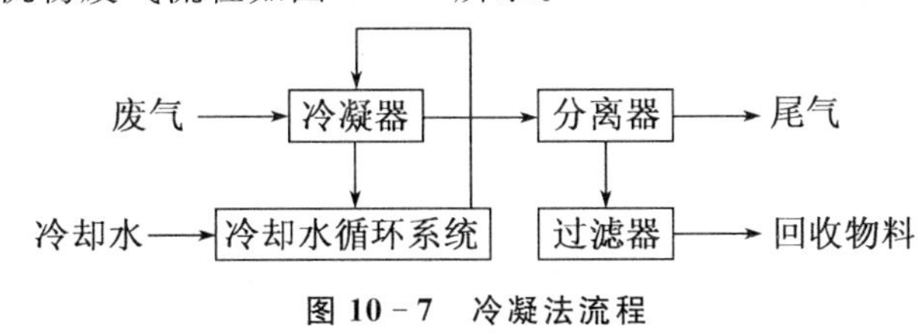

图 10－7　冷凝法流程

冷凝净化法所需设备和操作条件比较简单，回收物质纯度高。但冷凝法对废气的净化程度受冷凝温度的限制，要求净化程度高或处理低浓度废气时，需要将废气冷却到很低的温度，经济上不合算。

5. 微生物净化法

微生物净化法是利用微生物对有机物和某些无机物的降解作用净化废气中污染物。常用的微生物净化废气设备有生物滤床、生物滴滤器(BTF)等。

如：采用筛选出的纤维附着活性炭(ACOF)为载体材料，用经以甲苯为唯一碳源驯化而得的微生物菌种的甲苯废气的净化实验表明，采用 ACOF 的 BTF 最大消除能力值可达 280 $g/m^3 \cdot h$。在甲苯负荷小于 280 $g/m^3 \cdot h$，停留时间 15.7 s 的条件下，表观气速 230 m/h 时可保持 90%以上的净化效率。

6. 电物理化学法

典型的电物理化学法废气处理工艺有低温等离子法(non-thermal plasma，NTP)、光催化氧化法(photocatalytic oxidation)等。

当外加电压达到气体的放电电压时，气体被击穿，产生包括电子、各种离子、原子和自由基在内的混合体。放电过程中虽然电子温度很高，但重粒子温度很低，整个体系呈现低温状态，所以称之低温等离子体。低温等离子体降解污染物是利用这些高能电子、自由基等活性粒子和废气中的污染物作用，使污染物分子在极短的时间内发生分解，并发生后续的各种反应以达到降解污染物的目的。光催化氧化法是在一定的催化剂存在下，以可见光或紫外光等照射分解废气中有机污染物。低温等离子法与光催化氧化法共同的短板是反应过程复杂，会产生大量副反应物及碎片产物，使尾气组分复杂化；碎片产物易在催化剂表面和反应器内壁形成胶状物质累积，影响其寿命；同时，为使有机物彻底降解成二氧化碳和水，则需要一定的反应时间，使得电耗升高。

7. 高空排放

在一些情况下，对于中、低浓度废气，当满足排放标准，环境容量又允许时，工业废气可以采用高烟囱排放，充分利用大气自然环境对污染物的稀释、分解作用，是一种经济、有效的方法。

根据《大气污染物综合排放标准》(GB16297—1996)新污染源大气污染物排放限值，若干大气污染物随排气筒高度而变化的最高允许排放速率(二级)见表 10-8。

表 10-8　大气污染物随排气筒高度而变化的最高允许排放速率

污染物	排气筒高度(m)									
	15	20	30	40	50	60	70	80	90	100
二氧化硫	2.6	4.3	15	25	39	55	77	110	130	170
氮氧化物	0.77	1.3	4.4	7.5	12	16	23	31	40	52
氯化氢	0.26	0.43	1.4	2.6	3.8	5.4	7.7	10		
硫酸雾	1.5	2.6	8.8	15	23	33	46	63		
氟化物	0.10	0.17	0.59	1.0	1.5	2.2	3.1	4.2		

（续表）

污染物	排气筒高度(m)									
	15	20	30	40	50	60	70	80	90	100
氯气		0.52(25)	0.87	2.9	5.0	7.7	11	15		
酚类	0.10	0.17	0.58	1.0	1.5	2.2				
甲醛	0.26	0.43	1.4	2.6	3.8	5.4				
丙烯腈	0.77	1.3	4.4	7.5	12	16				
甲醇	5.1	8.6	29	50	77	100				
苯胺类	0.52	0.87	2.9	5.0	7.7	11				
氯苯类	0.52	0.87	2.5	4.3	6.6	9.3	13	18	23	29
硝基苯类	0.05	0.09	0.29	0.50	0.77	1.1				

说明：表中各值单位为 kg/h。

含有毒有害的污染物成分或难以在自然大气环境下分解的污染物成分的废气则不宜采用高空排放。

7. 废气处理单元级数和工艺流程

工业生产过程中，常存在高浓度废气，采用单级处理单元无法达到排放标准，就需要采用多级处理单元。

废气处理系统所需总去除率可由下式确定：

$$\eta_0=\left(1-\frac{Q_2 c_2}{Q_1 c_1}\right)\times 100\% \quad (10-4)$$

式中：η_0 为系统所需总去除率，%；Q_1 为进口风量，m^3/h；Q_2 为出口风量，m^3/h；c_1 为进口气体污染物浓度，mg/m^3；c_2 为排放标准，mg/m^3。

拟采用的多级废气处理系统的总去除率为：

$$\eta=1-[(1-\eta_1)(1-\eta_2)\cdots\cdots(1-\eta_n)] \quad (10-5)$$

处理单元级数的判断：如果 η_0/η 小于等于 1，则选定的处理单元级数满足；如果 η_0/η 大于 1，则选定的处理单元级数不满足，需增加处理单元级数，按增加后的总去除率重新进行计算，直至满足 η_0/η 小于等于 1。

三、颗粒物净化技术

工业上产生颗粒物污染的设备、装置或场所被称为尘源(source of dust)，颗粒物净化技术又称为除尘技术，它是将颗粒污染物从废气中分离出来并加以回收的操作过程。

在尘源处或其近旁设置吸尘罩，以风机提供气体运动动力，将生产过程中产生的粉尘连带运载粉尘的气体捕集吸入罩内，经风管送至除尘器气固分离，达到排放标准后再经一定高度的排气筒排入大气。为了保证系统的正常运行，通常还配有压力、流量、温度、湿度等测量和控制仪表。由此可见，一套完整的除尘系统(dust removal system)由下列部分组成：

(1) 吸尘罩：吸尘罩是将尘源所散发的粉尘捕集进粉体净化系统的装置，可以是单独的(外部罩)或直接接于产尘设备。吸尘罩设计水平的高低，将直接影响整个系统对粉尘的净化效果。

(2) 风管:风管将净化系统的各设备、附件连成一个整体。风管包括管道以及弯头、三通、大小头等管件。

(3) 除尘器:除尘器作为气固分离设备,担当了系统中粉体净化、分离的重担,视粉尘进口浓度和排放标准的不同要求,可以选择不同除尘效率的除尘器,也可以采用多台除尘器串接成多级除尘系统。

(4) 空气动力设备:为整个系统提供空气动力,通常为各类风机或空气压缩机。空气压缩机可以提供很高的风压,但流量较小,多用于气力输送系统;粉体净化系统多采用各类风机特别是风量大、风压适中的离心式通风机。

(5) 排气筒:一般来说,经净化的气体中仍含有一定浓度的污染物,因此,在大多数情况下,净化后气体均通过具有一定高度的排气筒排放。工业粉尘的最终排放标准包括排放浓度和速率两个指标,其中,排放速率与排气筒高度有关,排气筒越高,相应的排放速率值越大。

(6) 控制系统:通过风压、风速、温度、湿度等参数测量、控制仪表以及调节、控制阀门等保证整个系统能够正常运行。

(7) 附件:主要包括高温气体冷却及热量回收装置,防止风管内粉尘堵塞的清扫装置,消除管道热胀冷缩的管道补偿器,输送易燃易爆粉尘及气体时的静电消除装置,采样孔和测孔、管道保温和噪声消除装置,管道支架和吊架等。

除尘器是颗粒物净化系统的主体设备。按除尘过程中的粒子分离原理可分为重力除尘器(沉降室)、惯性除尘器、旋风除尘器、过滤式除尘器、电除尘器、声波除尘器等。其中重力除尘器(沉降室)、惯性除尘器因其效率低、耗钢材量大和占地面积大,已经逐渐被各类高效除尘器取代。按是否对含尘气体或分离的尘粒进行润湿,除尘器可分为干式除尘器(dry dust separator)和湿式除尘器(wet dust collector)两大类。

1. 旋风除尘器

旋风除尘器(cyclone dust separator)是利用其结构使含尘气体高速旋转产生离心力,将粉尘从气流中分离出来。

旋风除尘器是一种应用非常广泛的气固分离设备,用于工业领域已有一百多年历史。其结构简单、占地面积小、价格低、操作维护简单、操作弹性大,不受含尘气体的浓度、温度限制,可用不同材料或内衬不同材料提高其防腐耐磨性,旋风除尘器阻力压降中等,但运转维护费用较低。

进入旋风除尘器的气体温度应高于露点15℃~20℃,以避免水汽从气体中冷凝出而在筒壁形成泥浆。旋风除尘器有多种改进形式,高效旋风除尘器对粒径5 μm以上的粉尘有很高的分离效率。当风量较大时,可以使用一组小直径的旋风除尘器代替一台大的旋风除尘器,以提高除尘效率。

旋风除尘器可以单独使用,也用于多级除尘系统的前级以大幅度降低后续高效除尘器的负荷。

2. 袋式除尘器

袋式除尘器(bag filter)是一种用途广泛的过滤式除尘器,依靠编织或毡织的滤料作为过滤材料来分离含尘气体中的粉尘。袋式除尘器在18世纪80年代起开始应用于工业领域，正压操作，人工清灰。1890年后普遍采用机械振打清灰；1950年开始出现气环反吹式袋式除尘器，实现连续操作，处理气量成倍提高；1957年出现的脉冲袋式除尘器是清灰(ash-remove)技术的一项革命性突破，不但操作和清灰可连续进行，滤袋压力损失稳定，处理气量大，而且内部无运动部件，滤袋寿命长、结构简单，得到了广泛的应用。

3. 电除尘器

电除尘器(electric precipitator)是使含尘气体在通过高压电场时发生电离，使尘粒带电，在电场的作用下沉积于电极而从气体中分离的一种除尘设备。

1906年，F. G. Cottrell第一次将电除尘器用于工业生产，一百多年来，电除尘器得到了飞速发展，广泛应用于电厂、锅炉、水泥厂、钢铁厂和一些特殊粉尘的除尘净化方面。

电除尘器由供电装置和本体两部分组成，供电装置包括升压变压器、整流器和控制系统；本体包括电晕极、集尘极、清灰装置、气流分布装置等。电除尘器中，产生电晕的电极称为电晕极；吸附粉尘的电极称为集尘极。

电除尘器除尘效率高，几乎不受粉尘粒径的影响，处理风量大、阻力低，能处理高温烟气。但电除尘器一次投资较大，钢材消耗大，占地面积大，结构复杂，制造和安装要求高。

电除尘器对粉尘的比电阻适宜范围是$10^4 \sim 5\times10^{10}$ Ω·cm，对于一些高比电阻的粉尘可以通过增湿等手段降低比电阻以适应电除尘器的要求。

4. 微孔除尘器

微孔除尘器属于过滤式除尘器的一种，以各种多孔性材料如微孔高分子材料、微孔金属材料、微孔陶瓷材料等作为过滤介质，其除尘机理类似于袋式除尘器。由于多孔材料的孔径范围、开孔率、孔的形状等参数可由人工精确控制，因此微孔除尘器对各种粒径分布的粉尘均有很高的除尘效率，最高除尘效率可达99.99%以上；微孔材料的外表面光滑，孔径一致性好，对纤维状粉尘(fibrous dust)和湿含量较高的粉尘仍有很高的清灰率；微孔高分子材料、微孔钛材、微孔不锈钢材料、微孔陶瓷材料等耐腐蚀性好，可用于各种腐蚀性气体的除尘；微孔金属材料、微孔陶瓷材料耐高温，可用于高温烟气的除尘。总之，微孔除尘器是很有发展前途的一类高效除尘器。

5. 湿式除尘器

湿式除尘器(wet dust collector)是利用水或其他液体与含尘气体相接触产生的惯性碰撞及其他作用分离气体和固体的设备。湿式除尘器投资较低，结构简单，操作和维修方便，占地面积小，可同时进行有害气体的净化、烟气冷却和增湿等操作，因此适合处理高温、高湿、有爆炸危险、能受冷且与水不发生化学反应的气体、含非纤维性粉尘的气体，但不适用于黏性粉尘。湿式除尘器的另一问题是产生的污水和污泥要进行必要的处理。

水浴除尘器(water bath dust collector)是湿式除尘器的一种，含尘气体在喷头处以较高速度喷出，对水层产生冲击后，改变了运动方向从四周逸出水层，净化气体经挡水板分离水滴后从排气管排出；而尘粒由于惯性仍按原方向运动，大部分尘粒与水黏附后便留在水中，另一部分尘粒随气体运动与大量的冲击水滴和泡沫混合形成气、固、液共存区并在此区内被进一步净化。

除此之外，还有如颗粒层除尘器(granular bed filter)、冲激式除尘器(impact dust collector)、文丘里除尘器(Venturi scrubber)、水膜除尘器(water-film separator)等。

合理地选择除尘器，既可保证系统所需的净化效率，其运行费用又最经济，是颗粒物净化系统稳定运行的基础。各种除尘器的性能和适用范围见表10－9和表10－10。

表10－9 除尘器性能比较

除尘器名称	适用的粒径范围(μm)	除尘效率(%)	阻力压降(Pa)	设备费	运行费
旋风除尘器	5～15、非纤维性	60～90	800～1 500	低	中低
水浴除尘器	1～10	80～95	600～1 200	低	中
旋风水膜除尘器	≥5	95～98	800～1 200	中	中
自激湿式除尘器	≥5	95	1 000～1 600	中	中上
电除尘器	0.5～1	90～98	50～130	高	中上
袋式除尘器	0.5～1、非纤维性	95～99	1 000～1 500	中上	高
微孔除尘器	0.5～1	95～99	1 200～2 000	高	中上
文丘里除尘器	0.5～1	90～98	4 000～10 000	低	高

表10－10 各种除尘器对不同粒径粉尘的除尘效率

除尘器名称	除尘效率(%)			除尘器名称	除尘效率(%)		
	50 μm	5 μm	1 μm		50 μm	5 μm	1 μm
中效旋风除尘器	94	27	8	湿式电除尘器	>99	98	92
高效旋风除尘器	96	73	27	中阻文丘里除尘器	100	>99	97
水浴除尘器	98	85	38	高阻文丘里除尘器	100	>99	99
自激湿式除尘器	100	93	40	机械振打袋式除尘器	>99	>99	99
空心喷淋塔	99	94	55	喷吹袋式除尘器	100	>99	99
干式电除尘器	>99	99	86				

6. 除尘器选择

除尘器选择应根据粉尘性质、粉尘浓度、要求的排放标准、气体温度、腐蚀性、造价限度、运行费用限度等，确定除尘器的类型和级数。在选择除尘器时，应注意以下问题：

(1) 排放标准和除尘单元级数

根据粉尘进口浓度和排放标准要求，可以计算所需的系统总除尘效率，根据该总除尘效率确定除尘单元的级数。当进口浓度高或排放标准严格时可设置多级除尘器。系统所需要的总除尘效率公式和拟采用的多级除尘系统总除尘效率公式与废气处理系统的相应公式类似，参见式(10－4)和式(10－5)；除尘单元级数的判断与废气处理系统单元级数的判断类似。

通常高效除尘器的运行费用和维护技术要求较高，因此在满足排放标准的前提下，只要选择具有适当除尘效率的除尘器即可；但对于有毒有害物质粉尘，则应从尽量减少排放量的角度出发，选择高效除尘器。

(2) 粉尘性质

粉尘性质对于选择除尘器的类型有很大关系。粘附性大的粉尘易黏结在除尘器内表面，不宜选用干式除尘器；水硬性和疏水性粉尘不宜选用湿式除尘器；对于比电阻过高或过低的粉尘，不宜使用电除尘器，但特殊情况下可以采取增湿等手段调节粉尘比电阻后采用；对于高温气流，通常选择电除尘器、湿式除尘器或选用高温滤料的袋式除尘器等。

当尘源的粉尘粒径分步较广、细微粉尘比例较大时，必须以分级效率考察拟选除尘器的除尘效率；当尘源气体中湿含量较高时，整个净化系统应保温，以免因温度下降含尘气体中水分结露而使尘粒结块黏附在除尘器或管道内壁，破坏除尘器的运行工况。

当处理可燃性粉尘时，净化系统应设置防爆膜等泄放设施；当处理有机物粉尘时，净化系统还应设置静电消除设施。

四、废气源排气量与排气筒设计

1. 废气源排气量的确定

废气源的排气量关系到处理装置能力的大小、动力消耗和尾气排放浓度的达标，因此，在工业废气处理装置的设计中，合理确定工业废气源的排气量大小，是工艺设计的基础。

排气量大小首先取决于工艺要求，如果工艺上没有特定要求，可以按照处理工艺的排放要求进行设定，但设定的排气量不能对工艺过程造成不利影响。

(1) 燃烧及生产过程中产生非产品气态物质

如燃烧过程产生的燃烧废气，其成分主要是 CO_2、CO、SO_2、NO_x、H_2O 等；又如各种生产过程中产生的非产品气态物质，这些物质需排出生产体系外，就产生相应的废气量。燃烧及生产过程中产生非产品气态物质量可以通过物料平衡准确计算得到。

净化系统的排气量应等于或略大于生产过程中产生非产品气态物质量，但不能过大，否则有可能将物料带出或破坏工艺条件。

(2) 工艺排气或抽气

某些生产过程需保持一定的正压或负压。正压系统运行完毕需要排气，就有一定的排气量，这是一种间歇性的排气，净化系统的风量应略大于该排气量；当生产过程为负压时，为保持负压需有一定的抽气量要求，此时，净化系统的排气量应根据保持生产系统的负压值而需要的抽气量确定。

(3) 储罐呼吸阀、水工构筑物等的逸散废气

易挥发物质如有机溶剂储罐有呼吸阀的大、小呼吸排气；各类水工构筑物在废水处理过程中，有从废水中逸散的氨、有机胺、硫化氢、有机硫以及其他挥发性有机物废气，需要收集处理；固(危)废库、垃圾处置单位的垃圾库会有逸散的恶臭类废气需要收集处理。

上述设施或场所不是需要常年有工作人员工作的场所，为了防止其逸散废气外逸扩散污染环境，应采用负压法进行收集后送废气处理设施。

2. 排气筒合理设置

排气筒是有组织排放大气污染物的重要设施，其设置应当考虑以下问题：

(1) 满足排放标准的要求

《大气污染物综合排放标准》(GB 16297—1996)中规定大气污染物排放时其浓度和速率必须同时达到一定的标准限值，其中，排放浓度不随排气筒高度变化，而排放速率与排气筒高度有关，排气筒高度越高，排放速率越大。同时，对于不同的大气污染物，还规定了不同的排气筒最低高度。

执行不同排放标准的废气，不宜共用排气筒。如注塑过程废气执行《合成树脂工业污染物排放标准》，需核算单位产品非甲烷总烃排放量，若与喷涂废气合并排气筒排放，则无法核算注塑过程单位产品非甲烷总烃排放量。

(2) 满足排气参数要求

排气筒直径应当根据排气流速确定，通常排气筒中气流速度为 10～16 m^3/s。

排气筒材质应当根据气体腐蚀性、温度等进行选择。

(3) 满足环境监管的要求

应满足图形标示预留、采样孔、便于监测控制等要求。

(4) 废气处理装置数与排气筒数目

根据环境管理的要求，为了减少厂区的排气筒数量，提倡同类污染物处理设施的排气筒合并，但理论上，只有污染物、排放浓度和排放时间都相同的尾气共用排气筒，监测时才不至于引起误差，而这种情况在实际工业生产中是极少的。因此，对于不同污染物处理设施的尾气，如果合并排气筒排放，则在监测时应暂时关闭其他设施单独监测，如因生产需要不能短时关闭，其监测的气量应以本处理设施的气量计算(非共用排风机)，以免造成监测误差。

第四节　噪声污染控制技术

各种生产、经营活动中，由于机械运转、振动、气体和其他流体的流动常产生不同类型的噪声，必须采取相应的技术方法加以控制，减轻其危害。噪声控制技术通常有吸声、消声、隔声和减震等。

一、噪声污染控制原则

噪声污染控制应遵循以下原则：

(1) 源头控制：控制噪声源是防治工业噪声最有效的方法之一。如在风机进出口上加装消声器、在压力机等设备底座上加装减震垫等。

(2) 阻断传播途径：即将噪声在传播的过程中拦截下来。如在罗茨风机旁安装隔音墙等。

二、噪声控制基本方法

1. 吸声降噪

吸声降噪是一种在传播途径上控制噪声强度的方法。物体的吸声作用是普遍存在的，吸声的效果不仅与吸声材料有关，还与所选的吸声结构有关。这种技术主要用于室内空间。

材料的吸声着眼于声源一侧反射声能的大小，吸声材料对入射声能的反射很小，即声能容易进入和透过这种材料。因此，吸声材料的材质通常是多孔、疏松和透气的，一般是用纤维状、颗粒状或发泡材料以形成多孔性结构。其结构特征是材料中具有大量互相贯通的、从表到里的微孔。当声波入射到多孔材料表面时，引起微孔中的空气振动，由于摩擦阻力和空气的黏滞阻力以及热传导作用，将相当一部分声能转化为热能，从而起吸声作用。玻璃棉、岩矿棉等一类材料具有良好的吸声性能。

吸声处理所解决的目标是减弱声音在室内的反复反射，即减弱室内的混响声；缩短混响声的延续时间，即混响时间。在连续噪声的情况下，这种减弱表现为室内噪声级的降低。而对相邻房间传过来的声音，吸声材料也起吸收作用，相当于提高围护结构的隔声量。

2. 消声降噪

消声器是一种既能使气流通过又能有效地降低噪声的设备，主要用于降低各种空气动力设备的进出口或沿管道传递的噪声。例如在内燃机、通风机、鼓风机、压缩机、燃气轮机以及各种高压、高气流排放的噪声控制中可广泛使用消声器。不同消声器的降噪原理不同，常用的消声技术有阻性消声、抗性消声、损耗型消声、扩散消声等。

消声器的优劣主要从三个方面衡量：① 消声器的消声性能（消声量和频谱特性）；② 消声器的空气动力性能（压力损失等）；③ 消声器的结构性能（尺寸、价格、寿命、防火、防潮、防腐性能以及对洁净度要求等）。一般规律为：消声器的消声量越大，压力损失越大；消声量相同时，如果压力损失越小，消声器所占空间就越大。

3. 隔声降噪

把产生噪声的机器设备封闭在一个小的空间，使它与周围环境隔开，以减少噪声对环境的影响，这种做法叫做隔声。隔声屏障和隔声罩是主要的两种设计，其他隔声结构还有：隔声室、隔声墙、隔声幕、隔声门等。

隔声材料要求减弱透射声能，阻挡声音的传播，它的材质应该是重而密实无孔隙或缝隙的，如钢板、铅板、砖墙等一类材料。

隔声处理着眼于隔绝噪声自声源的传播。因此，利用隔声材料或隔声构造隔绝噪声的效果比采用吸声材料的降噪效果要高得多。这说明：当一个噪声源可以被分隔时，应首先采用隔声措施；当声源无法隔开又需要降低室内噪声时，才采用吸声措施。

4. 减震

机械运转时产生的振动会通过支承传递给基础和屋面结构，或者通过管道、管道的支承或吊架传递给屋面结构，使屋面结构产生微振动并导致二次结构噪声，以及屋面结构（梁、楼板、柱和墙体组成的结构）微振动导致的二次结构噪声从楼板面和墙面等房屋结构向室内辐射产生噪声影响。

这一类噪声以低噪声为主，对设备及管道的减震、隔振是其主要治理手段。当机械噪声以结构传声为主时，均需进行隔振处理，如应对热泵整机、水泵、管道等进行隔振治理。

三、环评中噪声控制方案的一般原则

1. 采用低噪声设备

营业性、娱乐性声响器材的最高声压级应遵守当地环保管理部门的规定，不得随意使用高音量声响器材；建设项目中，拟采用的生产、经营活动中的各类机械设备、装置、设施等，在设备选型时应考虑选用低噪声、低振动型，以从源头降低噪声。

2. 噪声源与保护目标、敏感目标的距离

建设项目的总图布置设计中，各类噪声源应尽量与保护目标、敏感目标有一定的距离间隔，这样可以减少降噪技术难度和费用。

3. 采用适用的噪声控制措施

通常，各类机械设备、流体动力设备和流体运动的噪声，仅仅依靠距离间隔不足以消除对周边环境的影响，因此需要采取各种降噪技术措施。各种吸声、消声、隔声和减震的量与采用的材料、结构和使用条件有很大关系，可以通过查询有关产品样本得到，再根据需要的降噪量和相关条件采用。

降噪相关条件指噪声源的运行状态、运行条件（温度、湿度、气体含尘量、腐蚀条件等）、操作条件、维护要求等。降噪方式、材料和结构的选型受这些相关条件的影响，只有综合考虑才能得到理想的降噪效果。

第五节　固体废物污染控制技术

固体废弃物指人类在生产、消费、生活和其他活动中产生的固态、半固态废弃物质，主要包括固体颗粒、垃圾、炉渣、污泥、破损器皿、残次品、动物尸体、变质食品、人畜粪便等。

工业固体废弃物是指工业生产过程中产生的固体和浆状废弃物，包括生产过程中排出的不合格的产品、副产物、废催化剂、废溶剂、蒸馏残液以及废水处理产生的污泥。工业固体废弃物的性质、数量、毒性与原料路线、生产工艺和操作条件有很大关系。

按照化学性质进行分类，工业固体废弃物分为无机废物和有机废物。无机废物种类繁多，如铬渣、氢氧化钙类废渣、无机盐类废渣等；有机废物大多是高浓度有机废物，其特点是组成复杂，有些具有毒性、易燃性和爆炸性，其排放量一般较无机废物小。

根据固体废弃物对人体和环境的危害程度不同，通常又将固体废弃物分为一般工业废物和危险废物。《中华人民共和国固体废物污染环境防治法》规定，凡列入《国家危险废物名录》或根据国家规定的危险废物鉴别标准和鉴别方法判定的具有危险特性的废物均属于危险废物。危险废物具有腐蚀性、急性毒性、浸出毒性、反应性、传染性、放射性等一种及一种以上的危害特性。一般工业废渣指对人体健康和环境危害较小的固体废物。未列入危废名录的，可以依据《固体废物鉴别标准通则》、危险废物鉴别标准等进行鉴别。

一、固体废物污染控制原则

《中华人民共和国固体废物污染环境防治法》确定了固体废物污染防治的原则为减量化、资源化、无害化。

所谓减量化是指通过清洁生产，改进生产工艺、设备、过程控制以及加强管理等，降低原料、能源的消耗量，最大限度地减少生产过程中固体废物产生量。

所谓资源化是指通过综合利用，将有利用价值的固体废物变废为宝，实现资源的再循环利用。

所谓无害化是指对无利用价值或在当前技术水平下暂无法利用的固体废物的最终安全处置。最终安全处置的方法主要是焚烧和填埋，应在严格的管理控制下，按照特定要求进行，减少对环境的危害性。

二、生活垃圾处置和利用技术

1. 生物填埋法

填埋是一种将废物放置或储存在环境中，使其与周围环境隔绝的处置方法。

对生活垃圾来说，通过发酵式填埋处理不但可以消除其污染，还可以回收能量，是一种很有发展前途的处理方法。对某些一般废物，可以是暂时的储存手段，以待今后技术发展后进一步利用其中的有用成分，如稀土化学品生产中产生的酸溶渣等。对于危险废物，填埋是在对其进行各种处理后的最终处置措施，目的是阻断废物同环境的联系，使其不再对环境和人体健康造成危害。

在陆地或山谷填埋有害废渣，填埋场选址应远离居民区，场区应有良好的水文地质条件，填埋场要设计可靠的浸出液和雨水收集及控制系统，为防止废渣浸出液对地下水和地表水的污染，填埋场应设计不渗透或低渗透层。对两种或两种以上废物混合堆埋时，要考虑废渣的相容性，防止不同废物间发生反应、燃烧、爆炸或产生有害气体。

一个完整的填埋场应包括以下诸系统：废物预处理系统，填埋坑、渗沥液收集处理系统，最终覆盖层，集、排气及处理系统，雨水排放系统，防尘洒水系统，监测系统和管理系统等。预处理设施包括临时堆放场、分拣破碎、固化、稳定化、养护等。填埋坑是填埋场的核心设施，应有足够的填埋容量，应根据天然基础层的地质情况分别采用天然材料衬层、复合衬层或双层人工材料衬层，确保防渗要求。

2. 生活垃圾焚烧发电技术

生活垃圾焚烧发电是生活垃圾资源化和处置方法清洁化的新技术。一个完整的生活垃圾焚烧与热转化产物回收系统，通常包括垃圾的预处理与贮存、进料系统，燃料供给系统，燃烧室，尾气排放与污染控制系统，重金属回收系统，排渣系统，控制系统，能量回收系统等九个支系统，分述如下：

(1) 垃圾的预处理与贮存

进入焚烧系统的生活垃圾中不可燃成分不应高于5%，粒度小而均匀，含水率降低到15%以下，不含有害物质。因此需要对垃圾进行拣选、破碎、分选、脱水与干燥等工序的预处理。垃圾分拣的另一个作用是回收其中的有用物质，如块状金属、塑料等。

(2) 进料系统

焚烧炉进料系统分为间歇与连续两种。连续进料的炉容量大、燃烧带温度高、易于控制，所以现代大型焚烧炉均采用连续进料方式。

(3) 燃料供给系统

燃料供给系统为焚烧系统在开车阶段和处理热值较低的废物时提供能量。

(4) 燃烧室

燃烧室是固体废物焚烧系统的核心，由炉膛与空气供应系统组成。炉膛结构由耐火材料砌筑或水管壁构成，有单室方型、多室型、垂直循环型、复式方型与旋转窑等多种构型。

(5) 尾气排放与污染控制系统

尾气排放与污染控制系统包括烟气通道、废气净化设施与烟囱。焚烧过程产生的主要污染物是粉尘与恶臭，氮、硫的氧化物等。粉尘污染控制的常用设施是旋风分离器、袋式除尘器、静电除尘器等，尾气通过除尘设备，含尘量达到国家允许排放废气的标准。氮氧化物可经催化转化成氮气排放。恶臭的控制目前尚无十分有效的方法，只能根据某种气味的成分，进行适当的物理与化学处理措施，减轻排出废气的异味。

烟囱的作用一是为建立焚烧炉中的负压，使助燃空气能顺利通过燃烧带；二是将燃后的废气由顶口排入高空大气，使剩余的污染物、臭味与热量通过高空大气稀释扩散作用减少对环境的危害。

(6) 重金属回收系统

烟气中的金属氧化物微尘经酸洗涤后用离子交换法回收重金属，确保不对环境造成危害。

(7) 排渣系统

对燃尽之灰渣，通过排渣系统及时排出，保证焚烧炉正常操作。排渣系统是由移动炉蓖、通道与履带相连的水槽组成。灰渣在移动炉蓖上由重力作用经过通道，落入贮渣室水槽，经水淬冷却的灰渣，由传送带输送至渣斗，用车辆运走，或以水力冲击设施将湿渣冲至炉外运走。

(8) 控制系统

为了保证焚烧系统能够安全稳定地运行，现代焚烧系统均带有完整的控制连锁系统。烟道气的压力和温度是主要的控制点，可以通过设定焚烧系统中的温度和压力值来连锁废物进料、燃料供给、风机供风量、系统的负压值等。控制系统还包括收尘系统监测控制、烟气污染物浓度指示与警报系统。

(9) 能量回收系统

回收垃圾焚烧系统的热资源是建立垃圾焚烧系统的主要目的之一。据统计，焚烧 1 kg 生活垃圾(经处理分选后)，可产生 0.5 kg 蒸汽。焚烧炉热回收系统有三种方式：① 与锅炉合建焚烧系统，锅炉设在燃烧室后部，使热转化为蒸汽回收利用；② 利用水墙式焚烧炉结构生成蒸汽回收利用；③ 将加工后的垃圾与燃料按比例混合作为大型发电站锅炉的混合燃料。

图 10-8 给出了垃圾焚烧发电工艺流程图。

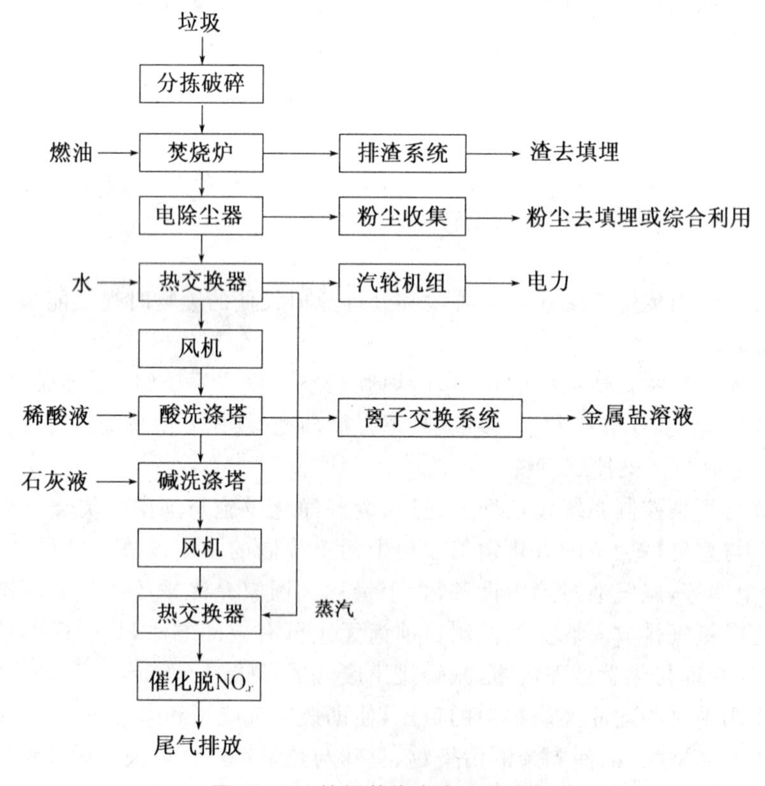

图 10-8 垃圾焚烧发电工艺流程

三、工业固体废弃物处理和利用技术

1. 化学处理法

化学处理法是根据废物的种类、性质采用诸如化学焙烧、中和、转化、氧化还原、化学沉淀等处理方法，提取固体废弃物中有用成分或将废物中某成分转化为另一种形式加以回收利用。

图 10-9 是固体废弃物化学处理的一般流程。焙烧实质上是热分解或氧化还原反应，其目的是将废物中的有用成分转化为易于浸取的形式，同时经焙烧可分解一部分无用组分，缩小体积。焙烧后的废物以适当的浸取液浸取出所含有用成分，有些废物可直接浸取不需要焙烧。浸取液以化学沉淀、离子交换、吸附、膜分离等方法将有用成分与其他组分分离，再经精制得到成品。焙烧所产生的烟气中若有有害成分，也应当加以处理。

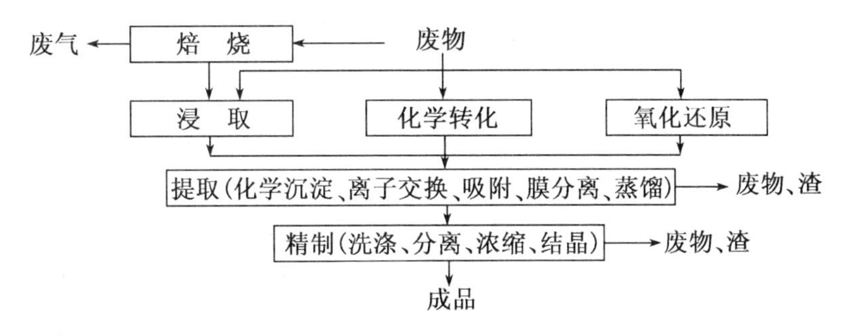

图 10-9　废物化学处理一般流程

固体废弃物化学处理工艺设计的内容包括处理流程设计、各处理单元工艺计算、设备选型等。化学沉淀、化学转化等单元按有化学反应的反应器的计算方法进行工艺计算和设备选型，离子交换、吸附、膜分离、过滤、蒸发、蒸馏以及烟气处理的吸收、除尘等单元可按各自的计算方法进行工艺计算和设备选型。

2. 焚烧处理方法

焚烧法是一种高温热处理技术，即以一定的过剩空气量与被处理的有机废物在焚烧炉内进行氧化分解反应，废物中的有毒有害物质在高温中氧化、热解而被破坏。焚烧处置的特点是可以实现无害化、减量化、资源化。焚烧的主要目的是尽可能焚毁废物，使被焚烧的物质变成无害和最大限度地减容，并尽量减少新的污染物质的产生，避免造成二次污染。焚烧不但可以处置城市垃圾和一般工业废物，而且可以用于处置危险废物。

焚烧处理法主要用于处理有机废物。有机物经高温氧化分解为二氧化碳和水蒸气，并产生灰分。对于含氮、硫、磷和卤素等元素的有机物，经焚烧后还产生相应的氮氧化物、二氧化硫、五氧化二磷以及卤化氢等。焚烧处理法效果好、解毒彻底、占地少、对环境影响较小，但焚烧处理法设备结构复杂、操作费用大，焚烧过程中产生的废气和废渣需进一步处理。

焚烧炉炉型很多，目前主要有旋转炉、流化床炉、固定床炉、液体注入炉等，也有使用工业锅炉和水泥窑焚烧废物的。

流化床炉体积小、占地少，如果被烧物有足够的热值，运转正常后不需添加辅助燃料，适合处理低灰分、低水分、颗粒小的废物。液体注入炉用于处理工业废液，不适合处理固态物。

固定床炉结构简单、投资小，适用于小处理量，该种炉不易翻动炉中的废物，燃烧不够充分，加料出料较麻烦，目前已较少采用。旋转炉用于处理固体、半固体和液体废物，该型炉炉体沿轴向倾斜，工作时缓慢旋转，使燃烧的废物不断沿轴向下移并被翻动，能使废物燃烧充分，有害成分的破坏率达99.99%。

表10-11 适用于不同形态的焚烧炉类型比较

废物状态		液体注入炉	回转炉	固定床炉	流化床炉
固体	粒状		√	√	√
	不规则、松散型		√	√	√
	废物(焦油等)	√	√	√	√
	低熔点粉尘组分的有机化合物		√		
	未加工的大体积松散物		√		
液体	高浓度有机化合物液体	√	√		√
	有机化合物液体	√	√		√
固体或液体	含卤代芳烃的废物	√	√		√
	含水有机污泥		√		

焚烧法需加以特别关注的问题是防止产生二噁英污染。按卤素取代物的不同，二噁英分为氯代、溴代和氟代二噁英，其中，氯代二噁英是由两大族组成的一大类有毒物质。一类是多氯二苯并二噁英，按氯在苯环上的取代位置不同有75种被关注的同系物，其中2,3,7,8-四氯-苯并二噁英毒性最大，相当于氰化钾的1000余倍。另一类是多氯二苯并呋喃，按氯在苯环上的取代位置不同有135种被关注的同系物，这样通常所说的二噁英共包含了两类210种。二噁英类物质的毒性以毒性当量TEF表示，以2,3,7,8-四氯-苯并二噁英的毒性当量系数TEF为1，其余二噁英类物质与其相比较，得出各自的毒性。

含碳、含氯类物质在200℃～400℃下容易生成二噁英类。在750℃以上，二噁英类完全分解。因此在焚烧时要特别注意焚烧后应快速冷却，避免烟气中某些物质生成二噁英。

危险固废焚烧炉的炉膛温度、停留时间、焚毁去除率、排放尾气的相关因子应符合《危险废物焚烧污染控制标准》(GB 18484—2001)的规定。

3. 生物处理法

有机废物中的有机物在微生物作用下，发生生物化学反应而降解，形成一种类似腐殖土土壤的物质，可用作肥料并改良土壤，填埋时由于微生物的分解作用可以产生大量的甲烷，因此还可以回收能源。

4. 安全填埋方法

安全填埋是一种把危险废物放置或贮存在环境中，使其与环境隔绝的处置方法，也是对其经过各种方式的处理之后所采取的最终处置措施，目的是割断废物和环境的联系，使其不再对环境和人体健康造成危害。所以，是否能阻断废物和环境的联系便是填埋处置成功与否的关键，也是安全填埋潜在风险之所在。

一个完整的安全填埋场应包括废物接收与贮存系统、分析监测系统、预处理系统、防渗系统、渗滤液集排水系统、雨水及地下水集排水系统、渗滤液处理系统、渗滤液监测系统、管理系统和公用工程等。

5. 固化

所谓固化是使用固化剂通过物理和化学作用将有害废物包裹在固体本体中，以降低或消除有害成分的流失。常用的固化剂包括水泥、沥青、热塑性物质、玻璃、石灰等。本方法常用于处理含有重金属和浓度过高的有毒废渣、放射性废物等。固化后的废物再行填埋处理。

6. 脱水

脱水处理常用于生化污泥的减量化处理。生化处理产生的剩余活性污泥、沉淀渣和气浮浮渣通常含水量在99.8%以上，体积庞大，为了便于处置，应当对其进行脱水处理，使其体积缩小至原来的2%～5%，以减少占地面积，降低处置费用。常用的脱水设备有板框压滤机、真空转鼓脱水机、带式压滤机、卧式螺旋离心机等。可按污泥的含油浓度、含水量、处理量和处理后指标等进行设备选型，并应选择适当的药剂。

7. 危险废物的收集、贮存及运输

由于危险废物固有的属性包括化学反应性、毒性、腐蚀性、传染性或其他特性，可导致对人类健康或环境产生危害，因此，在其收、存及转运期间必须注意进行不同于一般废物的特殊管理。

符合要求的工厂危险废物暂存场所由砌筑的防火墙及铺设有混凝土地面并进行了防腐处理的具有防雨、防火、防渗、防漏的库房式构筑物所组成。室内应保证空气流通，以防具有毒性和爆炸性的气体积聚而发生危险。收进的废物应翔实登记其类型和数量，并应按不同性质分别妥善存放。

四、环评中固体废弃物处置方案

1. 提高资源化

各类固体废弃物首先应考虑资源化，即通过厂内、区域和固废处理中心等方式，使生活和生产过程中产生的固体废弃物得到综合利用。实现资源化重要的一点是各类固废应分类收集、分类暂存、分类利用，在环评中即应提出明确的技术措施和管理要求。

2. 不产生二次污染

由于某些固体废弃物组分的不确定性，采用填埋法处理这些固体废弃物时，易造成对地下水、土壤的污染；采用焚烧法时则可能因在高温条件下发生某些化学反应产生新的污染物，如二噁英等。因此，在环评中应通过物料平衡分析，给出各类固体废弃物的组分，根据其物理化学性质，在综合利用的基础上，提出妥善的最终处置方案。

一些工业副产物中，常含有各种无机、有机污染物甚至有毒有害物质，应通过物料平衡分析，给出其中各种污染物组分及含量，当其中污染物组分有可能在这些副产品综合利用过程中形成二次污染或污染物多介质转移时，应提出必要的净化措施，并应明确最终出售的副产品中各种污染物组分的浓度控制要求。

3. 处置方法的经济性

固体废弃物的最终处置方法如安全填埋、焚烧等方法，其处置费用均较高，因此，对于各类固体废弃物首先考虑资源化的原因之一就是为了减少最终处置费用，避免因为处置费用过高而使建设项目投运后由于其经济性而成为障碍。

第六节 污染防治措施的技术经济可行性论证

一、污染防治措施的技术可行性论证

各类污染防治措施的技术可行性论证可以从以下几个方面进行论证：处理能力、污染源中各污染因子的达标可靠性、处理后污染源组分的复杂性变化、污染物排放总量指标以及是否可能形成二次污染等。

1. 处理能力

环评中工程分析属于预测性核算，实际项目投运后，情况可能会发生较大变化，因此，各项拟定污染防治措施的处理能力均应有足够的裕量，一般为15%～20%。

2. 处理流程表述

当项目存在多个废气源时，常常会采取同类污染物合并处理，同一车间的达标尾气合并排气筒排放的措施，为了清楚地说明废气污染源、处理设施和排气筒之间的关系，需要给出项目的废气收集-处理系统图。

图10－10是某精细化工项目工艺废气收集-处理系统图，图中表明了19股有组织排放废气合并进入8套废气处理装置处理，最终由8只排气筒排放的途径。

同样，当项目存在多个废水源，需要采取分质处理时，为了清楚地说明污染源和处理流程之间的关系，需要给出项目的废水处理系统图。

图10－11是某精细化工项目废水处理系统图，图中表明了14股废水合并进入5套废水处理装置处理的途径，可以清楚地看出各股废水分质处理、混合的走向。

在项目废气收集－处理系统图的基础上，逐套给出废气处理设施的工艺流程图、主要工艺及设备参数、预期处理效果、运行费用估算等内容。

3. 污染源中各污染因子的达标可靠性

对于一个污染源来说，经过一个处理流程，其中的各污染因子包括特征污染因子均可以稳定地达到一定的排放标准，是基本的技术指标。应当通过对处理工艺流程中各工艺单元预期处理效率分析，得到整个流程对于各污染因子的总去除效率，验证其是否能保证各污染因子均可稳定地达到排放标准。考虑到采样、分析等误差，处理流程对于各污染因子的总去除效率应留有15%～20%的裕量。

为说明对各污染因子的处理效果，需按工艺流程给出各单元对各污染因子的预期处理率。

在论证处理工艺流程的达标可靠性时，应当采用技术措施，防止采用稀释的方法降低处理设施进口浓度，以达到处理设施出口“达标”的目的。

4. 处理后污染源组分的复杂性变化

理论上，经过一个处理工艺流程，污染源中的污染物种类应当减少，有机物从复杂大分子降解为简单小分子甚至矿化成无机物，即经过处理流程后，污染源中组分应当趋于简单。如果经过一个处理流程，反而给污染源中带进较多新的化学物质，特别是带进有毒有害物

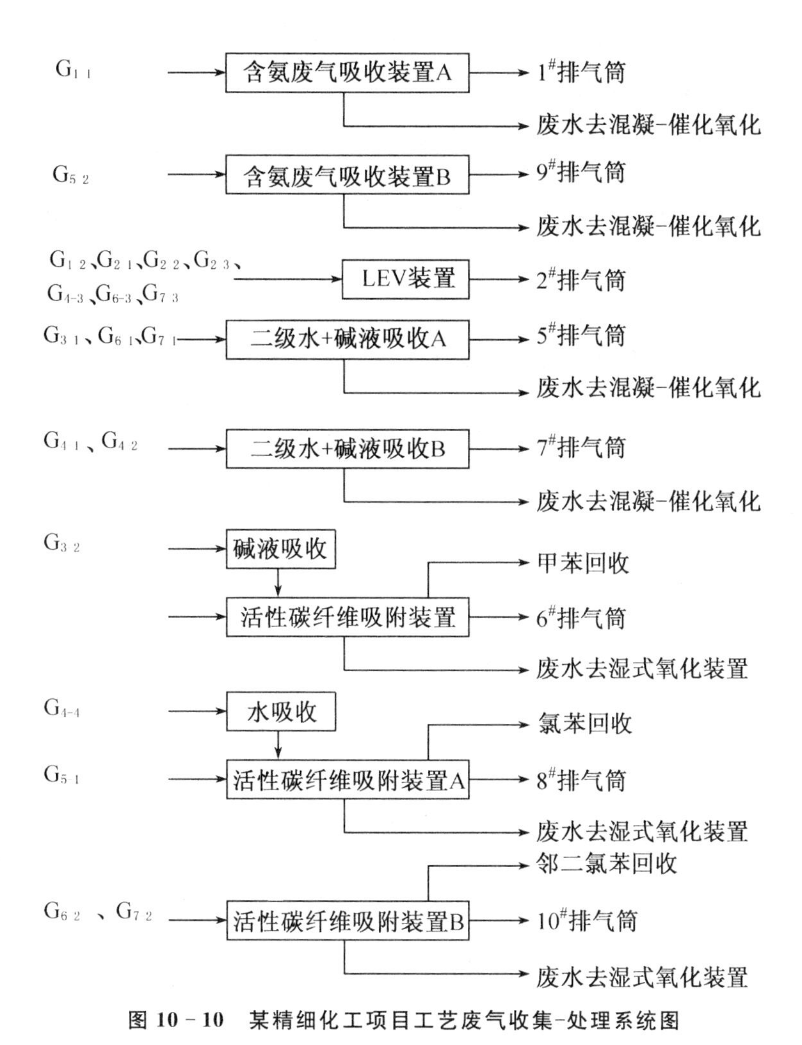

图 10-10　某精细化工项目工艺废气收集-处理系统图

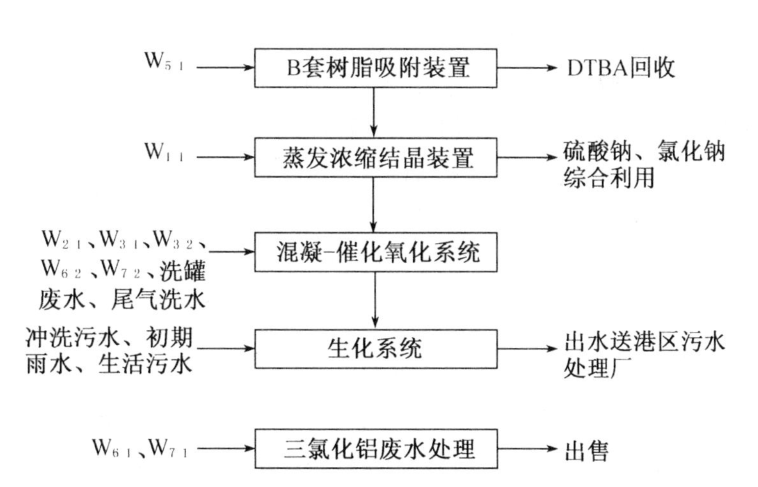

图 10-11　某精细化工项目废水处理系统图

质、大分子、难降解有机物时，说明该工艺为非先进。

5. 次生污染物的处理处置可行性

很多“三废”处理过程会产生次生污染物，如废水蒸发析盐产生的废盐渣、氧化钙沉淀法处理重金属废水时产生的重金属-氢氧化钙共沉淀渣、吸附法产生的高浓度脱附液等。因此，拟采用这类“三废”处理过程时，需充分考虑次生污染物的综合利用或妥善处置问题。

6. 污染物排放总量指标

对于污染防治措施，其技术先进性的考核标准之一，是对于产生的污染物的实际消减率，即建设项目由工程分析核定的各类污染物产生量，以拟定污染防治措施的设计去除率被消减，而不是通过大量配水、加大排气量后的虚拟“浓度达标排放”。例如，某项目工程分析核定其 COD 产生量为 100 t/a，其拟定废水处理流程的总 COD 浓度去除率为 95%，即理论上 COD 排放量仅为 5 t/a，但由于废水中有难降解物质，进行了 2 倍配水，在拟定废水处理流程的总 COD 浓度去除率不变的情况下，COD 排放量将达到 15 t/a，COD 实际处理率仅 85%，工程效率为 85/95，即 89.5%。

7. 污染控制措施有效性评估方法

分析论证拟采取措施的技术可行性、经济合理性、长期稳定运行和达标排放的可靠性、满足环境质量改善和排污许可要求的可行性、生态保护和恢复效果的可达性。各类措施的有效性判定应以同类或相同措施的实际运行效果为依据，没有实际运行经验的，可提供工程化实验数据。特别是大气污染物控制设施，其实际运行效果，需以明确生产工况条件和参数(产品种类、单位时间生产量等)下的进、出口监测数据(标态气量差不大于 5%、综合性指标及特征因子的排放限值、行业排放标准的净化率要求、行业排放标准的基准排气量浓度或焚烧法的基准含氧量浓度对标等)进行评估。

二、污染防治措施的经济可行性论证

污染防治措施的经济可行性论证主要从投资匡算和运行费用估算两个方面进行。

1. 投资匡算

污染防治措施的投资匡算内容分工程直接费用和间接费用两大部分。直接费用是指设备、水工构筑物、建筑物、绿化、厂区内污水管网、界区内道路、管道、地坪、设备基础、安装费、运输费等。间接费用是指技术费、设计费、调试费等。

在设备和水工构筑物选型计算完成后，即可通过询价从制造商处获取设备、器材、管道管件、电气仪表等价格；非标准设备可在完成设计图纸，请制造商估价；水工构筑物按池体、构件、配件、附属设备、防腐处理等分别进行造价估算；池体造价通常根据砖壁、砼结构等不同结构按每立方米池容积估价；构件、配件、附属设备等可按设计图纸或选型进行询价。

各类污染防治措施的投资在建设项目总投资中应占一定比例，通常合理比例为 3%～10%。污染物产生极少的建设项目所占比例可以较小，而某些建设项目如精细化工类，其单位产品产污系数相对较高，但其利润也较高，这类项目污染防治措施投资占项目总投资的比例往往会高于 10%。因此，污染防治措施的投资在建设项目总投资中的比例应根据建设项目的具体情况确定，过低难以保证污染防治措施达到预期效果，过高则增大投运后的运行费用，可能影响项目的正常投运。

2．运行费用估算

从某种角度说，污染防治措施的运行费用更值得关注。运行费用过高，建设项目投运后无法承受，将严重影响污染防治设施的正常运行，因此，较为正确地估算出污染防治措施的运行费用，是污染防治措施的技术、经济可行性论证不可或缺的一方面。

污染防治措施运行时，需要消耗各种原辅材料（药剂）、水、电、蒸汽、压缩空气费用、人员工资、设备及构筑物折旧费用、维护费用等，最终给出吨产品污染治理费用或单位数量的污染物处理成本。运行费用的构成可用下列公式表述：

运行费用=[原辅材料（药剂）费]+[水、电、蒸汽、压缩空气费用等]+[人员工资]+[设备及构筑物折旧费]+[维护费用]

原辅材料（药剂）包括酸碱中和剂、混凝剂、沉淀剂、氧化还原剂、营养盐、消泡剂等。

通常在编制环评时无法进行实验，技术支持单位可能也不能提供详细的数据，就需要编制人员估算单位废弃物的原辅材料（药剂）用量。其中，酸碱中和剂、营养盐等用量可以根据废弃物物性计算；沉淀剂、氧化还原剂等则可以根据对象物质的浓度以化学反应式计算；也可以根据处理同类污染物的文献资料类比得到。不管采用何种方法得到基础数据，需按下式给出计算过程：

$$\text{原辅材料(药剂)费} = \sum(\text{单位废弃物用量} \times \text{废弃物量}) \times \text{单价}$$

式中：废水的废弃物量以立方米计，废气的废弃物量以万立方米计；单位废弃物用量是指处理每立方米废水所需的某种原辅材料（药剂）量或处理每万立方米废气所需的某种原辅材料（药剂）量。

水、电、蒸汽等费用的计算与原辅材料（药剂）费的计算方法类似，单价均以建设项目所在地当前市场价格计算；人员工资以建设项目平均工资和项目所在地相关政策确定。

设备折旧期通常以8～10年计算，厂房及水工构筑物通常以15～20年计算。

设备及水工构筑物维护费用可根据建设项目内部规定确定。

最终的运行费用单位，废水以“元/m^3”给出，废气以“元/万 m^3”给出，固体废弃物以“元/t”给出。

思考题

1．环境影响评价中污染防治措施技术经济可行性论证的作用和内容是什么？

2．工业废水处理流程设计基本原则有哪些？为何要强调分质处理？

3．废气收集-处理系统图的作用是什么？

4．如何估算污染防治措施的运行费用？

第十一章　生态影响评价

引言　我国在对建设项目环境影响评价的管理中，将项目按照性质分成两大类：污染影响类型和生态影响类型，其中对环境污染类型的管理已经比较成熟，环境影响评价中对水、气、声等基本环境要素的污染预测方法也比较完备；而对生态类型的项目，如水利水电、公路铁路、矿山开发等项目对生态系统影响的预测和评估尚未形成完整的方法体系，评价结论也容易引起争议。尤其在更高层次的规划环评受到日益重视的今天，如何结合现行生态影响评价导则的要求，不断拓展生态影响评价的方法，将是未来研究的重点之一。

第一节　生态学基础知识

1866年，德国科学家E. Haeckel在他所著的《普通生物形态学》一书中，首次提出生态学(Ecology)这一学科名词，他认为生态学就是研究生物在其生活过程中与环境的关系的科学。1935年，英国学者坦斯勒进而提出生态系统(Ecosystem)的概念。20世纪50年代，生态学打破动物与植物的界限，进入到生态系统时代，随着研究范围的扩大，人们对它的定义也有了新的认识。美国生态学家E. P. Odum认为：生态学是研究生态系统的结构和功能的科学。而我国生态学家马世骏提出：生态学是研究生命系统与环境之间相互作用规律及其机理的科学。他提出的"社会-经济-自然复合生态系统"概念，在生态学的发展中具有里程碑的意义。

生态学的发展一是朝着微观方向发展，二是朝着宏观方向发展。宏观方向的研究是生态影响评价主要的理论来源，它专门研究个体以上的层次，即从个体扩大到种群、群落、生态系统以至生物圈等。

一、个体、种群与群落

1. 个体

生物个体都是具有一定功能的生命系统。这种生命系统小到只有一个细胞，大到像鲸和大象那样的庞然大物，它们都具有如下特征：① 在一定时间内，每个个体都具有一定的生物量；② 个体为了维持生存都必须进行新陈代谢；③ 个体具有巨大的繁殖潜力，尽管其繁殖程度受到环境的制约；④ 个体易受到外部的刺激，并能对刺激作出反应。个体的生物学特征主要表现在出生、生长、发育、衰老及死亡。

2. 种群

个体由于内在的因素，包括遗传、生理、生态、行为等因素而联系起来就称为物种

(species)。物种是自然界中的一个基本进化单位和功能单位,也是生态影响评价的最基本的研究对象,尤其是珍稀物种。

种群(population)是物种存在的基本单位,是指在一定的时间和空间中生活和繁殖的同一物种个体的集合体。种群虽然由同种个体组成,但种群内的个体不是孤立的,也不等于个体的简单加和,而是通过种内关系组成一个有机的整体。种群是生态学各层次中最重要的一个层次,较个体的简单生物学特性不同,种群具有出生率、死亡率、年龄结构、性比、社群关系和数量变化等衡量指标。种群的基本特征包括:空间特征、数量特征和遗传特征。

种群与种群之间的关系称为种间关系。种间关系可以分为正相互作用(即偏利共生、原始协作和互利共生)、负相互作用(即竞争、捕食、寄生、偏害)、种间竞争和自然种群竞争。

3. *群落*

群落(community)是指在一定空间或一定的环境条件下生物种群有规律的组合,是生物之间、生物与环境之间相互影响、相互作用形成的具有一定形态结构与营养结构的功能单位。它强调的是在自然界共同生活的各种生物能有机的、有规律的在一定时空中共处,而不是各自以独立物种的面貌任意散布在地球上;它是一个新的整体,它具有个体和种群层次所不能包括的特征和规律。

群落中所有的物种,并非同等重要,在群落的上百、上千的物种中,往往只有少数几种起着主要的影响或控制作用,这少数的几个物种就称为优势种。优势种不仅决定群落的外形和结构,而且在能量代谢上起着主导作用。为了量度群落中各个成员的相对重要性,即优势程度,通常需要用到物种的密度、盖度、频度和生物量等指标。其中生物量是指一定空间的有机体在单位时间内生产出来的有机物质的质量。它可把大小相差悬殊的物种在同一尺度上进行比较,从而表示出物种对资源的利用情况。

物种多样性包括两种含义:一是说明群落中物种的多少,即丰富度,群落中所含物种种类越多,物种多样性就越大;二是指群落中各个种的相对密度,又可称为群落的异质性,它与均匀性一般成正比。在一个群落中,各个种的相对密度越均匀,群落的异质性就越大。

某一地区群落中的种类数目,在很大程度上取决于生境(即群落生长的具体环境)的地理位置。一般来说,越向热带推移,物种多样性越高;海拔越高,物种多样性越低。

同样,种群与种群间的各种关系也存在于群落与群落之间。在此就不予详述。对于群落,我们更关注的是它的演替问题。

对于演替有两种主要观点:一种观点认为,演替是群落发展的有顺序过程,是有规律地向一定方向发展的,因而是能预见的;它是由群落引起物理环境改变的结果,即演替是由群落控制的;它以稳定的系统为发展顶点,即顶级群落。另有学者认为,植被是由大量植物个体组成的,它的发展和维持是植物个体发展和维持的结果,因而演替是个体替代和个体进化的变化过程。但无论是哪种演替的观点,都把人们研究群落的视线由静态引入到动态。认识到群落的非平衡性,是当代生态理论的重大进展。

二、生态系统生态学

1. 生态系统及其结构

生态系统是指在一定的时间和空间范围内,由生物群落与其环境组成的一个整体。该整体具有一定的大小和结构，各组成要素借助能量流动、物质循环和信息传递而相互联系、相互依存，并形成具有自我组织、自我调节功能的复合体。它在大小上是不确定的，即在空间边界上是模糊的，但它又可以是一个很具体的概念，例如一个池塘、一片沼泽都是一个生态系统，而最大、最复杂的生态系统就是生物圈(图 11－1)。

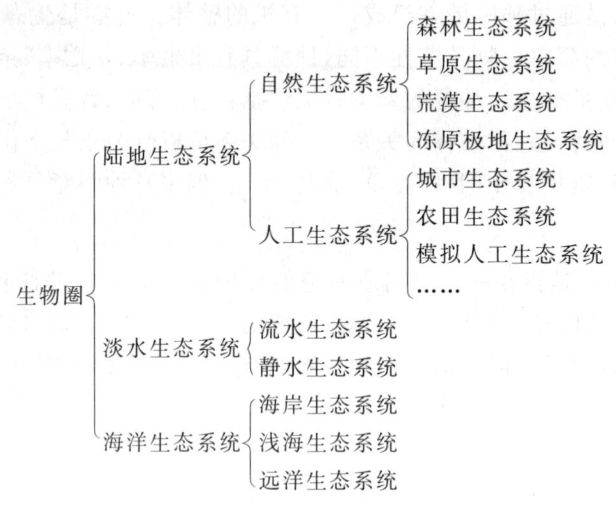

图 11－1　生物圈的组成

生态系统都是由生物和非生物这两个部分组成的，其中生物可分为生产者、消费者和还原者；非生物又包括：光、土壤、水、矿物质等(图 11－2)。按生态系统的空间环境性质又可以把它分为：内陆水域和湿地生态系统、海洋和海岸带生态系统、森林生态系统、草原生态系统和荒漠生态系统。

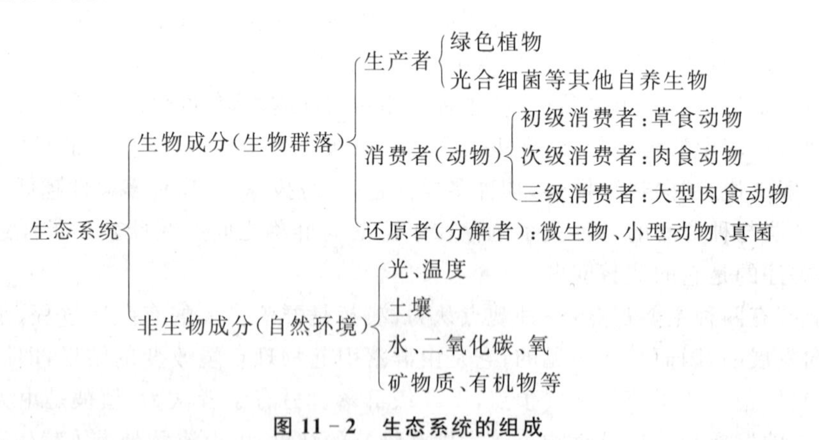

图 11－2　生态系统的组成

2. 生态系统的运行

生态系统的运行是由组成生态系统的生物群落或生物群系(由若干生物群落组成)通过它们之间复杂的关系维持的。任何生态系统中，营养物质的循环和能量的流动都在不停地进行着。生态系统的物质循环是指化学物质由无机环境进入到生物有机体，经过生物有机体的生长代谢、死亡、分解，又重新返回环境的过程。生态系统物质循环中，水的循环最为重要。水参与地球化学大循环，也参与生态小循环，起着巨大的调节气候、物质输送和生理生态作用。太阳能进入生态系统，并作为化学能沿着生态系统中生产者、消费者、分解者流动，这种生物与生物间、生物与环境间能量传递和转化的过程叫做生态系统的能量流动。能量在沿生产者和各级消费者顺序流动过程中逐渐减少，且它的流动方向是单一的、不可逆的，即能量以光能状态进入生态系统后，就不再以光能形式而是以热能形式进入环境中。

3. 生态系统的环境功能

生态系统的环境功能大体分为三个方面：生产功能、景观和社会文化功能、环境服务功能。生产功能主要满足人类的物质生活需要；景观与社会文化功能主要满足人类的精神生活需求；环境服务功能则为上述两种功能的实现提供保障，同时提供人类健康、安全、舒适、清洁等多方面的服务，是人类社会经济可持续发展的主要保障。生态系统的环境功能具体又可分为：

（1）生产生物资源

生物资源都是依存于一定的生态系统发展的。在人类早期，生物资源曾是主要的维持生存与发展的自然资源，至今仍是许多发展中国家乡村居民的生活来源。人类生存依赖的蛋白质等营养物质，无一不是来自一定的生态系统。据统计每年各类生态系统为人类提供粮食 1.8×10^{9} t、肉类约 6.0×10^{8} t，同时海洋还提供鱼类约 1.0×10^{8} t。生态系统还是重要的能量来源，据估计，全世界每年约有15％的能量取自于生态系统，这一数据在发展中国家高达40％。

（2）涵养水源、调节水文

生态系统对降水的储蓄作用在较大的区域表现为缓解旱涝等极端水情，减轻旱涝灾害。森林可轻而易举地化解一场50 mm的暴雨，其综合消洪能力达70～270 mm。许多江河发源于森林茂密的山区，其原因就在于良好的森林植被截流了雨季的降水，然后缓缓流出，形成长流的河溪。相反，植被遭破坏，蓄水功能就降低，河流出现暴涨暴跌现象。

（3）保持土壤、防止侵蚀

土壤是建造生态系统的物质基础。土壤与地上植被有着不可分割的相互依存关系。土壤又是一种几乎不可再生的资源，因为自然界每生成1 cm厚的土壤层大约需百年以上的时间。我国是世界上土壤环境侵蚀最严重的国家之一。

生态系统保护土壤、防治水土流失的功能主要是由植物承担的。高大的植物冠盖拦截雨水，削弱雨滴对土壤的直接溅蚀力；地被植物阻截径流和蓄积水分，使水分下渗而减少径流冲刷；植物根系具有机械固土作用；根系分泌的有机物胶结土壤，使其坚固而耐受冲刷；发达的根系还使土壤疏松，增加雨水下渗能力而减少流失等。

（4）防风固沙、防治沙化

生态系统防风固沙、防治沙化的功能主要是由地面植物体现的。防护林在抵御风的侵袭中起着重大的作用：部分进入林地的风受树木枝叶的阻撞以及气流本身的冲击摩擦，风能削弱，风速大减甚至完全消失；另一部分则沿着林缘攀升越过林墙，由于起伏不平的林冠会引起漩涡，从而消耗掉部分能量使风速降低。除了高大林木的阻撞作用之外，植物的根系均能固沙紧土并改良土壤结构，从而大大削弱了风的携沙能力。植被的凋落物为土壤带来有机质，肥沃土壤，增加更多植物生长的可能性。植被还能截流有限的降水，增加土壤水分，对于形成固沙植被起着助动作用。

(5) 改善气候、平衡 O_2 和 CO_2

森林能够防风,植物蒸腾可保持空气的湿度,从而改善局部地区的小气候。森林对有林地区的气温具有良好的调节作用,使昼夜温度不至骤升骤降,夏季减轻干热,秋冬减轻霜冻。绿色植物尤其是高大林木所具有的防风、增湿、调温等改善气候的功能,对农业生产也是有利的。

生态系统中的绿色植物在生物生产的同时还调节着大气中的氧气变化,每年大约向大气释放 27×10^{21} 吨氧气,并通过固定大气中的 CO_2 而减缓地球的温室效应。例如,亚马逊热带雨林每年能够固定储存 2 亿~3 亿吨二氧化碳,相当于地球二氧化碳排放量的 5%。所以,绿色植物对区域乃至全球气候具有直接的调节作用。

(6) 净化大气和水

绿色植物对保持空气清洁和净化大气具有抑尘滞尘,吸收有毒气体,释放有益健康的空气负离子和杀菌剂等独特作用。生态系统中的微生物不仅起着分解净化系统本身产生的有机废物的作用,也是净化输入系统的人造污染物的主要能手。例如,江河湖海中的污染物降解作用就是主要通过水生微生物完成的。由大气、水或直接输入到土壤中的污染物,也主要靠土壤微生物来净化。

(7) 保护生物多样性

生态系统的建造依靠生物多样性,而生物多样性的维持又依靠生态系统的存在与正常运行。陆地上森林的多层次结构特点和森林涵蓄水分及林地较高的肥力,为多样性的植物提供了适宜的生存和发展条件;海域内包括近海海域和海湾,珊瑚礁盘是水生生物多样性最高的地方;水陆交界的滩涂和湿地,由于人类干扰少、环境条件特殊,也成为生物多样性较高的地方。生态环境保护与生物多样性保护是密不可分的。生态环境保护中,着眼点首先是生物多样性保护,而生物多样性保护的许多原则都是生态环境保护所必须遵循的。

(8) 自然景观与社会文化功能

生态系统多样性能造就美丽的景观,提供娱乐、旅游的场所,还能启迪人类智慧,提供科学研究对象和文学、美学创作的源泉,满足人类的精神需求。对于现代人类社会来说,精神需求在迅速增加,因而生态环境的社会文化功能就更具有重要价值。

4. 典型生态系统

如图 11-3 所示,典型生态系统包括自然的生态系统和人工的生态系统。自然的生态系统又可分为陆地的和水域的;人工的生态系统又可分为城市的和农业的等。

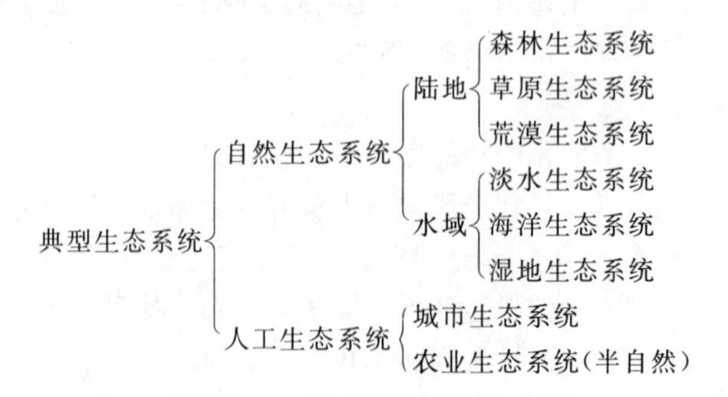

图 11-3 典型生态系统的组成

5. 生态平衡

在一定时间内，生态系统中生物与环境之间，生物各种群之间，通过能流、物流、信息流的传递，达到了相互适应、协调和统一的状态，这种处于动态平衡的状态称为生态平衡。生态平衡是指生态系统通过发育和调节所达到的一种稳定状态，它包括结构上的稳定、功能上的稳定和能量输入输出上的稳定。当生态系统达到动态平衡的最稳定状态时，它能够自我调节和维持自己的正常功能，并能在很大程度上克服和消除外来的干扰，保持自身的稳定性。但是，生态系统的这种自我调节功能是有一定限度的，超过这一限度就会引起生态失调，甚至导致发生生态危机。

要维持某一生态系统的平衡，必须维持生态系统的多样性和物种多样性，必须维持生命元素循环的闭合，必须维持生态系统结构的完整性，必须维持生态系统生物与非生物环境的平衡。

三、景观生态学

景观(landscape)是由结构、功能和演化上相互关联的不同类型的生态系统组成的，具有空间格局和空间异质性的单元。它是处于生态系统之上、地理区域之下的中间尺度，兼具经济、生态和美学价值。

景观生态学(landscape ecology)是研究景观这一层生物组织的科学。它以整个景观为对象，通过物质流、能量流、信息流与价值流在地球表层的传输和交换，通过生物与非生物以及人类之间的相互作用与转化，运用生态系统原理和系统方法研究景观结构和功能、景观动态变化以及相互作用机理、研究景观的美化格局、优化结构、合理利用和保护，是地理学和生态学相结合的产物。

无论是在景观生态学还是在景观生态规划中，斑块(patch)-廊道(corridor)-基质(matrix)模式都是构成并用来描述景观空间格局的一个基本模式。

斑块是组成景观的基本要素，是在景观的空间比例尺上所能见到的最小异质性单元，即一个具体的生态系统。景观的各种性质都要由斑块反映出来，且同一斑块在不同的尺度下会表现出不同的特性。廊道是指不同于两侧基质的狭长地带，可以看作是一个线状或带状斑块，其具有通道和隔离的双重作用。廊道的结构特征对一个景观的生态过程有着强烈的影响，廊道是否能连接成网络，廊道在起源、宽度、连通性、弯曲度方面的不同都会对景观带来不同的影响。基质(模地)是景观中范围广阔、相对同质且连通性最强的背景地域，是一种重要的景观元素，是判定空间结构分析的重点。它在很大程度上决定着景观的性质，对景观的动态起着主导作用，影响能流、物流和物种流。

景观异质性是指在一个景观区域中，景观元素类型、组合及属性在空间或时间上的变异程度，是景观区别于其他生命层次的最显著特征。景观生态学研究主要基于地表的异质性信息，而景观以下层次的生态学研究则大多数需要以相对均质性的单元数据为内容。景观异质性主要来源于自然干扰、人类活动、植被的内源演替及其特定发展历史，包括时间异质性和空间异质性，更确切地说，是时空耦合异质性。空间异质性反映一定空间层次景观的多样性信息，而时间异质性则反映不同时间尺度景观空间异质性的差异。正是时空两种异质性的交互作用导致了景观系统的演化发展和动态平衡，系统的结构、功能、性质和地位取决于其时间和空间异质性。所以，景观异质性原理不仅是景观生态学的核心理论，也是景观生态规划的方法论基础和核心。

四、保护生态环境的基本原则

1. 保护生态系统整体性

生态系统的保护，首先要保护系统结构的完整性。生态系统结构的完整性包括：地域连续性、物种多样性、生物组成协调性和环境条件匹配性。破坏了生态系统的完整性，就会加速物种灭绝的过程。虽然每一个物种的灭绝可能微不足道，但它却增加了其他物种灭绝的危险，当物种损失到一定程度时，生态系统就会彻底被破坏。同时，一旦破坏了植物之间、动物之间长期形成的组成协调性，就会使生态平衡受到严重的破坏。

2. 保持生态系统的再生产能力

生态系统都有一定的再生和恢复功能。一般来说，组成生态系统的层次越多，结构越复杂，系统越趋于稳定，受到外力干扰后，恢复其功能的自调节能力也越强。相反，越是简单的生态系统越是显得脆弱，受到外力作用后，其恢复能力也越弱。

3. 以生物多样性为核心

生物多样性一般包括三个层次：遗传多样性、物种多样性和生态系统多样性。这里所讲的生物多样性主要是指物种多样性，生物多样性的保护也主要是指物种多样性的保护，其重点是防止物种灭绝。

导致物种灭绝的原因有两种：一种是内因，即分裂和蜕变这两种遗传变异；另一种为外因，又可分为作用于所有物种的非生物外因和只作用于一个或少数几个物种的生物外因。内因作用只导致假灭绝，即虽然原来老物种消失，但却经各种亚种形式转变为新物种。外因作用的最终结果是导致真灭绝，从而形成进化的盲支。

为有效地保护生物多样性，必须遵循以下原则：一是避免物种濒危或灭绝；二是保护生态系统的完整性；三是减少生境的损失和干扰；四是建立自然保护区；五是可持续地开发利用生态资源。

4. 缓解区域生态环境问题

(1) 水土流失　多山的地理特征和严重不均匀降水以及众多的人口和悠久的农垦历史，造成我国严重的水土流失。水土流失不仅会破坏土壤，使其丧失利用价值，还会使土壤肥分流失，生态功能低下，更严重的还会於塞下游河床和湖泊，使航运受阻，水利工程失效。因此应实施“预防为主，全面规划，综合防治，因地制宜，加强管理，注重实效”的防治水土流失的方针。

(2) 土地沙漠化　沙漠化土地的成因主要是人为影响，如过度采樵破坏植被、过度放牧、农垦开发、水资源利用不当、工矿交通建设破坏植被等。其防治也应贯彻预防为主的方针政策，实行以生物措施为主、生物措施与工程措施相结合的综合整治。要根据不同的立地条件，实施相应的防治措施，做到因地制宜、因害设防；还要考虑治用结合，讲求效益，从改善环境着眼，发展区域经济着手，将生态效益与社会经济效益统一起来。

(3) 自然灾害　自然灾害从其成因性质分，有地质灾害(如地面沉降、海水入侵、海岸侵蚀、崩塌、滑坡、泥石流等)、气候灾害(干旱、洪涝、台风、风暴潮)、生物灾害(鼠、虫、病害)、污染灾害(酸雨、水源污染、海洋赤潮、化学物泄漏)等。自然灾害的防治原则是“预防为主、防治结合”和“防救结合”。应根据灾害的类型、性质、成因进行因地制宜、因害设防的预防性治理；根据其危害范围和对象，进行监测、预测预报和组织救治。

5. 关注特殊的问题

(1) 保护特殊和重要生境　在地球上，有一些生态系统蕴育的生物种类特别丰富。这类生态系统的损失会导致较多的生物种灭绝或受威胁；还有一些生境，生息着法律规定的或科学研究确定的需要特别保护的珍稀濒危物种。这些生境都是需重点保护的对象，主要有：热带森林、原始森林、湿地生态系统、河口生境、荒野地、珊瑚礁。

(2) 保护脆弱生态系统和生态脆弱带　脆弱生态系统是指那些受到外力作用后恢复比较艰难的生态系统。我国主要脆弱的生态系统是：海陆交接带、山地平原过渡带、农牧交错带、绿洲-荒漠交界带、城乡接合部。这些地带的自然生产力都较低，都存在敏感生态因子并受其作用；或都易受到人为因素的干扰，其抵抗外来干扰的能力差；或者都为正在受到强烈的人类活动影响的生态系统。

(3) 地方性敏感保护目标　在生态影响评价中，地域性的差异和要充分满足当地社会、经济、民族等对生态环境的特殊要求常构成评价的敏感目标。如潜在的风景名胜点、水源地、各种纪念地、人群健康保护敏感目标、各种生物保护地等。

6. 重建退化的生态系统

重建退化的生态系统包括重建森林生态系统、重建农业生态系统、重建海洋渔业生态系统、重建与恢复水域生态系统、恢复矿产开发废弃土地等，使这些被损害生态系统恢复到接近于它受干扰前的自然状况，即重建该系统干扰前的结构与功能及有关的物理、化学和生物学特征。只有做好生态恢复，重建退化的生态系统，才能更好地满足社会经济发展对资源的需求，才能改善生态环境和减轻对自然生态环境的压力。

第二节　生态影响评价方法

开发建设项目生态影响评价的主要目的是认识区域的生态环境特点与功能，明确开发建设项目对生态影响的性质、程度，确定所采取的相应措施以维持区域生态环境功能和自然资源的可持续利用性，通过评价可明确开发建设者的环境责任，同时为区域生态环境管理提供科学依据，也为改善区域生态环境提供建设性意见。原国家环境保护总局在借鉴国内外研究的基础上，发布了《环境影响评价技术导则——非污染生态影响》(HJ/T19—1997)，将非污染生态影响评价定义为对开发建设项目在建设和运行过程中对生态系统造成的非污染性影响进行评价，是我国为了区别污染类型的生态影响而命名的。为了进一步加强生态保护，避免概念、范畴上的疑义，环境保护部又于 2011 年发布了《环境影响评价技术导则——生态影响》(HJ 19—2011)，代替原导则，以规范我国的生态影响评价。

一、概述

1. 技术工作程序

生态影响评价的技术工作程序如图 11-4 所示。

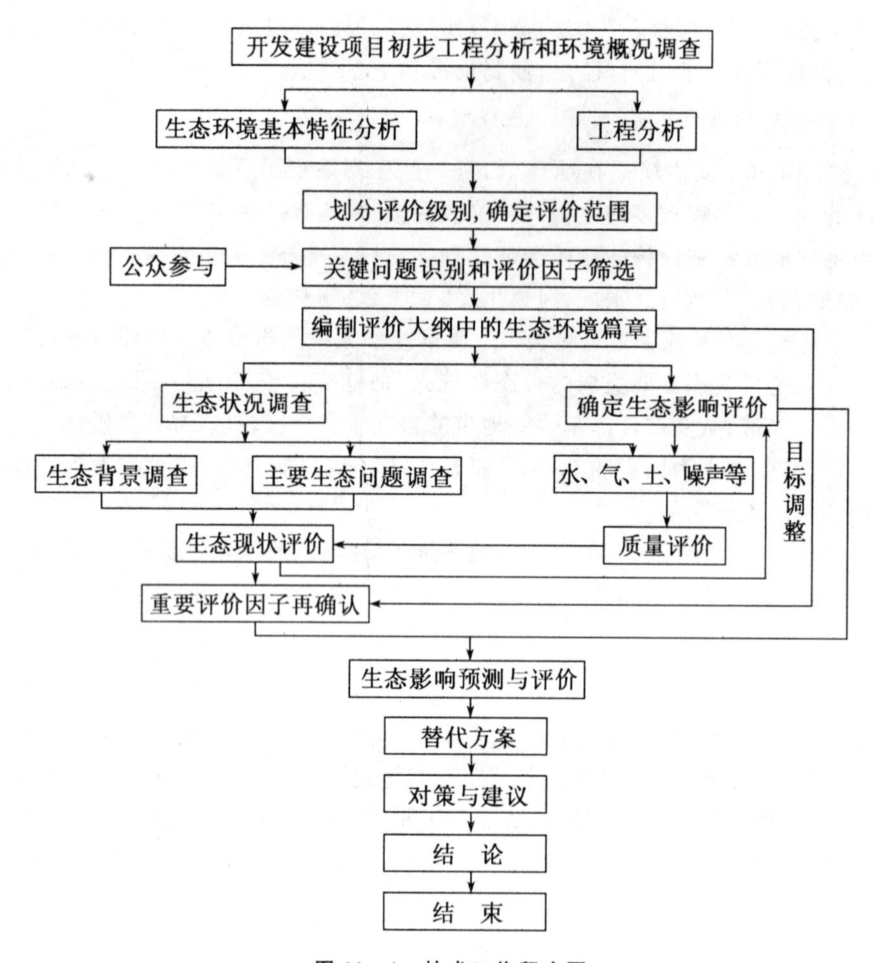

图 11-4 技术工作程序图

2. 评价等级

开发建设项目评价的等级划分主要依据有影响程度、受影响生态环境的敏感特性和影响的性质这三条。生态影响评价技术导则依据影响区域的生态敏感性和评价项目的工程占地(含水域)范围,包括永久占地和临时占地,按生态影响评价工作等级划分见表 11-1。

表 11-1 生态影响评价工作等级

影响区域生态敏感性	工程占地(水域)范围		
	面积≥20 km^2 或 长度≥100 km	面积 2 km^2～20 km^2 或 长度 50 km～100 km	面积≤2 km^2 或 长度≤50 km
特殊生态敏感区	一级	一级	一级
重要生态敏感区	一级	二级	三级
一般区域	二级	三级	三级

进行评价级别划分,位于原厂界(或永久占地)范围内的工业类改扩建项目,当工程占地(含水域)范围的面积或长度分别属于两个不同评价工作等级时,原则上应按其中较高的评

价工作等级进行评价，改扩建工程的工程占地范围以新增占地（含水域）面积或长度计算。在矿山开采可能导致矿区土地利用类型明显改变或拦河闸坝建设可能明显改变水文情势等情况下，评价工作等级应上调一级。

凡是造成生态环境不可逆变化或影响程度大或影响到敏感的环境目标的开发建设项目，一般需进行一级生态影响评价。二级评价的开发建设项目基本不会造成不可逆生态影响，或者通过人为努力可以使生态环境功能得到恢复和补偿，或者虽有不可逆性生态影响，但由于规模小、范围有限，不会对区域环境有影响。三级评价的开发建设项目是指本身无害于生态环境功能或影响很小的项目。这类项目只需填表，登记在册，说明其生态环境现状与问题，工程建设中采取的保护生态环境措施等，或者只对某个专门问题进行深入分析。

3. 评价范围

生态影响评价应能够充分体现生态完整性，涵盖评价项目全部活动的直接影响区域和间接影响区域。评价工作范围应依据评价项目对生态因子的影响方式、影响程度和生态因子之间的相互影响和相互依存关系确定。可综合考虑评价项目与项目区的气候过程、水文过程、生物过程等生物地球化学循环过程的相互作用关系，以评价项目影响区域所涉及的完整气候单元、水文单元、生态单元、地理单元界限为参照边界。按照环评工作程序，评价范围可分为生态调查范围、现状评价范围、影响分析与评价范围等。按照受影响因子的性质，可有植被、动物及其生境、土壤、地面水、地下水等不同因子相应的调查与评价范围。此外，生态环境影响评价范围还受到技术可达性和所能获得的资料的限定。行政区界也是重要的限定因子。确定生态环境评价范围一般要考虑到地表水系、地形地貌、生态、开发建设项目等特征。

一般来说，生态影响评价范围宜大不宜小。只管建设项目征地范围内的影响，不管其实际存在的影响，行业规范的误导，以及只从某一种影响因素考虑出发确定评价范围都会导致评价范围过小，因而在具体的生态影响中应尽量避免这些情况。

4. 评价因子的筛选

生态影响评价因子是一个比较复杂的体系，评价中应根据具体的情况进行筛选。筛选中主要考虑的因素是：最能代表和反映受影响生态环境的性质和特点者；易于测量或易于获得其有关信息者；法规要求或评价中要求的因子等。主要通过以下方面进行涉及到区域环境质量的标志性因子的筛选：生态完整性判定，包括生物生产量的量度、生态体系稳定状况的度量、区域环境状况的综合分析；生物多样性保护范围的判定因子和计算模式，包括生物多样性保护现代理论透视、动物对栖息地面积需求的研究成果。

常用的生态评价通用性指标见表 11－2。

表 11－2　生态评价通用性指标

指　标	含　义	应　用	评价说明
珍稀度	数量稀少且分布受限意味着脆弱，易灭绝，对影响的缓冲能力更差	评估物种、生境、生态系统的灭绝风险	稀有无价，保护优先
弹性	生态系统承受变化并维持存在的能力（也是远离平衡的行为特征）	评估系统恢复的可能性，主要用于人工生态系统	生物量与功能不降低，资源供应与使用价值不降低

（续表）

指　标	含　义	应　用	评价说明
脆弱性	受到干扰后被严重破坏的可能性，生态系统固有的特征与性质	评估系统承受干扰的能力，确定优先保护的系统（脆弱系统优先保护）	用生物丰度变化与干扰组成来测量
稳定性	面临干扰时系统能够维持某种平衡能力（维持在平衡点的行为），与弹性紧密相关	评估系统特征、评估系统或种群在不利状况下缓冲灭绝的能力；评估最小生境需求	以物种相对丰度或种群大小保护性和恒定性表达，可划分为不同等级
多样性	基因多样性 物种基因性 系统多样性 景观多样性（生物多样性、结构多样性）	评估种群活力 评估生态系统质量、稳定性 评估系统功能、重要度 评估物种分布 评估生境质量	可测量指标 主要评价方法
可恢复性	由复杂性等因素决定的性质	评估物种、生境、生态系统可恢复性，作为恢复生境或系统的依据	需长期监测和纪录
濒危度	数量稀少而易于灭绝的物种	评估外部影响（导致生态系统衰落）的可接受程度 指标：繁殖、数量、分布	分辨是局部区域还是整个系统，考虑影响和物种状况两个方面

同时，生态影响评价因子可针对评价对象的不同而不同，自然生态系统的评价因子一般包括：植被、生物多样性、保护物种、珍稀濒危物种、特有物种、资源物种等（表11－3）；城市生态环境因子一般包括：规划体系、环境、绿化体系、景观体系等（表 11－4）。

表 11－3　自然生态系统环境因子与参数

因　子	参　数
植被	类型、面积、覆盖率、分布
生物多样性	植物种、密度、优势度、频度、动物种及生境、种群、密度
保护物种	种类、保护级别、分布与生境
珍稀濒危种	珍稀度或濒危度
特有物种	种类、种群、分布与生境、价值、公众关心度
资源物种	种类、生产力、生境、动态
系统整体性	景观破碎度等
系统生产力	生物量、生物生长率
系统稳定性	生物资源采补平衡、系统发展趋势、土壤侵蚀、气候恶化（大风日、干燥度等）、区域自然灾害、外来物种
敏感目标	重要生态功能区、自然保护区、自然遗迹地、景观

表 11-4　城市生态系统环境因子与参数

因　子	参　数
规划体系	城市性质、规划目标、功能区划
环境	大气质量、大气功能区划、水源、地下水、声环境功能区划、敏感目标
绿化体系	绿化指标、绿地面积、绿地结构与布局
景观体系	城市风貌、空间资源、景观敏感目标(区、段、点)、风景名胜区及其他景观敏感目标
安全体系	重要生态功能区、城市灾害、污染隔离带
城市气候	热岛效应(极端温度等)、湿度
区域环境	城郊生态(城乡关系)、城市环境调节带(区)
可持续性	土地资源承载力、水资源可持续性、城市生态功能与城市生态稳定性

5. 评价标准

生态系统不是大气和水那样的均匀介质和单一体系，而是一种类型和结构多样性很高、地域性特别强的复杂系统，其影响变化包括内在本质变化的过程和外表特征的变化，既有数量变化问题，也有质量变化问题，并且存在着由量变到质变的发展变化规律，还有系统修复、重建、系统改换、生态功能补偿等复杂问题，因而评价的标准体系不仅复杂，而且因地而异。

此外，生态环评是分层次进行的，而且在实际的生态影响评价中，由于所评价的对象除生态系统外，还有资源问题、景观问题、生态环境问题，有时还有社会经济问题掺杂其间。因此生态影响评价标准的选取与“制备”应能满足如下要求：能反映生态环境的优劣，特别是能够衡量生态环境功能的变化；能反应生态环境受影响的范围和程度，尽可能定量化；能用于规范开发建设活动的行为方式，即具有可操作性。

目前，国内外尚缺少直接有关生态环境保护的标准，可以从以下几个方面选取：

(1) 国家、行业和地方规定的标准

国家已发布的环境质量标准如《农田灌溉水质标准》(GB 5804—2005)、《农药安全使用标准》(GB 4285—89)、《粮食卫生标准》(GB 2715—2005)以及地面水、海水质量标准等。

国家已发布的重要生态环境功能区及其规划的保护要求，如自然保护区、水源保护区、重要生态功能区、风景区。地方政府颁布的标准和规划区目标，河流水系保护要求或规划功能，特别地域的保护要求，如绿化率要求、水土流失防治要求等，均是可选择的评价标准。

(2) 背景值或本底值

以项目所在地的区域生态环境的背景值或本底值作为评价标准，如区域土壤背景值(曾长期用作标准)、区域植被覆盖率与生物量、区域水土流失本底值等。有时，亦可选取建设项目所在地的生态环境背景值作为参照标准，如生物丰富度、生物多样性等。

如背景值和本底值不可或不易获得，则可采用类比对象的标准。

(3) 类比对象

以未受人类干扰的同类生态环境或以相似自然条件下的原生自然生态系统作为标准；以类似条件的生态因子和功能作为标准，如类似生态系统的生产力、植被覆盖率、蓄水功能、防风固沙的能力等；以类似的环境条件下发生的影响作为影响评价参考等。

(4) 科学研究已判定的生态效应

通过当地或相似条件下科学研究已判定的保障生态安全的绿化率要求、污染物在生物体内的最高允许量、特别敏感生物的环境质量要求等，亦可作为生态影响评价中的参考标准。

(5) 其他可以参照的标准

例如：生态省建设标准中关于生态环境的部分(表 11－5)，土地沙漠化发展的生态学标准(表 11－6)，公益林(以自然保护林为例)林分质量评价标准和评价指标(表 11－7)。

表 11－5 生态省建设标准中生态环境的指标

<table>
<tr><th colspan="2">名　称</th><th>单　元</th><th>指　标</th></tr>
<tr><td rowspan="4">森林覆盖率</td><td>山区</td><td>%</td><td>≥65</td></tr>
<tr><td>丘陵区</td><td>%</td><td>≥35</td></tr>
<tr><td>平原地区</td><td>%</td><td>≥12</td></tr>
<tr><td>高寒区或草原区
林草覆盖率</td><td>%</td><td>≥80</td></tr>
<tr><td colspan="2">受保护地区占国土面积比率</td><td>%</td><td>≥15</td></tr>
<tr><td colspan="2">退化土地恢复率</td><td>%</td><td>≥90</td></tr>
<tr><td colspan="2">物种保护指数</td><td>—</td><td>≥0.9</td></tr>
</table>

表 11－6 土地沙漠化发展的生态学指标

植被盖度(%)	农田系统能量产投比(%)	生物生长量($t/hm^2 \cdot a$)	沙漠化进程
>60	>80	3～4.5	潜在
59～30	79～60	2.9～1.5	正在发展
29～10	59～30	1.4～1.0	强烈发展
9～0	29～0	0.9～0	严重

表 11－7 林分质量评价标准和评价指标

<table>
<tr><th rowspan="2">分值</th><th colspan="4">林分稳定性</th><th colspan="4">林分对环境影响</th><th rowspan="2">资源利用效率(林分疏密度)</th></tr>
<tr><th>更新幼苗幼树(株·hm^{-2})</th><th>活地被物盖度(%)</th><th>层次结构(分出的层次)</th><th>树种组成</th><th>平均树高(m)</th><th>平均直径(cm)</th><th>林分郁闭度</th><th>林龄</th></tr>
<tr><td>10</td><td>3 000 以上</td><td>80 以上</td><td>5 层</td><td>优势种明显多个伴生种</td><td>16 以上</td><td>20 以上</td><td>8.0 以上</td><td>中龄</td><td>0.8 以上(20 分)</td></tr>
<tr><td>8</td><td>1 500～3 000</td><td>60～80</td><td>4 层</td><td>有优势种少数伴生种</td><td>10～15.9</td><td>14～20</td><td>0.7～0.8</td><td>壮龄</td><td>0.6～0.8(15 分)</td></tr>
<tr><td>6</td><td>1 000～1 500</td><td>40～60</td><td>3 层</td><td>一个优势种一个伴生种</td><td>7.0～9.9</td><td>10～14</td><td>0.6～0.7</td><td>成熟龄</td><td>0.4～0.6(8 分)</td></tr>
<tr><td>4</td><td>800～1 000</td><td>20～40</td><td>2 层</td><td>无优势种</td><td>4.0～6.9</td><td>8～10</td><td>0.4～0.6</td><td>过熟龄</td><td>0.4 以下(2 分)</td></tr>
<tr><td>2</td><td>800 以下</td><td>20 以下</td><td>单层</td><td>单种</td><td>4.0 以下</td><td>8 以下</td><td>0.2～0.4</td><td>幼龄</td><td></td></tr>
</table>

一般在生态影响评价中，可以通过建设项目实施前后生态系统环境功能的变化来衡量生态环境的盛衰与优劣。所有能反映生态环境功能和表征生态因子状态的标准和其指标值都可以直接作为判别基准，大量反映生态系统结构和运行状态的指标，尚需按照功能与结构对应性原理，根据生态环境具体现状，借助于一些相关关系经适当计算而转化为反映环境功能的指标，方可用作判别基准。

二、生态环境现状调查与评价

1. 现状调查

《环境影响评价技术导则——生态影响》要求：一级评价要给出采样地样方实测、遥感等方法测定的生物量、物种多样性等数据，给出主要生物物种名录、受保护的野生动植物物种等调查资料；二级评价的生物量和物种多样性调查可根据已有资料推断，或实测一定数量的、具有代表性的样方予以验证；三级评价可充分借鉴已有资料进行说明。现状调查的内容有：

（1）生态背景调查

根据生态影响的空间和时间尺度特点，调查影响区域内涉及的生态系统类型、结构、功能和过程，以及相关的非生物因子特征（如气候、土壤、地形地貌、水文及水文地质等），重点调查受保护的珍稀濒危物种、关键种、土著种、建群种和特有种，天然的重要经济物种等。如涉及国家级和省级保护物种、珍稀濒危物种和地方特有物种时，应逐个或逐类说明其类型、分布、保护级别、保护状况等；如涉及特殊生态敏感区和重要生态敏感区时，应逐个说明其类型、等级、分布、保护对象、功能区划、保护要求等。图件收集和编制，图件由基本图件和推荐图件构成。基本图件根据各级生态影响评价工作需要提供，当评价项目涉及特殊生态敏感区域和重要生态敏感区时必须提供能反映生态敏感特征的专题图，如保护物种空间分布图，当开展生态监测工作时必须提供相应的生态监测点位图；推荐图件则是在现有技术条件下可以图形图像形式表达的，有助于阐明生态影响评价结果的选作图件。图件编制的数据来源应满足生态影响评价的时效要求，制图与成图精度应满足生态影响判别和生态保护措施的实施，能准确反映评价的主体内容。

（2）主要生态问题调查

调查影响区域内已经存在的制约本区域可持续发展的主要生态问题，如水土流失、沙漠化、石漠化、盐渍化、自然灾害、生物入侵和污染危害等，指出其类型、成因、空间分布、发生特点等。此外，调查有关的发展规划是极其重要的，包括土地利用规划、产业布局规划、基础设施建设规划等。

2. 现状评价

生态环境现状评价是在区域生态基本特征调查的基础上，将生态环境调查和生态分析得到的重要信息进行量化，定量或比较精细地描述生态环境的质量状况和存在的问题。其内容包括：① 阐明生态系统现状，分析影响区域内生态系统状况的主要原因，评价生态系统的结构和功能状况（如水源涵养、防风固沙、生物多样性保护等主导生态功能）、生态系统面临的压力和存在的问题、生态系统的总体变化趋势等。② 分析和评价影响区域内动、植物等生态因子的现状组成、分布。当评价区域涉及受保护的敏感物种时，应重点分析该敏感物种的生态学特征；当评价区域涉及特殊生态敏感区或重要生态敏感区时，应分析其生态现状、保护现状和存在的问题等。由于生态系统结构的层次特点，决定着生态系统的评价也具有层次性：一是生态系统层次上的整体质量评价；二是生态因子层次上的因子状况评价。生态系统现状评价首先重视的是系统整体性评价，其次是系统的结构与状态，即通常所关注的质量问题，再次是环评特有的系统功能评价，最后还要评价系统面临的压力及存在的问题、生态系统的总体变化趋势等。大多数开发建设项目的生态系统现状评价是在生态因子的层次上进行的，一般应根据评价范围内生态系统类型和特点选择相应的代表性因子。一个区域生态环境问题是指水土流失、沙漠化、自然灾害和污染危害等几大类，与之相关的问题有植被破坏、珍稀濒危动植物问题、土地生产能力下降等。

生态环境现状评价要有大量数据支持结果，可以应用定性与定量相结合的方法进行，并采用文字和图件相结合的表现形式。现状评价结论要明确回答区域环境的生态完整性、人与自然的共生性、土地和植被的生产能力是否受到破坏等重大环境问题，要回答区域生态功能是否受到影响及造成影响的后果程度，并用可持续发展的观点对生态环境质量进行判定。

在现状评价的基础上可采用生态激励分析法或借助数学方法进行要素的重要性分析，得到再确认的评价因子与预测过程。

三、生态影响预测与评价

建设项目的生态影响预测和评价是在生态环境调查、生态分析及生态环境现状评价的基础上，结合开发建设活动的实际情况，建设项目的影响途径，区域生态保护的需要，受影响生态系统的主导生态功能以及区域生态抗御内外干扰的能力和受到破坏以后的恢复能力而进行的。预测与评价内容包括：① 评价工作范围内涉及的生态系统及其主要生态因子的影响评价。通过分析影响作用的方式、范围、强度和持续时间来判别生态系统受影响的范围、强度和持续时间；预测生态系统组成和服务功能的变化趋势，重点关注其中的不利影响、不可逆影响和累积生态影响。② 敏感生态保护目标的影响评价应在明确保护目标的性质、特点、法律地位和保护要求的情况下，分析评价项目的影响途径、影响方式和影响程度，预测潜在的后果。③ 预测评价项目对区域现存主要生态问题的影响趋势。

生态影响预测与评价的基本程序是：选定影响预测的主要对象和预测因子；根据预测的影响对象和因子选择预测方法、模式、参数，并进行计算；研究确定评价标准和进行主要生态系统和主要环境功能的预测评价；进行社会、经济和生态环境相关影响的综合评价与分析。

生态影响预测是在生态环境现状调查、生态影响分析的基础上，有选择有重点地对某些受影响生态系统作深入研究，对某些主要生态因子的变化和生态环境变化做定量或半定量预测计算，以便把握因开发建设活动而导致的生态系统结构变化和环境功能变化的程度以及相关的环境后果。

生态影响评价是对生态影响预测的结果进行评价（评估），以确定所发生的生态影响可否为生态或社会所接受。其主要目的是：评估影响的显著性，以决定进行还是停止；评价生态环境保护目标的重要性，以决定保护的优劣性；评价价值的得失，以决定得失与取舍。

生态影响预测与评价存在着下列问题：① 高度的不确切性。生态影响预测经常建立在经过高度简化的基础之上，且预测所依据的基础数据本身就存在很大的不完整性、不规范性、缺乏可比性或不能确定是否代表实际的生态环境变化情况，因而生态影响预测有很大的不确定性。② 缺乏实践验证机会。生态变化需要一个过程，而且可能是比较长的过程，因而在决策之前不能检验预测的结果。③ 缺乏长期影响的数据。生态影响后果的表达需要较长的时间过程，许多生态影响具有累积的性质和特点。

四、生态影响评价方法

常用的生态影响评价方法有许多，包括类比分析法、列表清单法、综合评价法、图形叠置法、生态机理分析法、景观生态学方法、生物生产力评价法、生态环境状况指数评价法、系统分析法、生物多样性评价方法等。另外，还有一些具体生态问题的评价方法，如水土流失评价方法等。选取时不仅要注意定性分析与定量分析相结合，还要针对评价对象来选择。应明确的是同一评价对象可用多种方法对其进行评价。

1．生物多样性评价方法(HJ 19—2011 推荐)

生物多样性评价方法是指通过实地调查，分析生态系统和生物种的历史变迁、现状和存在主要问题的方法。评价目的是有效保护生物多样性。

生物多样性通常用香农-威纳指数(Shannon - Wiener index)表征：

$$H = -\sum_{i=1}^{S} P_i \ln(P_i) \tag{11-1}$$

式中：H 为样品信息含量(彼得/个体)＝群落的多样性指数；S 为种数；P_i 为样品中属于第 i 种的个体比例，如样品总个体数为 N，第 i 种个体数为 n_i，则 $P_i = n_i / N$。

2．景观生态学方法

景观生态学方法通过空间结构分析和功能与稳定性分析这两个方面评价生态环境质量状况。

(1) 空间结构分析

前面已经提到景观是由斑块、廊道和基质组成，基质的判定是空间结构分析的重点。基质的判定有相对面积大、连通程度高、具有动态控制功能这三个标准，其判定多借用计算植被重要值的方法。斑块的表征：一是多样性指数；二是优势度指数(D_O)。

$$D_O = 0.5 \times [0.5 \times (R_d + R_f) + L_p] \times 100\% \tag{11-2}$$

式中：R_d 为(斑块 i 的数目/斑块总数)×100％；R_f 为(斑块 i 出现的样方数/总样方数)×100％；L_p 为(i 的面积/样地总面积)×100％。

(2) 功能与稳定性分析

功能与稳定性分析包括组成因子的生态适应性分析、生物的恢复能力分析、系统的抗干扰或抗退化能力分析、种源的持久性和可行性分析、景观开放性分析等。

① 景观多样性指数(H)：

$$H = -\sum_{i=1}^{n} (P_i \cdot \ln P_i) \tag{11-3}$$

式中：P_i 为某类型景观所占面积百分比；n 为景观类型数。

② 生态环境质量(EQ)(选择四项指标)：

$$\mathrm{EQ} = \sum_{i=1}^{n} A_i / N \tag{11-4}$$

式中：A_1 为土地生态适应性分值(分阈值 0～100)；A_2 为植被覆盖度(实际覆盖值为权

值,实际覆盖度除以100为阈值);A_3 为抗退化能力赋值(强赋值100,较强60,一般40,一般以下0);A_4 为恢复能力赋值(强赋值80,较强60,一般40,一般以下0);$N=4$。

结合专家评分法对开发建设活动前后分别给分计算,查阅表11-8看其等级变化情况。

表11-8 EQ值划分标准及相应生态级别

EQ值	100~70	69~50	49~30	29~10	9~0
生态级别	Ⅰ	Ⅱ	Ⅲ	Ⅳ	Ⅴ

景观生态方法主要应用在城市和区域土地利用规划与功能区划、区域生态环境现状评价和影响评价、大型特大型建设项目环境影响评价,以及景观生态资源评价和预测生境变化。

3. 生态环境状况指数评价法

生态环境状况指数(EI)是五个主要生态指标和相应权重的乘积的简单加和。由表11-9列出的主要指标和权重可得:

EI=0.25×生物丰度指数+0.2×植被覆盖指数+0.2×水网密度指数+0.2×土地退化指数+0.15×环境质量指数

表11-9 各项评价指标和权重

指标	生物丰度指数	植被覆盖指数	水网密度指数	土地退化指数	环境质量指数
权重	0.25	0.2	0.2	0.2	0.15

根据算出的生态环境状况指数,可以将生态环境分为五级。EI≥75为优生态环境:植被覆盖度高,生物多样性丰富,生态系统稳定,最适合人类生存;55≤EI<75为良生态环境:植被覆盖率较高,生物多样性较丰富,基本适合人类生存;35≤EI<55为一般生态环境:植被覆盖度中等,生物多样性水平一般,较适合人类生存,但有不适人类生存的制约性因子出现;20≤EI<35为较差生态系统:植被覆盖较差,严重干旱少雨,物种较少,存在着明显限制人类生存的因素;EI<20为差的生态系统:条件较恶劣,人类生存环境恶劣。

仅需计算出项目实施前后的生态环境状况指数,就可以计算其变化幅度($|\Delta EI|=|EI_{前}-EI_{后}|$),以此评价生态环境的变化情况。生态环境变化幅度分为四级,即无明显变化、略有变化(好或差)、明显变化(好或差)、显著变化(好或差),详见表11-10。

表11-10 生态环境状况变化度分级

级别	无明显变化	略有变化	明显变化	显著变化
变化值	$\|\Delta EI\|\leqslant 2$	$2<\|\Delta EI\|\leqslant 5$	$5<\|\Delta EI\|\leqslant 10$	$\|\Delta EI\|>10$
描述	生态环境状况无明显变化	如果 $2<\Delta EI\leqslant 5$,则生态环境状况略微变好;如果 $-5\leqslant\Delta EI<-2$,则略微变差	如果 $5<\Delta EI\leqslant 10$,则生态环境状况明显变好;如果 $-10\leqslant\Delta EI<-5$,则明显变差	如果 $\Delta EI>10$,生态环境状况显著变好;如果 $\Delta EI<-10$,则显著变差

4. 水土流失评价方法

水土流失,又称土壤侵蚀,并且主要指水力对土壤造成的侵蚀。一般可以用侵蚀模数(侵蚀强度)、侵蚀面积、侵蚀量这三个定量数据来评价水土流失的程度。侵蚀面积可通过资料调查或遥感解译得出；侵蚀量可根据侵蚀面积与侵蚀模数的乘积计算得出，也可根据实测得出。以下主要介绍利用侵蚀模数的评价方法。

(1) 通用水土流失方程(USLE)：

$$E=R_e \cdot K_e \cdot L \cdot S \cdot C \cdot P \qquad (11-5)$$

式中：E 为单位面积平均土壤侵蚀量，t/km²；R_e 为降雨侵蚀力因子，$R_e=EI_{30}$（一次降雨总动能×最大 30 min 雨强）；K_e 为土壤可侵蚀因子，根据土壤的类型、有机物含量、土壤结构以及渗透性来确定；L 为坡长因子，$L=\left(\frac{斜坡长度}{22.1}\right)^m$，$m$ 一般为 0.5；S 为坡度因子，$LS=0.067L^{0.2}S^{1.3}$；C 为植被和经营管理因子，与植被覆盖度和耕作期相关；P 为水土保持措施因子，主要有农业耕作措施、工程措施、植物措施。

(2) 如果评价区内有多个土壤性质和状态不同的地块，则有：

$$G=\sum_{i=1}^{n} E_i A_i=\sum_{i=1}^{n}(R_{ei} \cdot K_{ei} \cdot L_i \cdot S_i \cdot C_i \cdot P_i) A_i \qquad (11-6)$$

式中：i 为第 i 地块；A_i 为第 i 地块的面积，m²。

五、生态影响的防护、恢复与管理措施

生态影响预测与评价方法有待不断完善，现阶段的生态影响评价内容十分强调影响减缓。

1. 原则与要求

《环境影响评价技术导则——生态影响》(HJ 19—2011)中指出，生态影响的防护与恢复要遵循如下原则：按照避让、减缓、补偿和重建的次序提出生态影响防护与恢复的措施；所采取措施的效果应有利修复和增强区域生态功能。凡涉及不可替代、极具价值、极敏感、被破坏后很难恢复的敏感生态保护目标(如特殊生态敏感区、珍稀濒危物种)时，必须提出可靠的避让措施或生境替代方案。涉及采取措施后可恢复或修复的生态目标时，也应尽可能提出避让措施，否则，应制定恢复、修复和补偿措施；各项生态保护措施应按项目实施阶段分别提出，并提出实施时限和估算经费。

此外，还需体现法规的严肃性，体现可持续发展的思想和战略，体现产业政策与环保政策、资源政策，符合生态科学原理，要有明确的目标性，具有一定超前性，提高针对性和注重实效，做到科学性和可行性相结合，体现“预防为主”的基本原则。

2. 生态影响的防护

防止重要生境及野生生物受建设工程的生态影响是环境影响评价的一项重要内容。生态影响防护通常以替代方案的形式来实现。

(1) 生态影响的避让

生态影响的避让就是采取适当的措施，尽可能在最大程度上避免潜在的不利生态影响。因为有些类型的生态环境一经破坏就不能再恢复，而这类生态系统具有重要保护价值或特别重要的生态功能作用，因此予以绝对的保护。采取的措施通常包括更改工程场址、修改工程设计、限制施工方法或时间、道路改线、变更规划或工程规模等。

(2) 生态影响的减缓

采取适当的措施，尽量减少不可避免的生态影响的程度和范围。如迁移重要的物种，把工程限于某一特定地方或范围内进行，把受干扰的生境进行修复等。采取适当的隔离措施

或建立通道等均可在一定程度上减缓生态影响。

(3) 生态影响的补偿

当重要物种及生境受到工程影响时,可采取在当地或异地提供同样物种或相似生境的方法得到补偿。例如大型开发区的建设可能会侵占大片林地或草地,可以通过区内适当的绿化面积和绿化类型的搭配加以补偿。

生态影响的防护对于建设项目的设计、施工、运行和管理是非常重要的。生态影响评价工作不但要发现建设项目可能产生的生态影响,更重要的是能够提出避让、减缓或补偿的措施建议。防护重要生境及野生生物可能受工程影响的措施,如按优先次序选择,应遵循"避让-减缓-补偿"这一顺序。也就是说能避让的尽量避让,实在不能避让的则采取措施减缓,减缓不能奏效的就应有必要的补偿方案。

3. 生态影响的恢复

建设项目产生的不可避免的生态影响或暂时性的生态影响,可以通过生态恢复技术予以消除。在环评工作中,应在判断生态影响的类别、程度和范围的基础上,提出生态恢复的要求;并依据建设项目所在区域的自然、社会及经济条件,提出具体的生态恢复建议方案。

一般来说,对于一个缺损的生态系统,生物种类及其生长介质的丧失或改变是影响生态恢复的主要障碍,这正是大多数陆生生态系统的生态恢复所要解决的关键问题。通常采用以下技术:① 选择合适的植物种类改造介质,使之变得更适合植物的生长;② 利用物理或化学的方法直接改良介质,使之能够直接进行为达到最终目标所选择的生态恢复;③ 上述两种方法结合使用,可以大大加速并维持生态系统的重建。

以矿山废弃地为例,生态恢复的类型及其选择要考虑到矿种、采掘方式、废弃地类型、自然环境以及社会发展的需要等因素的不同。表 11-11 为我国一些典型矿所选择的生态恢复类型。不难看出,我国矿山废弃地生态恢复类型亦在向多样化的方向发展,不但注重生态效益,也注重经济与使用效益。

表 11-11 我国部分典型矿山生态恢复类型

主要矿种	生态重建面积(hm^2)	恢复类型
金矿	538.4	农业、林业、草地
石墨矿	246.6	农业、林业、工矿
煤矿、石墨矿	76.2	林业
锰矿	71.3	果园、工业用地
砂矿	80	农田(水田)
煤矿(排土场)	83.5	工业、建筑
煤矿(排土场)	60.5	农业、旅游业
煤矿(塌陷区)	26.7	渔业
煤矿(塌陷区)	14.5	水上公园

4. 生态管理措施

生态环境管理是政府环境保护机构依据国家和地方制定的有关自然资源与生态保护的法律、法规、条例、技术规范、标准等所进行的技术含量很高的行政管理工作。因此,在进行可能具有重大、敏感生态影响的建设项目，区域流域开发项目生态影响评价工作的过程中，应根据项目的性质、规模，生态影响的程度和范围，项目所在地的自然、社会、经济等一系列因素，提出相应的监督管理方案供管理者和建设者参考。

生态环境管理的内容必须包括：识别生态环境，特别要注意识别和判断具有重大影响的因素和具有一定敏感性的因素；寻找并保存控制破坏因素、保护敏感因素的国家和地方的法律、法规和标准；在法律、法规、标准或者其他要求下，针对管理对象的特点，制定管理目标和指标；制定旨在实现上述管理目标和指标的管理方案，管理方案应包括管理方法、时间和经费等详细情况；落实机构和人员编制，进行职能和职责分工，进行必要的能力培训；建立档案保存、查询制度和重大事件报告制度；制定并实施生态环境监测计划，监测计划应包括监测时段、监测位点、监测因子、监测方法、监测频次、监测的仪器设备、监测人员、监测数据管理和报告的编写、上报及信息反馈。

生态环境管理应根据生态因素的重要性级别确定管理重点和管理力度。管理因素一旦确定，就要针对每一项管理因素制定管理目标与指标，管理目标的制定应综合考虑建设项目本身和与建设项目有关的各种条件，使之具有可达性和可操作性，有些目标可分步或分期制定。

5. 环境监测

目前导则要求制定并实施针对项目进行的生态监测，发现问题，特别是重大问题时要呈报上级主管部门和环境保护部门及时处理。生态环境监测的目的主要有三点：① 认识生态背景；② 验证环评中的假设；③ 为采取补救措施或应急措施提供科学依据。其技术要点有：明确监测工作范围，考虑监测方案的可行性，注意"指标器"生物的选择，与其他监测活动相匹配。生态环境监测可包括生态监测、资源动态监测、生态环境问题监测及敏感保护目标的影响监测等。

一般来说，生态监测计划的内容应该包括：生态环境现状调查与评价；重要生态因素（影响因素、对象因素）的确定；生态监测的指标体系；监测点位和时段；监测人员、监测设备和经费；监测结果的评价与报告；应急与持续改进措施。

六、生态影响评价结论

总结开发方案所处区域的生态现状，开发活动本身可能带来的生态影响，尤其是对敏感生态目标的影响大小，以及减轻这些影响应该采取的各种减缓措施和管理计划，最后给出净的生态影响是否可接受的结论。

思考题

1. 生态系统的环境功能有哪些？简述景观生态学的基本概念。
2. 何为生态影响评价？
3. 简述生态影响评价标准的主要来源。
4. 目前常用的生态影响评价的方法有哪些？

第十二章　环境风险评价

引言　2005年11月13日，中国石油吉林石化公司双苯厂，苯胺装置发生爆炸，事故造成了5人丧生、70人受伤，因救险及时未引发更大的安全事故。然而，由于事故处理过程中忽视环境安全，导致约100 t硝基苯、苯胺倾泻入松花江中，造成长达80 km，持续时间约40 h的"污染地毯"，下游城市哈尔滨11月22日宣布停止供应自来水，引发了严重的用水危机和恐慌，甚至还产生了一些国际后果和影响，被联合国环境署称为近年来较严重的河川污染事件。

痛定思痛，原国家环保总局开始了全国范围的环境风险排查，同时加强建设项目环境风险评价的管理，提出了严格的审批要求，从此，环境风险评价成为环境影响评价中不可或缺的一部分。

第一节　环境风险评价概念

一、基本概念

1. 风险(Risk)

风险是人们在从事生产活动或其他社会活动中伴随效益的同时可能产生的有害后果的定量描述，包括事故的可能性和估测的后果。可以定义为$R=P\times S$，其中R代表风险指数，P表示出现风险的概率，而S表示风险事件的后果损失。

风险与危险是紧密相连的，正是由于风险反映了一定时空条件下不幸事件发生的可能性，揭示了事件发生的规律，因而风险可以看成是危险的根源。也就是说，正是由于客观存在着产生不利后果的可能性，才使得一定范围中的事物处于危险的状况之中。

2. 风险评价(Risk Assessment)

当一项风险被确定，就有必要进行精确的风险评价。科学的风险评估方法有三种：外推法、逆推法和类比法。

外推法是根据历史经验进行推断，较常见的是根据过去的事故情况估测将来事故的可能性或者趋势。外推法是较系统的评价方法。

逆推法是从假想的事故往回推的方法，它将大的风险分解为一系列已存在经验数据的事故组分。这种方法是对复杂的工程结构的风险进行事故树分析的理论基础。例如，核反应站的柱融化以及裂变产物泄漏是个可以预料的事故，尽管从未发生过，但是反应站的结构和流程可以分解成许多组成环节，这些环节的事故发生频度有经验数据。从这一组事故概率的数据，可以得到顶端的大事故的风险。

类比法不是从相同的情况，而是从不同的情况获得数据。例如，对缺乏记录的小河流域发生大洪水的可能性的估测，可以从该地区已有的天气资料系统分析而得。

当科学的评估无法进行时，人们往往会信任权威，或者只是凭直觉。将专家的直觉判断与定量的评估相结合的系统的风险评价方法也在发展。

3. 环境风险(Environmental Risk)

环境风险是指在自然环境中产生的或者是通过自然环境传递的对人类健康和幸福产生不利影响，同时又具有某些不确定性的危害事件。具体是指突发性事故对环境(或健康)的危害程度及可能性，用风险值 R 表征，其定义为事故发生概率 P 与事故造成的环境(或健康)后果 C 的乘积，即：

$$R[\text{危害/单位时间}]=P[\text{事故/单位时间}]\times C[\text{危害/事故}]$$

在所有预测的概率不为零的事故中，对环境(或健康)危害最严重的重大事故被称为最大可信事故。

环境风险具有不确定性和危害性的特点。不确定性是指人们对事件发生的时间、地点、强度等事先难以准确预测；危害性是针对事件的后果而言，具有风险的事件对其承受者会造成威胁，并且一旦事件发生，就会对风险的承受者造成损失或危害，包括对人体健康、经济财产、社会福利乃至生态系统等带来不同程度的危害。

环境风险广泛存在于人们的生产和其他活动中，而且表现方式纷繁复杂。根据产生原因的差异，可以将环境风险分为化学风险、物理风险以及自然灾害引发的风险。

化学风险是指对人类、动物和植物能产生毒害或其他不利作用的化学物品的排放、泄漏，或者是易燃易爆材料的泄漏而引发的风险。

物理风险是指机械设备或机械结构的故障所引发的风险。

自然灾害引发的风险是指地震、火山、洪水、台风等自然灾害带来的化学性和物理性的风险，显然，自然灾害引发的风险具有综合的特点。

另外，我们也可根据危害事件承受对象的差异，将风险分为三类，即人群风险、设施风险以及生态风险。人群风险是指因危害性事件而致人病、伤、死、残等损失的风险；设施风险是指危害性事件对人类社会的经济活动的依托——设施，如水库大坝、房屋等造成破坏的风险；生态风险是指危害性事件对生态系统中的某些要素或生态系统本身造成破坏的可能性，对生态系统的破坏作用可以是使某种群落数量减少，乃至灭绝，导致生态系统的结构、功能发生变异。

由于人类对环境风险并非无能为力，因此环境风险不能被简单看作是由事故释放的一种或多种危险性因素造成的后果，而应看作是由产生和控制风险的所有因素构成的系统。

4. 环境风险评价(Environmental Risk Assessment)

广义的环境风险评价是指对建设项目的兴建、运转，或是区域开发行为，包括自然灾害所引起的对人体健康、社会经济发展、生态系统等所造成的风险可能带来的损失进行评估，并据此进行管理和决策的过程。狭义的环境风险评价又常称为事故风险评价，它主要考虑与项目关联的突发性灾难事故，包括易燃、易爆和有毒物质、放射性物质失控状态下的泄漏，大型技术系统(如桥梁、水坝等)的故障。发生这种灾难性事故的概率虽然很小，但影响的程度往往是巨大的。在现代工业高速发展的同时，污染事故时有发生。例如，20 世纪 80 年代发生的印度博帕尔异氰酸酯毒气泄露(当时导致 3 500～7 500 人死亡，至 2002 年估计已导致约 2 万人死亡)与苏联切尔诺贝利核电站事故，都是震惊世界的重大污染事故。

按评价对象，环境风险评价分为各种开发行为(建设项目)、各种化学品和自然灾害对人类健康和生态系统产生的风险评价。

《建设项目环境风险评价技术导则》(HJ/T 169—2004)中给建设项目的环境风险评价下了如下定义：对建设项目建设和运行期间发生的可预测突发性事件或事故(一般不包括人为破坏和自然灾害)引起有毒有害、易燃易爆等物质泄漏，或突发事件产生的新的有毒有害物质，所造成的对人身安全与环境的影响和损害，进行评估，提出防范、应急与减缓措施。建设项目的环境风险评价是针对建设项目本身引起的风险进行评价的，它考虑建设项目引发的具有不确定性的危害。

各种化学品的环境风险评价是独立于建设项目的，它针对有毒有害化学品对人类健康和生态系统的长期危害而进行，如化学品的致癌风险的评价等，属于毒理学研究领域，本书不加以赘述。

二、环境风险评价的历程

1. 国际环境风险评价的历程

环境风险研究起源于对自然灾害的认识、评估及防治。20 世纪 30～40 年代，人类就开始对自然灾害进行系统的研究。随着科学技术的不断发展，技术风险层出不穷。50 年代开始，由于核电站事故的潜在危害以及人类对核风险的恐惧心理，西方国家开始对核安全加以研究。50 年代后期，美国核能管理委员会(NRC)发表了著名的报告“大型核电站中重大事故的理论可能性及其后果”。60 年代以前，风险评价尚处于萌芽阶段，风险评价内涵不甚明确，主要采用毒物鉴定方法进行健康影响分析，以定性研究为主。直到 60 年代，毒理学家才开发一些定量的方法进行低浓度暴露条件下的健康风险评价。

1973 年，NRC 首次提出了环境风险的概念，标志着环境风险评价的正式开端。1975 年，NRC 完成了核电站系统安全研究的《核电厂概率风险评价指南》(WASH－1400 报告)，并在其中发展和建立了著名的概率风险评价方法，其后世界银行的环境和科学部很快颁布了关于《控制影响厂外人员和环境的重大危害事故》的导则和指南。同时，故障树分析、事件树分析方法等也得到了很好的发展，并形成了一系列实际应用程序。在其他领域，美国食品和药物管理局(FDA)在 1973 年将风险评价的思想引入食品和药物中物质残留量的标准制定中，并且取得了成功；美国环保局从 20 世纪 70 年代中期开始也将类似方法应用于农药管理领域；在风险较大的石油、化工行业，技术风险的研究也开始出现，1969 年，美国国家环保局等组织召开了“世界石油泄漏大会”，专门讨论石油泄漏的风险控制和管理。针对化工领域出现的各种风险类型，美国道(DOW)化学公司创立了化工领域风险评价的方法和指标体系。在这一背景下，诸如 UNEP、SCOPE 等国际组织开始组织环境风险方面的合作研究，出版相应的专著。

20 世纪 80 年代中期，环境风险评价得到很大的发展，为风险评价体系建立的技术准备阶段。1983 年，美国国家科学院出版的红皮书《联邦政府的风险评价：管理程序》，首次提出了完整的环境风险评价程序，称为风险评价“四步法”，即危害鉴别、剂量-效应关系评价、暴露评价和风险表征，并对各部分都作了明确的定义。同时，指出了风险评价和风险管理的区别，认为风险评价是一种科学研究，通过风险评价，可以确定损害人体健康和环境的程度和可能性；风险管理则是将风险评价的信息与经济、社会、政治、法律、伦理等因素综合起来进行群体决策的过程。由此，风险评价的基本框架已经形成。在此基础上，美国国家环保局(EPA)制定和颁布了有关风险评价的一系列技术性文件、准则或指南，如 1986 年，美国 EPA 在多年的实践基础上提出了《人体健康风险评价指南》，但大多是人体健康风险评价方面的。1989 年，美国 EPA 对 1986 年指南进行了修改。从此，风险评价的科学体系基本形成，并处于不断发展和完善的阶段，并由人体健康风险评价向生态风险评价发展。

2. 我国环境风险评价的历程

我国对于环境风险的研究起步自 20 世纪 80 年代。随着石油化工工业的飞速发展，科研人员在化工项目，易燃、易爆、有毒化学品等方面做过大量的工作，并逐渐对危险化学品事故排放的后果有了一定的研究，在一些大型化工厂的环境影响评价中已提到风险评价的重要性，并作了定性评价的尝试。

1986 年以前，我国的环境风险研究工作主要局限在核及其他工业领域，着眼于安全分析，以及化学物致癌危险性评价。1986 年开始，环境风险评价的概念逐渐引入我国。在石家庄全国环境影响评价和区域环境研究学术研讨会上，已明确提出环境风险评价的概念。自此之后，国内开始有文章介绍环境风险评价方面的知识。稍后，还出现了区域环境风险评价的提法。

1990 年，国家环保局污管司颁发了"国家环保局(90)环管字第 057 号文《关于对重大环境污染事故隐患进行风险评价的通知》"；同年，国家环保局有毒化学品办公室召开了第一届有毒化学品风险管理讨论会。这标志着我国的环境风险评价工作已得到环境管理部门的重视，各部门开始摸索适合我国国情的环境风险分析和管理手段。

进入 21 世纪，我国加强了对环境风险的控制。2004 年《建设项目环境风险评价技术导则》(HJ/T 169—2004)的出台标志着建设项目环境风险评价正式纳入环境影响评价管理范畴，作为环境影响评价单位进行环境风险评价时使用的技术规范。2005 年松花江水污染事故后，环境风险评价地位更是大大提高，成为环境影响评价中非常重要的一部分，且直接影响着决策。2017 年 8 月 12 日天津港发生重大爆炸案后，环境风险评价进一步被大众与政府所重视，政府也于后续颁布更新了一系列环境风险评价的技术与指导性文件。生态环境部于 2018 年 10 月 14 日发布了《建设项目环境风险评价技术导则》(HJ 169—2018)，对于建设项目的环境影响评价提出了新的要求。

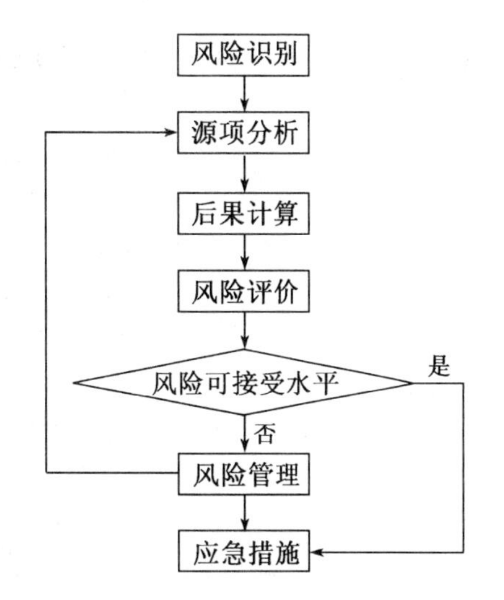

图 12－1　环境风险评价技术工作程序图

三、环境风险评价的程序

一个完整的环境风险评价的程序如图 12－1 所示。

环境风险评价分为下述五个阶段：① 风险识

别。风险识别的范围包括生产设施风险识别和生产过程所涉及的物质风险识别。此外，确定评价的等级、评价范围、评价时间跨度、评价人群（只评价居民还是包含工作人员等）。② 源项分析。确定最大可信事故发生的概率和危险化学品的释放量。③ 环境后果计算。估算有毒有害物质在环境中的迁移、扩散、浓度分布及人员受到的照射与剂量，包括暴露评价、人体健康效应评价和经济效应评价。④ 风险评价。主要任务是给出风险的计算结果及评价范围内某给定群体的致死率或有害效应的发生率，判断环境风险是否能被接受。⑤ 风险管理。根据风险评价的结果，采取适当的管理措施，以降低或消除风险。

另外，亚洲开发银行推荐的风险评价程序是：危害甄别→危害框定→环境途径评价→风险表征（或评价）→风险管理，与图 12－1 所示基本程序一致。

第二节 环境风险评价内容和方法

《建设项目环境风险评价技术导则》（HJ 169－2018）中的具体评价工作程序如图 12－2 所示。

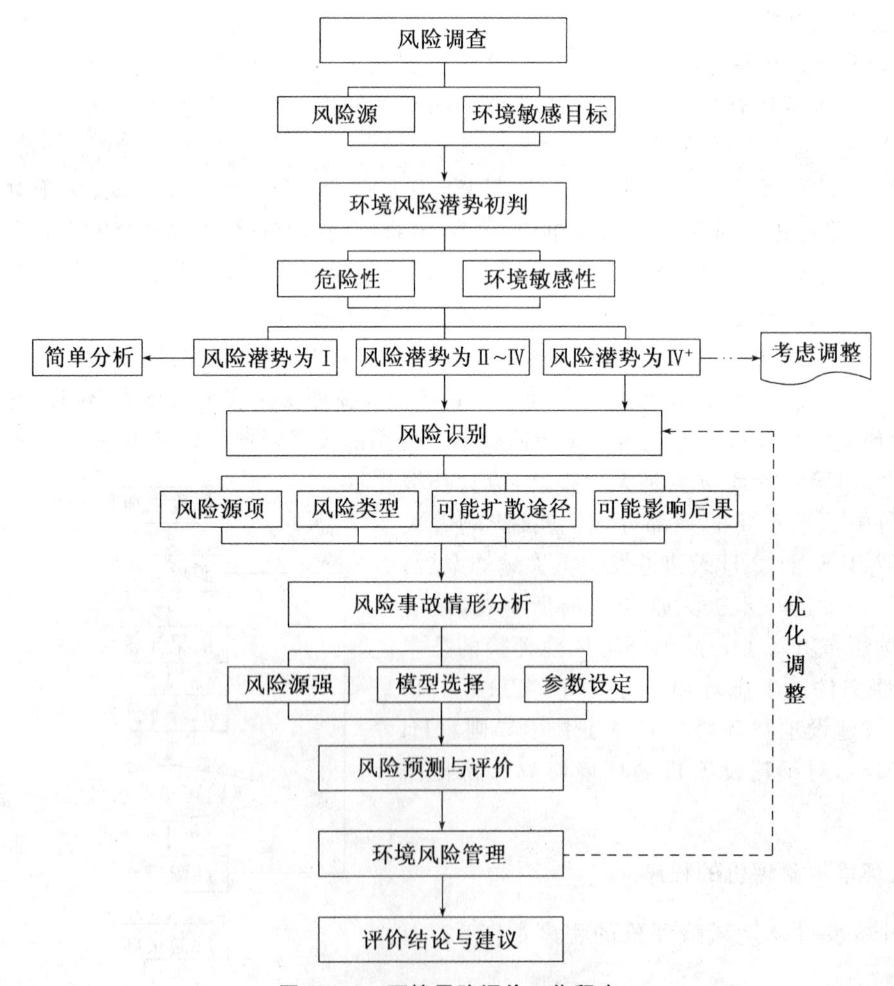

图 12－2 环境风险评价工作程序

环境风险评价分为六个阶段：① 风险调查。主要包括风险源及环境敏感目标的调查。② 环境风险潜势初判。主要包括危险性及环境敏感性的判断，其中，风险潜势可分为Ⅰ～Ⅳ⁺等多个等级，风险潜势为Ⅰ时进行简单分析，而风险潜势为Ⅱ及以上的则需要进行下一步程序——风险识别。③ 风险识别。主要识别范围包括风险源项、风险类型、可能扩散途径及可能影响后果。④ 风险事故情形分析。在此程序中需要确定风险源强，选择模型及设定参数。⑤ 风险预测与评价。主要任务是给出风险的计算结果及评价范围内某给定群体的致死率或有害效应的发生率，判断环境风险是否能被接受。⑥ 环境风险管理。根据风险评价的结果，采取适当的管理措施，以降低或消除风险。⑦ 评价结论与建议。

一、风险调查

基于风险调查，主要是分析建设项目物质及工艺系统危险性和环境敏感性，进行风险潜势的判断，确定风险评价等级。建设项目风险源调查指调查建设项目危险物质数量和分布情况、生产工艺特点，收集危险物质安全技术说明书（MSDS）等基础资料。环境敏感目标调查是指根据危险物质可能的影响途径，明确环境敏感目标，给出环境敏感目标区位分布图，列表明确调查对象、属性、相对方位及距离等信息。

二、环境风险潜势初判

建设项目环境风险潜势划分为Ⅰ、Ⅱ、Ⅲ、Ⅳ/Ⅳ⁺级。

根据建设项目涉及的物质和工艺系统的危险性及其所在地的环境敏感程度，结合事故情形下环境影响途径，对建设项目潜在环境危害程度进行概化分析，按照表 12－1 确定环境风险潜势。

表 12－1　建设项目环境风险潜势划分

环境敏感程度（E）	危险物质及工艺系统危险性（P）			
	极高危害（P1）	高度危害（P2）	中度危害（P3）	轻度危害（P4）
环境高度敏感区（E1）	Ⅳ⁺	Ⅳ	Ⅲ	Ⅲ
环境中度敏感区（E2）	Ⅳ	Ⅲ	Ⅲ	Ⅱ
环境低度敏感区（E3）	Ⅲ	Ⅲ	Ⅱ	Ⅰ

注：Ⅳ⁺为极高环境风险。

分析建设项目生产、使用、储存过程中涉及的有毒有害、易燃易爆物质，参见《建设项目环境风险评价技术导则》（HJ 169—2018）中附录 B 确定的危险物质的临界量。定量分析危险物质数量与临界量的比值（Q）和所属行业及生产工艺特点（M），按附录 C 对危险物质及工艺系统危险性（P）等级进行判断。分析危险物质在事故情形下的环境影响途径，如大气、地表水、地下水等，按照附录 D 对建设项目各要素环境敏感程度（E）等级进行判断。

最终建设项目环境风险潜势综合等级取各要素等级的相对高值。

三、风险识别及评价等级的确定

环境风险识别是在各种环境影响识别和工程分析基础上进一步辨识风险影响因子。环境风险识别可以分为两个层次：① 项目筛选；② 对筛选出的项目，识别其中有哪些风险源产生的风险是重大并需要进行评价的，并识别引起这些风险的主要因素和传播途径。

常用的环境风险识别方法有：

1. 利用核查表法筛选

有些国家或国际金融组织将一些必须开展环境风险评价的建设项目(例如，使用杀虫剂的农业开发和病虫害防治，石油化工生产，有机合成工业，天然气输运和供应，危险废弃物的处理与贮存和运输，核电站、水库和大坝建设等)列出清单，供筛选时核查用。

2. 应用各种专家咨询方法

如专家经验判断法、智暴法、德尔斐法等，对一些新的、复杂的、蕴含风险影响的项目进行筛选。

3. 项目风险影响的识别

经筛选确定要做风险影响评价的项目，需进一步在工程分析基础上识别有哪些可能引发重大后果的风险因子，以及引发的原因。

项目风险影响识别应包含拟建设项目从建设、运行到服务期满的各个阶段，如果有可能宜延伸到项目的设计工作中。

以下主要介绍项目风险影响的识别。

(1) 风险识别的内容

风险识别所包括的范围是全系统，从物质、设备、装置、工艺到与其相关的单元。与之相应的要进行物质危险性、工艺过程及其反应危险性、设备危险性、储运危险性等的识别。

风险识别的内容可分为三部分，分别是生产过程所涉及的物质危险性识别、生产系统危险性识别和危险物质向环境转移的途径识别。物质危险性识别的范围包括主要原辅材料、燃料、中间产品、最终产品污染物、火灾和爆炸伴生/次生物等；生产系统危险性识别的范围包括主要生产装置、储运系统、公用工程和辅助生产设施，以及环境保护设施等；危险物质向环境转移的途径识别包括分析危险物质特性及可能的环境风险类型，识别危险物质影响环境的途径，分析可能影响的环境敏感目标。

(2) 风险识别的方法

首先根据危险物质泄漏、火灾、爆炸等突发性事故可能造成的环境风险类型，收集和准备建设项目工程资料，周边环境资料，国内外同行业、同类型事故统计分析及典型事故案例资料。对已建工程应收集环境管理制度、操作和维护手册，突发环境事件应急预案，应急培训、演练记录，历史突发环境事件及生产安全事故调查资料、设备失效统计数据等。

在物质危险性识别方面，主要是按导则中附录 B 识别出的危险物质，以图表的方式给出其易燃易爆、有毒有害危险特性，明确危险物质的分布。

在生产系统危险性识别方面，按工艺流程和平面布置功能区划，结合物质危险性识别，以图表的方式给出危险单元划分结果及单元内危险物质的最大存在量。按生产工艺流程分析危险单元内潜在的风险源。按危险单元分析风险源的危险性、存在条件和转化为事故的触发因素。采用定性或定量分析方法筛选确定重点风险源。

在环境风险类型及危害分析方面，环境风险类型包括危险物质泄漏，以及火灾、爆炸等引发的伴生/次生污染物排放。危害分析就是根据物质及生产系统危险性识别结果，分析环境风险类型、危险物质向环境转移的可能途径和影响方式。

(3) 风险识别的结果

在风险识别的基础上，图示危险单元分布。给出建设项目环境风险识别汇总，包括危险单元、风险源、主要危险物质、环境风险类型、环境影响途径、可能受影响的环境敏感目标等，说明风险源的主要参数。

根据以上识别结果，确定风险评价等级：

环境风险评价工作等级划分为一级、二级、三级。根据建设项目涉及的物质及工艺系统危险性和所在地的环境敏感性确定环境风险潜势，按照表12-2确定评价工作等级。风险潜势为Ⅳ及以上，进行一级评价；风险潜势为Ⅲ，进行二级评价；风险潜势为Ⅱ，进行三级评价；风险潜势为Ⅰ，可开展简单分析。

表12-2　评价工作等级划分

环境风险潜势	Ⅳ、Ⅳ+	Ⅲ	Ⅱ	Ⅰ
评价工作等级	一	二	三	简单分析

注：简单分析是相对于详细评价工作内容而言，在描述危险物质、环境影响途径、环境危害后果、风险防范措施等方面给出定性的说明。其基本内容参见《建设项目环境风险评价技术导则》(HJ 169—2018)附录A。

四、风险事故情形分析

在风险识别的基础上，选择对环境影响较大并具有代表性的事故类型，设定风险事故情形。风险事故情形设定内容应包括环境风险类型、风险源、危险单元、危险物质和影响途径等。

风险事故情形设定需要遵循的原则如下：

(1) 同一种危险物质可能有多种环境风险类型。风险事故情形应包括危险物质泄漏，以及火灾、爆炸等引发的伴生/次生污染物排放情形。对不同环境要素产生影响的风险事故情形，应分别进行设定。

(2) 对于火灾、爆炸事故，需将事故中未完全燃烧的危险物质在高温下迅速挥发释放至大气，以及燃烧过程中产生的伴生/次生污染物对环境的影响作为风险事故情形设定的内容。

(3) 设定的风险事故情形发生可能性应处于合理的区间，并与经济技术发展水平相适应。一般而言，发生频率小于10^{-6}/年的事件是极小概率事件，可作为代表性事故情形中最大可信事故设定的参考。

(4) 风险事故情形设定的不确定性与筛选。由于事故触发因素具有不确定性，因此事故情形的设定并不能包含全部可能的环境风险，但通过具有代表性的事故情形分析可为风险管理提供科学依据。事故情形的设定应在环境风险识别的基础上筛选，设定的事故情形应具有危险物质、环境危害、影响途径等方面的代表性。

基于风险事故情形的设定，进行源项分析，合理估算源强。

在建设项目的环境风险评价中，往往只对所有可能发生的事故中危害最严重的重大事故(最大可信事故)展开评价。事故源项分析的内容就是确定最大可信事故的发生概率和危险品的泄漏量。

1. 最大可信事故概率确定

(1) 定性分析方法

主要有类比法、加权法和因素图分析法,首推类比法。例如,对于某种装置的事故,统计该装置发生事故的历史资料,得到其事故频率,见表 12-3。

表 12-3 某种基本装置的事故频率

项　目	事故频率(每 100 万年)	项　目	事故频率(每 100 万年)
生产过程压力容器	3	直径 40 mm	10
加压储罐	1	直径 50 mm	7.5
冷藏罐	1	直径 80 mm	5
连接管道		直径 100 mm	4
直径小于 25 mm	30	大于等于 150 mm	3

(2) 定量分析方法

方法一:故障树分析(FIA——Fault tree analysis)法

故障树是一种演绎分析,用以描述能导致一个过程达到"顶事件"的一种特定危险状态的所有可能故障关系。"顶事件"也是风险评价的目标事件,它可以是一个事故序列,也可以是风险评价中认为重要的任一事故状态。通过故障树分析能够估算"顶事件"的发生概率。

故障树的分析程序为:① 调查原始资料,以满足系统分析的需要;② 进行初始分析;③ 作 FT 图;④ 简化 FT 图;⑤ 估算底(基本)事件概率;⑥ 计算所分析事故(顶事件)的发生概率;⑦ 确定系统所需的修正范围。所谓基本事件,就是最基本的、不能再往下分的事件。①~④步为影响识别的工作,⑤~⑦步结合以下的示例讨论。

作为示例,给出一个反应器爆炸事故的故障树分析。一个反应器内的物料要保持在一定温度下才能反应,但温度过高会引起爆炸。反应器的控制流程见图 12-3。图 12-4 给出了温度失控导致反应器爆炸的故障树。这时,反应器爆炸是顶事件 A,$E_1 \sim E_6$ 都为中间事件,都可以由初因事件到中间事件的故障树表示出来。

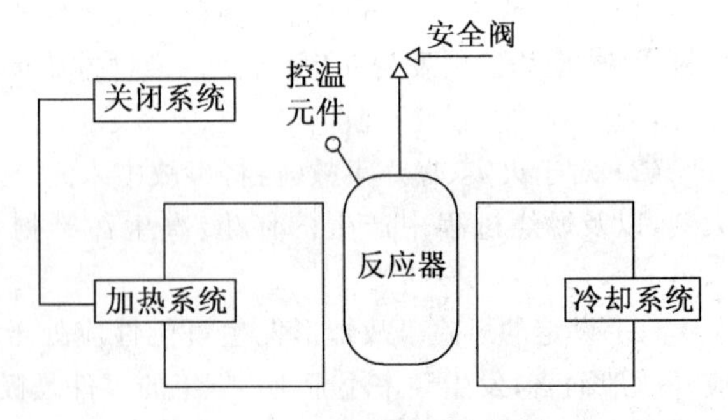

图 12-3 反应器温度控制

根据故障树中的"与"门、"或"门的关系,可以得到一系列的,有显著不同的事件集。$A=E_1 \times q_1$;$E_1=E_2+E_3$,$E_2=E_4+E_5+E_6$,则可以得到 $A=E_1 \cdot q_1=q_1 \cdot E_3+q_1 \cdot E_4+q_1 \cdot E_5+q_1 \cdot E_6$。由此可见,在下列事件集$\{q_1, E_3\}$,$\{q_1, E_4\}$,$\{q_1, E_5\}$,$\{q_1, E_6\}$中任何一个发生,都将导致反应器发生爆炸,这种从故障树上切割下来的事件集称为最小切割集。通过实际调查和资料搜集得到表 12-4 的数据。

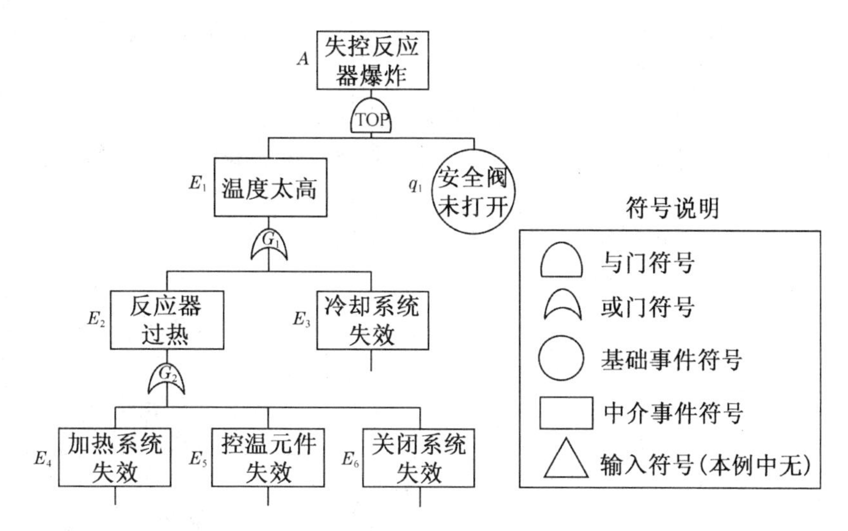

图 12-4　温度失控导致反应器爆炸的故障树

表 12-4　各单元中间事件发生概率(1/a)

事件名称	概率 P_i
E_4(加热系统失效)	2×10^{-3}
E_5(控温原件失效)	4×10^{-3}
E_6(关闭系统失效)	1×10^{-5}
E_3(冷却系统失效)	1×10^{-5}
q_1(安全阀未打开)	1×10^{-3}

$$A=2\times10^{-6}+4\times10^{-6}+1\times10^{-8}+1\times10^{-8}=6.02\times10^{-6}$$

计算结果表明,构成反应器失控爆炸风险的关键因素是安全阀未打开,因此,如何改进安全阀性能及其控制系统的可靠性是防止爆炸的关键问题。此外,提高加热系统和温控元件可靠性也很重要。

方法二:事件树分析(ETA——Event Tree Analysis)法

以污染系统向环境的事故排放为顶事件的故障树分析,给出导致事故排放的故障原因及其发生概率,而事故排放的源强或事故后果的各种可能性需要结合事件树作进一步的分析。

事件树分析是从初因事件出发,按照事件发展的时序,分成阶段,对后续事件一步一步地进行分析;每一步都从成功和失败(可能与不可能)两种或多种可能的状态进行考虑(分支),最后直到用水平树状图表示其可能后果的一种分析方法,能定性、定量了解整个事故的动态变化过程及其各种状态的发生概率。

实际经验表明,ET 常常是一种马尔可夫链,即其后续事件的出现是以前一事件发生为条件而与再前面的事件无关的,是许多事件按事件顺序相继出现、发展的结果。针对所选择的不同故障事件作为初因事件,ETA 可分析得出相应不同的事件链。事故排放故障树分析所确定的能导致向环境排放污染物的各种事件,由于其故障原因和所导致的污染物排放形态各异,使得事故排放的强度有所差别,因此都应作为源强事件树分析的初因事件。简单的污染源源强分析,可取其事故排放顶事件为事件树的初因事件。应用 ETA,可以分析出事故源强及其后继后果的概率分布谱，也可用 ETA 分析污染源事故排放后通过环境介质造成受体安全风险的过程。

针对图 12－3 所示的反应器温度控制系统，图 12－5 给出了反应器的冷却系统失效后果的事件树，由此事件树可知，这一失冷事故可能导致气体从阀门泄入环境，也可导致爆炸。

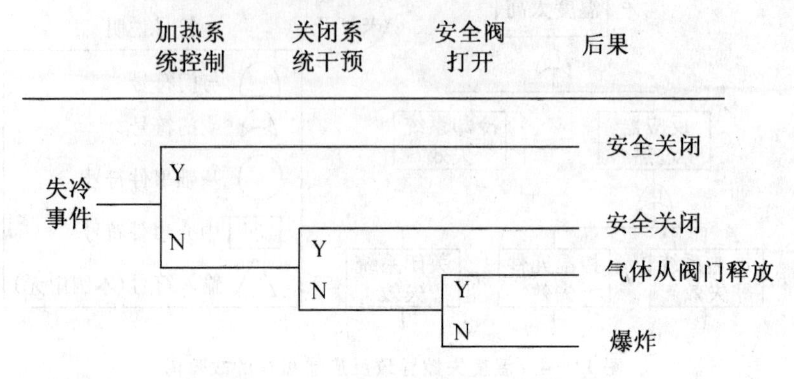

图 12－5 冷却系统失效后果的事件树

需要说明的是，出于简化的目的，新导则完全摒弃了源项分析中事故概率的计算，只需要计算物质的泄漏量。

2. 物质的泄漏量

物质泄漏量的计算需要确定泄漏时间，估算泄漏速率。泄漏量计算包括液体泄漏速率、气体泄漏速率、两相流泄漏、泄漏液体蒸发量计算等。

（1）液体泄漏速率

液体泄漏速率 Q_L 用伯努利方程计算（限制条件为液体在喷口内不应有急骤蒸发）：

$$Q_L = C_d A \rho \sqrt{\frac{2(P-P_0)}{\rho} + 2gh} \tag{12-1}$$

式中：Q_L 为液体泄漏速率，kg/s；C_d 为液体泄漏系数，按表 12－5 选取；A 为裂口面积，m^2；ρ 为泄漏液体密度；P 为容器内介质压力，Pa；P_0 为环境压力，Pa；g 为重力加速度，9.81 m/s^2；h 为裂口之上液位高度，m。

表 12－5 液体泄漏系数（C_d）

雷诺数 Re	裂口形状		
	圆形（多边形）	三角形	长方形
＞100	0.65	0.60	0.55
≤100	0.50	0.45	0.40

（2）气体泄漏速率

当气体流速在音速范围（临界流）：

$$\frac{P_0}{P} \leqslant \left(\frac{2}{k+1}\right)^{\frac{k}{k-1}} \tag{12-2}$$

当气体流速在亚音速范围（次临界流）：

$$\frac{P_0}{P} > \left(\frac{2}{k+1}\right)^{\frac{k}{k-1}} \qquad (12-3)$$

式中：P 为容器内介质压力，Pa；P_0 为环境压力，Pa；k 为气体的绝热指数（热容比），即定压热容 C_p 与定容热容 C_V 之比。

假定气体的特性是理想气体，气体泄漏速度 Q_G 按下式计算：

$$Q_G = YC_dAP\sqrt{\frac{MK}{RT_G}\left(\frac{2}{k+1}\right)^{\frac{k+1}{k-1}}} \qquad (12-4)$$

式中：Q_G 为气体泄漏速度，kg/s；P 为容器压力，Pa；C_d 为气体泄漏系数（当裂口形状为圆形时取 1.00，三角形时取 0.95，长方形时取 0.90）；A 为裂口面积，m^2；M 为分子量；R 为气体常数，J/(mol・K)；T_G 为气体温度，K；Y 为流出系数，对于临界流 $Y=1.0$，对于次临界流按下式计算：

$$Y = \left(\frac{P_0}{P}\right)^{\frac{1}{k}} \times \left[1-\left(\frac{P_0}{P}\right)^{\frac{(k-1)}{k}}\right]^{\frac{1}{2}} \times \left[\left(\frac{2}{k-1}\right)\times\left(\frac{k+1}{2}\right)^{\frac{(k+1)}{(k-1)}}\right]^{\frac{1}{2}} \qquad (12-5)$$

（3）两相流泄漏

假定液相和气相是均匀的，且互相平衡，两相流泄漏按下式计算：

$$Q_{LG} = C_dA\sqrt{2\rho_m(P-P_C)} \qquad (12-6)$$

式中：Q_{LG} 为两相流泄漏速度，kg/s；C_d 为两相流泄漏系数，可取 0.8；A 为裂口面积，m^2；P 为操作压力或容器压力，Pa；P_C 为临界压力，Pa，可取 $P_C=0.55P$；ρ_m 为两相混合物的平均密度，kg/m^3，由下式计算：

$$\rho_m = \frac{1}{\dfrac{F_V}{\rho_1}+\dfrac{1-F_V}{\rho_2}} \qquad (12-7)$$

式中：ρ_1 为液体蒸发的蒸汽密度，kg/m^3；ρ_2 为液体密度，kg/m^3；F_V 为蒸发的液体占液体总量的比例，由下式计算：

$$F_V = \frac{C_P(T_{LG}-T_C)}{H} \qquad (12-8)$$

式中：C_P 为两相混合物的定压比热，J/(kg・K)；T_{LG} 为两相混合物的温度，K；T_C 为液体在临界压力下的沸点，K；H 为液体的汽化热，J/kg。

当 $F_V>1$ 时，表明液体将全部蒸发成气体，这时应按气体泄漏量计算；如果 F_V 很小，则可近似地按液体泄漏公式计算。

（4）泄漏液体蒸发量

泄漏液体的蒸发分为闪蒸蒸发、热量蒸发和质量蒸发三种，其蒸发总量为这三种蒸发之和。

① 闪蒸量的估算　过热液体闪蒸量可按下式估算：

$$Q_1 = F \cdot W_T / t_1 \qquad (12-9)$$

式中：Q_1 为闪蒸量，kg/s；W_T 为液体泄漏总量，kg；t_1 为闪蒸蒸发时间，s；F 为蒸发的液体占液体总量的比例，按下式计算：

$$F = C_P\frac{T_L-T_b}{H} \qquad (12-10)$$

式中：C_P 为液体的定压比热，J/(kg・K)；T_L 为泄漏前液体的温度，K；T_b 为液体在常压下的沸点，K；H 为液体的汽化热，J/kg。

② 热量蒸发估算　当液体闪蒸不完全，有一部分液体在地面形成液池，并吸收地面热量而气化称为热量蒸发。热量蒸发的蒸发速度 Q_2 按下式计算：

$$Q_2=\frac{\lambda S\times(T_0-T_b)}{H\sqrt{\pi\alpha t}} \tag{12-11}$$

式中：Q_2 为热量蒸发速率，kg/s；T_0 为环境温度，K；T_b 为沸点温度，K；S 为液池面积，m^2；H 为液体汽化热，J/kg；λ 为表面热导系数（见表 12-6），W/(m·K)；α 为表面热扩散系数（见表 12-7），m^2/s；t 为蒸发时间，s。

表 12-6　某些地面的热传递性质

地面情况	λ/[W/(m·K)]	α/(m^2/s)
水泥	1.1	1.29×10^{-7}
土地（含水 80%）	0.9	4.3×10^{-7}
干阔土地	0.3	2.3×10^{-7}
湿地	0.6	3.3×10^{-7}
砂砾地	2.5	11.0×10^{-7}

③ 质量蒸发估算　当热量蒸发结束，转由液池表面气流运动使液体蒸发，称之为质量蒸发。

质量蒸发速率 Q_3 按下式计算：

$$Q_3=\alpha\times P\times M/(R\times T_0)\times u^{(2-n)/(2+n)}\times r^{(4+n)/(2+n)} \tag{12-12}$$

式中：Q_3 为质量蒸发速率，kg/s；α，n 为大气稳定度系数，见表 12-7；P 为液体表面蒸气压，Pa；R 为气体常数，J/(mol·K)；T_0 为环境温度，K；u 为风速，m/s；r 为液池半径，m。

表 12-7　液池蒸发模式参数

稳定度条件	n	α
不稳定(A,B)	0.2	3.846×10^{-3}
中性(D)	0.25	4.685×10^{-3}
稳定(E,F)	0.3	5.285×10^{-3}

液池最大直径取决于泄漏点附近的地域构型、泄漏的连续性或瞬时性。有围堰时，以围堰最大等效半径为液池半径；无围堰时，设定液体瞬间扩散到最小厚度时，推算液池等效半径。

④ 液体蒸发总量的计算

$$W_p=Q_1t_1+Q_2t_2+Q_3t_3 \tag{12-13}$$

式中：W_p 为液体蒸发总量，kg；Q_1 为闪蒸蒸发液体量，kg/s；Q_2 为热量蒸发速率，kg/s；t_1 为闪蒸蒸发时间，s；t_2 为热量蒸发时间，s；Q_3 为质量蒸发速率，kg/s；t_3 为从液体泄漏到液体全部处理完毕的时间，s。

五、风险预测

风险后果预测的内容视风险事件的性质不同而不同，这一阶段可以分为暴露评价和效应评价。

1. 暴露评价(Exposure Assessment)

暴露评价将估测环境中污染物的暴露水平,包括污染物的浓度以及时间、空间分布。暴露评价所依据的是物化测试和污染物的迁移、归宿模型。

由于风险评价一般总是环境影响评价的一部分,对事故性排放的污染物的暴露分析,可使用对各环境要素的影响评价中已验证的模型,不仅能较好地预测污染物在环境中的暴露浓度,也能节省人力、物力,不过,在参数的选择上需根据事故的特点作修正。

(1) 危险化学品的排放方式

① 瞬时排放事故　危险化学品工厂内的事故将引起容器或管道中的化学物质的泄漏,然后进一步引起相邻部分装置中物质的溢出。对于其后果评价,重要的是要知道有多少物质溢出,速度有多快,以及其形式是什么。容器或储罐发生突然的、完全的破裂将导致危险品瞬时的释放,其后的行为有三种典型的方式:一是像气团一样地扩散,没有液体的凝结;二是形成一种气、液混合体,其中一些未来得及蒸发就凝结落到地面;三是形成一潭液体,在一定的范围(如库堤)内扩散,同时蒸发。

有毒、易燃易爆的化学品在运输途中的事故,往往也是瞬时排放事故。如果是陆路运输,排放方式与前面所述类似;如果是水路运输,则以完全倾覆于水中的可能性为大,可作为一点源处理。

② 污水处理装置的事故性排放　如果污水处理设备突然出故障,电力或动力系统发生问题,甚至微生物在偶然性因素冲击下失去了活性,也可能会发生处理设施运转失灵,大量未经处理的废水外排,对受纳水体造成突发性污染,这种排放方式在一定时间内是连续性的。

(2) 释放物质在环境中的扩散

释放的污染物在环境中的扩散分为两个阶段,首先是污染物的蔓延,在蔓延过程中与环境介质逐渐混合和稀释扩散。

① 蔓延过程　以与水互溶性较差的液体如硝基苯为例。有害液体泄漏后会迅速沿地面蔓延。如果没有人工阻界,如堤岸、围墙,它会一直蔓延直至达到最小的厚度,不能再蔓延为止,或者直至液体的蒸发率与排放率相等使积累的液体量不再增加。为了进行计算,必须研究有害液体扩散(蔓延)过程,找出蔓延半径随时间变化的函数关系。Shaw 和 Briscoe (1978)提出了圆形积块在光滑水平面上的传播公式:

$$r=\left(\frac{t}{\beta}\right)^{\frac{1}{2}},\beta=\left(\frac{\pi\rho_1}{8gm}\right)^{\frac{1}{2}} \tag{12-14}$$

对于连续蔓延的现象,见下式:

$$r=\left(\frac{t}{\beta}\right)^{\frac{3}{4}},\beta=\left(\frac{\pi\rho_1}{32gm}\right)^{\frac{1}{3}} \tag{12-15}$$

式中:m 为液体质量,kg;ρ_1 为液体的密度,kg/m^3;r 为扩散半径,m;t 为时间,s。

在蔓延的同时,如果液体沸点不高(例如乙醚),则还会发生液体的蒸发造成空气污染。对于有围堤连续排放或瞬间排放,则液体蔓延范围等于围堤的尺寸。油船在海上泄出石油的蔓延过程,又有一套专门计算模型。危险品爆炸造成污染物蔓延的情况更为复杂,要考虑污染物的喷射分散,气态物的绝热膨胀等因素。

② 在环境介质中的扩散　对于与环境介质可互溶的有毒有害物质的扩散,可采用相应

的大气和水质扩散模型进行预测。

(a) 有毒有害物质在大气中的扩散

从高压源持续排放，形成射流(主要发生在接头和管道事故中)：射流混合模式；高压容器爆裂引起的物质瞬时排放：烟团模式；冷冻的、液化了的气体不断气化，持续地产生冷的蒸气：面源模式、重气体扩散模式。按一年气象资料逐时滑移或按天气取样规范取样，计算各网格点和关心点浓度值，然后对浓度值由小到大排序，取其累积概率水平95%的值作为各网格点和关心点的浓度代表值进行评价。以下简要介绍常用的几个模式。

(i) 多烟团模式

在事故后果评价中采用下列烟团公式：

$$c(x,y,0)=\frac{2Q}{(2\pi)^{\frac{3}{2}}\sigma_x\sigma_y\sigma_z}\exp\left[-\frac{(x-x_0)^2}{2\sigma_x^2}\right]\cdot\exp\left[-\frac{(y-y_0)^2}{2\sigma_y^2}\right]\cdot\exp\left[-\frac{z_0^2}{2\sigma_z^2}\right] \tag{12-16}$$

式中：$c(x,y,0)$为下风向地面(x,y)坐标处空气中污染物浓度，mg/m^3；x_0，y_0，z_0为烟团中心坐标；Q为事故期间烟团的排放量；σ_x、σ_y、σ_z为x、y、z方向的扩散参数，m，常取$\sigma_x=\sigma_y$。

对于瞬时或短时间事故，可采用下述变天条件下多烟团模式：

$$c_w^i(x,y,0,t_w)=\frac{2Q'}{(2\pi)^{\frac{3}{2}}\sigma_{x,\text{eff}}\sigma_{y,\text{eff}}\sigma_{z,\text{eff}}}\exp\left[-\frac{H_e^2}{2\sigma_{z,\text{eff}}^2}\right]\cdot\exp\left[-\frac{(x-x_w^i)^2}{2\sigma_{x,\text{eff}}^2}-\frac{(y-y_w^i)^2}{2\sigma_{y,\text{eff}}^2}\right] \tag{12-17}$$

式中：$c_w^i(x,y,0,t_w)$为第i个烟团在t_w时刻(即第w时段)在点$(x,y,0)$处产生的地面浓度；Q'为烟团排放量，mg，$Q'=Q\Delta t$，Q为释放率，mg/s，Δt为时段长度，s；$\sigma_{x,\text{eff}}$、$\sigma_{y,\text{eff}}$、$\sigma_{z,\text{eff}}$为烟团在w时段沿x、y和z方向的等效扩散参数，m，由下式估算：

$$\sigma_{j,\text{eff}}^2=\sum_{k=1}^{w}\sigma_{j,k}^2 \quad (j=x,y,z) \tag{12-18}$$

$$\sigma_{j,k}^2=\sigma_{j,k}^2(t_k)-\sigma_{j,k}^2(t_{k-1}) \tag{12-19}$$

x_w^i、y_w^i为第w时段结束时第i烟团质心的x和y坐标，由下述两式计算：

$$x_w^i=u_{x,w}(t-t_{w-1})+\sum_{k=1}^{w-1}u_{x,k}(t_k-t_{k-1}) \tag{12-20}$$

$$y_w^i=u_{y,w}(t-t_{w-1})+\sum_{k=1}^{w-1}u_{y,k}(t_k-t_{k-1}) \tag{12-21}$$

各个烟团对某个关心点t小时的浓度贡献，按下式计算：

$$c(x,y,0,t)=\sum_{i=1}^{n}c_i(x,y,0,t) \tag{12-22}$$

式中：n为需要跟踪的烟团数，由下式计算：

$$c_{n+1}(x,y,0,t)\leqslant f\sum_{i=1}^{n}c_i(x,y,0,t) \tag{12-23}$$

式中：f为小于1的系数，可根据计算要求确定。

(ii) 分段烟羽模式

当事故排放源项持续时间较长时(几小时至几天)，可采用高斯烟羽公式计算：

$$c=\frac{Q}{2\pi u\sigma_y\sigma_z}\exp\left(-\frac{y_r^2}{2\sigma_y^2}\right)\left\{\exp\left[-\frac{(z_s+\Delta h-z_r)^2}{2\sigma_z^2}\right]+\exp\left[-\frac{(z_s+\Delta h+z_r)^2}{2\sigma_z^2}\right]\right\} \tag{12-24}$$

式中：Q 为污染物释放率，mg/s；Δh 为烟羽抬升高度，m；σ_y、σ_z 为下风距离 x_r(m)处的横向扩散参数和垂向扩散参数，扩散参数按式(12－19)计算；c 为位于 $S(0,0,z_s)$ 的点源在接受点 $r(x_r,y_r,z_r)$ 产生的浓度。

短期扩散因子(c/Q)可表示为：

$$c/Q=\frac{1}{2\pi u\sigma_y\sigma_z}\exp\left(-\frac{y_r^2}{2\sigma_y^2}\right)\left\{\exp\left[-\frac{(z_s+\Delta h-z_r)^2}{2\sigma_z^2}\right]+\exp\left[-\frac{(z_s+\Delta h+z_r)^2}{2\sigma_z^2}\right]\right\} \tag{12-25}$$

(iii) 重气体扩散模式

重气体扩散采用 Cox 和 Carpenter 稠密气体扩散模式，计算稳定连续释放和瞬时释放后不同时间时的气团扩散。气团扩散计算如下：

在重力作用下的扩散：

$$\frac{\mathrm{d}R}{\mathrm{d}t}=[K\cdot g\cdot h(\rho_2-1)]^{\frac{1}{2}} \tag{12-26}$$

在空气的夹卷作用下的扩散：

$$Q_e=\gamma\frac{\mathrm{d}R}{\mathrm{d}t}\quad\text{(从烟雾的四周夹卷)} \tag{12-27}$$

$$U_e=\frac{au_1}{R_i}\quad\text{(从烟雾的顶部夹卷)} \tag{12-28}$$

式中：R 为瞬间泄漏的烟云形成半径，m；h 为圆柱体的高，m；γ 为边缘夹卷系数，取 0.6；a 为顶部夹卷系数，取 0.1；u_1 为风速，m/s；K 为试验值，一般取 1；R_i 为 *Richardon* 数，由下式得出：

$$R_i=\frac{gl\rho_{c,a}^{-1}}{(u_1)^2} \tag{12-29}$$

式中：α 为经验常数，取 0.1；u_1 为轴向紊流速度，m/s；l 为紊流长度，m。

(b) 有毒有害物质在水环境中的扩散

水环境事故影响预测的基本方法沿用非事故性状态下水环境影响预测的模型，只是将污染源的排放假设成各种可能的事故状态。

2. 效应评价(Effects Assessment)

效应评价是和暴露评价平行进行的，它决定暴露水平与效应的水平、类型之间的关系。效应评价包括人体健康效应评价和经济效应评价。健康效应评价依赖的是毒性试验，以及由毒性试验数据等推断污染物在一定的暴露水平上对人体影响的模型。经济效应评价不仅包括事故引起的直接经济损失，还包括对事故后的补救行为所作的经济损益分析，以考虑采取怎样的补救行为是合适的，而怎样的补救行为是完全不必要的。

效应评价的结果可表示为剂量-反应关系和风险-效益关系。

(1) 人体健康效应评价

通过扩散模型可预测出发生事故时到达敏感目标处污染物的浓度。这个浓度与环境质量标准比较，如果未超过标准则是安全的。但是由事故造成的污染物浓度剧增往往是短时间的，人在短时间内接触大量高浓度污染物的危害性与长期暴露于较低浓度下的危害性是不同的。其危害性除了可与一些急性中毒浓度的基准比较，通常用剂量（单位体重、单位时间内的人体摄入量）大小表示。目前，对于放射性物质已有剂量标准，而大部分危险性化学品尚无短期接触的剂量标准。

长期暴露于一定剂量的某种危险化学品的健康风险，可采用剂量-反应外推。几种常见的计算方法如下：

① 个人最大超额风险

（a）放射性风险度

$$R_{ij}=1.25\times10^{-2}D_{ij} \tag{12-30}$$

式中：R_{ij} 为暴露途径 j，放射性污染物 i 所引起的健康风险，a^{-1}；1.25×10^{-2} 为健康风险因子，S_V^{-1}（西沃特$^{-1}$）；D_{ij} 为暴露途径 j，放射性污染物 i 的终生暴露剂量，$S_V\cdot a^{-1}$。

（b）致癌性风险度

$$R_{ij}=[1.0-\exp(-D_{ij}Q_i)]/70 \tag{12-31}$$

式中：R_{ij} 为暴露途径 j，致癌性污染物 i 所引起的健康风险，a^{-1}；D_{ij} 为暴露途径 j，致癌性污染物 i 的日平均摄入量，mg/kg·d；Q_i 为污染物 i 的致癌因子，kg·d/mg；70 为人类平均寿命，a。

（c）非致癌性风险度

$$R_{ij}=1\times10^{-6}D_{ij}/RfD_{ij}/70 \tag{12-32}$$

式中：R_{ij} 为暴露途径 j，非致癌性污染物 i 所引起的健康风险，a^{-1}；1×10^{-6} 为非致癌性污染物 i 的可接受风险水平；D_{ij} 为暴露途径 j，非致癌性污染物 i 的日平均摄入量，mg/kg·d；RfD_{ij} 为暴露途径 j，非致癌性污染物 i 的参考剂量，mg/kg·d；70 为人类平均寿命，a。

② 人群超额病例数　在一定时期内以一定暴露水平暴露于某种有害因子时，该有害因子对暴露人群造成的超额病例数为：

$$M_{ij}=R_{ij}\cdot N\quad（N\text{ 为暴露人群总人数}） \tag{12-33}$$

③ 可接受暴露限　指在一定的风险水平下，相应的不超过对人有害因子的暴露限度。其概念性表达式可写为：

可接受暴露限＝可接受健康风险/风险因子（R）

一般来说，管理部门认为 $10^{-7}\sim10^{-5}$ 是个体终生可接受风险水平。

（2）经济效应评价

经济损失可以分为两类：① 由于污染或灾害使得人员死亡和人群健康受到危害，造成赔偿、社会劳动力损失以及医疗保险费用增加等经济损失；② 由于污染或灾害造成公私财产（包括各种资源）的损失，例如，湖泊污染事故使大量鱼类死亡，工厂爆炸事故造成的厂内直接损失和厂外影响的损失。经济损失预测是在对污染物事故释放后在环境中扩散和灾害在环境中传播过程的预测基础上计算的。

新颁布的风险评价导则对风险预测也做了简化处理，只开展暴露评价，主要是对有毒有害物质在大气中的扩散及有毒有害物质在地表水、地下水环境中的运移扩散两方面进行预测。在预测有毒有害物质在大气中的扩散导致的风险时，需要筛选预测模型、确定预测范围与计算点、事故源参数、气象参数、选取大气毒性终点浓度值，并对预测结果进行表述。

筛选模型时，应区分重质气体与轻质气体排放选择合适的大气风险预测模型，模型选择应结合模型的适用范围、参数要求等说明模型选择的依据。预测范围即预测物质浓度达到评价标准时的最大影响范围，通常由预测模型计算获取。预测范围一般不超过 10 km。计算点分特殊计算点和一般计算点。特殊计算点指大气环境敏感目标等关心点，一般计算点指下风向不同距离点。一般计算点的设置应具有一定分辨率，距离风险源 500 m 范围内可设置 10～50 m 间距，大于 500 m 范围内可设置 50～100 m 间距。事故源参数的确定就是根据大气风险预测模型的需要，调查泄漏设备类型、尺寸、操作参数(压力、温度等)，泄漏物质理化特性(摩尔质量、沸点、临界温度、临界压力、比热容比、气体定压比热容、液体定压比热容、液体密度、汽化热等)。一级评价，需选取最不利气象条件及事故发生地的最常见气象条件分别进行后果预测；二级评价，需选取最不利气象条件进行后果预测。大气毒性终点浓度即预测评价标准。预测结果需给出以下内容：① 给出下风向不同距离处有毒有害物质的最大浓度，以及预测浓度达到不同毒性终点浓度的最大影响范围；② 给出各关心点的有毒有害物质浓度随时间变化情况，以及关心点的预测浓度超过评价标准时对应的时刻和持续时间。

在预测有毒有害物质在地表水、地下水环境中的运移扩散导致的风险时，需要筛选预测模型、选取终点浓度值及表述预测结果。根据风险识别结果，有毒有害物质进入水体的方式、水体类别及特征，以及有毒有害物质的溶解性，选择适用的预测模型。终点浓度即预测评价标准，终点浓度值根据水体分类及预测点水体功能要求，按照 GB 3838、GB 5749、GB 3097 或 GB/T 14848 选取。对于未列入上述标准，但确需进行分析预测的物质，其终点浓度值选取可参照 HJ 2.3、HJ 610。对于难以获取终点浓度值的物质，可按质点运移到达判定。地下水风险预测结果需包括：① 给出有毒有害物质进入地表水体最远超标距离及时间；② 给出有毒有害物质经排放通道到达下游(按水流方向)环境敏感目标处的到达时间、超标时间、超标持续时间及最大浓度，对于在水体中漂移类物质，应给出漂移轨迹。地下水风险预测应给出有毒有害物质进入地下水体到达下游厂区边界和环境敏感目标处的到达时间、超标时间、超标持续时间及最大浓度。

六、风险评价

1. 风险计算

(1) 风险值

为了比较环境风险的大小，经常使用环境风险值来表述。

风险值是风险评价表征量，包括事故的发生概率和事故的危害程度。定义为：

$$风险值\left(\frac{后果}{时间}\right)=概率\left(\frac{事故数}{单位时间}\right)\times危害程度\left(\frac{后果}{每次事故}\right)$$

最大可信灾害事故对环境所造成的风险 R 按下式计算：

$$R=P\cdot C \tag{12-34}$$

式中：R 为风险值；P 为最大可信事故概率(事故数/单位时间)；C 为最大可信事故造成的危害(损害/事故)。

风险评价需要从各功能单元的最大可信事故风险 R_j 中，选出危害最大的作为本项目的最大可信灾害事故，并以此作为风险可接受水平的分析基础。即

$$R_{\max}=f(R_j) \tag{12-35}$$

(2) 危害计算

① 任一毒物泄漏,从吸入途径造成的效应包括:感官刺激或轻度伤害、确定性效应(急性致死)、随机性效应(致癌或非致癌等效致死率)。这里只考虑急性危害。

毒性影响通常采用概率函数形式计算有毒物质从污染源到一定距离能造成死亡或伤害的经验概率的剂量。

概率 Y 与接触毒物浓度及接触时间的关系为:

$$Y = A_t + B_t \ln(D^n \cdot t_e) \tag{12-36}$$

式中:A_t、B_t 和 n 与毒物性质有关;D 为接触的浓度,kg/m;t_e 为接触时间,s;$D^n \cdot t_e$ 为毒性负荷。在一个已知点,其毒性浓度随着雾团的通过和稀释而变化。

鉴于目前许多物质的 A_t、B_t、n 参数有限,因此在危害计算中仅选择对有成熟参数的物质按上述计算式进行详细计算。

在实际应用中,可用简化分析法,用 LC_{50} 浓度来求毒性影响。若事故发生后下风向某处,化学污染物 i 的浓度最大值 $D_{i,\max}$ 大于或等于化学污染物 i 的半致死浓度,则事故导致评价区内因发生污染物致死确定性效应而致死的人数 C_i 由下式给出:

$$C_i = 0.5N_i \tag{12-37}$$

式中:N_i 为浓度超过污染物半致死浓度区域中的人数。

② 最大可信事故所有有毒有害物泄漏所致环境危害 C,为各种危害 C_i 总和。

$$C = \sum_{i=1}^{n} C_i \tag{12-38}$$

2. 风险评价

环境风险评价的最终目的是确定什么样的风险是社会可以接受的,因此也可以说环境风险评价是评判环境风险的概率及其后果可接受的过程。判断一种环境风险是否能被接受,通常采用比较的方法。

风险可接受分析采用最大可信灾害事故风险值 $R_{\max}$ 与同行业可接受风险水平 R_L 比较:

$R_{\max} \leqslant R_L$,则认为本项目的建设,风险水平是可以接受的;

$R_{\max} > R_L$,则对该项目需要采取降低风险的措施,以达到可接受水平,否则项目的建设是不可接受的。

风险评价中常用的标准主要有三类。

(1) 补偿极限标准

风险损失不外乎两类:一是事故造成的物质损失;二是事故造成的人员伤亡。物质损失可核算成经济损失,它的风险标准比较好定,常用补偿极限标准,即随着安全防护投资增加,年事故损失发生率会下降,但当达到某点时,增加投资减少事故损失达到的补偿极微,此时的风险值可作为评价标准。

(2) 人员伤亡风险标准

普通人受自然灾害或从事某种职业造成伤亡的概率是客观存在的,是一般人能接受的,这样的风险值可作为评价标准。

① 保护公众的标准　根据西欧国家的死亡统计资料,从出生到 10 岁,婴幼儿死亡的风险由 10^{-2}/年下降到 3×10^{-3}/年,然后逐年增加,尤其在 15~20 岁的青少年,由于参加赛车

之类的危险运动，死亡的风险增加得更快。到 100 岁时，人们面临的死亡风险接近 1，表示很少有人能活到 100 岁以上。

如果危险设施对周围人口造成的死亡风险不超过 1×10^{-6}/年，那么这样的风险是完全可以接受的。如果风险较高，如 1×10^{-5}/年这一数量级的风险，也并非完全无法接受，只是需要花费时间和精力消减风险。但是如果风险达到 1×10^{-4}/年这样的水平，则风险已相当明显，认为必须采取防范措施，如达到 1×10^{-3}/年，则是不可接受的。

② 保护厂区内工人的标准　常用的表示职业事故死亡率的 FAFR(Fatal Accident Frequency Rate)为每 1 亿工作小时，约 1 150 个工作寿命的平均事故性死亡数。英国工业部门的统计数字见表 12－8。

表 12－8　常用职业事故死亡率的 FAFR

职业	FAFR	职业	FAFR
化学工业	4	一般制造业	4
炼钢工业	8	渔业	35
采煤业	40	建筑业	67
飞机机组人员	250		

真正由危险性装置的操作引起的 FAFR 值只占总 FAFR 值的约 50%。如果危险装置的事故期望频率为 25 次/百万年，并将引起死亡事件，则可换算为 0.29 FAFR，这表明该危险装置使原有的风险增加了 7%，这是可以接受的。因此，以 25 次/100 万年作为致死风险的最大值，是较合理的标准。

(3) 恒定风险标准

当存在多种可能的事故，而每一类事故不论其后果的强度如何，它的风险概率与风险后果强度的乘积可规定为一个可接受的恒定量。当投资者有足够的资金去补偿事故损失时，该恒定风险值作为评价和管理标准是最客观与合理的。

3. 区域环境风险评价

随着我国工业化程度的不断深化，经济技术开发区、工业园区等区域尺度的产业发展已经成为我国经济增长的一种主流发展模式。由于区域的开发建设规模大、强度高、范围广、层次多，存在的风险因素也比建设项目更多更复杂，不但风险会对周边地区产生影响，区域内部也存在多种风险因素，有可能相互影响而诱发新的环境事故。然而之前所述的环境风险评价主要局限于建设项目层次，仅仅是针对项目作出的反应，无法考虑到多个项目的累积风险和次生风险。而区域层次的风险评价可以介入到决策中，不仅关注区域内所有项目的直接风险因素，而且考虑开发区多个项目产生的累积环境风险(Accumulative Environmental Risk，指区域内多个相同或不同类型的风险源作用范围可能重叠，此时处于这些范围内的风险受体面临的就是比单个风险源更大的风险值，这种由多个风险源叠加产生的附加风险定义为区域内的累积环境风险)和次生环境风险(Secondary Environmental Risk，指某个风险源在其发生、传递、危害、控制的全过程中，可能会诱发其他风险源发生事故，或者在传递或受控制的阶段发生污染性质的变化，以一种新的方式构成危害，这类间接的风险定义为次生环境风险)。

区域环境风险评价是根据区域现有的环境特点和已知风险，综合考虑拟议开发方案的环境风险对区域以及周边的影响，在定量评价区域内多个风险因素的基础上，对区域内多个风险因素进行综合评价，并提出风险削减措施和应急预案。不过目前，对于区域环境风险评价还处于研究阶段，尚未形成完善的方法学体系，也没有成形的技术导则。

区域环境风险评价最主要的部分是对区域内多个风险因素累积的综合评价。近年来国内外学者在研究中也探索了一些综合评价方法，以下简要介绍一种基于区域风险场的综合评价方法。所谓区域风险场，是指风险因子在区域环境空间中形成的某种空间格局，可以分为“稳定场”(又称“静止场”，分布格局不随时间变化)和“可变场”(也称“突变场”，分布格局随时间变化)。

该方法是在定量评价区域内多个风险因素的基础上，分别对不同类型的风险(包括直接风险和次生风险)按其各自的危害程度在一定指标体系下进行归一化，得到区域环境风险的综合指数，编制区域综合环境风险分布图(区域风险场)，为区域今后开发建设、完善风险控制方案和应急预案提供依据。

为了全面考虑风险系统产生的整体影响，在对其进行综合评价时应当涵盖事故链的全部过程，在定量及半定量的评价过程中需得出在同一指标体系下的无量纲单因子评价值，因此提出风险作用模型：风险等级—管理要素—扩散条件—影响程度—应急削减—受体敏感性，即综合风险指数 C 表示为：

$$C=F_s \cdot F_m \cdot F_w \cdot F_c \cdot F_r \cdot F_t \tag{12-39}$$

式中：F_s 为风险等级指数，表征直接风险的概率、当量以及次生风险的发生可能性，可以表示为下式：

$$F_s=\frac{1}{|\lg P|}\times\frac{M}{M_0}\times\left(1+\frac{40\,000\times D}{R^2}+E\right) \tag{12-40}$$

式中：P 为风险源的发生概率；M 为风险源危险物质实际存在量，t；M_0 为危险物质临界量或根据物质危险性推导的临界量，t；D 为风险源燃爆危害半径内涉及危险物质的设备个数；R 为燃爆类风险源的危害半径，m；E 为风险源导致次生事故的可能性，若有记为 1，若无记为 0。

F_m 为管理要素，表征风险管理水平高低的权重值。因为企业风险管理水平将直接影响风险源的发生概率，因此在考虑管理要素时将风险源所在企业的风险管理水平进行同一标准下的横向比较，对于风险管理水平较高的企业赋予一个较低的风险权重值，以代表风险的规避水平和削减程度。由于管理要素是对很多企业在同一标准下的相对统一，因此每个指标的风险削减值大小并不是重点，根据园区开发区企业整体风险管理水平高低，每项指标的风险削减值 m 可近似取 1%～5%，某企业若满足 n 项指标，则其管理要素因子值为 $F_m=(1-m)n$，指标体系可以包括以下几项：企业是否有完善的安全规章制度、是否进行过安全演习、是否每周检查危险品使用情况、设备是否定期保养及检修、是否对员工定期进行安全培训与教育、员工是否持证上岗等。

F_w 为扩散条件，全年气象条件按概率分为 8 个或 16 个风向的风玫瑰图，表征各个方向的风向频率，有毒气体扩散的影响预测就建立在风玫瑰图的基础上，按各个风向分别计算污染分布，再按风频率加权，确定为总的风险程度。水文条件主要考虑流速和水量，但由于开发区内污水基本都进入污水处理厂的工业或生活管网，因此水体污染扩散作统一计算分析，不按企业单独评价。

F_c 为影响程度，对于有毒有害物质在大气中的扩散，实际评价中可以选择较简约的烟团模型，或者按照事故时可能产生的最大落地浓度和最高容许浓度标准的比值，考虑环境风险随着距离的增大而衰减，假设风险物质浓度随距离产生一阶衰减，采用反距离加权法估算其影响程度。事故污染物影响程度以不同危险物质浓度分布于其毒性标准的比例计，毒性标准可以选择半致死浓度（LC_{50} 或 LD_{50} 中的最低值）、急性伤害浓度或最高容许浓度，多种毒物时，以产生危害程度最大的毒物的级别为准。对于水体污染主要考虑受体水体污染带的形成至稀释过程在时间和空间上的分布，是否对水环境敏感目标造成影响等。

F_r 为应急削减，表征应急措施对风险的削减程度，可以参照管理要素的方法进行计算。指标体系主要包括以下几项：企业是否有针对该风险源的应急预案、应急期间技术信息是否可及时顺畅获得、应急设备和药品是否完备、是否有应急疏散指示标识、医院救援到达的时间等。

F_t 为受体敏感性，表征风险暴露区域内人口和环境质量受危害的敏感程度。可以表示为：

$$F_t=\left(1+\frac{N}{2}+\frac{Pl}{Rl}\right)\times\left(1+\frac{E_1}{2}+\frac{E_2}{3}+\frac{E_3}{3}+\frac{E_4}{4}+\frac{E_5}{4}\right) \tag{12-41}$$

式中：N 为风险源泄漏危害半径内学校、医院的个数；Pl 为风险源泄漏危害半径内的人数；Rl 为泄漏类风险源的危害半径，m；E_1、E_2、E_3、E_4、E_5 为风险污染受纳水体下游 10 km 内是否有水源地、生态保护区、城镇、养殖区、基本农田，若有记为 1，若无记为 0。

在得到区域环境风险综合指数的基础上，可绘制区域综合环境风险分布图，直观表示区域环境风险场。

通过环境风险综合评价，可以鉴别区域环境风险的相对大小，环境风险受体分布图和环境综合风险值分布图叠加后，可以客观地揭示区域内环境风险源分布对开发区整体风险程度的贡献以及区内风险敏感目标受到的环境威胁的大小。根据区域环境风险源的等级划分和风险受体的受威胁程度确定环境风险控制和应急支持的优先级，并以此为依据完善风险控制方案和应急预案使其更有针对性。

由于新颁布的风险评价导则简化了事故概率分析和效应评价，以上完整的风险评价亦无需展开，仅需结合各要素风险预测，分析说明建设项目环境风险的危害范围与程度。大气环境风险的影响范围和程度由大气毒性终点浓度确定，明确影响范围内的人口分布情况；地表水、地下水对照功能区质量标准浓度（或参考浓度）进行分析，明确对下游环境敏感目标的影响情况。

七、环境风险管理

环境风险管理目标是采用最低合理可行原则（As Low As Reasonable Practicable，ALARP）管控环境风险。采取的环境风险防范措施应与社会经济技术发展水平相适应，运用科学的技术手段和管理方法，对环境风险进行有效的预防、监控、响应。

1. 环境风险防范措施

（1）大气环境风险防范应结合风险源状况，明确环境风险的防范、减缓措施，提出环境风险监控要求，并结合环境风险预测分析结果、区域交通道路和安置场所位置等，提出事故状态下人员的疏散通道及安置等应急建议。

(2) 事故废水环境风险防范应明确"单元—厂区—园区/区域"的环境风险防控体系要求，设置事故废水收集(尽可能以非动力自流方式)和应急储存设施，以满足事故状态下收集泄漏物料、污染消防水和污染雨水的需要，明确并图示防止事故废水进入外环境的控制、封堵系统。应急储存设施应根据发生事故的设备容量、事故时消防用水量及可能进入应急储存设施的雨水量等因素综合确定。应急储存设施内的事故废水，应及时进行有效处置，做到回用或达标排放。结合环境风险预测分析结果，提出实施监控和启动相应的园区/区域突发环境事件应急预案的建议要求。

(3) 地下水环境风险防范应重点采取源头控制和分区防渗措施，加强地下水环境的监控、预警，提出事故应急减缓措施。

(4) 针对主要风险源，提出设立风险监控及应急监测系统，实现事故预警和快速应急监测、跟踪，提出应急物资、人员等的管理要求。

(5) 对于改建、扩建和技术改造项目，应分析依托企业现有环境风险防范措施的有效性，提出合理意见和建议。

(6) 环境风险防范措施应纳入环保投资和建设项目竣工环境保护验收内容。

(7) 考虑事故触发具有不确定性，厂内环境风险防控系统应纳入园区/区域环境风险防控体系，明确风险防控设施、管理的衔接要求。极端事故风险防控及应急处置应结合所在园区/区域环境风险防控体系统筹考虑，按分级响应要求及时启动园区/区域环境风险防范措施，实现厂内与园区/区域环境风险防控设施及管理有效联动，有效防控环境风险。

2. 突发环境事件应急预案编制要求

按照国家、地方和相关部门要求，提出企业突发环境事件应急预案编制或完善的原则要求，包括预案适用范围、环境事件分类与分级、组织机构与职责、监控和预警、应急响应、应急保障、善后处置、预案管理与演练等内容。

明确企业、园区/区域、地方政府环境风险应急体系。企业突发环境事件应急预案应体现分级响应、区域联动的原则，与地方政府突发环境事件应急预案相衔接，明确分级响应程序。

总之，环境风险是可以预测的，也是可以控制的。为了减轻风险后果、频率和影响，有必要采取减少风险危害的措施，提出相应的风险应急管理计划并给予实施。

八、评价结论与建议

评价结论应包括项目危险因素、环境敏感性及事故环境影响、环境风险防范措施和应急预案、环境风险评价结论与建议几大内容。

项目危险因素部分需简要说明主要危险物质、危险单元及其分布，明确项目危险因素，提出优化平面布局、调整危险物质存在量及危险性控制的建议。环境敏感性及事故环境影响部分需简要说明项目所在区域环境敏感目标及其特点，根据预测分析结果，明确突发性事故可能造成环境影响的区域和涉及的环境敏感目标，提出保护措施及要求。环境风险防范措施和应急预案部分需结合区域环境条件和园区/区域环境风险防控要求，明确建设项目环境风险防控体系，重点说明防止危险物质进入环境及进入环境后的控制、消减、监测等措施，提出优化调整风险防范措施建议及突发环境事件应急预案原则要求。环境风险评价结论与建议部分需综合环境风险评价专题的工作过程，明确给出建设项目环境风险是否可防控的结论。根据建设项目环境风险可能影响的范围与程度，提出缓解环境风险的建议措施。对存在较大环境风险的建设项目，需提出环境影响后评价的要求。

九、进行环境风险评价应注意的问题

环境风险是社会发展必然产生的一种现象，环境风险评价是为了了解环境风险并提出降低风险的措施和方法，它实际上是对社会效益、经济效益和环境风险进行比较，寻找出社会经济发展的最佳途径。进行环境风险评价应注意如下一些问题：

(1) 各种环境风险是相互联系的，降低一种风险可能引起另外一种风险。因此要求评价主体应具有比较风险的能力，要作出是否能接受的判断。

(2) 环境风险与社会效益、经济效益是相互联系的，通常风险愈大，效益愈高。降低一种环境风险，意味着降低风险带来的社会效益和经济效益，因此必须予以合理地协调。

(3) 环境风险评价与不确定性相联系。环境风险本身是由于各种不确定性因素形成的，而识别环境风险、度量环境风险仍然存在着不确定性。环境风险不可能被精确地衡量出来，它只能是一种估计。

(4) 环境风险评价与评价主体的风险观相联系。对于同一种环境风险，不同的风险观可以有不同的评价结论。

思考题

1. 什么是环境风险？环境风险有什么特点？

2. 什么是环境风险评价？环境风险评价的程序包括哪几个阶段？每个阶段的主要内容是什么？

3. 风险评价的标准有几类？其主要含义是什么？

4. 新修订的环境风险评价技术导则有何特点？

第十三章 规划的环境影响评价

引言 自从《环境影响评价法》确定对规划开展环境影响评价后，规划环境影响评价的试点、推广工作不断深入，积累了许多宝贵的经验，同时也暴露了一些亟待解决的问题。本章在分析规划环评发展历程和意义的基础上，分别介绍开发区区域规划和环评法规定的其他规划的环境影响评价内容与方法，同时关注在规划环评实施过程中应尤其重视的土地利用生态适宜度评价、环境容量和总量控制、社会经济影响评价，以及累积影响评价等问题，并从政策、技术、研究三个层面提出了提高规划环评有效性的对策及建议。

第一节 规划环境影响评价发展历程及意义

一、规划环境影响评价发展历程

1. 规划环境影响评价制度建立的历程

美国的《国家环境政策法》最初体现了规划环境影响评价的思想，但是直到20世纪80年代，随着世界范围内开发步伐的加快和开发规模的扩大，出现了第二次环境问题的高潮，即大范围的环境污染和生态破坏，如大气污染物越界传输、酸雨、“温室效应”、臭氧层破坏、土地荒漠化和物种濒危等区域性和全球性问题，才使人类开始由对局地环境问题的关注扩大到区域或全球性环境问题的关注，环境影响评价的范围开始由项目层次扩展到规划及政策层次。

同时，伴随着20世纪80年代末至90年代初“可持续发展”战略的提出，一些学者开始对规划层次的评价体系进行理论上的探讨，提出了“战略环境评价(SEA)”的概念，即系统、综合评价政府部门的政策、计划、规划的可供选择方案对环境的影响。

战略环境评价的概念一经提出，就成为了学术研究的热点，得到了世界范围的广泛关注。一些政府和组织相继投身进来，极力推动战略环境评价的发展。1989年，世界银行发布了环境影响评价指令(Operational Directive 4.00)，要求对部门(Sectoral)和区域性(Regional)的开发进行环境评价，并在其“环境评价回顾”中，对战略环境评价在发展中国家开展的情况进行分析。1993年，欧盟委员会以内部通报形式通过了“对今后所有可能造成显著环境影响的战略行为或立法议案必须经过战略环境评价”的规定。1997年，欧洲第四届EIA专题会议讨论了SEA在各国的实施经验、所面临的问题及今后发展方向。2001年，欧盟委员会正式采用了对一些规划的环境影响开展评价的指令(2001/42/CE)。之后，国际影响评价协会(IAIA)也发表了战略环评的培训手册，并公布了《战略环境评价执行标准》。2004年，联合国环境署(UNEP)技术、产业和经济部发布了《环境影响评价与战略环境评价——更好地纳入决策程序》。目前全球已经有很多国家采纳了规划环评的制度。

20世纪80年代起我国的一些学者也开始介绍国外的战略环境评价，并首先在区域环境影响评价领域进行了一些理论和实践探索，提出了对新老城市发展开展环境影响评价，并完成了山西能源开发和煤化工基地、津京唐地区综合区域发展规划和深圳特区开发三个区域的环境影响评价。进入90年代以来，我国逐渐认识到了实行可持续发展战略，开展战略环境评价的重要性和紧迫性，并在《中国21世纪议程——中国21世纪人口、环境与发展白皮书》、《国务院关于环境保护若干问题的决定》及《国家环境保护局"三定"方案》等文件中明确提出开展对现行重大政策和法规的环境影响评价。

国务院1998年颁布的《建设项目环境保护管理条例》规定："流域开发、开发区建设、城市新区建设和旧区改造等区域性开发，编制建设规划时，应当进行环境影响评价。"

同时，紧跟国外战略环评的研究步伐，我国局部地区的个别部门，进行了积极的规划环评试点，积累实践经验，如山西省煤炭和电力发展战略环境影响评价(1997)、《上海市城市交通白皮书》环境影响评价(2001)。

2002年10月28日，第九届全国人大常委会第30次会议通过了《中华人民共和国环境影响评价法》，并于2003年9月1日生效。该法从法律上确立了在规划层次包括土地利用及区域、流域、海域综合性规划(简称为"一地三域")和"工业、农业、畜牧业、林业、能源、水利、交通、城市建设、旅游、自然资源开发"十类专门性规划及其指导性规划需要开展EIA。原国家环境保护总局也发布了《规划环境影响评价技术导则(试行)》等一系列配套"环评法"实施的技术文件或行业标准，以及《编制环境影响报告书的规划的具体范围(试行)》和《编制环境影响篇章或说明的规划的具体范围(试行)》明确了需要编制环境影响报告书、环境影响篇章或说明的规划范围。

2009年8月12日，国务院第76次常务会议通过了《规划环境影响评价条例》，自2009年10月1日起施行。该条例在《中华人民共和国环境影响评价法》的基础上，从评价、审查和跟踪评价三个方面对规划环境影响评价进行了具体规定。进行规划环境影响评价时，应当分析、预测和评估规划实施可能对区域、流域、海域生态系统产生的整体影响，对环境和人群健康产生的长远影响，经济效益、社会效益与环境效益之间以及当前利益与长远利益之间的关系。进行综合性规划和专项规划中的指导性规划时，应当先编制环境影响篇章或说明，然后将其作为规划草案的组成部分一并报送规划审批机关。进行专项规划时，应当先编制环境影响报告书，一并附送规划审批机关审查。

《规划环境影响评价条例》明显提高了对规划环评报告书审查的具体要求，对基础资料/数据失实的、评价方法选择不当的、对不良环境影响的分析、预测和评估不准确、不深入，需要进一步论证的，预防或者减轻不良环境影响的对策和措施存在严重缺陷的，环境影响评价结论不明确、不合理或者错误的，未附具对公众意见采纳与不采纳情况及其理由的说明，或者不采纳公众意见的理由明显不合理的，以及内容存在其他重大缺陷或者遗漏的环境影响报告书可以提出进行修改并重新审查的意见；对依据现有知识水平和技术条件，对规划实施可能产生的不良环境影响的程度或者范围不能作出科学判断的，规划实施可能造成重大不良环境影响，并且无法提出切实可行的预防或者减轻对策和措施的规划，甚至可以提出不予通过环境影响报告书的审查意见，从某种程度上弥补了规划环评审查权与建设项目环评审批权之间的差距。

随着《规划环境影响评价条例》的落实，以及环境影响评价改革的不断推进，规划环评在整个环评体系中的重要地位不断加强，针对规划环评的技术要求也越来越规范。环保部于2014年颁布的《规划环境影响评价技术导则 总纲》，是在2003年《规划环境影响评价技术导则(试行)》的基础上，总结十余年来的实践经验，针对规划环评的技术工作提出了更完善的方法与定义，在推进规划环评早期介入、与规划编制的全过程互动方面，做出了明确规定。此后，发布了《关于加强规划环境影响评价与建设项目环境影响评价联动工作的意见》(环发[2015]178号)、《关于开展规划环境影响评价会商的指导意见(试行)》(环发[2015]179号)、《关于规划环境影响评价加强空间管制、总量管控和环境准入的指导意见(试行)》(环办环评[2016]14号)、《关于开展产业园区规划环境影响评价清单式管理试点工作的通知》(环办环评[2016]61号)等一系列的文件，并于2016年颁布了纲领性的文件《"十三五"环境影响评价改革实施方案》，进一步明确规划环评的重点，加强规划环评在决策体系中的重要作用。此外，为完善规划环评全链条管理，指导规划编制机关开展规划环评跟踪评价，生态环境部于2019年3月出台了《规划环境影响跟踪评价技术指南(试行)》，对跟踪评价的重点内容做出明确规定，为指导规划的后续实施提供了强有力的保障。

2019年12月，《规划环境影响评价技术导则总纲》再次修订，修改了评价目的、工作流程等主要部分，提出贯穿"三线一单"和规划环评管理新要求，突出改善环境质量、保障生态安全的理念，明确分区环境管控要求和环境准入负面清单的产出成果，并在工作流程部分强调与"三线一单"技术规范的衔接。

表13-1记录了规划环评从出现到在我国实施的三十多年时间中的发展历程。

表13-1 规划环境影响评价发展历史上重要的里程碑

时间	国家/组织	内 容
1969	美国	国会通过了《国家环境政策法》(NEPA)，要求联邦机构和部门对拟议的行动考虑和评价其环境影响
1978	美国	环境质量委员会制订了执行NEPA的法规，明确提出规划评价(Programmatic Assessment)
1987	荷兰	通过了《环境影响评价法》，对特定的国家计划和规划要求环境影响评价
1989	世界银行	采用了环境影响评价内部指令(Operational Directive 4.00)提出部门和区域环境评价
1990	加拿大	对提交给内阁委员会的议案，建立了政策、规划环境评价程序
1990	欧洲经济共同体(ECC)	发布了首个政策、计划和规划环境评价的指令建议
1991	联合国欧洲经济委员会(UNECE)	通过了《跨界环境影响评价公约》，促进在政策和规划层次的环境评价
1991	经合组织(OECD)	发展援助委员会采纳了一项原则，要求特别安排对规划援助的环境影响的分析和监测
1994	英国	建立了开发计划评估指南
1994	俄罗斯	公布《俄罗斯联邦环境影响评价条例》，对环境影响评价范围确定的五大类别中有三类与部门和地区的计划和规划有关

（续表）

时间	国家／组织	内　容
1994	斯洛伐克	通过《环境影响评价法》，要求可能对环境造成影响的开发计划、土地规划、立法提案开展环评
1995	联合国发展署（UNDP）	将环境总体评估介绍为一项规划手段
1997	欧盟委员会	采纳了对一些规划的环境影响开展评价的指令议案
1999	澳大利亚	通过了《环境保护和生物多样性保护法》，包括对政策、计划和规划开展战略环境评价的条款
1999	芬兰	通过了《环境影响评价程序法》，应用到政策、计划和规划中
2001	欧盟委员会	正式采用了对一些规划的环境影响开展评价的指令（2001/42/CE）
2002	中国	通过了《环境影响评价法》，应用到计划和规划中
2009	中国	通过了《规划环境影响评价条例》，对规划环境影响评价进行了具体规定

二、规划环境影响评价的意义

在“环评法”实施前，我国的环境影响评价只针对建设项目，没有把对环境有重大影响的规划纳入环境影响评价的范围。在建设项目环境影响审批中，规定了“符合规划”的原则，但对规划本身却没有进行过环境影响的论证。从实际情况来看，对环境产生重大、深远、不可逆影响的，往往是政府制定和实施的有关产业发展、区域开发和资源开发等方面的规划。

就其功能、目标和程序而言，规划环境影响评价是一种结构化的、系统的和综合性的过程，用以评价规划的环境效应（影响），规划应有多个可替代的方案，通过评价将结论融入拟制定的规划中或提出单独的报告，并将成果体现在决策中，以保障可持续发展战略落实在规划中。

近三十年的实践经验表明，作为中国环境管理的一项基本制度，项目环境影响评价在控制新污染源、优化工程设计与选址等方面起到了良好的作用，而开展规划环境影响评价可以解决项目环境影响评价所面临的局限性。开展规划环境影响评价的意义主要体现在两个方面：一方面，规划环评有利于克服目前项目环评的不足，是实施可持续发展的有力手段；另一方面，规划环评有利于建立环境与发展综合决策机制，是用科学发展观指导开发活动的有效体现。

1. 有利于克服项目环评的不足，成为实施可持续发展的有力手段

(1) 项目环评仅仅是针对项目建议作出的反应，而规划环评可以真正介入到决策中。

尽管项目环评基本上能够保证决策部门获得较为系统的、关于建设项目的环境影响信息，但由于项目决策经常处于整个决策链（法律、政策、计划、规划、项目）的末端，所以项目环评也只能在这一层次上做减污的努力，并不能解决环境问题的根源。

规划环境影响评价将环境影响评价的目标和原则推向决策的更高层次，这时还有机会选择其他替代的开发方案，也有比项目环评更大的空间可以将环境影响考虑到开发目标中去。规划环评使得在决策的“上游”就能够考虑到环境破坏的问题，而不是到了“下游”的项目层次才去弥补那些出现的问题。

(2) 项目环评无法考虑多个项目的累积环境影响，而规划环评能对一些大型的、累积的影响作出预警。

项目环评的缺陷主要体现在以下方面：

① 对于"小"的环境影响的忽视　根据现行筛选模式，规模小的建设项目可以不进行完整的环评，即使进行环评的项目，也往往因为时间、财力、人力、信息等因素而忽略那些被认为是"小"的环境影响。这些"小"的建设项目或环境影响积聚在一起，也可引发大的环境问题，即环境经济学中所描述的"微小行为暴行"；另一方面，由于社会经济环境系统具有非线性系统特点，比如对初始条件的敏感信赖性，即使"小"的环境影响，也可能通过系统放大作用逐渐"显著"起来，并最终导致整个系统功能损失甚至崩溃，即所谓的"蝴蝶效应"。作为我国水污染最为严重地区之一的淮河流域，"15 小"企业就对此负有极大责任。

② 没有注重几个建设项目环境影响的综合效应　项目环评是针对具体项目进行，而很少或根本没有考虑这一项目与其他相关项目的环境影响的综合效应。根据系统整体大于部分之和的特点，一般来说，同一区域内污染源的综合环境影响要远大于单个污染源环境影响的加和。比如，在阳光作用下，NO_x 与 C_nH_m 可以反应生成光化学烟雾，而光化学烟雾对人体的危害要比 NO_x 和 C_nH_m 大得多。

③ 忽视了建设项目的间接环境影响　项目环评只是关注一定范围内该项目在建设、运行期间的直接环境影响，而没有研究其间接环境影响及项目废弃后的环境影响。比如：公路建设项目完成后可以带动公路两旁购物、饮食服务等商业发展，而这些商业活动的环境影响，即公路的下游项目的间接环境影响却没有体现在该公路项目环评中；火电厂建设项目同样会引起煤炭资源开采、加工、运输等环节的增加，而火电厂建设项目上游所带来的环境影响(间接环境影响)也没有体现在火电厂项目环评中；再如，核电站废弃后其环境影响可能会延续到未来的几十年甚至是上百年，这一环境影响也同样很难体现在建设之初的环境影响评价中。

④ 没有将项目的环境影响与当地环境承载力结合考虑　项目环评的环境影响预测与评价一般都仅仅结合区域环境质量现状(如污染物浓度增加多少)和环境质量标准(超标率、超标倍数等)进行，而没有结合区域环境承载力或环境容量。一旦环境影响超出了环境承载力，环境质量将会发生不可逆转的急剧下降。

⑤ 项目的全球环境影响没有体现到环评中　项目环评仅仅关注项目所在区域的环境影响因子，而对于该项目也可能造成的本区域以外的其他区域，直至全球的环境影响，如生物多样性因子和温室气体等却在该项目环评中很难体现。

可见，项目环评中对于环境影响累积效应的考虑经常受到缺乏其他有关基础信息的限制，并且不可能从该项目角度来控制所有相关项目。而规划环评是在决策初期介入的，并贯穿决策全过程。因此它可以同时考虑更广时间和空间范围内一系列项目的环境影响情况。所以上述在项目环评中忽略或不受重视的累积效应可在规划环评中得到充分体现。

因此，规划环评是在开发活动的决策早期就充分考虑其可能的环境影响，并为替代方案、减缓措施的制定提供更大的余地，把可持续发展原则从抽象的、宏观的战略落实到可操作的具体项目上，是实施可持续发展战略的有效手段。

2. 规划环评有利于建立环境与发展综合决策机制，是用科学发展观指导开发活动的有效体现

综合决策已受到国际社会普遍重视。《21 世纪议程》中有专门章节论述"将环境与发展内涵纳入决策过程”；我国也先后在《中国21世纪议程》、《中国环境保护21世纪议程》等文件中表示要“建立促进可持续发展的综合决策机制”，并要求各地各部门在制定区域和资源开发规划，城市和行业发展规划，调节产业结构和生产力布局等重大决策时，综合考虑经济、社会和环境效益，进行充分的环境影响论证，防止规划失误。

规划环评是把对于环境的更为系统的考虑纳入规划决策中，通过综合地分析、预测和评价各类规划和计划的环境、经济和社会影响，为科学的决策提供依据，因此，规划环评是保证环境与发展综合决策机制顺利实施的重要工具。

此外，规划环评强调公众意见对评价过程和结果的重要性，从程序上和方法上都制定了保证公众参与的措施，是促进决策过程公开化、透明化的有效手段。

可见，在规划阶段实施环境影响评价，是用科学发展观指导开发活动的有效体现。

中国作为一个发展中国家，正在经历快速、强劲的经济发展时期，也正处于解决好开发、环境和贫穷的关系的关键时期。为了防止在经济发展中造成重大的生态环境损失和破坏及必将随之而来的社会问题，对有关规划进行环境影响评价是十分必要的。可以讲，规划环境影响评价是落实环境保护基本国策、倡导科学发展观、实施可持续发展战略的一项有力的武器。

第二节　开发区区域环境影响评价

一、开发区区域环境影响评价的概念和特点

开发区区域环境影响评价是我国在战略环评领域最早的探索，也是规划环评中最重要、开展时间最长、积累经验最丰富的一类。同时，开发区区域环评是在《环境影响评价法》实施前由《建设项目环境保护管理条例》而规定的，并由专门的导则《开发区区域环境影响评价技术导则》(HJ/T 131—2003)指导其报告书的编制，因此，在我国目前的管理体系下，可以将开发区区域环评作为一类特殊的规划环评来对待。

根据《开发区区域环境影响评价技术导则》规定，这里的“开发区”是指“经济技术开发区、高新技术产业开发区、保税区、边境经济合作区、旅游度假区等区域开发以及工业园区等类似区域开发”的一类区域。这类区域开发是在特定的空间和时间范围内，依据一定的社会经济发展和建设规划蓝图，改变区域内土地和其他资源利用方式，兴建一系列新的项目或者改建、扩建一批已有项目，以促进社会经济发展的行为。开发区类的开发活动一般有以下几点特征：

① 占地面积大，一般在1 km^2 以上，且资金、资源密集程度高；

② 具体项目的多样性决定了区域开发活动具有很强的综合性和复杂性；

③ 开发计划先行于开发行为，因此区域开发活动有很强的不确定性；

④ 开发活动引起的环境影响范围大、程度深；

⑤ 投资主体多，管理难度大。

因此，开发区区域环境影响评价有如下重要特点：

(1) 全面性：是在一个较大的空间尺度和时间尺度内进行的，其涉及自然、经济、社会和生态等范畴，因此有必要在不同的空间和时间尺度内对这些方面进行全面的环境影响的评价，不遗漏一些环境影响重大的因素。

(2) 战略性：开发区区域环境影响评价需从战略层次评价开发规划的合理性及其与所

在区域总体规划的协调性。

(3) 不确定性:开发区区域环境影响评价在时间上的超前性决定了其不确定性,区域开发是一个时间较长的过程,在开发初期只能确定开发活动的基本规模、性质,而具体的项目、污染物种类、排放强度等信息没法提前准确掌握,因此在环评中会有许多不确定的因素,在环评报告中应该对不确定性进行说明,并制定跟踪、监控、回顾的方案。

(4) 重视生态环境影响评价:开发区作为一种整体开发模式,改变了区域生态特征,对区域生态安全有较大的影响,因此生态环境影响评价和相应的减缓措施也是区域环境影响评价的重点。

(5) 评价方法多样:开发区区域环境评价过程中有许多评价对象是无法准确地作定量评价的,需要用定性的方法进行评价,因此为了使评价结果更加科学合理,在评价过程中必须采用定性和定量相结合的方式。

二、开发区区域环评的工作程序

区域环境影响评价和建设项目环境影响评价工作程序基本相同,大体上也分为三个阶段,即准备阶段、评价工作阶段和报告书编写阶段。开发区区域环境影响评价工作程序如图13-1所示。

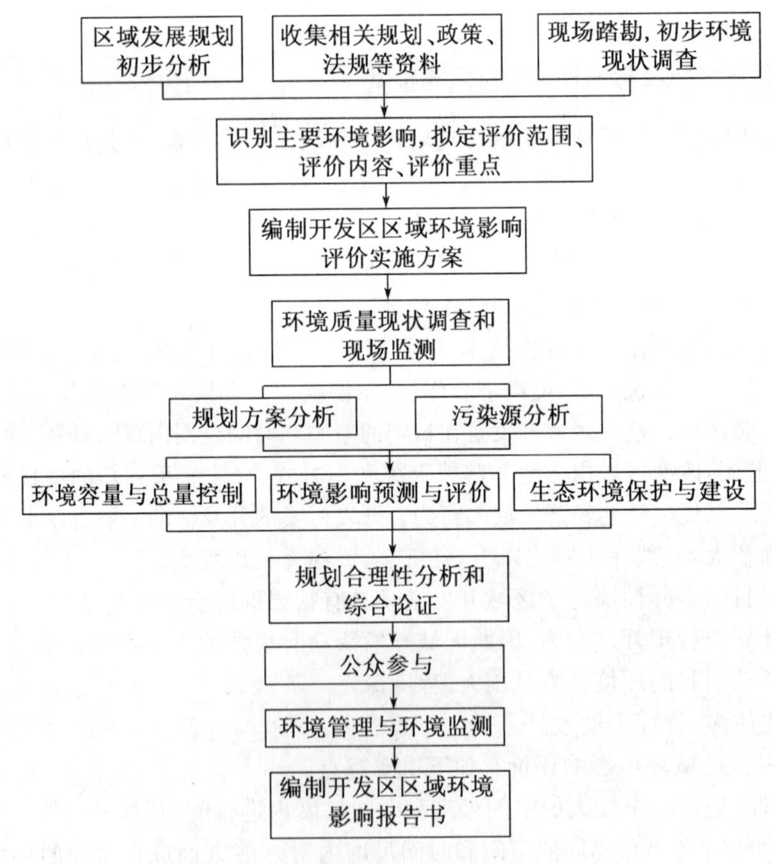

图13-1 开发区区域环境影响评价工作程序

应该说明的是，区域开发建设项目涉及多项目、多单位，不仅需要评价现状，而且需要预测和规划未来，协调项目间的相互关系，合理确定污染分担率。因此，为使区域环境影响评价工作成果更有针对性和符合实际，应在评价中间阶段提交阶段性中间报告，向开发区管委会、环保主管部门通报情况和预审，以便完善充实，修订最终报告。

三、开发区区域环境影响评价内容及重点

1. 开发区区域环境影响报告书的基本内容

(1) 总论

介绍开发区发展背景、环评工作依据、环境保护目标与保护重点、环境影响评价因子与评价重点、环境影响评价范围、区域环境功能区划和环境标准。

(2) 开发区规划和开发现状

介绍开发区总体规划，包括开发区性质、开发区不同规划发展阶段的目标和指标，开发区总体规划方案及专项建设规划方案概述，说明开发区内的功能分区，各分区的地理位置、分区边界、主要功能及各分区间的联系，介绍开发区环境保护规划以及在规划文本中已研究的主要环境保护措施和/或替代方案。

对于已有实质性开发建设活动的开发区，应增加有关开发现状回顾，包括：开发过程回顾，区内现有产业结构、重点项目，能源、水资源及其他主要物料消耗、弹性系数等变化情况，区内主要污染源和主要污染物的排放状况，环境基础设施建设情况，区内环境质量变化情况及主要环境问题。

(3) 区域环境状况调查和评价

简述开发区的地理位置、自然环境概况、社会经济发展概况等主要特征，说明区域内重要自然资源及开采状况、环境敏感区和各类保护区及保护现状、历史文化遗产及保护现状；介绍区域环境现状调查和评价基本内容，包括空气、地表水(河流、湖泊、水库)和地下水环境质量现状、土地利用类型和分布情况、土壤环境质量现状、区域声环境现状、固体废物的产生及回收和综合利用现状；概述开发区所在区域社会经济发展现状、近期社会经济发展规划和远期发展目标。

(4) 环境保护目标与主要环境问题

概述区域环境保护规划和主要环境保护目标和指标，分析区域存在的主要环境问题，并列出可能对区域发展目标、开发区规划目标形成制约的关键环境因素或条件。值得注意的是：环境保护目标既包括生态敏感目标，还包括居住、文教、历史文物等单位，既包括暂时未拆迁的，也包括未来规划的。

(5) 规划方案分析与污染源分析

对规划方案加以解读，将其放在区域发展的层次上进行合理性分析，分析其与上、下层次规划的协调性，突出开发区总体发展目标、布局和环境功能区划的合理性、开发区总体布局及区内功能分区的合理性；将开发区所在区域的总体规划、布局规划、环境功能区划与开发区规划作详细对比，分析开发区规划是否与所在区域的总体规划具有相容性。

根据规划的发展目标、规模、规划阶段、产业结构、行业构成等，分析预测开发区污染物来源、种类和数量；分析确定近、中、远期区域主要污染源。

(6) 环境影响分析与评价

分别对识别出的可能受不利影响的空气、地表水、地下水、固体废物、噪声等环境要素开展环境影响分析与评价。

(7) 环境容量与污染物总量控制

根据区域环境质量目标计算环境容量，确定污染物总量控制的原则要求，并提出污染物排放总量控制方案。

(8) 生态环境保护与生态建设

调查生态环境现状和历史演变过程、生态保护区或生态敏感区的情况，分析评价开发区规划实施对生态环境的影响，主要包括生物多样性、生态环境功能及生态景观影响，着重阐明区域开发造成的对生态结构与功能的影响、性质与程度、生态功能补偿的可能性与预期的可恢复程度、对保护目标的影响程度及保护的可行途径等，对于预计可能产生的显著不利影响，要求从保护、恢复、补偿、建设等方面提出和论证实施生态环境保护措施的基本框架。

(9) 公众参与

公众参与的对象主要是可能受到开发区建设影响、关注开发区建设的群体和个人。应向公众告知开发区规划、开发活动涉及的环境问题、环境影响评价初步分析结论、拟采取的减少环境影响的措施及效果等公众关心的问题。公众参与可采用媒体公布、社会调查、问卷、听证会、专家咨询等方式。

(10) 开发区规划的综合论证与环境保护措施

根据环境容量和环境影响评价结果，结合地区的环境状况，从开发区的选址、发展规模、产业结构、行业构成、布局、功能区划、开发速度和强度以及环保基础设施建设(污水集中处理、固体废物集中处理处置、集中供热、集中供气等)等方面对开发区规划的环境可行性进行综合论证，包括开发区土地利用的生态适宜度评价。

对应所识别、预测的主要不利环境影响，逐项列出环境保护对策和环境减缓措施，包括对开发区规划目标、规划布局、总体发展规模、产业结构以及环保基础设施建设的调整方案。

根据开发区产业定位，提出禁止、限制入区的工业项目类型清单，以指导未来开发区的招商引资和项目审批。

(11) 环境管理与环境监测计划

开发区建设时间跨度长，不确定性大，为了保证区域环境功能的实现，必须加强对开发区的环境管理工作，制定必要的环境监测计划，以保证环评报告中提出的环境减缓措施都能实施到位，产业定位和规模不突破总量。具体包括：提出开发区环境管理机构设置及岗位职责，建立开发区动态环境管理系统的计划安排；拟定开发区环境质量监测计划，包括环境空气、地表水、地下水、区域噪声的监测项目、监测布点、监测频率、质量保证、数据报表；提出对开发区不同规划阶段的跟踪环境影响评价与监测的安排，包括对不同阶段进行环境影响评估(阶段验收)及其主要内容和要求；提出简化入区建设项目环境影响评价的建议。

2. 评价重点

开发区区域环境影响评价应将重点放在以下四个方面：

(1) 识别开发区的区域开发活动可能带来的主要环境影响以及可能制约开发区发展的环境因素。

(2) 分析确定开发区主要相关环境介质的环境容量，研究提出合理的污染物排放总量控制方案。

(3) 从环境保护角度论证开发区环境保护方案，包括污染集中治理设施的规模、工艺和布局的合理性，优化污染物排放口及排放方式。

(4) 对拟议的开发区各规划方案(包括开发区选址、功能区划、产业结构与布局、发展规模、基础设施建设、环保设施等)进行环境影响分析比较和综合论证，提出完善开发区规划的建议和对策。

四、土地利用生态适宜度评价

区域开发不可避免要进行一定的土地开发和使用，为了避免过度或不当的开发行为，保护生态环境，同时又能对土地资源加以充分和合理地利用，应当对土地利用方式进行适宜度评价。土地利用适宜度评价是对规划方案进行综合论证的重要手段，是开发区区域环境影响评价的重要内容，但是在当前技术水平和研究能力下，系统而全面地对土地利用适宜度及环境影响进行精细的分析评价还存在着一定的困难。因此，不可能完全定量地把所有环境变量都结合在决策模型中，而只能按优劣排序，采取非参数的统计学方法或多目标半定性分析技术，求得最优解，以作为决策依据。目前生态适宜度评价方法还不成熟，下面简要介绍两种方法。

1. 土地使用适宜性分析

这是一种常见的土地使用适宜性分析的综合方法，该方法曾被成功地应用于“中国台湾地区环境敏感地划设与土地使用适宜性分析”、“京、津、塘高速公路沿线两侧(天津段)土地使用适宜性分析”等实际工作中，土地使用适宜性分析的过程如图 13-2。

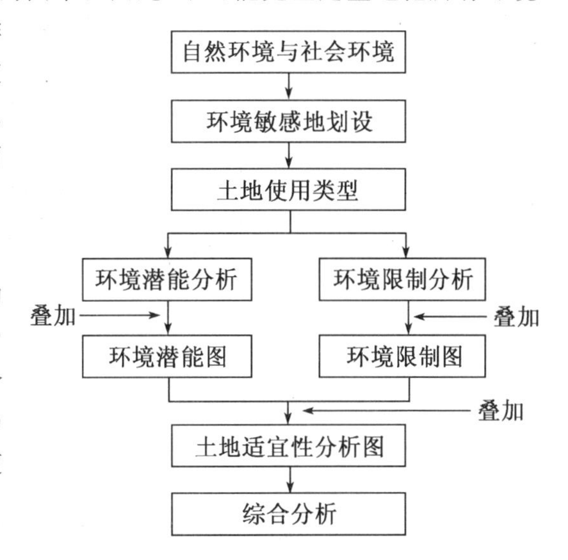

图 13-2　土地使用适宜性分析过程图

(1) 环境敏感性的划设

环境敏感地泛指对人类具有特殊价值或具有潜在天然灾害的地区，这些地区极易因人类的不当开发活动而导致负面环境效应。按照资源特性与功能的差异，可将环境敏感地分类，见表 13-2。

表 13-2　环境敏感地分类

类别	分项
生态敏感区	野生动植物栖息地、自然生态保护区、科学研究地区
文化景观敏感区	特殊景观地区、自然风景区、历史文化区
自然灾害敏感区	洪患地区、地质灾害地区
资源生产敏感区	林业生产地、渔业生产地、优良农田、水源保护区、矿产区、能源生产地

(2) 土地使用适宜性分析的过程

土地使用适宜性分析是指分析自然环境对各种土地使用的潜力和限制，确保开发行为与环境保护目标相符合，对资源进行最适宜的空间分配。土地使用适宜性分析主要分为以下几个步骤：

① 确定土地使用类型　土地使用类型一般可根据城市规划或区域总体规划中的土地使用功能进行划分，一般分为住宅区、工业区、大型游乐区、金融商贸区、文化教育区等。

② 环境潜能分析　环境潜能分析是指分析各种土地使用类别与土地使用需求以及环境潜能的关系，以了解环境特性对不同土地开发行为所具有的发展潜力条件。针对已确定的土地使用类型，可建立两个关联矩阵：一是土地使用类型和土地使用需求的关联矩阵；二是土地使用需求与环境潜能的关联矩阵。通过这两个关联矩阵的结果分析，可以得到土地使用类型与环境潜能的关联性，从而进行发展潜力分析。例如，若将土地使用类型分为住宅区、工业区、大型游乐区、金融商贸区，其关联情况见表 13－3。

表 13－3　环境潜能与土地使用类型关联表

土地使用类型	环境潜能											
	地形坡度	坡地稳定度	土壤排水性	水文地势	潜在土壤流失	地貌特征	植被分布	自来水供给	污水收集处理	交通可及性	距中心远近	土地使用状况
住宅区	▲	▲	▲	△	▲			▲	▲	▲	△	▲
工业区	▲	▲	▲					△	▲	▲	▲	▲
大型游乐园	△	▲	△	▲		▲	▲		△	▲		▲
金融商贸区	▲	▲	▲	△	▲			▲	▲	▲	▲	▲

注：▲为相关；△为次相关。

通过环境潜能分析，可将各类土地使用类型开发的环境潜能划分为相应的级别，运用叠图法绘制出环境潜能图。

③ 环境限制分析　发展限制是指土地使用过程中由于不当的开发活动或使用行为所导致的环境负效应。分析发展限制，就是通过分析各种土地使用类型与土地使用行为以及环境敏感性之间的关系，来了解环境特征对不同土地使用的限制。为此针对土地使用类型、开发活动、环境影响项目、环境敏感性之间的关系建立了三个关联矩阵：一是土地使用类型与开发活动或使用行为之间的关联矩阵；二是开发活动或使用行为与环境影响项目的关联矩阵；三是环境影响项目与环境敏感性的关联矩阵。例如，基于上述四种土地使用类型，采用七种敏感地来研究环境影响项目与环境敏感性之间的关系，可得到土地使用类型与环境敏感性之间的关联性，从而进行环境限制分析，分析结果见表 13－4。

表 13－4　土地使用类型与环境敏感关联表

土地使用类型	环境敏感项目						
	生态敏感区	地质灾害敏感区	洪水平原	优良农田	文化景观敏感区	地下水补给区	噪声敏感区
住宅区	▲	▲	▲	△	▲		▲
工业区	▲	▲	▲	▲	▲	△	△
大型游乐园		▲	△	△	▲	△	
金融商贸区	▲	▲	▲	▲	△		▲

注：▲为相关；△为次相关。

通过环境限制分析，可将各类土地使用类型的环境限制划分级别，并通过叠图法绘制成相应的环境限制图。

④ 土地使用适宜性分析　综合环境潜能与环境限制的分析结果进行土地使用适宜性分析。根据对环境潜能和环境限制的分析，可分别将环境潜能和环境限制分级，例如，可将环境限制分为大、中、小三级。若将两者分为三级，然后进行叠加，则可将上述假设条件下的土地使用适宜性划分为五级。其中，环境限制中A表示限制最小，环境潜能中a表示潜能最大，适宜性分析中Ⅰ表示适宜性最好(见表13-5)。

表13-5　适宜性分析分级图

适宜性分析		环境潜能		
		a	b	c
发展限制	A	Ⅰ	Ⅱ	Ⅲ
	B	Ⅱ	Ⅲ	Ⅳ
	C	Ⅲ	Ⅳ	Ⅴ

⑤ 综合分析　针对前述各种土地使用适宜性图进行综合分析，以比较区域中各种土地使用类型的适宜性分级，并进行社会、经济评价。

2. 生态适宜度评价

生态适宜度评价是对土地特定用途的适宜性评价，是目前在开发区区域环评中较常用的方法。

(1) 选择生态因子

当土地和用途确定以后，选择能够准确或较准确描述该种用途的生态因子，通过多种生态因子的评价，得出综合评价值。如工业用地，可选用人工与自然特征(位置)、土地利用状况、大气环境影响度、大气环境敏感度、环境噪音、基础设施等作为评价因子。

应该注意的是，所选的指标必须是对所确定的土地利用目的影响最大的一组因素。例如，秦皇岛市是一个港口城市，在生态适宜度评价中专门增设了港口用地适宜度分析，所选择的生态因子共六个：海拔高度、地表水、气象条件、承压力、距海岸距离及土地利用现状。

(2) 单因子分级评分

对所选生态因子进行综合分析前，首先必须进行单因子分级评分。单因子分级一般可分为四级：很适宜、适宜、基本适宜、不适宜。进行单因子分级评分可以从对给定土地利用目的的生态作用和影响程度、城市生态的基本特征等方面考虑。单因子分级评分没有完全一致的方法，应做到因地制宜。

(3) 生态适宜度分析

在各单因子分级评分的基础上，进行各种土地利用形式的综合适宜度分析。由单因子生态适宜度计算综合生态适宜度的方法有两种。

① 直接叠加　当各生态因子对土地的特定利用方式的影响程度基本接近时，可以用直接叠加法。

$$B_{ij}=\sum_{s=1}^{n}B_{isj} \tag{13-1}$$

式中：B_{ij}为第i个网格利用方式为j时的综合评价值，即第j种利用方式的生态适宜度；B_{isj}为第i个网格利用方式为第j种时第s个生态因子的适宜度评价值；i为网格编号；j为土地利用方式编号；s为影响第j种土地利用方式的生态因子编号；n为影响第j种土地利用方式的生态因子总数。

② 加权叠加　各种生态因子对土地的特定利用方式的影响程度差别很明显时，就必须应用加权叠加法。计算公式如下：

$$B_{ij}=\sum_{s=1}^{n}w_sB_{isj}/\sum_{s=1}^{n}w_s \tag{13-2}$$

式中：w_s为第i个网格利用方式为j时第s个生态因子的权重；其他符号意义如前。

(4) 综合适宜性分级

综合适宜性分级有两种分级方法：

① 分三级　根据综合适宜度的计算值分为不适宜、基本适宜、适宜三级。

② 分五级　目前对综合适宜度分级大多数城市均采用五级分法，即很不适宜、不适宜、基本适宜、适宜、很适宜五级。

五、环境容量与污染物总量控制

环境容量是按环境质量标准确定的一定范围的环境所能接纳的最大污染物负荷量。环境容量按环境要素可分为大气环境容量、水环境容量（其中包括河流、湖泊和海洋环境容量等）、土壤环境容量和生物环境容量等。在目前对区域环境中存在的主要环境污染问题进行的环境容量的研究，主要是开展区域环境要素中污染物的环境容量计算，可以作为环境目标管理的依据，是区域环境规划的主要环境约束条件，也是污染物总量控制的关键参数。

区域环境污染物总量控制是指某一区域环境范围内，为了达到预定的环境目标，通过一定的方式，核定主要污染物的环境最大允许负荷，以此进行合理分配，最终确定区域范围内各污染源允许的污染物排放量。

1. 区域环境总量控制的分类

(1) 容量总量控制

容量总量控制是建立在能科学准确测算容量总量的基础上的，但是由于有关确定环境容量的环境自净规律复杂，研究周期长、工作量大，而且某些具有自净能力的因子目前还难以确定，因此通过环境容量来确定排放总量这一总量控制的方法目前还不能被采用。

(2) 目标总量控制

目标总量控制是以环境目标或者环境质量标准作为确定环境容量的基础，即一个区域的排污总量应以其保证环境质量达标条件下的最大排污量为限，一般采用现场监测和模拟模型计算的方法，分析原有总量对环境的贡献以及新增总量对环境的影响，特别是要论证采取综合整治和总量控制措施后，排污总量是否满足环境质量要求。

(3) 指令性总量控制

指令性总量控制是国家、地方按照一定原则在一定时期内所下达的主要污染物排放总量控制指标，所做的分析工作主要是如何在总指标范围内确定各小区域的合理分担率，根据区域社会、经济、资源和面积等代表性指标的比例关系，采用对比分析和比例分配法进行综合分析来确定。

(4) 最佳技术经济条件下的总量控制

分析主要排污单位是否在其经济承受能力的范围内或是合理的经济负担下,采用最先进的工艺技术和最佳污染控制措施所能达到的最小排污量,但要以其上限达到相应污染物排放标准为原则。

总量控制指标的决定往往是以上多种方法的组合,见图 13-3。

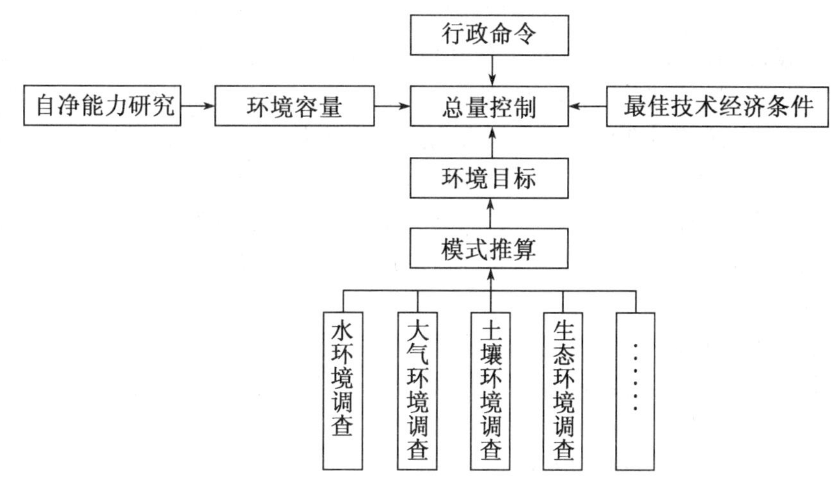

图 13-3　总量控制类型

2. 环境容量计算

环境容量是确定污染物排放总量指标的依据,排放总量小于环境容量才能确保环境目标的实现,因此,开发区区域环评中要求对主要环境要素地表水、大气开展主要污染物的环境容量计算。

(1) 水环境容量

导则规定,对于拟接纳开发区污水的水体,如常年径流的河流、湖泊、近海水域应估算其环境容量,污染因子应包括国家和地方规定的重点污染物、开发区可能产生的特征污染物和对受纳水体敏感的污染物。

水环境容量计算的过程与水环境影响预测和评价基本一致:首先根据水环境功能区划明确受纳水体不同断面的水质标准要求(确定水质标准),通过现有资料或现场监测弄清受纳水体的环境质量状况,分析受纳水体水质达标程度(确定水质现状);然后,在对受纳水体动力特性进行深入研究的基础上,利用水质模型建立污染物排放和受纳水体水质之间的输入响应关系(建立水质预测模型)。但最后一步有所差异:水环境容量计算时,应确定合理的混合区,根据受纳水体水质达标程度,考虑相关区域排污的叠加影响,应用输入响应关系,以受纳水体水质按功能达标为前提,估算相关污染物的环境容量,即最大允许排放量或排放强度。简言之,通过确定水质预测值,应用水质模型反算出污水排放源强。

(2) 大气环境容量

开发区区域环评导则规定,在给定的区域内,达到环境空气保护目标而允许排放的大气污染物总量,就是该区域该大气污染物的环境容量。由于大气污染物排放量及其造成的污染物浓度分布与污染源的位置、排放方式、排放高度、污染物的迁移、转化、扩散规律有密切关系,因此,在开发区具体项目尚不确定的情况下要估算区域的大气环境容量实际上具有相当的不确定性。

导则推荐的估算大气环境容量的方法有模拟法、线性规划法和 A-P 值法。

模拟法是利用环境空气质量模型模拟开发活动所排放的污染物引起的环境质量变化是否会导致环境空气质量超标。如果超标可按等比例或按对环境质量的贡献率对相关污染源的排放量进行削减,以最终满足环境质量标准的要求。满足这个充分必要条件所对应的所有污染源排放量之和便可视为区域的大气环境容量,与水环境容量计算中的反算法相似。

线性规划法是根据线性规划理论计算大气环境容量。该方法以不同功能区的环境质量标准为约束条件,以区域污染物排放量极大化为目标函数。这种满足功能区达标对应的区域污染物极大排放量可视为区域的大气环境容量。

模拟法和线性规划法适用于规模较大、具有复杂环境功能的新建开发区,或将进行污染治理与技术改造的现有开发区。但使用这两种方法时需要通过调查和类比了解或虚拟开发区大气污染源的排放量和排放方式。

A-P 值法以大气质量标准为控制目标,在大气污染物扩散稀释规律的基础上,使用控制区排放总量允许限值和点源排放允许限值控制计算大气环境容量,分别给出低架源(几何高度低于 30 m 的排气筒排放或无组织排放源)和高架点源的允许排放量。对于既有众多不确定的低架点源,又有承担集中供热的高架点源的开发区较适用,但是由于其控制区为开发区整个空间,计算结果偏大,无法保证具体敏感点均达标。

3. 污染物排放总量控制方案

我国从“九五”开始实行主要污染物排放总量控制,要求 12 种污染物到 2000 年排放总量控制在“八五”末水平(1995 年),总体上不得突破。这 12 项总量控制指标包括:大气污染物指标(3 个):烟尘、工业粉尘、二氧化硫;废水污染物指标(8 个):化学需氧量、石油类、氰化物、砷、汞、铅、镉、六价铬;固体废物指标(1 个):工业固体废物排放量。此外,凡属“九五”期间国家重点污染控制的地区和流域,相应控制的污染物排放总量应当有所削减。主要包括:酸雨控制区和二氧化硫控制区(两控区);淮河、海河、辽河流域(三河);太湖、滇池、巢湖流域(三湖)。

“九五”确定的排放总量基数是根据“八五”环境统计数据和排污系数确定的,是一种国家宏观控制指标,表明了我国的污染物排放总量控制制度实际上是采用指令性总量控制,而非依据环境容量。

“十五”期间我国继续实行总量控制,制定了主要污染物排放总量控制分解计划,提出到 2005 年,二氧化硫、尘(烟尘及工业粉尘)、化学需氧量、氨氮、工业固体废物等主要污染物排放量比 2000 年减少 10%;“两控区”二氧化硫排放量比 2000 年减少 20% 。“十一五”期间国家对化学需氧量、二氧化硫两种主要污染物实行排放总量控制计划管理。在“十二五”期间将总量控制指标扩大为二氧化硫、化学需氧量、氨氮、氮氧化物四项。而进入“十三五”则不仅仅强调污染物总量的控制,更是针对强调整体环境质量的改善。

因此,我国现行的污染物排放总量控制制度采用指令性总量,并根据行政单位逐级分解下达。在开发区区域环评中,既要计算主要污染物的环境容量,分析根据规划方案预测的污染物排放总量是否在容量以内,又要根据行政区域下达的总量控制指标以及逐年削减计划,分析总量来源,给出平衡方案。

第三节　规划环境影响评价

一、规划环境影响评价的概念及特点

规划环境影响评价是环境影响评价在规划层次的应用，是一种在规划层次及早协调环境与发展关系的决策手段与规划手段，属战略环境评价范畴。

根据《中华人民共和国环境影响评价法》，规划环境影响评价是指对规划实施后可能造成的环境影响进行分析、预测和评估，提出预防或者减轻不良环境影响的对策和措施，进行跟踪监测的方法与制度。

规划环境影响评价与项目环境影响评价的区别是在空间范围大、时间跨度长、规划的酝酿阶段开始考虑环境影响，一直到规划的实施，内容上更强调累积影响分析和不确定性评估。

环评法和其后颁布的条例、导则等均明确了我国目前规划环评仅限于特定的对象：土地利用的有关规划；区域、流域、海域的建设、开发利用规划；工业、农业、畜牧业、林业、能源、水利、交通、城市建设、旅游、自然资源开发的有关专项规划，即通常所说的“一地、三域、十专项”。

这些规划相比于开发区区域规划，尺度更大、影响更深、持续时间更长、不确定性更大、综合性更强、战略层次更高，再加上我国相关研究积累较少，因此其环境影响评价更具有挑战性。

二、规划环评的评价流程

1. 工作流程

规划环境影响评价应在规划编制的早期阶段介入，并与规划编制、论证及审定等关键环节和过程充分互动，互动内容一般包括：

（1）在规划前期阶段，同步开展规划环评工作。通过对规划内容的分析，收集与规划相关的法律法规、环境政策等，收集上层位规划和规划所在区域战略环评及“三线一单”成果，对规划区域及可能受影响的区域进行现场踏勘，收集相关基础数据资料，初步调查环境敏感区情况，识别规划实施的主要环境影响，分析提出规划实施的资源、生态、环境制约因素，反馈给规划编制机关。

（2）在规划方案编制阶段，完成现状调查与评价，提出环境影响评价指标体系，分析、预测和评价拟定规划方案实施的资源、生态、环境影响，并将评价结果和结论反馈给规划编制机关，作为方案比选和优化的参考和依据。

（3）在规划的审定阶段：

① 进一步论证拟推荐的规划方案的环境合理性，形成必要的优化调整建议，反馈给规划编制机关。针对推荐的规划方案提出不良环境影响减缓措施和环境影响跟踪评价计划，编制环境影响报告书。

② 如果拟选定的规划方案的资源、生态、环境方面难以承载，或者可能造成重大不良生态环境影响且无法提出切实可行的预防或减缓对策和措施，或者根据现有的数据资料和专

家知识对可能产生的不良生态环境影响的程度、范围等无法做出科学判断，应向规划编制机关提出对规划方案做出重大修改的建议并说明理由。

（4）规划环境影响报告书审查会后，应根据审查小组提出的修改意见和审查意见对报告书进行修改完善。

（5）在规划报送审批前，应将环境影响评价文件及其审查意见正式提交给规划编制机关。

2. 技术流程

规划环境影响评价的技术流程如图 13－4 所示。

三、规划环境影响评价内容及重点

1. 规划环境影响报告书的基本内容

《规划环境影响评价技术导则（试行）总纲》（HJ 130—2019）对环境影响报告书的内容作了具体的规定，应包括总则、规划分析、现状调查与评价、环境影响识别与评价指标体系构建、环境影响预测与评价、规划方案综合论证和优化调整建议、环境影响减缓对策和措施、环境影响跟踪评价计划、公众意见、会商意见回复和采纳情况、评价结论等主要内容。

（1）总则。概述任务由来，明确评价依据、评价目的与原则、评价范围、评价重点、执行的环境标准、评价流程等。

（2）规划分析。介绍规划不同阶段目标、发展规模、布局、结构、建设时序，以及规划包含的具体建设项目的建设计划等可能对生态环境造成影响的规划内容；给出规划与法规政策、上层位规划、区域"三线一单"管控要求、同层位规划在环境目标、生态保护、资源利用等方面的符合性和协调性分析结论，重点明确规划之间的冲突与矛盾。

（3）现状调查与评价。通过调查评价区域资源利用状况、环境质量现状、生态状况及生态功能等，说明评价区域内的环境敏感区、重点生态功能区的分布情况及其保护要求，分析区域水资源、土地资源、能源等各类自然资源现状利用水平和变化趋势，评价区域环境质量达标情况和演变趋势，区域生态系统结构与功能状况和演变趋势，明确区域主要生态环境问题、资源利用和保护问题及成因。对已开发区域进行环境影响回顾性分析，说明区域生态环境问题与上一轮规划实施的关系。明确提出规划实施的资源、生态、环境制约因素。

（4）环境影响识别与评价指标体系构建。识别规划实施可能影响的资源、生态、环境要素及其范围和程度，确定不同规划时段的环境目标，建立评价指标体系，给出评价指标值。

（5）环境影响预测与评价。设置多种预测情景，估算不同情景下规划实施对各类支撑性资源的需求量和主要污染物的产生量、排放量，以及主要生态因子的变化量。预测与评价不同情景下规划实施对生态系统结构和功能、环境质量、环境敏感区的影响范围与程度，明确规划实施后能否满足环境目标的要求。根据不同类型规划及其环境影响特点，开展人群健康风险分析、环境风险预测与评价。评价区域资源与环境对规划实施的承载能力。

（6）规划方案综合论证和优化调整建议。根据规划环境目标可达性论证规划的目标、

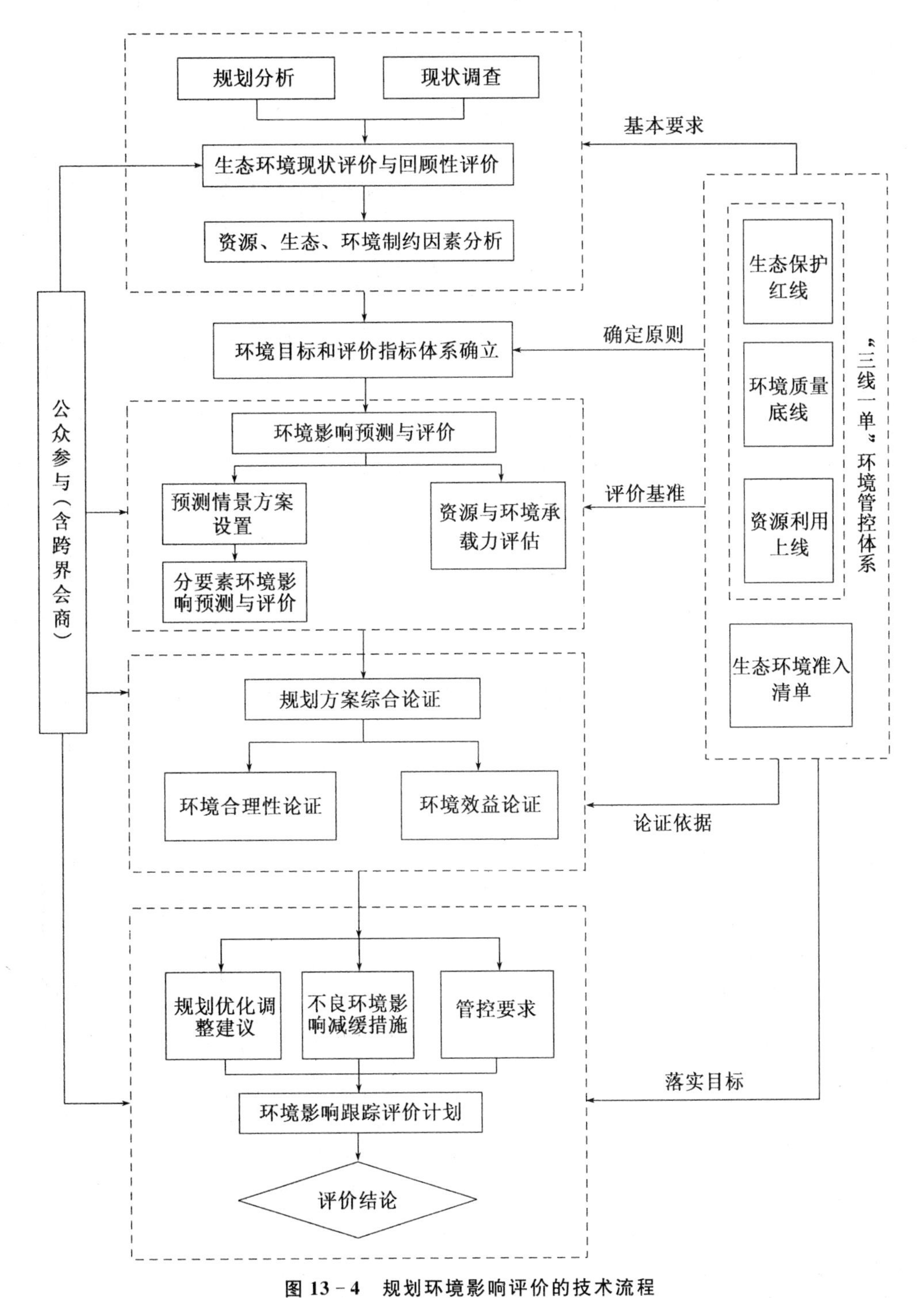

图 13-4　规划环境影响评价的技术流程

（该图源于《规划环境影响评价技术导则总纲》HJ 130—2019）

规模、布局、结构等规划内容的环境合理性，以及规划实施的环境效益。介绍规划环评与规划编制互动情况。明确规划方案的优化调整建议，并给出调整后的规划布局、结构、规模、建设时序。

(7) 环境影响减缓对策和措施。给出减缓不良生态环境影响的环境保护方案和管控要求。

(8) 如规划方案中包含具体的建设项目，应给出重大建设项目环境影响评价的重点内容要求和简化建议。

(9) 环境影响跟踪评价计划。说明拟定的跟踪监测与评价计划。

(10) 说明公众意见、会商意见回复和采纳情况。

(11) 评价结论。归纳总结评价工作成果，明确规划方案的环境合理性，以及优化调整建议和调整后的规划方案。

2. 评价重点

从历次规划环评导则修订的评价内容可以看出，专项规划环评报告书与前文所述开发区区域规划环评报告书内容更接近，其环评重点更明确，即规划环境影响评价重点为：

(1) 分析规划与区域上级规划、同级其他规划的协调性，分析区域环境资源制约因素，探究合理利用资源的可行替代方案。

(2) 建立合理的评价指标体系，科学、准确地识别并预测规划可能造成的各种环境影响。

(3) 通过方案的比较筛选、环境影响减缓措施的制定，对规划方案加以优化调整，确保环境可行性。

(4) 针对规划实施过程中可能引起的重大环境影响，或由于规划环评不确定性造成的无法预见的影响，制定跟踪监测计划，提出必要的应对措施。

四、社会经济影响评价

相较于项目环评，规划环评更多地考虑自然环境和社会经济环境的综合影响，因此社会经济影响评价成为规划环评重要的组成部分。

1. 社会经济环境影响评价的内涵

以人为中心，由人类创造的一切产品和副产品及其关系、状态和过程的总体称为社会经济环境。由拟议中的项目或规划所可能引起的对一个地区的社会组成、社会结构、人地关系、地区关系、经济发展、文化教育、娱乐活动、服务设施等的影响都属于社会经济环境影响评价的范围。

社会经济环境影响评价是规划环境影响评价的重要组成部分。经济发展规划可能产生对社会经济环境有利的影响和不利的影响，这些影响包括人口迁移、改变社会结构、干扰社区的稳定性，同时也可能增加社区的经济发展潜力以及提高或降低社区人口的收入水平等，因此社会经济环境影响评价应给出规划的开发活动产生的有利和不利的社会经济影响，通过采取一定措施来增加有利的影响，尽量减少不利的影响，使开发活动方案更加完善。

2. 社会经济环境影响评价的范围及敏感区

(1) 社会经济环境影响评价范围的确定

社会经济环境影响评价范围是由目标人口(受开发活动直接或间接影响的人群)确定的,凡与目标人口有关的影响都可能划为评价的范围。目标人口所在社区的范围即为社会经济环境评价的范围。目标人口的划分原则和方法目前没有一个统一的标准,可以根据实际需要按目标人口的行政区划和功能分区、收入水平和职业的不同、民族和文化素养的差异以及受拟建项目影响的程度和收益情况的区别等,把目标人口划分为若干层次或部分。

(2) 社会经济环境影响评价中的敏感区分析

在区域社会经济环境影响的工作中,应该特别关注一些社会经济敏感区,如:

① 少数民族居民区　当开发活动所影响区域为少数民族聚居区时,社会经济环境影响评价显得尤为重要。在评价过程中要依据国家有关少数民族的方针和政策,注重少数民族的习俗,充分征求他们对拟建项目的意见,及时解决可能出现的多种社会经济环境问题。同时要注意少数民族的生活习惯、传统观念以及适应能力等方面的情况。少数民族居民可能会受到开发活动所带来社会无序化和相对贫困化的冲击,由此可能带来的一定的潜在社会风险应当引起重视。

② 农业区　如果开发活动占用了耕地资源,由此带来当地农民丧失维持生存和生活的基本生产资料,以及引起移民和对移民安置地产生影响。因此,在社会经济环境影响评价中要对占地拆迁引起的农业生产的现实和潜在损失,以及由于粮食和蔬菜供给能力下降而引起的当地及附近居民生活水平下降等问题,对这些人的赔偿和补偿及长期生活安置问题,移民安置区的人口密度,土地使用问题以及其他潜在的社会经济问题进行评价。

③ 森林区　森林是生态环境的重要组成,因此保护森林具有特殊的意义。山区的热带和温带森林被认为是脆弱的生态系统,对在这些区域进行的开发要特别给予重视,如果开发不当,将会导致整个区域的生态退化,并由此产生多方面的社会经济问题。特别是那些在很大程度上依赖森林资源而生存的目标人口将会受到极大的损害,由此也可能会引起大量的人口迁移,因此在社会经济环境影响评价的过程中应对这一系列的问题充分考虑。

④ 沿海地区　沿海地区多数是水生生物的富产地带,这些区域也多数是属于生态脆弱区,对环境的变化极为敏感。由于开发建设活动所产生的各种环境影响可能会导致海洋复杂的食物链和生物链遭到破坏,进而影响到以海洋资源为生的那部分目标人口,有可能使他们被迫迁移或改变谋生方式。

⑤ 文化古迹保护区　在社会经济环境影响评价中要从保护文物古迹角度出发,遵照有关的文物保护法律法规,提出合理的开发建设方案,尽量避免或减少对文物古迹的影响和破坏。如果开发活动必须影响和破坏文物古迹则要根据文物的保护级别以及咨询有关专家来估算文物古迹的价值,进而估计开发活动的社会经济效益能够在多大程度上补偿文物古迹的损失,同时要提出文物古迹损失的补偿和恢复措施,并与当地文物局及其他有关部门共同协商保护方案。

(3) 社会经济环境影响评价的因子识别

社会经济环境影响评价因子就是在社会经济环境影响评价范围内受开发活动影响的那

些社会经济环境要素，区域开发活动中的社会经济环境影响因子涉及面是非常广的，与开发活动性质和所在区域的自然和社会经济环境的基本条件及特点密切相关。总的说来，这些因子可以大致分成三级，每级之下还有更加具体的因子，见表 13-6。

表 13-6 社会经济环境影响评价因子

一级因子	二级因子	三级因子
社会影响因子	目标人口	人口总数、密度、组成、结构、人口迁移、受损人口和受益人口比例
	科教文化	传统文化、科研水平、学校数量、教学水平
	医疗卫生	医疗设施、医疗保障
	公共设施	住房、交通便利性、利用能源方式、娱乐设施
	社会安全	犯罪率
	社会福利	社会保险、福利事业、生活质量
经济影响因子	经济基础	经济结构、产业布局、国民收入、人均收入
	需求水平	预期市场需求
	收入分配	收入分配变化
	就业情况	就业率
美学历史学环境影响因子	美学	自然风景区、人工景点
	历史学	历史遗址、文物古迹等

3. 社会经济环境影响评价内容

(1) 识别社会经济环境影响及主要环境问题

根据社会经济环境影响现状调查分析，识别出拟议开发活动的社会经济环境影响评价因子，并分析影响程度和类别，进而给出各类影响可能产生的主要环境问题及其效果。

(2) 分析社会经济效果

区域开发活动所产生的各类影响的程度和后果可以通过社会经济效果加以评价和度量。为此，我们根据影响方式的不同以及社会经济效果的性质对其分类，由项目所产生的社会经济效果是社会经济环境评价的主要内容。

① 正效果与负效果　这是与项目的有利影响和不利影响相对应的。一般来说有利影响产生正的社会经济效果，而不利影响则产生负的社会经济效果。

② 内部效果和外部效果　内部效果是通过区域开发活动自身的财务核算反映出来的，而外部效果并不能在开发活动的收益或支出中直接反映出来，同时也不是开发活动本意要产生的效果，通常表现为一些负面的环境影响的结果。

③ 有形效果和无形效果　作为有形的社会经济效果一般都是可以用货币加以度量的。难以用货币计量的社会经济效果统称为无形效果。

(3) 对开发活动的需求分析

根据社会经济现状调查结果，估算开发活动的现实和潜在的受益者或受损者的人数及其比例，收益或受损的方式和程序。通过抽样调查或公众参与等方法给出愿意和不愿意参与开发活动或赞成和不赞成拟建项目的目标人口数及其比例，进而给出目标人口对开发活动有多大程度上的需求。

(4) 社会经济发展水平影响分析

除了进行必要的开发活动的财务分析外，要对拟议的开发活动对其影响区域的社会经济总体发展水平进行分析，社会环境经济影响分析主要包括拟议开发活动对人口状况、收入状况、科学文化、医疗卫生、公共设施、社会福利、社会安全、就业失业等社会经济影响因子的影响，对拟议开发活动所产生的各种社会经济影响进行影响效果分析。

(5) 收益分配比的合理性

拟议开发活动应关心受益的和受损的人群。开发活动的宗旨应是减缓贫困，使开发活动的收益分配更加趋于合理。为了给出开发活动对目标人口的影响，在此引入基尼系数，它提供目标人口中实际收益分配平均程度的指标，它可以看成是简单判断收益平等或者不平等相对水平的总指数。可以通过实际收益百分数对目标人口百分数作用，给出反映收入分配平均程度的曲线，见图 13-5。

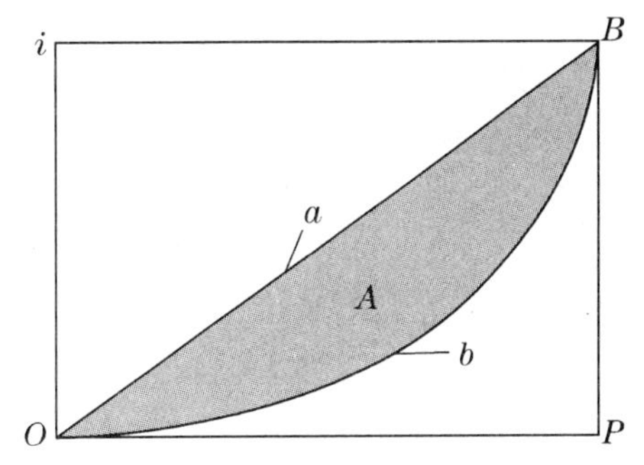

图 13-5　收入分配平均程度曲线

图中 Oi 代表收入百分数，OP 表示人口百分数，a 线表示收入分配在目标人口中是绝对平等的。OPB 是收入绝对不平均曲线，它表示在目标人口中除一人之外其余的人收入均为零。当目标人口收入按从低到高的顺序排列，所得到的实际收入分配曲线 b 是介于绝对平均曲线和绝对不平均曲线之间。基尼系数 GC 是图中阴影面积 A 和三角形 OPB 面积 $S_{\triangle OPB}$ 之间的比例，即

$$GC=\frac{A}{S_{\triangle OPB}} \tag{13-3}$$

一般来说，基尼系数在 0.2～0.3 之间表示收入分配相对平等，基尼系数在 0.5～0.7 之间则表明收入分配高度不平等。我们可以通过开发活动所引起基尼系数的变化来评价开发活动对目标人口收入分配平均程度的影响。

(6) 承受能力分析

开发活动带来的影响有正面的也有负面的，负面的影响一般可以通过某种形式进行补偿，进而使开发活动易于被人们接受；有时开发活动引起的负面影响可能令目标人口难以承受，诸如产生目标人口的迁居、失业、伤亡风险等严重损害的结果时，对于这些影响一定要慎重对待，需要进行充分的分析论证，评价出目标人口对拟建项目的承受能力水平。

(7) 美学及历史学环境影响分析

通过现状调查给出评价区内自然景观、人工景观、文物古迹保护区的数量、保护级别、分布范围、保护现状及保护价值。分析拟议开发活动对自然景观、人工景观、文物古迹等美学和历史学所能产生的各种影响及其效果。由于美学和历史学环境的特殊性，在进行此类环境影响分析时，要依据《中华人民共和国文物保护法》及有关法规条例来开展评价工作，同时在评价过程中要注意征询文物古迹、风景园林、美学和历史学等方面专家的意见。

4. 社会经济环境影响评价方法

(1) 专业判断法

专业判断法是通过专家来定性描述拟建项目所产生的社会、经济、美学及历史学等方面

的影响和效果，该方法主要用于对开发活动所产生的无形效果进行评价。如开发活动对景观、文物古迹等影响难以用货币计量，所产生的效果是无形的。对于此类影响和效果可以咨询美学、历史、考古、文物保护等有关专家，通过专业判断法进行评价。

(2) 调查评价法

在缺乏价格数据，不能应用市场价值法时，也可以通过向专家或环境的使用者进行调查来获得对环境资源价值或环境保护措施效益的估计。常用的方法有特尔斐法、投标博弈法等。

(3) 费用-效益分析

费用-效益分析法是将费用与效益相比较，从而来评价环境影响行为所造成环境影响的损益的大小。此方法将环境、经济、社会看作一个大的系统，赋予这个系统中资源一定的价值，通常这些价值会以货币的形式来表达，一个环境影响行为会使系统中的部分资源得到补充，而使另外一部分资源受到损害，用费用-效益分析就是从系统的角度来综合评价这个环境影响行为的环境影响。

用于分析和计算费用和效益的方法有很多，一般主要是以下几种：

① 市场价值法　这种方法将环境看成生产要素，环境质量的变化导致生产率和生产成本的变化，从而导致产量和利润的变化，而产量和利润是可以用市场价格来计量的。市场价值法就是利用计量因环境质量变化引起的产量和利润变化来计量环境质量变化的经济效益或经济损失。

② 机会成本法　任何一种自然资源的利用都存在许多相斥的备选方案，为了做出最有效的经济选择，必须找出社会经济效益最大的方案。资源是有限的，选择了一种使用机会就放弃了另一种使用机会，也就失去了后一种获得利益的机会，我们把其他使用方案获得的最大经济效益称为该资源利用选择方案的机会成本。

③ 恢复和防护费用法　全面评价环境质量改善的效益，在很多情况下是困难的。许多有关环境质量的决策是在缺少对效益进行货币的评价下进行的，对环境质量效益的最低值估计可以从消除或减少有害环境影响的经验中获得。一种资源被破坏了，我们可以把恢复它或防护它不受污染所需的费用作为该环境资源被破坏带来的经济损失。

④ 影子工程法　该法是恢复费用技术的一种特殊形式，指在环境破坏以后，人工建造一个工程来代替原来的环境功能，这个新工程的建设费用就被看成是环境破坏的经济损失。

⑤ 修正人力资本法或工资损失法　环境质量变化对人体健康影响的经济损失主要有过早死亡，疾病或者病休造成的收入减少、医疗费用增加等个人或社会的成本。这里修正人力资本法是对人体健康损失的一种简单估算，污染引起的健康损失等于损失劳动日所创造的净产值和医疗费用的总和。

五、累积环境影响评价

1. 累积环境影响的概念

累积影响问题最先由美国提出。美国加利福尼亚州《环境质量法案》(1970 年)规定："如果项目可能造成的影响单独来看非常小，但累积起来很大，那么可以认为项目对环境的影响是很大的。"1978 年美国环境质量委员会正式给出"累积影响"(cumulative impact)的定义："累积影响是当一项行动与其他过去、现在和可以合理预见的将来的行动结合在一起时产生的对环境增加的影响……累积影响来源于发生在一段时间内，单独的影响很小但集合起来影响却非常大的行动。”也就是说，累积影响产生于在时间上和空间上过于密集的环境扰动（主要是人类行动），当第二个环境扰动发生时，生态系统尚未从第一个扰动的影响下恢复，则人类行动的影响将会发生累积。

规划往往包含了一系列的开发活动，这些开发活动会通过各种途径产生累积效应。

途径一：通过加和作用（非协同作用）导致环境变化。例如排入大气中的 CO_2 和 CFCs（含氯氟烃）等温室气体在大气中各自都有不同的化学过程，但它们结合起来会共同产生温室效应。

途径二：通过协同作用导致环境变化。协同作用使得总的环境效应大于各个项目环境效应的总和，例如光化学烟雾的产生，其主要的大气污染物来源于氮氧化合物、碳水化合物和紫外线之间复杂的光化学反应。

途径三：通过“增长诱导性”导致环境变化。一种开发活动会刺激和加速其他始料不及的新的开发活动的出现，成为产生更大的环境影响的“催化剂”。该类开发活动对环境产生的深远影响远大于其直接影响。例如，新道路项目的建设将带动周边地区房地产、商业等项目的开发。

累积影响产生的环境效应也是多种多样的，1985 年美国和加拿大累积影响双边研讨会根据累积影响的时空特征来划分累积影响的类型，详见表 13－7。

表 13－7　累积效应的分类

类　型	主要特征	例子
时间“拥挤”	对某一环境要素频繁而反复的影响	废物连续性排入湖泊、河流或大气
空间“拥挤”	对某一环境要素密集的影响	大气污染烟羽的汇合
协同效应	多个污染对某一环境要素产生的协同作用	气态污染物排入大气产生化学烟雾
时间滞后	响应长时间滞后于干扰	致癌效应
空间滞后（边界扩展）	环境效应在远离污染源的地域出现	酸雨在远离污染排放源的地区出现
触发点和阈值	改变环境系统行为的破坏作用	大气中 CO_2 逐渐增加导致全球变暖
间接效应	在时间上超出了主项目的次生影响	新道路建设带动周边的开发
蚕食（破碎）效应	生态系统被割裂分化	自然生态区的逐渐缩小和消失

2. 规划环评中累积环境影响评价的内容

累积环境影响评价是规划环境影响评价的重要组成部分，在拟议的开发活动对各种环境要素影响的评价中，都应该考虑是否有累积环境影响。累积环境影响评价和一般的环境影响评价在工作程序上是相通的，其内容往往结合到环评的各个阶段。

（1）在环境影响评价的确定工作内容范围阶段，相应累积环境影响评价的工作为：

① 识别与拟议行动相关的累积影响问题，并明确评价的各种目的；

② 制定影响分析工作的地理范围和时间范围；

③ 识别受关注的、能影响自然资源、生态系统和人类社区的各种其他活动。

（2）在环境影响评价的环境现状调查和评价阶段，累积环境影响评价的工作为：

① 描述已经识别的各种自然资源、生态系统和人类社区对受影响后的反应能力及其对

人类行动压力的承受能力；

② 描述影响这些资源、生态系统和人类社会的各种人类行动造成的应力，以及这类应力是否超过规定的阈值；

③ 确定各种资源、生态系统和人类社会的基线条件。

(3) 在环境影响评价的影响预测和评价阶段，累积环境影响评价的工作为：

① 预测和识别人类行动和资源，生态系统和人类社会间的重要因果关系；

② 确定累积环境影响的大小及其重大性；

③ 修正原定开发方案或提出避免、减小和缓解累积效应重大性的多个替代方案；

④ 监测选定的替代方案实施后的累积环境影响并采取相应的管理措施。

累积环境影响分析的重点应该集中在三个方面：一是资源（例如空气质量、矿产资源、渔业资源等）；二是生态系统，包括自然生态系统（如森林、湿地生态等）、人工生态系统（如城市）及其相互作用系统（如农业生态系统）；三是人类社区（指影响生活质量的社会、经济和文化背景条件）。

3. 累积环境影响评价的方法

(1) 界定累积环境影响的范围

这里的范围主要是地理范围和时间范围两个方面。对于累积环境影响的地理范围而言，它的范围往往比开发活动直接作用的范围要大，而且根据环境要素的不同，累积环境影响的空间范围也是不同的，见表 13－8。

表 13－8 累积环境影响分析的范围

资源要素	分析工作可能涉及的地理区域
空气质量	城市区域、空气流域或全球大气等
水质	河川、汇水区、流域、地下水层等
植被	水系、森林、放牧区或生态系统
常驻野生动物	物种栖息地或生态系统
迁徙性野生动物	繁殖地、迁徙路线、越冬区域
渔业资源	河川、汇水区、产卵区和洄游路线
历史文物资源	街区、村落、城市、少数民族聚居区
社会文化	社区、少数民族聚居区、文化景观
土地利用	社区、市区、省
沿海地区	沿海岸的地区或汇水区
休息娱乐资源	河流、湖泊、地理区域
社会经济	社区、市区、省、全国

对于时间范围而言，就是要确定项目对未来的累积影响应考虑多长时间，还要考虑影响是与过去哪一年启动的建设项目或开发活动发生累积效应的。

在识别累积环境影响时应用网络图法分解拟议开发活动产生的各种影响，并图示区域内各种资源分布、其他已有的和规划中的设施以及人类居住区的分布是很有用的。应用 GIS 技术可以清楚地勾画出具体的累积环境影响的空间范围，并且有利于直观地了解环境影响的叠加区域。

（2）确定累积环境影响的量级和重大性

在确定过去、现在和未来行动的累积环境影响时，可运用各种重要资源与行动及其因果关系的概念模型。模型预测方法与一般的环境影响评价是相同的，而不一般的关键工作是对资源、生态系统和人类社区定义一个适用的基准或界限条件，如确定一个阈值，超越这个条件所造成的负面影响或有利影响会使资源相应地产生重大的退化或促进作用。但是一个资源要维持其结构和功能，取决于它对应力的抵抗能力和受破坏后的恢复能力。通常，对历史变化的回顾有助于评估过去的退化是否已经使某个资源达到一个恶化的临界点，也可以通过其他类比方法或专家调查法确定这个阈值。

（3）制定避免或消减重大累积环境影响的措施

通过分析累积环境影响的因果关系，可开发出消除不良影响或促进资源保护方面的战略。减小或消除负面效应和促进有利效应的重点是选择最有效地削减累积环境影响的途径和方法。由于累积环境影响的复杂性，必然会存在大量的不确定性，因此，必须通过监测和自适应的管理解决不确定性的问题。在累积环境影响评价过程中，可以运用风险评价的方法来表达不确定性，指出降低不确定性的途径。另外，科学知识的不断积累和相关工具的发展能提高减少不确定性的能力；监测工作提供了辨识各种修订消减措施所需信息的手段；通过自适应的管理不断摸索，降低不确定性和使各种消减措施得以有效实施。最后，还需要有一个评价累积环境影响的监测和管理计划，来验证评价结果，并且为完善减缓控制措施的工作提供重要的支持。

六、提高规划环境影响评价有效性

《环境影响评价法》历经四年的讨论争论、修改妥协后才最终获得通过，似乎预示着规划环境影响评价的推进过程也不会十分顺利。我们必须清醒地认识到：我国的规划环评体系还处于建立的初期，还存在许多问题，需要通过各方努力，共同提高该项制度的有效性，确实发挥其在决策源头控制环境污染和生态破坏的作用。

针对我国规划环境影响评价体系中存在的问题，从政策、技术、研究三个层面提出提高规划环评有效性的对策及建议如下：

1. 政策层面

规划环评的本质是要求各部门在决策过程中充分考虑对环境的影响，而目前的规划环评体系没有很好地制定针对相关部门间、规划的协调办法，这大大降低了整个规划环境影响评价的有效性。我国的国情决定了最有效地实施某项制度的手段是在政策层面上理顺关系、加强管理。

首先，应规范规划的审批，通过完善各级人大的规划审批机构和审批手续，加强专业性评判能力，使环境影响评价成为规划决策的依据。环境影响评价并不是环保部门“伸手”其他管理部门的工具，只是由环保部门提议的，确保在决策中同等地考虑环境因素的科学手段。因此在规划环评中，环保部门只是参与者之一，不可能成为管理者，法律上也没有赋予其这样的权力。但是不可能靠各部门的自我管理，另外成立一个独立的机构也不现实，因此结合现有的规划决策程序，应该对原有的人大审批程序进行改革，使之成为完善的、技术性强、权力超越各部门或机构的决策者，以确保法律的要求、各方面的利益都体现到规划中，也有利于改善规划间的协调性。

其次，应对各部门的权限进行划分，完善规划体系，避免重复、矛盾的规划，同时避免重复、矛盾的规划环境影响评价，这对规划环评能否有效实施起着关键的作用。

此外，应颁布政策要求各部门、机构内部的法规和管理程序按照规划环评实施后的要求进行相应的调整，以促进规划环评的"内在化"，确保规划环评的"早期介入原则"能够落实。只有真正融入规划决策过程，规划环境影响评价才能发挥其效力。

同时，应保证规划环评的分层与决策的分层相一致。在目前无法实施政策环评的情况下，对规划的分层如果不合理，就无法体现规划环评相比项目环评的优势，无法达到从决策的上游控制环境质量、促进可持续发展的目标。

最后，无论是规划，还是规划环评，也应该靠司法监督来提高其科学性和公正性。对于玩忽职守造成决策失误的，应该追究法律责任；对于决策后不严格执行的，也同样应该追究法律责任。只有这样，才能提高规划的严肃性，使规划环境影响评价的努力在实践中得到收获。

2. 技术层面

与发达国家的规划环境影响评价比较后我们发现，我国初步确定的规划环评程序不够合理，与目前国际上普遍认可的原则和趋势不相符。对于规划环评前期的重要步骤"筛选(Screening)"和"确定范围(Scoping)"应进一步加强学习，尤其是在发达国家和国际性组织已经有许多成功经验的情况下，尽快提高筛选和确定范围的科学性是提高规划环评有效性的很好途径。

此外，根据我国目前的状况，应大力推行信息公开，建立公共基础数据库，既为专业人员提供研究基础，也为公众普及相关知识、获取有关信息，进一步有效参与决策提供可能。在现阶段公众参与的主要问题并不是参与的形式，仍是信息的告知，尽管《环境影响评价公众参与暂行办法》明确规定了公示的程序，但实际执行效果并不好。只有公众获得信息的渠道真正畅通之后，才有可能对感兴趣的或利益相关的事务发表意见和建议，否则只能是走过场，对决策无法产生影响。

同时，在现阶段应尽快加强能力建设，尤其是对规划编制部门进行环境影响评价宣传、教育，对环境影响评价编制人员开展规划知识和方法学普及，在短时间内提高规划环境影响评价的科学性，使其发挥应有的效果。

3. 研究层面

我国的规划环境影响评价还在起步阶段，如何更好地学习发达国家的先进经验，并切合实际地应用到日常的规划环评中，是目前急需加强研究的领域，尤其需要加强研究的方向包括：人大规划审批机构和程序的改革方案、协调各部门规划体系的改革方案、规划环境影响评价程序和方法学研究、信息共享和公告制度的建立，以及地理信息系统在规划环境影响评价中的应用等。

思考题

1. 开发区区域环境影响评价有何特点？其评价重点应放在哪些方面？
2. 什么是环境影响跟踪评价？为什么规划环评中应突出环境影响跟踪评价？
3. 什么是"三线一单"？规划环评中如何体现"三线一单"？

参考文献

[1] Canter L. (1996). Environmental Impact Assessment. McGraw-Hill. Inc.

[2] Canter L. and Sadler B. (1997). A tool kit for effective EIA practice-review of methods and perspectives on their application.

[3] Carter. J. G. (2009). Sustainability appraisal and flood risk management. Environmental Impact Assessment Review. 29(1). 7 - 14.

[4] Council on Environmental Quality. (1978). Regulations for Implementing NEPA.

[5] Council on Environmental Quality (1997). Considering Cumulative Effects Under the National Environmental Policy Act.

[6] Council on Environmental Quality (1997). The National Environmental Policy Act—A Study of Its Effectiveness After Twenty-five Years.

[7] Chaker. A. (2006). A review of strategic environmental assessment in 12 selected countries. Environmental Impact Assessment Review. 26. 15 - 56.

[8] Council of the European Communities (1997). Proposal for a Council Directive on the Assessment of the Effects of Certain Plans and Programmes on the Environment. 97/C 129/08. Official Journals of the European Communities C 129/14 - 18, Brussels.

[9] Dalal-Clayton D. B. and Sadler B. (2004). Strategic Environmental Assessment (SEA): A sourcebook and reference guide on international experience. International Institute for Environment and Development, London.

[10] Fischer T. B. (2002). Strategic Environmental Assessment in Transport and Land Use Planning. Earthscan, London.

[11] IAIA—International Association for Impact Assessment (2002). SEA Performance Criteria. USA.

[12] Mindell J. S. (2008). A review of health impact assessment frameworks. Public Health. 122. 1177 - 1187.

[13] Moriondo M. (2008). Reproduction of olive tree habitat suitability for global change impact assessment. Ecological modelling. 218. 95 - 109.

[14] Partidario M. R. and Clark R. (1999). Perspectives on Strategic Environmental Assessment. Lewis Publishers, Boca Raton, Florida.

[15] Petts, Judith. ed. (1999). Handbook of Environmental Impact Assessment. Volume I. Environmental Impact Assessment: Process, Methods and Potential. Blackwell.

[16] Sadler B. and McCabe M. (2002). Environmental Impact Assessment Training Resource Manual. UNEP.

[17] Singh. R. K (2009) . An overview of sustainability assessment methodologies. Ecological Indicators. l9. 189 - 212.

[18] UNEP (2000). UNEP Environmental Impact Assessment Training Resource Manual. United Nations Environment Programme, Geneva.

[19] USEPA (2004). AERMOD: description of model formulation. Office of Air Quality Planning and Standards Emissions, Monitoring, and Analysis Division Research Triangle Park, North Carolina, EPA -

454/R-03-004.

[20] Wood C. (2003). Environmental Impact Assessment: A Comparative Review. Pearson Education Limited.

[21] World Bank (2001). Making Sustainable Commitments: An Environmental Strategy for the World Bank. The World Bank, Washington DC.

[22] 包存宽,陆雍森,尚金城.规划环境影响评价方法及实例.科学出版社,2004.

[23] 蔡艳荣.环境影响评价.中国环境科学出版社,2004.

[24] 曹永中等.河流水质模型研究概述.水利科技与经济,2008,14(3):197-199.

[25] 陈晓宏.水环境评价与规划.中山大学出版社,2007.

[26] 程锦晖.环境影响评价中清洁生产分析存在的问题及其改进建议,石油化工环境保护,2002,25(4):1-3.

[27] 崔莉风.环境影响评价和案例分析.中国标准出版社,2005.

[28] 丁桑岚.环境评价概论.化学工业出版社,2005.

[29] 董华模.化学物的毒性及其环境保护参数手册.人民卫生出版社,1988.

[30] 生态环境部网站 www.mee.gov.cn.

[31] 郭静.大气污染控制工程.化学工业出版社,2001.

[32] 郭强,张继昌.建设项目环境影响评价中的清洁生产分析.河南师范大学学报,2003,31(2):82-85.

[33] 郭廷忠,刘玉振等.环境影响评价.科学出版社,2007.

[34] 何燧源.环境化学.华东理工大学出版社,2005.

[35] 黄春林,张建强,沈淞涛.生命周期评价综论.环境技术,2004 (1):29-32.

[36] 蒋维楣,孙鉴泞等编著.空气污染气象学教程.气象出版社,2004.

[37] 蒋欣,钱瑜等.层次分析法在规划环评中的应用.环境保护科学,2005,31(4):61-63.

[38] 蒋展鹏.环境工程学(第二版).高等教育出版社,2005.

[39] 井出哲夫[日]等编著.张自杰等译.水处理工程理论与应用.中国建筑出版社,1986.

[40] 李彦武,刘锋,段宁.环境影响后续评估机制的研究.环境科学研究,1997,10(1):52-56.

[41] 李宗恺,潘云仙等.空气污染气象学原理及应用.气象出版社,1985.

[42] 柳劲松.环境生态学基础.化学工业出版社,2003.

[43] 刘绮.环境质量评价.华南理工大学出版社,2004.

[44] 刘新宇等.建设项目环境影响评价中的清洁生产分析.上海环境科学,2003,22(9):629-634.

[45] 刘瑜,钱瑜,陆根法.西部开发中的累积环境影响.四川环境,2002,21(2):57-60.

[46] 陆长青,曾辉.清洁生产定量判断体系初探.中国环境管理,1999(5):24-26.

[47] 陆书玉.环境影响评价.高等教育出版社,2001.

[48] 罗定贵,王学军,孙莉宁.水质模型研究进展与流域管理模型 WARMF 评述.水科学进展,2005,16(2):289-294.

[49] 毛文永.生态环境影响评价概论.中国环境科学出版社,2003.

[50] 彭应登.区域开发环境影响评价.中国环境科学出版社,1999.

[51] 钱瑜.从瑞典交通项目案例看环境影响评价的分层.环境影响评价动态,2004(11): 14-16.

[52] 尚金城,包存宽.战略环境评价导论.科学出版社,2003.

[53] 沈珍瑶.环境影响评价实用教程.北师大出版社,2007.

[54] 盛连喜.环境生态学导论.高等教育出版社,2002.

[55] 苏永森等.工业厂房通风技术.天津科技出版社,1985.

[56] 田炜等.地表水质模型应用研究现状与趋势.现代农业科技,2008,(3):192-195.

[57] 万金宝等.湖泊水质模型研究进展.长江流域资源与环境,2007,16(6):805-809.

[58] 王金南.美国环保局的环境法规影响分析.环境科技,1992,12(2):21-25.

[59] 叶文虎.环境质量评价学.高等教育出版社,1997.

[60] 叶兴平,钱瑜,陆根法.可持续发展战略下的环境经济评价程序和方法.环境保护科学,2001,27(103):30-33.

[61] 曾光明,杨春平,曾北危.环境影响综合评价的灰色关联分析方法.中国环境科学,1995,15(4):247-251.

[62] 曾光明,钟政林,曾北危.环境风险评价中的不确定性问题.中国环境科学,1998,18(3):252-255.

[63] 张炜,钱瑜等.对氨基苯肿酸的生命周期评价.四川环境,2007,26(3):80-83.

[64] 张征,沈珍瑶,韩海荣,邵景力编著.环境影响评价.高等教育出版社,2004.

[65] 赵玉明.清洁生产.中国环境科学出版社,2007.

[66] 朱世云等.环境影响评价.化学工业出版社,2007.

[67] 朱学愚,钱孝星.地下水环境影响评价的工作要点.水资源保护,1998,(4):48-50.

[68] 庄国泰.我国土壤污染现状与防控策略[J].中国科学院院刊,2015,30(04):477-483.

[69] 胡枭,樊耀波,王敏健.影响有机污染物在土壤中的迁移、转化行为的因素.环境科学进展,1999(05):14-22.

[70] 周建军,周桔,冯仁国.我国土壤重金属污染现状及治理战略.中国科学院院刊,2014,29(3):315-320.

[71] 郭玲.土壤重金属污染的危害以及防治措施[J].中国资源综合利用,2018,36(1):123-125.

[72] 骆永明.中国污染场地修复的研究进展、问题与展望.环境监测管理与技术,2011,23(3):1-6.

[73] 林玉锁.我国土壤污染问题现状及防治措施分析.环境保护,2014,42(11):39-41.

[74] 邵明安.土壤物理学.高等教育出版社.2006.

[75] 方淑荣.环境科学概论.清华大学出版社,2011.

[76] 曲向荣.土壤环境学.清华大学出版社,2010.